学术引领系列

国家科学思想库

中国学科发展战略

数学优化

中 国 科 学 院

科 学 出 版 社
北 京

内 容 简 介

数学优化是研究优化问题的数学理论和方法的一门学科，是数学的一个重要学科方向，是应用数学的重要组成部分，是数学在其他领域应用的重要工具，也是当前机器学习、人工智能的基础之一．优化理论与方法在科学和技术的各个领域以及国防、经济、金融、工程、管理等许多重要实际部门都有直接的应用．

《中国学科发展战略·数学优化》系统分析了目前数学优化的主要分支、核心前沿方向、当前进展及发展态势，包括当前热门研究课题，主要的思想、方法与技巧，主要的难题，以及近年来的主要成果与前沿人物；提出对学科发展态势的观点与看法；提炼出学科的基本思想、核心方法与关键技巧；根据我国学科发展和国家重大需求，提炼与该学科密切相关的重要问题，建议、组织攻关和研发队伍，解决重大理论或实际问题；为我国优化学科发展和人才培养提出整体建议．

本书可供高层次的战略和管理专家、相关领域的高等院校师生、研究机构的研究人员阅读，是科技工作者洞悉学科发展趋势、把握前沿领域与规律的重要指南，也作为科技管理部门重要的决策参考，同时也是社会公众了解数学优化学科发展现状及趋势的权威读本．

图书在版编目（CIP）数据

数学优化/中国科学院编．—北京：科学出版社，2020. 9
(中国学科发展战略)
ISBN 978-7-03-065866-1

Ⅰ. ①数…　Ⅱ. ①中…　Ⅲ. ①数学分析　Ⅳ. ①O17

中国版本图书馆 CIP 数据核字（2020）第 153314 号

丛书策划：侯俊琳　牛　玲
责任编辑：牛　玲　李香叶／责任校对：贾伟娟
责任印制：李　彤／封面设计：黄华斌　陈　敬　张伯阳

科学出版社出版
北京东黄城根北街 16 号
邮政编码：100717
http://www.sciencep.com
北京凌奇印刷有限责任公司印刷
科学出版社发行　各地新华书店经销
*
2020 年 9 月第　一　版　开本：720 × 1000　B5
2022 年 1 月第三次印刷　印张：23　1/4
字数：420 000
定价：158.00 元
(如有印装质量问题，我社负责调换)

中国学科发展战略

指　导　组

组　　长：白春礼

副 组 长：侯建国　秦大河

成　　员：王恩哥　朱道本　傅伯杰

陈宜瑜　李树深　杨　卫

工　作　组

组　　长：王笃金

副 组 长：苏荣辉

成　　员：钱莹洁　佘和军　薛　淮

赵剑峰　冯　霞　王颢澍

李鹏飞　马新勇

中国学科发展战略·数学优化

编　委　会

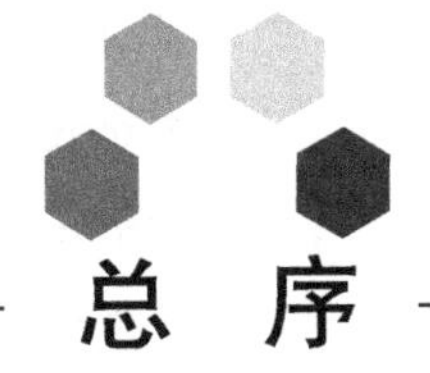

总 序

九层之台，起于累土①

白春礼

近代科学诞生以来，科学的光辉引领和促进了人类文明的进步，在人类不断深化对自然和社会认识的过程中，形成了以学科为重要标志的、丰富的科学知识体系。学科不但是科学知识的基本的单元，同时也是科学活动的基本单元：每一学科都有其特定的问题域、研究方法、学术传统乃至学术共同体，都有其独特的历史发展轨迹；学科内和学科间的思想互动，为科学创新提供了原动力。因此，发展科技，必须研究并把握学科内部运作及其与社会相互作用的机制及规律。

中国科学院学部作为我国自然科学的最高学术机构和国家在科学技术方面的最高咨询机构，历来十分重视研究学科发展战略。2009 年 4 月与国家自然科学基金委员会联合启动了“2011～2020 年我国学科发展战略研究”19 个专题咨询研究，并组建了总体报告研究组。在此工作基础上，为持续深入开展有关研究，学部于 2010 年底，在一些特定的领域和方向上重点部署了学科发展战略研究项目，研究成果现以“中国学科发展战略”丛书形式系列出版，供大家交流讨论，希望起到引导之效。

根据学科发展战略研究总体研究工作成果，我们特别注意到学科发展的以下几方面的特征和趋势。

① 题注：李耳《老子》第 64 章：“合抱之木，生于毫末；九层之台，起于累土；千里之行，始于足下。”

一是学科发展已越出单一学科的范围，呈现出集群化发展的态势，呈现出多学科互动共同导致学科分化整合的机制。学科间交叉和融合、重点突破和“整体统一”，成为许多相关学科得以实现集群式发展的重要方式，一些学科的边界更加模糊。

二是学科发展体现了一定的周期性，一般要经历源头创新期、创新密集区、完善与扩散期，并在科学革命性突破的基础上螺旋上升式发展，进入新一轮发展周期。根据不同阶段的学科发展特点，实现学科均衡与协调发展成为了学科整体发展的必然要求。

三是学科发展的驱动因素、研究方式和表征方式发生了相应的变化。学科的发展以好奇心牵引下的问题驱动为主，逐渐向社会需求牵引下的问题驱动转变；计算成为了理论、实验之外的第三种研究方式；基于动态模拟和图像显示等信息技术，为各学科纯粹的抽象数学语言提供了更加生动、直观的辅助表征手段。

四是科学方法和工具的突破与学科发展互相促进作用更加显著。技术科学的进步为激发新现象并揭示物质多尺度、极端条件下的本质和规律提供了积极有效手段。同时，学科的进步也为技术科学的发展和催生战略新兴产业奠定了重要基础。

五是文化、制度成为了促进学科发展的重要前提。崇尚科学精神的文化环境、避免过多行政干预和利益博弈的制度建设、追求可持续发展的目标和思想，将不仅极大地促进传统学科和当代新兴学科的快速发展，而且也为人才成长并进而促进学科创新提供了必要条件。

我国学科体系系由西方移植而来，学科制度的跨文化移植及其在中国文化中的本土化进程，延续已达百年之久，至今仍未结束。

鸦片战争之后，代数学、微积分、三角学、概率论、解析几何、力学、声学、光学、电学、化学、生物学和工程科学等的近代科学知识被介绍到中国，其中有些知识成为一些学堂和书院的教学内容。1904 年清政府颁布“癸卯学制”，该学制将科学技术分为格致科 (自然科学)、农业科、工艺科和医术科，各科又分为诸多学科。1905 年清朝废除科举，此后中国传统学科体系逐步被来自西方的新学科体系取代。

民国时期现代教育发展较快，科学社团与科研机构纷纷创建，现代学科体系的框架基础成型，一些重要学科实现了制度化。大学引进欧美的通才教育模式，培育各学科的人才。1912 年詹天佑发起成立中华工程师会，该会后来与类似团体合为中国工程师学会。1914 年留学美国的学者创办中国科学社。1922 年中国地质学会成立，此后，生理、地理、气象、天文、植物、动物、物理、化学、机械、水利、统计、航空、药学、医学、农学、数学等学科的学会相继创建。这些学会及其创办的《科学》、《工程》等期刊加速了现代学科体系在中国的构建和本土化。1928 年国民政府创建中央研究院，这标志着现代科学技术研究在中国的制度化。中央研究院主要开展数学、天文学与气象学、物理学、化学、地质与地理学、生物科学、人类学与考古学、社会科学、工程科学、农林学、医学等学科的研究，将现代学科在中国的建设提升到了研究层次。

中华人民共和国建立之后，学科建设进入了一个新阶段，逐步形成了比较完整的体系。1949 年 11 月新中国组建了中国科学院，建设以学科为基础的各类研究所。1952 年，教育部对全国高等学校进行院系调整，推行苏联式的专业教育模式，学科体系不断细化。1956 年，国家制定出《十二年科学技术发展远景规划纲要》，该规划包括 57 项任务和 12 个重点项目。规划制定过程中形成的“以任务带学科”的理念主导了以后全国科技发展的模式。1978 年召开全国科学大会之后，科学技术事业从国防动力向经济动力的转变，推进了科学技术转化为生产力的进程。

科技规划和“任务带学科”模式都加速了我国科研的尖端研究，有力带动了核技术、航天技术、电子学、半导体、计算技术、自动化等前沿学科建设与新方向的开辟，填补了学科和领域的空白，不断奠定工业化建设与国防建设的科学技术基础。不过，这种模式在某些时期或多或少地弱化了学科的基础建设、前瞻发展与创新活力。比如，发展尖端技术的任务直接带动了计算机技术的兴起与计算机的研制，但科研力量长期跟着任务走，而对学科建设着力不够，已成为制约我国计算机科学技术发展的“短板”。面对建设创新型国家的历史使命，我国亟待夯实学科基础，为科学技术的持续发展与创新能力的提升而开辟知识源泉。

反思现代科学学科制度在我国移植与本土化的进程，应该看到，20世纪上半叶，由于西方列强和日本入侵，再加上频繁的内战，科学与救亡结下了不解之缘，新中国建立以来，更是长期面临着经济建设和国家安全的紧迫任务。中国科学家、政治家、思想家乃至一般民众均不得不以实用的心态考虑科学及学科发展问题，我国科学体制缺乏应有的学科独立发展空间和学术自主意识。改革开放以来，中国取得了卓越的经济建设成就，今天我们可以也应该静下心来思考“任务”与学科的相互关系，重审学科发展战略。

现代科学不仅表现为其最终成果的科学知识，还包括这些知识背后的科学方法、科学思想和科学精神，以及让科学得以运行的科学体制，科学家的行为规范和科学价值观。相对于我国的传统文化，现代科学是一个“陌生的”、“移植的”东西。尽管西方科学传入我国已有一百多年的历史，但我们更多地还是关注器物层面，强调科学之实用价值，而较少触及科学的文化层面，未能有效而普遍地触及到整个科学文化的移植和本土化问题。中国传统文化以及当今的社会文化仍在深刻地影响着中国科学的灵魂。可以说，迄20世纪结束，我国移植了现代科学及其学科体制，却在很大程度上拒斥与之相关的科学文化及相应制度安排。

科学是一项探索真理的事业，学科发展也有其内在的目标，探求真理的目标。在科技政策制定过程中，以外在的目标替代学科发展的内在目标，或是只看到外在目标而未能看到内在目标，均是不适当的。现代科学制度化进程的含义就在于：探索真理对于人类发展来说是必要的和有至上价值的，因而现代社会和国家须为探索真理的事业和人们提供制度性的支持和保护，须为之提供稳定的经费支持，更须为之提供基本的学术自由。

20世纪以来，科学与国家的目的不可分割地联系在一起，科学事业的发展不可避免地要接受来自政府的直接或间接的支持、监督或干预，但这并不意味着，从此便不再谈科学自主和自由。事实上，在现当代条件下，在制定国家科技政策时充分考虑“任务”和学科的平衡，不但是最大限度实现学术自由、提升科学创造活力的有效路径，同时也是让科学服务于国家和社会需要的最有效的做法。这里存在着这样一种辩证法：科学技术系统只有在具有高度创造活力的情形下，才能在创新型国家建设过程中发挥最大作用。

在全社会范围内创造一种允许失败、自由探讨的科研氛围；尊重学科发展的内在规律，让科研人员充分发挥自己的创造潜能；充分尊重科学家的个人自由，不以“任务”作为学科发展的目标，让科学共同体自主地来决定学科的发展方向。这样做的结果往往比事先规划要更加激动人心。比如，19 世纪末德国化学学科的发展史就充分说明了这一点。从内部条件上讲，首先是由于洪堡兄弟所创办的新型大学模式，主张教与学的自由、教学与研究相结合，使得自由创新成为德国的主流学术生态。从外部环境来看，德国是一个后发国家，不像英、法等国拥有大量的海外殖民地，只有依赖技术创新弥补资源的稀缺。在强大爱国热情的感召下，德国化学家的创新激情迸发，与市场开发相结合，在染料工业、化学制药工业方面进步神速，十余年间便领先于世界。

中国科学院作为国家科技事业“火车头”，有责任提升我国原始创新能力，有责任解决关系国家全局和长远发展的基础性、前瞻性、战略性重大科技问题，有责任引领中国科学走自主创新之路。中国科学院学部汇聚了我国优秀科学家的代表，更要责无旁贷地承担起引领中国科技进步和创新的重任，系统、深入地对自然科学各学科进行前瞻性战略研究。这一研究工作，旨在系统梳理世界自然科学各学科的发展历程，总结各学科的发展规律和内在逻辑，前瞻各学科中长期发展趋势，从而提炼出学科前沿的重大科学问题，提出学科发展的新概念和新思路。开展学科发展战略研究，也要面向我国现代化建设的长远战略需求，系统分析科技创新对人类社会发展和我国现代化进程的影响，注重新技术、新方法和新手段研究，提炼出符合中国发展需求的新问题和重大战略方向。开展学科发展战略研究，还要从支撑学科发展的软、硬件环境和建设国家创新体系的整体要求出发，重点关注学科政策、重点领域、人才培养、经费投入、基础平台、管理体制等核心要素，为学科的均衡、持续、健康发展出谋划策。

2010 年，在中国科学院各学部常委会的领导下，各学部依托国内高水平科研教育等单位，积极酝酿和组建了以院士为主体、众多专家参与的学科发展战略研究组。经过各研究组的深入调查和广泛研讨，形成了“中国学科发展战略”丛书，纳入“国家科学思想库—学术引领系列”陆续出版。学部诚挚感谢为学科发展战略研究付出心血的院士、专家们！

按照学部“十二五”工作规划部署，学科发展战略研究将持续开展，希望学科发展战略系列研究报告持续关注前沿，不断推陈出新，引导广大科学家与中国科学院学部一起，把握世界科学发展动态，夯实中国科学发展的基础，共同推动中国科学早日实现创新跨越！

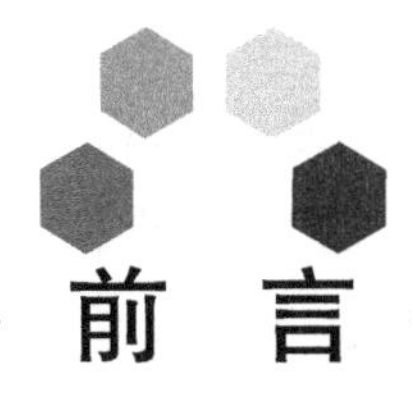

前　言

数学优化是数学的一个重要学科方向，是应用数学的重要组成部分，是数学在其他领域应用的重要工具，也是当前机器学习、人工智能的基础之一. 数学优化是一门研究有关优化问题的数学理论和方法的学科. 优化问题，就是在众多可能中寻找最优解的问题. 在数学上，优化问题通常建模成在一定条件下寻求满足某种最优性质的解. 著名数学家欧拉曾说过，“宇宙间万物无不遵循某种最大或最小准则”. 优化理论与方法在科学和技术的各个领域以及国防、经济、金融、工程、管理等许多重要实际部门都有直接的应用. 例如，在自然科学研究中，地学中的反演问题、生命科学中的蛋白质结构问题、计算化学中的原子结构问题等都可以建模成为优化问题. 又如，在金融经济领域，期权定价、投资组合、风险估计等都可归结为优化问题.

现代数学优化诞生于 20 世纪上半叶第二次世界大战期间，研究主要集中在线性规划. 到 20 世纪末，数学优化的研究主要集中在线性规划、非线性规划的理论与算法上，不少研究成果产生了非常重要的影响. 进入 21 世纪，数学优化发展势头迅猛，涌现出许多新的方法和技术，一些早期技术在新问题上获得了广泛的应用. 在学科发展上，数学优化从线性规划、非线性规划的兴起逐步发展到多个分支方向. 近年来，受应用的驱动，数学优化的新热点和新方向不断涌现.

经国家自然科学基金委员会–中国科学院学科发展战略研究工作联合领导小组批准，2017 年 1 月设立了“数学优化学科战略发展研究”项目. 本项目旨在通过深入调研，系统分析目前数学优化的主要分支、核心前沿、当前进展及发展方向，包括当前热门研究课题、主要的思想、方法与技巧、主要的难题, 以及近年来的主要成果与活跃的前沿人物; 提出对学科发展态势的观点与看法; 提炼出本学科的基本思想、核心方法与关键技巧; 根据我国学科发展和国家重大需求, 提炼与该学科密切相关的重要问题, 建议、组织攻关和研发队伍, 解决重大理论或实际问题; 为我国优化学科发展提出整体建议; 推动我国在数学优化的学科建设和人才培养; 为提高我国数学优化的研究水平和促进该学科在其他领域的应用做出贡献.

本项目共召开四次研讨会, 2017 年 5 月 9 日, 项目启动仪式暨第一次研讨会在湖南第一师范学院召开; 2017 年 10 月 6 日, 第二次研讨会在中国科学院大学召开; 2018 年 4 月 14 日, 第三次研讨会在长江大学召开; 2018 年 10 月 12 日, 第四次研讨会在重庆融汇丽笙酒店召开. 来自美国宾州州立大学、北京大学、清华大学、浙江大学、南京大学、北京航空航天大学、北京交通大学、北京邮电大学、北京工业大学、上海交通大学、上海大学、上海财经大学、上海理工大学、南开大学、天津大学、大连理工大学、重庆师范大学、河北工业大学、河南师范大学、湖南第一师范学院、香港中文大学、香港中文大学 (深圳)、香港理工大学、中国科学院大学、中国科学院数学与系统科学研究院、中国科学院地质与地球物理研究所等单位的近百名数学优化专家和学者参加了项目研究, 就项目规划、咨询开展、报告章节设计、章节写作分工等方面进行了深入的研讨.

“数学优化学科战略发展研究” 项目于 2018 年年底顺利结题. 项目组根据结题报告整理成书, 四十余名专家学者参加撰写. 他们是: 袁亚湘 (第 1 章), 白延琴 (第 2 章), 范金燕、戴彧虹、刘新为 (第 3 章), 夏勇 (第 4 章), 陈旭瑾、徐大川、张国川 (第 5 章), 申培萍、吴至友、邢文训 (第 6 章), 张在坤 (第 7 章), 张立卫 (第 8 章), 黄正海、林贵华、修乃华 (第 9 章), 何斯迈、江波 (第 10 章), 杨新民、赵克全 (第 11 章), 夏勇、周安娃 (第 12 章), 杨庆之、黄正海 (第 13 章), 丁超、文再文、潘少华 (第 14 章), 文再文、刘歆 (第 15 章), 陈加伟、林贵华、张进 (第 16 章), 张立卫 (第 17 章), 戴彧虹 (第 18 章), 韩德仁、杨俊

锋 (第 19 章), 刘歆 (第 20 章), 郭田德、文再文、马士谦、田英杰、韩丛英、牛凌峰 (第 21 章), 许志强 (第 22 章), 王彦飞 (第 23 章), 童小娇、韩冬 (第 24 章), 刘亚锋、孙聪 (第 25 章), 高建军、陆品燕、江波 (第 26 章). 本书的每一章都由作者本人先征求相关领域海外同行专家的意见, 再由项目组统一组织专家审稿, 每一章平均邀请一名海外学者与一名国内学者担任审稿专家, 以高度严谨的态度确保本书的学术水准.

在项目执行过程中, 中国科学院学部工作局的彭晴晴同志和科学出版社牛玲编辑给予了有益指导与大力支持. 在此, 对参与本项目咨询、调研、撰写报告、评审、提出意见和建议的所有人员表示最衷心的感谢!

书中观点、内容难免有偏颇和挂一漏万之处, 敬请读者理解和包涵.

袁亚湘

2019 年 10 月

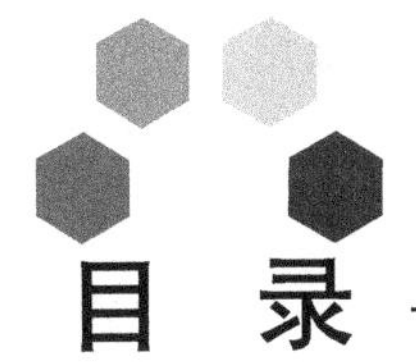

目录

第1章 引 言

数学优化 (mathematical optimization) 是研究优化问题的数学理论和方法的一门学科. 优化问题, 顾名思义, 就是在众多可能中寻找最优解的问题. 在数学上, 优化问题通常建模成在一定条件下寻求满足某种最优性质的解. 数学优化在早期被称为数学规划 (mathematical programming). 英文 “programming” 一词是多义词, 大众更多的是知道其 “程序” 含义而不是 “规划”. 所以, 近年来国际数学界更偏向用数学优化取代数学规划. 标志性的事件是国际上最重要的数学优化学术组织, 成立于 1973 年的 “数学规划学会” (Mathematical Programming Society), 在 2010 年经全体会员投票决定更名为 “数学优化学会”(Mathematical Optimization Society).

数学优化是数学的一个重要学科方向, 是应用数学的重要组成部分. 例如, 美国工业与应用数学学会(Society on Industrial and Applied Mathematics, SIAM) 就下设优化分会, 且主办了国际著名学术期刊 *SIAM Journal on Optimization*. 运筹学 (英: operational research; 美: operations research) 是研究决策的科学, 其核心就是数学优化. 正因为如此, 数学优化被看成运筹学的分支[1]. 在国内外重要的运筹学学术组织中, 如国际运筹学联合会 (International Federation of Operational Research Societies)、美国运筹学与管理科学研究协会 (Institute for Operations Research and the Management Sciences)、中国运筹学会等, 数学优化都是非常活跃、重要的研究方向和分支. 特别是在我国, 中国运筹学会规模最大、影响最大的专业委员会就是数学规划专业委员会. 数学优化中研究优化问题数值方法的分支称为数值优化, 它与数值代数、数值微分方程并列为数值分析的三大分支. 数值优化方法是科学计算的基础之一. 优化计算方法是计算数学的重要组成部分. 数学优化还是管理科学的基本方法和技术之一.

著名数学家欧拉曾说过, “宇宙间万物无不遵循某种最大或最小准则”. 优化理论与方法在国防、经济、金融、工程、管理等许多重要领域都有直接的应用. 例如, 在金融经济领域, 期权定价、投资组合、风险估计等都可归结为优化问题. 很多其他自然科学领域的科学问题也可归结为优化问题. 例如, 生命科学中的蛋白质折叠、DNA 序列分析、基因比对等问题本质上都是优化问题; 信息科学中的图像处理和模式识别关键在于优化问题的计算; 地球科学中天气预报和石油勘探的核心问题也都是优化问题; 在材料科学领域, 电子结构计算、复合材料设计的难点在于求解优化问题; 化学科学中的催化反应问题等通常也建模为优化问题; 大数据处理、分析、预测等都离不开优化方法.

数学优化的历史至少可以追溯到法国数学家费马 (Pierre de Fermat, 1601—1665), 他在给罗贝瓦尔 (G. P. Roberval, 1636 年) 和笛卡儿 (1638 年) 的信中提出求极大、极小值的步骤, 本质上就是通过求稳定点来找极值点. 1669 年, 牛顿在文章 *De analysi per aequationes ngumero terminorum infinitas* 中提出的方程求根方法后来发展成为非线性方程组和无约束优化的基本算法. 莱布尼茨于 1684 年发表了题为《一种求极大值与极小值和切线的新方法, 它也适用于分式和无理量, 以及这种新方法的奇妙类型的计算》的文章. 牛顿在 1687 年出版的《自然哲学的数学原理》一书的前言中写道, “十年前在我和最杰出的几何学家莱布尼茨的通信中, 我表明我已经知道确定极大值和极小值的方法、作切线的方法以及类似的方法, 但我在交换的信件中隐瞒了这个方法 ······”, 这位最卓越的科学家在回信中写道, “他也发现了一种同样的方法, 并诉述了他的方法, 该方法除了措辞和符号之外与我的方法几乎没有什么不同”. 在 1713 年该书第二版中牛顿依然保留了这段话, 但在 1726 年第三版及以后的各版中, 这段话就被删掉了. 这段话通常被用来考证牛顿与莱布尼茨创立微积分之争 (现在, 人们公认牛顿和莱布尼茨各自独立地创建了微积分). 我们从这段话可以看出, 研究优化问题不仅是微积分最早期的应用之一, 同时也对微积分的创立起了一定的驱动作用. 早期关于优化问题的著名研究还包括拉格朗日 (1736—1813) 处理等式约束的乘子方法, 高斯 (1777—1855) 关于非线性最小二乘的方法以及柯西 (1789—1857) 提出的最速下降法.

现代数学优化诞生于 20 世纪上半叶第二次世界大战中[2]. 1939 年, 康托洛维奇 (1912—1986) 发展了线性规划方法来合理安排资源调配, 以减少军队开支和扩大敌方损失. 几乎同时, Koopmans (1910—1985) 将经典经济问题建模成线性规划. 后来, 他们共同获得了 1975 年的诺贝尔经济学奖. 第二次世界大战期间, 他们的工作没有及时被科学界广泛知晓. 真正推动线性规划发展的是 George Dantzig (1914—2005), 他没有像同时代的经济学家那样只把线性规划用来建模和分析经济现象, 而是把线性规划看成求解一类特殊实际问题之最优解的方式. 1947 年, Dantzig 发明了求解线性规划的单纯形法. 也因为如此, 优化界公认他是数学规划之父. 单纯形法 (simplex method) 是 20 世纪科学计算中最重要的算法之一.

现代非线性规划兴起的标志性工作是 Kuhn (1925—2014) 和 Tucker (1905—

1995) 在 1951 年所给出的约束优化最优性条件[3]. 非线性规划这一概念也是在此文首次被提出. 正因为如此, Kuhn 和 Tucker 被认为是非线性规划的先驱. 事实上, 约束优化的最优性条件早在 1939 年就由 Karush (1917—1997) 在其硕士学位论文中提出并深入研究. 虽然 Karush 的工作在很长一段时间内不为优化界所知, 但是他的首创贡献最终还是被广泛认可. 现在, 约束优化的最优性条件被优化界称为 KKT 条件, 即由上述三位先驱姓氏的首字母组成.

整数规划早期的最著名研究是由 Markowitz 和 Manne 合作于 1957 年发表在著名期刊 *Econometrica* 上的文章, 该文给出了分支定界的概念和技术. Markowitz (1927—) 在金融经济学方面的工作于 1990 年获得诺贝尔经济学奖. 整数规划的一个重要技术是割平面法, 该方法由 Gomory (1929—) 于 1958 年提出. 分支技术和割平面技术相结合逐渐成为求解整数规划和组合优化的主要方法. 离散优化除了经典的整数规划还包括组合优化与网络优化. 离散问题由于其特殊结构, 许多问题都是 NP-难的, 吸引了许多著名学者对其进行研究, 代表性人物包括中国运筹学会前理事长越民义先生以及德国数学会前会长、国际数学联盟前秘书长、柏林科学院院长、中国科学院外籍院士 Martin Groetschel.

从现代数学优化的诞生到 20 世纪末, 数学优化的不少研究成果产生了非常重要的影响. 除了上述提及的单纯形法和 KKT 条件, 还有 20 世纪 50 年代的共轭梯度法、60 年代的拟牛顿法和增广拉格朗日函数法、70 年代的信赖域法、80 年代的内点法以及 BB 步长梯度法等. 进入 21 世纪后, 数学优化发展势头依然强劲, 涌现出了许多新的方法和技术, 一些早期技术在新问题上得到了广泛的应用, 如 Nesterov 加速技术、Lassarre 松弛技术、ADMM 方法和随机梯度法等. 在学科发展上, 数学优化从线性规划、非线性规划的兴起逐步发展到多个分支方向, 如整数规划、组合优化、变分不等式与互补问题、向量优化、非光滑优化、随机优化、动态规划、半定规划、锥优化、多项式优化等. 近年来, 受应用的驱动, 数学优化的新热点和新方向不断涌现, 如稀疏优化、鲁棒优化、在线优化、张量优化、流形上的优化、机器学习中的优化等.

优化与数学的各分支都有密切的联系. 分析数学的方法, 特别是数值泛函分析对研究优化方法的理论性质, 如收敛性、收敛速度等至关重要. 而数值代数是数值优化的核心部分, 所以优化方法的构造离不开数值代数. 由于求函数极值在几何上是求解曲面上的最高点或最低点, 函数的几何性质对寻找好的优化方法有很好的指导作用. 基础数学的理论和结果对数学优化有深刻的影响. 例如, 共轭梯度法就是由著名几何学家 Stiefel (1909—1978) 和曾任美国数学会副会长的著名数学家 Hestenes (1906—1991) 合作提出的; 组合优化的匈牙利算法是基于矩阵组合性质的 Egervary 定理, 而 Egervary (1891—1958) 是匈牙利著名数学家，曾获匈牙利国家科技最高奖 Kossuth 奖；多项式优化与 Hilbert (1862—1943) 第 17 问题有密切联系，关于多项式优化的研究，依赖于代数中的许多纯理论结果；近年来逐渐受到重视的流形上的优化的研究，则需要利用流形上的几何性质. 统计和优化联系同样非常密切，许多实际问题利用统计方法建立的模型大多是优化问题. 数学优化在其他领域的渗透也在加强. 例如，在通信领域，信号处理中的资源配置问题都离不开优化方法；在经济金融领域，几乎所有的数学模型都是优化模型；在数据科学领域，优化是最基本的分析手段和工具之一. 人工智能、机器学习中的主要方法之一就是优化.

从事数学优化研究的科研人员分布在高等学校、科研院所、企业、金融机构等. 在欧洲，高等学校中研究数学优化的专家大多集中在数学系或应用数学系. 但在美国，数学优化的专家既有人就职于数学系，也有人就职于运筹系、工程系、管理系等. 美国的很多大型企业旗下的研究机构，如 IBM 的 Watson 研究中心、朗讯的贝尔实验室等都拥有著名的数学优化研究人员. 我国的一些著名企业，如华为、阿里巴巴、滴滴等都在其下设的研究部门聘有相当数量的从事数学优化研究的高水平专家.

在国际学术界，数学优化近年来也越来越受到重视. 最近的几次国际数学家大会和国际工业与应用数学大会上都有数学优化方面的邀请报告. 数学优化已逐渐成为数学的一个重要方向，它吸引了不同数学分支的专家的关注. 近年来在国际上备受重视的压缩感知问题本质上是一个特殊的优化问题，菲尔兹奖获得者陶哲轩等对该问题就有深入研究. 悬赏百万美元的 Netflix 问题实质上是低秩矩阵完整化问题，通常也被建模成一个特殊的优化问题.

国际上最著名的优化学术期刊是创刊于 1971 年的 *Mathematical Programming*，它是国际数学优化学会的会刊. 数学优化的另一个顶尖刊物是美国工业与应用数学学会主办的、创刊于 1990 年的 *SIAM Journal on Optimization*. 国际最重要的数学优化学术会议是由数学优化学会主办的三年一度的国际数学规划大会 (International Symposium on Mathematical Programming). 另外一个非常重要的数学优化方面的学术会议是美国工业与应用数学学会主办的 SIAM 优化会议 (SIAM Conference on Optimization)，它也是三年举行一次. 数学优化界的最高奖是由美国工业与应用数学学会和国际数学优化学会联合颁发的 Dantzig 奖. 该奖设立于 1979 年，每三年颁发一次，1982 年首次颁奖，获奖者为 Powell (1936—2015) 和 Rockafellar (1935—).

近年来，优化方法的应用在国际上越来越普遍，同时也受到越来越高的重视. 在 2012 年美国科学院出版的美国国家研究理事会组织编写的《2025 年的数学科学》[4] 中，多处提到了优化方法的应用. 例如，在该书的 3.6 节 “数学科学对工业的贡献” 中写道：“半导体行业利用优化方法，设计计算机芯片，以及模拟材料的生产过程和性能.” 书中还指出, 欧洲科学基金会 2010 年的《数学与工业》报告把优化方法列为数学在工业中成功的应用案例之一. 报告指出: “随着计算能力的提高和加速算法上取得成绩的增多, 产品优化已成为现实, 这对于工业至关重要. ” 2012 年美国白宫科学与技术政策办公室的报告《捕捉先进制造业的国内竞争优势》确定了 11 个交叉技术领域, 是 R&D 投资的最佳获选领域, 这些领域在很多方面都依赖系统的建模、大量数据的分析、控制和优化. 当前国际上备受重视的人工智能、机器学习等领域所归结的核心问题就是优化, 所以优化在这些领域将得到更广泛的应用和发挥越来越重要的作用. 未来, 自动驾驶技术、智能医生系统、无人作战系统等各种机器取代人的系统能得到很好的实现必将依赖高度复杂的、多目标的、在线的、随机优化问题的快速求解, 有的可能还要依赖于建立目前我们尚不知道的新类型的优化问题以及这些问题的快速求解. 当然, 等量子计算机被广泛应用时, 优化问题的算法设计和理论分析无疑也会发生翻天覆地的变化. 这一天应该迟早都会到来, 但我们等待的时间将取决于未来科技发展的速度.

在中国, “田忌赛马” 是运筹应用的一个很好的实例. 从 “运筹帷幄之中, 决胜千里之外” 可知运筹思想在我国古代军事中就早有应用. 公元前 6 世纪的《孙子兵法》是我国古代军事运筹思想最早的典籍. 现代运筹学被引入中国是在 20 世纪 50 年代后期[5]. 在钱学森、许国志等的积极推动下, 1956 年中国科学院力学研究所成立了运筹学小组. 该小组后来并入中国科学院数学研究所的运筹学研究室. 我国数学优化的起源可追溯到 1958 年, 那时华罗庚投身 “大跃进” 运动, 发展应用数学, 促进数学在实际中的应用. 他带领学生走访运输部门, 推动运筹学方法的运用, 其中一个代表性的工作是 “打麦场的选址问题”. 1960 年, 管梅谷发表在《数学学报》的论文中提出邮递员选择最优路径问题, 后来被国际同行称为 “中国邮递员问题”. 这是我国在数学优化领域第一个有着重要国际影响的工作. 在 “文化大革命” 期间, 华罗庚和他的小分队去农村、工厂、矿山推广优化技术和统筹方法, 足迹遍布中国大江南北. 其中普及最广的是 “黄金分割法”, 俗称 0.618 法. 这个求解单变量优化问题的简单方法可能是世界上最广为人知的一个优化算法. 统筹方法的推广和普及推动了若干数学优化方法在生产实际中的应用, 为我国国家建设和国民经济做出了重要贡献.

改革开放以来, 我国在数学优化方面的研究有了长足的进步, 在既约梯度法、非线性共轭梯度法、信赖域方法、拟牛顿法、子空间方法、交替方向方法、稀疏优化、张量优化等多个方向上取得了突出的成绩, 涌现了一批非常优秀的青年优化学者. 在海外有一批数量可观、非常杰出的华人优化专家, 他们对我国数学优化的学科发展和人才培养发挥了重要的作用.

我国运筹学会的会刊 *Journal of the Operations Research Society of China*

创刊于 2013 年, 至今所发表的文章大多都是关于数学优化方面的. 中国运筹学会数学规划分会是中国运筹学会最大的分会, 每两年召开一次年会, 年会参加人数通常为 600~800 人.

本书后面各章将分析目前数学优化的主要分支、核心前沿方向、当前进展及发展态势, 包括当前热门研究课题、主要的思想、方法与技巧、主要的难题, 以及近年来的主要成果与活跃的前沿人物; 提出对学科发展态势的观点与看法; 凝练出本学科的基本思想、核心方法与关键技巧; 根据我国学科发展和国家重大需求, 凝练与该学科密切相关的重要问题, 建议、组织攻关和研发队伍, 解决重大理论或实际问题; 为我国优化学科发展提出整体建议.

希望本书能推动我国在数学优化的学科建设和人才培养, 为提高我国数学优化的研究水平和促进该学科在其他领域的应用做出贡献.

参 考 文 献

[1] 中国科学技术协会, 中国运筹学会. 2012—2013 运筹学学科发展报告. 北京: 中国科学技术出版社, 2014.

[2] Groetschel M. Documenta Mathematica. Extra Volume: Optimization Stories, 2012.

[3] Lenstra J K, Rinnooy Kan A H G, Schrijver A. History of Mathematical Programming. A Collection of Personal Reminiscences. Amsterdam: North-Holland, 1991.

[4] 美国科学院国家研究理事会. 2025 年的数学科学. 刘小平, 李泽霞, 译. 北京: 科学出版社, 2014.

[5] 华罗庚, 苏步青. 中国大百科全书: 数学. 北京: 中国大百科全书出版社, 1988.

第 2 章 线性规划

2.1 线性规划问题背景

线性规划 (linear programming, LP) 泛指研究目标函数和约束条件都是线性函数的最优化理论与算法及应用, 是最优化理论中非常重要的一类优化问题, 它在形式上是最简单且最具广泛应用的数学优化问题. 一个线性规划问题是在可行域为多面体和多胞形上极小化或者极大化线性目标函数. 线性规划在经济管理、金融、军事、交通运输、工业等领域有着广泛的应用, 为合理地利用有限的人力、物力、财力等资源做出最优决策提供科学的方法.

线性规划起源于第二次世界大战军事作战的需求, 是现代数学优化的起源和标志. 第二次世界大战期间, 英、美的军队中成立了运筹学研究小组, 开展了护航舰队保护商船的编队问题和当船队遭受德国潜艇攻击时, 如何使船队损失最小问题的研究. 线性规划这一概念是在同军事行动计划有关的实践中产生的. 1947 年在美国海军工作的数学家 G. B. Dantzig 提出求解线性规划的单纯形法, 为解决美国和盟国军事问题以及赢得战争最后的胜利做出了巨大贡献, 同时奠定了线性规划这门学科的基础[1]. 单纯形法被科技界公认是 20 世纪的十大算法之一. 在此之前, 已有很多数学家对线性规划的发展应用以及线性规划作为一门学科的诞生做出了多方面的贡献. 关于线性规划的早期研究可以追溯到法国数学家傅里叶(J. B. J. Fourier, 1768—1830) 和 Vallee-Pousson, 他们分别于 1823 年和 1911 年独立提出线性规划的想法, 但未引起注意. 1896 年 Farkas 提出了有限个线性系统的择一性定理, 后续很多数学家做了一系列关于线性规划的工作. 例如, 1911 年与 1934 年 Pousson 和 Motzkin 分别提出了 Fourier-Motzkin 消元法; 1932 年 Haar 证明了对于无限个线性系统的择一性定理; 等等. 1938 年苏联数学家 Kantorovich 提出线性规划模型的经济学概念, 出版了《生产组织与计划中的数学方法》一书, 对列宁格勒胶合板厂的计划任务建立了一个线性规划的模型, 并提出了 “解乘数法” 的求解方法, 为数学与管理科学的结合做了开创性的工作, Kantorovich 因此获得了诺贝尔经济学奖. 还有不少数学家也在线性优化方面做出了重要贡献, 如 Karush、Hitchkock、Koopmans 等等. 然而具有里程碑意义的工作当属 Dantzig 在 1947 年提出的求解线性规划的单纯形法, 真正为线性规划学科奠定了基础. 同在 1947 年, 20 世纪最重要的数学家之一冯 • 诺依曼 (J. von Neumann, 1903—1957) 提出了线性规划的对偶理论, 开创了线性规划的许多新的研究领域, 扩大了它的应用范围和解题能力. 1951 年美国经济学家 Koopmans 把线性规划应用到经济领域, 为此与 Kantorovich 一起获得了 1975 年诺贝尔经济学奖[2].

1950 年后国际学者们对线性规划进行大量的理论研究, 并涌现出一大批新的算法. 例如, 1954 年 Lemarechal 提出对偶单纯形法, 1954 年 Shetty 等解决了线性规划的灵敏度分析和参数规划问题, 1956 年 Tucker 提出互补松弛定理, 1960 年 Dantzig 和 Wolfe 提出分解算法等[3, 4]. 1979 年苏联数学家 L. G. Khachiyan (1952—2005) 提出解线性规划问题的椭球算法, 并证明它是多项式时间算法[5]. 1984 年美国贝尔电话实验室的印度数学家 Karmarkar 提出解线性规划问题的新的多项式时间算法. 用这种方法求解线性规划问题在变量个数为 5000 时只要单纯形法所用时间的 1/50. 现已形成线性规划多项式算法理论[6]. 随着 21 世纪来临, 线性规划被推广到线性锥规划, 把关于线性规划多项式时间的算法推广到具有凸锥结构的非线性规划问题上. 线性规划的研究成果还直接推动了其他数学规划问题, 包括整数规划、随机规划和非线性规划的算法研究. 随着计算机的发展, 出现了许多线性规划的软件, 如 MPSP、OPHEIE、UPPIRE、CPLEX、XPRESS、GUROBI 等, 可以方便地求解几万个变量或约束线性规划问题.

由于很多实际问题可用线性规划描述和近似, 线性规划通常可用于研究资源的最优利用、设备最佳运行等问题. 例如, 当任务或目标确定后, 如何统筹兼顾, 合理安排, 用最少的资源 (如资金、设备、原材料、人工、时间等) 去完成确定的任务或目标; 企业在一定的资源条件限制下, 如何组织安排生产获得最好的经济效益 (如产量最高、利润最大). 因此线性规划是运筹学中研究早、发展快、应用广泛、方法最成熟的重要分支. 进一步, 在求解非线性规划和整数规划等优化问题的过程中, 必须用到线性规划, 使得线性规划成为科学管理的一种基本的数学方法, 广泛应用于军事作战、经济分析、经营管理和工程技术等方面. 它为合理地利用有限的人力、物力、财力等资源做出最优决策, 提供科学依据.

2.2　线性规划数学模型

线性规划数学模型由决策变量 (decision variable)、目标函数 (objective function) 及约束条件 (constraint) 构成. 其中目标函数是由多个决策变量组成的线性函数, 通常是求最大值或最小值. 解决问题的约束条件是多个决策变量的一组线性不等式或等式.

标准的线性规划问题通常有如下表达式:

$$\text{(LP)} \qquad \min\{c^{\mathrm{T}}x : Ax = b, x \geqslant 0\},$$

这里 A 是秩为 m 的 $m \times n$ 矩阵, b 是 m 维的向量, c 是 n 维的向量.

线性规划的基本概念主要是几种解的定义与关系. 首先, 关于约束矩阵 A 中的基 (basis) 的概念, 设 B 为 A 中 $m \times m$ 子矩阵且秩为 m, 称 B 是线性规划的一个基 (或基矩阵 (basis matrix)). 当 $m = n$ 时, 基矩阵唯一; 当 $m < n$ 时, 基矩阵就可能有多个, 但数目不超过 C_n^m. 当确定某一基矩阵时, 则基矩阵对应的列向量称为基向量 (basis vector), 其余列向量称为非基向量, 基向量对应的变量称为基变量 (basis variable), 非基向量对应的变量称为非基变量.

线性规划的几种解包含: 可行解 (feasible solution)、最优解 (optimal solution)、基本解 (basis solution)、基可行解 (basis feasible solution)、非可行解 (infeasible solution) 和无界解 (unbound solution).

线性规划的主要理论是解的最优性条件和对偶理论, 分别介绍线性规划解的基本定理和对偶理论如下.

(1) 若线性规划问题存在可行解, 则问题的可行域是凸集.

(2) 线性规划问题的基可行解 x 对应线性规划问题可行域 (凸集) 的顶点.

(3) 若线性规划有最优解, 则必存在一个基可行解是最优解.

线性规划问题的对偶问题有如下表达式:

$$\text{(LD)} \qquad \max\{b^{\mathrm{T}}y : A^{\mathrm{T}}y + s = c, s \geqslant 0\},$$

这里 y 是 m 维的对偶变量, s 是 n 维的互补松弛变量.

线性规划的对偶理论如下所述.

(1) 弱对偶性: 设 x, y 分别为 (LP) 与 (LD) 的可行解, 则 $c^{\mathrm{T}}x \geqslant b^{\mathrm{T}}y$.

(2) 在互为对偶的两个问题中, 若一个问题可行且具有无界解, 则另一个问题无可行解.

(3) 强对偶性: 设 x^*, y^* 分别为 (LP) 与 (LD) 的可行解, 则 x^*, y^* 是 (LP) 与 (LD) 的最优解当且仅当 $c^{\mathrm{T}}x^* = b^{\mathrm{T}}y^*$.

(4) 若互为对偶的两个问题其中一个有最优解, 则另一个也有最优解, 且最优值相同.

(5) 互补松弛定理: 设 x^*, y^* 分别为 (LP) 与 (LD) 的可行解, 设 s_x 和 s_y 分别是它的松弛变量的可行解, 则 x^*, y^* 是 (LP) 与 (LD) 的最优解当且仅当 $s_x^{\mathrm{T}}x^*=0$ 和 $s_y^{\mathrm{T}}y^*=0$.

2.3 线性规划求解方法

求解线性规划问题的基本方法是单纯形法和内点算法. 对于只有两个变量的简单的线性规划问题, 也可采用图解法求解. 这个方法的特点是直观而易于理解, 但实用价值不大. 当然还有一些其他的方法, 如 Dikin 步骤算法. 在这里我们不作介绍, 有兴趣的读者可参考文献 [4].

2.3.1 单纯形法

单纯形法 (simplex method) 是求解线性规划问题的主要方法. 首次提出这个方法的是线性规划的集大成者 Dantzig[1]. 1947 年, 面对美国制订空军军事规划时提出的问题, Dantzig 首次提出了单纯形法来解决这类极值问题的求解. 单纯形法是最早求解所有一般线性规划问题的可行算法. 根据线性规划的最优性条件, 最优解必在可行解集合的某个顶点上到达. 因此算法的设计思想是先从一个初始基可行解出发, 并判断它是否最优, 若不是最优, 再换一个基可行解并判断, 直到得出最优解或无最优解. 它是一种逐步逼近最优解的迭代方法.

单纯形法求解线性规划问题的计算步骤包括最优性检验公式、入基公式、出基公式, 以及无解的判断和终止准则. 如下是具体的步骤:

(1) 求初始基可行解, 列出初始单纯形表.

(2) 最优性检验: 当检验数 $c_j-z_j\leqslant 0$, 且基变量中不含人工变量时, 基可行解为最优解, 计算结束; 当存在检验数 $c_j-z_j>0$ 时, 如果有 $P_j\leqslant 0$, 则问题为无界解, 计算结束, 否则转 (3).

(3) 从一个基可行解换到相邻的使目标函数值更小的基可行解, 列出新的单纯形表, 确定出基变量.

(4) 重复 (2), (3) 两步, 一直到计算结束为止.

1953 年, Dantzig 为了修正单纯形法每次迭代中积累起来的进位误差, 提出了改进单纯形法. 其基本步骤和单纯形法大致相同, 主要区别是在逐次迭代中不再以高斯消去法为基础, 而是由旧基阵的逆去直接计算新基阵的逆, 再由此确定检验数. 这样做可以减少迭代中的累积误差, 提高计算精度, 同时也减少了在计算机上的存储量.

1954 年美国数学家 Lemarechal 提出对偶单纯形法 (dual simplex method). 单纯形法是从原始问题的一个可行解通过迭代转到另一个可行解, 直到检验数满足最优性条件为止. 对偶单纯形法则是从满足对偶可行性条件出发通过迭代逐步搜索原始问题的最优解. 在迭代过程中始终保持基本解的对偶可行性, 而使不可行性逐步消失. 当原始问题的一个基本解满足最优性条件时, 其检验数 $c_BB^{-1}A - c \leqslant 0$, 即知 $y = c_BB^{-1}$ (称为单纯形算子) 为对偶问题的可行解. 满足对偶可行性, 即指其检验数满足最优性条件. 因此在保持对偶可行性的前提下, 当基本解成为可行解时, 便也就是最优解.

单纯形法的成功激发了众多的数学研究, 焦点集中在如何选取下一个顶点, 即转轴规则 (so-called pivot rules). 由此引发的问题有很多, 比如, 是否存在一种多项式时间迭代的转轴规则, 是否存在一个线性规划问题需要指数时间的迭代. 1972 年 Klee 和 Minty 回答了后面的问题, 指出单纯形法不是多项式时间算法[7].

两个新算法的出现打破了单纯形法独霸求解线性规划问题的地位. 首先是 Khachiyan 在 1979 年提出了椭球算法 (ellipsoid algorithm). 基于椭球算法, Khachiyan 证明了线性规划问题属于一类多项式时间可解问题. 虽然椭球算法有很好的计算复杂性的理论结果, 但是具体求解问题时计算效率非常差. 第二个算法是著名的内点算法, 在 1984 年由在美国贝尔实验室工作的印度籍学者 Karmarkar 提出.

目前来看, 随着大数据、云计算、人工智能时代的来临, 求解大规模优化问题是必需的. 单纯形法由于维数限制, 它的用处受到制约. 然而, 到目前为止, 单纯形法是数学规划中最经典、被研究最透彻、商业化最成熟的方法.

2.3.2 内点算法

内点算法 (interior point method) 是多项式时间可解的数学规划问题.

1984 年 Karmarkar 首次提出了投影内点算法, 是多项式时间算法, 从计算复杂性、求解实际问题的有效性, 以及处理大规模和稀疏问题的能力和速度等方面, 全面超越 Khachiyan 的椭球算法. 自从 Karmarkar 内点算法问世, 在优化领域引起相当大的关注, 美国《纽约时报》也相继报道. 从 1984 年至 1989 年, 就发表了 1300 多篇相关研究论文, 对于 Karmarkar 的投影内点算法, 研究者发现这个算法与经典的非线性规划中的仿射尺度算法 (affine scaling method)、对数障碍算法 (logarithm barrier method) 和中心方法 (center method) 有关联. 1994 年, Nesterov 和 Nemirovskii 的著作进一步揭示了内点算法与非线性凸规划有着本质的联系. 内点算法对求解凸规划具有突出的数值结果推动了新的凸优化模型的发展, 如半正定规划、对称锥规划等[8] .

线性规划的原始对偶内点算法的设计思想是从初始点出发, 迭代点跟随中心路径到达问题的最优点. 线性优化问题的中心路径与算法基本概念和框架如下.

考虑标准的线性优化 (LP) 问题及其对偶 (LD) 问题. 根据线性优化的最优性条件, 求原问题和对偶问题的解等价于求解如下线性方程组和不等式

$$\begin{cases} Ax = b, & x \geqslant 0, \\ A^{\mathrm{T}}y + s = c, & s \geqslant 0, \\ x^{\mathrm{T}}s = 0. \end{cases} \tag{2.1}$$

原始对偶内点算法的基本思想是通过引入参数 $\mu > 0$, 对方程组 (2.1) 中的第三个方程, 即互补条件 (complementarity condition), 进行松弛, 使其满足 $x^{\mathrm{T}}s = \mu$.

因此, 考虑如下方程组

$$\begin{cases} Ax = b, & x \geqslant 0, \\ A^{\mathrm{T}}y + s = c, & s \geqslant 0, \\ x^{\mathrm{T}}s = \mu. \end{cases} \tag{2.2}$$

求解方程组 (2.2) 获得解 (x^0, y^0, s^0) 必满足 $x^0 > 0$, $s^0 > 0$. 显然, 这些解满足内点条件, 即 $Ax^0 = b, x^0 > 0$ 和 $A^{\mathrm{T}}y^0 + s^0 = c, s^0 > 0$, 且对于任意给定的 $\mu > 0$, 其解是唯一的. 记该唯一解为 $(x(\mu), y(\mu), s(\mu))$, 并称 $x(\mu)$ 为原问题的 μ-中心, $(y(\mu), s(\mu))$ 为对偶问题的 μ-中心. 当 μ 趋于 0 时, μ-中心的极限点就是问题的最优解.

求解线性优化问题的一般原始对偶内点算法步骤如下:

(1) 给定阈值参数 $\tau > 0$, 精度参数 $\epsilon > 0$, 障碍参数 θ, $0 < \theta < 1$;

(2) 令 $x := e$, $s := e$, $\mu := 1$;

(3) 若 $n\mu \geqslant \epsilon$, 则 $\mu := (1 - \theta)\mu$.

若 $\Psi(v) > \tau$, 则 $x := x + \alpha\Delta x$; $s := s + \alpha\Delta s$; $y := y + \alpha\Delta y$; $v := \sqrt{\dfrac{x}{s}\mu}$, 这里 $\Psi(v)$ 是障碍函数, 有不同的定义, 经典的障碍函数是对数障碍函数, Peng、Kees Roos 和白延琴等研究者给出了一系列障碍函数, 分别命名为自正则 (self-regular) 函数和核函数 (kernel function), 详情见文献 [9].

2.4 线性规划的发展方向

线性规划的奠基人 Dantzig 在他的文章中指出:"虽然这个世界是高度非线

性的, 然而幸运的是, 我们可以用线性不等式 (相对等式而言) 来逼近实际规划中所遇到的大多数非线性关系."[1] 如今线性规划的理论与算法均已十分成熟, 在实际问题和生产、生活中的应用也非常广泛; 线性规划问题的诞生标志着一个新的应用数学分支 —— 数学规划时代的到来. 过去的 70 年中, 数学规划已经成为一门成熟的学科, 其理论与方法被应用到经济、金融、军事等各个领域. 数学规划领域内, 其他重要分支的很多问题是在线性规划理论与算法的基础上建立起来的, 同时也是利用线性规划的理论来解决和处理的. 由此可见, 线性规划问题在整个数学规划和应用数学领域中占有重要地位. 因此, 研究单纯形法的产生与发展对于认识整个数学规划的发展有重大意义. 故我们有理由相信线性规划在当今的大数据、云计算、机器学习、深度学习、人工智能、互联网时代依然能从理论、技术以及应用方面取得突破, 其依然是基础的、必要的和重要的解决问题的炙手可热的优化工具. 以下列举几个研究的重要方向和发展趋势.

(1) 线性规划在整数规划中的应用. 整数规划是指规划中的变量 (全部或部分) 限制为整数, 若在线性模型中, 变量限制为整数, 则称为整数线性规划. 目前所流行的求解整数规划的方法往往只适用于整数线性规划. 整数规划是从 1958 年由 R. E. Gomory 提出割平面法之后形成独立分支的, 60 多年来发展出很多方法解决各种问题, 现今比较成功又流行的算法是分支定界算法和割平面算法. 整数线性规划的松弛问题就是线性规划, 因此, 求解整数规划的方法基本依赖于线性规划的发展. 在当今的大数据、云计算、机器学习、深度学习、人工智能、互联网时代, 众多的应用问题的变量都是离散的, 描述这些问题的数学或者优化模型都是整数规划, 线性规划理论算法及其应用的发展直接推动整数规划的发展.

(2) 线性规划在人工智能中的应用. 2018 世界人工智能大会在上海拉开帷幕, 大会以 "人工智能赋能新时代" 为主题. 国家领导人在致 2018 世界人工智能大会的贺信中指出, "新一代人工智能正在全球范围内蓬勃兴起, 为经济社会发展注入了新动能, 正在深刻改变人们的生产生活方式. 把握好这一发展机遇, 处理好人工智能在法律、安全、就业、道德伦理和政府治理等方面提出的新课题, 需要各国深化合作、共同探讨. 中国愿在人工智能领域与各国共推发展、共护安全、共享成果".①事实上, 人工智能的概念很宽, 种类也很多. 通常, 按照水平高低, 人工智能可以分成三大类: 弱人工智能、强人工智能和超人工智能. 目前发展比较好的是弱人工智能 (artificial narrow intelligence, ANI). 弱人工智能的核心就是算法、计算力与应用场景. 而线性最优化的起源就是单纯形法的强大计算能力和战争存亡的应用场景, 因此, 在人工智能发展进程中, 线性最优化

① 习近平致 2018 世界人工智能大会的贺信. www.xinhuanet.com/politics/leaders/2018-09/17/c_1123441849.htm.

理论与技术一定是人工知识表达和大数据驱动的知识学习技术的核心基础.

(3) 线性规划在机器学习的应用. 众所周知, 机器学习理论主要是设计和分析一些让计算机可以自动"学习"的算法, 这些算法可以从数据中自动分析获得规律, 并利用规律对未知数据进行预测, 并可用于发现数据之间隐藏的关系, 解释某些现象发生的原因. 因此, 机器学习研究领域的众多模型与算法重点是最优化方法, 如支持向量机模型与算法、距离度量学习模型与算法、卷积神经网络等算法. 从广义上讲, 机器学习算法的本质是优化问题求解, 例如, 梯度下降法、牛顿法、共轭梯度法都是常见的机器学习算法优化方法. 线性最优化是所有这些算法的基础.

(4) 近来关于区块链的研究兴起, 区块链可以看作是分布式的数据、算力、算法的资源集合体, 所以"区块链 +AI"被看作是一种解决传统 AI 难题的良药. 我们相信线性规划将来在区块链与人工智能数据与算法方面有极大的优势.

(5) 大规模稀疏线性规划问题. 关于大规模稀疏优化问题, 早在 1989 年袁亚湘在文章《非线性规划 —— 现状与进展》中就给出了准确预测. 他指出未来非线性规划将在大规模稀疏问题会有重要应用[10]. 从当今大数据、人工智能的应用问题遇到的系统推荐、图像处理、模式识别等具体问题, 验证了早年的预测是非常准确的. 在未来, 在大数据时代大规模稀疏应用问题成为数学优化及其分支线性规划研究的主要对象.

(6) 线性规划在最优传输中的应用. 最优传输 (optimal transport) 问题研究的是分布之间的变换, 在数学界被长期广泛关注, 已经发展成为一个独立的数学分支, 并且有多位菲尔兹奖获得者在最优传输理论上做了重要研究, 如 A. Figalli (2018 年)、C. Villani(2010 年)、丘成桐(1982 年). 最优传输问题最早由数学家 Monge 在 1781 年提出, 但是原始的 Monge 问题是非凸优化问题, 并且解的存在性不一定能够得到保证. 而数学家 Kantorovich 将 Monge 问题松弛为线性规划问题, 使得最优传输蓬勃发展. 另外重要的一点, 最优传输问题可以定义重要的 Wasserstein 距离, 而最优传输问题的求解决定了 Wasserstein 距离的求解. 最优传输问题被广泛应用于机器学习、计算机图形学等应用领域, 尤其是 W-GAN 模型的出现, 再次使得与 Wasserstein 距离密切相关的最优传输问题被大家关注. 但是随着所涉及应用问题规模的增大, 最优传输问题的计算再次引起重视[11]. 除了针对线性规划的求解算法外, 梯度下降法、随机梯度下降法、加速梯度下降法以及 PDE 数值求解算法逐步被用来求解最优传输问题, 其中熵正则方法 (或者 Sinkhorn 方法) 是一个典型高效的最优传输求解算法[12]. 除此之外, 感兴趣的读者可以参考关于最优传输问题的相关书籍, 系统理解最优传输问题以及线性规划的应用[13, 14].

(7) 线性规划在深度学习中的应用. 深度学习 (deep learning) 是一种特征

学习方法, 把原始数据通过一些简单的但是非线性的模型转变成更高层次的、更加抽象的表达. 通过足够多的转换的组合, 非常复杂的函数也可以被学习. 深度学习被定义为在以下四个基本网络框架中拥有大量参数和层的神经网络: 无监督预训练网络 (unsupervised pre-trained network)、卷积神经网络 (convolutional neural network)、循环神经网络 (recurrent neural network)、递归神经网络 (recursive neural network). 2006 年, 加拿大多伦多大学教授, 机器学习领域的泰斗 Hinton 和他的学生 Salakhutdinov 在《科学》上发表了一篇题为 *Reducing the dimensionality of data with neural networks* 的论文, 开启了深度学习在学术界和工业界研究的浪潮[15]. 近年来, 已经掀起了一股深度学习的巨大兴趣研究热潮. 当前多数分类、回归等学习方法为浅层结构算法, 其局限性在于在有限样本和计算单元情况下对复杂函数的表示能力有限, 针对复杂分类问题其泛化能力受到一定制约. 深度学习可通过学习一种深层非线性网络结构, 实现复杂函数逼近, 表征输入数据分布式表示, 并展现了强大的从少数样本集中学习数据集本质特征的能力. 深度学习的实质, 是通过构建具有很多隐层的机器学习模型和海量的训练数据, 来学习更有用的特征, 从而最终提高分类或预测的准确性. 因此, "深度模型" 是手段, "特征学习" 是目的. 区别于传统的浅层学习, 深度学习的不同在于: ① 强调了模型结构的深度, 通常有 5 层、6 层, 甚至 10 多层的隐层节点; ② 明确突出了特征学习的重要性, 也就是说, 通过逐层特征变换, 将样本在原空间的特征表示变换到一个新特征空间, 从而使分类或预测更加容易. 与人工规则构造特征的方法相比, 利用大数据来学习特征, 更能够刻画数据的丰富内在信息. 同时, 在深度学习模型结构中, 关于深度的探讨, 比如多层的隐层节点, 以及数据特征的学习, 各种子问题的统计与优化模型中, 对于线性规划的应用, 包括局部线性化、最优性条件的线性化逼近, 都是本质的和必要的.

如下的方向是比较简略的与优化领域相关的研究方向.

(1) 线性规划问题并行算法设计. 比如, 单纯形法与内点算法混合.

(2) 寻求对于一般线性规划问题或某些特殊线性规划问题的强多项式算法.

(3) 求解大规模线性规划问题的一阶算法.

(4) 线性规划问题算法收敛性与计算复杂性分析研究.

(5) 线性规划在统计优化的应用.

(6) 软件开发.

随着时代的发展, 我们相信, 新一代线性优化方法与技术不但以更高水平提升整体优化方法与技术的发展, 而且会以更强大的应用能力为主要目标来融入人们的日常生活, 如智慧医疗、大数据智能、自主智能系统等. 在越来越多的一些应用领域, 新一代线性优化方法与技术正在引发链式突破, 进而推动经济社会从数字化、网络化向智能化加速跃进.

2.5 线性锥优化

线性锥优化 (linear conic optimization, LCO) 是从线性优化问题扩展而来的非线性凸优化问题. 线性锥优化问题是一类凸规划问题, 其目标函数是线性函数, 约束集是仿射空间和一个闭凸锥的交集. 它从优化问题可行域的结构方面来推广线性规划问题, 并推广问题到非线性的情况. 首先从约束条件开始, 引入欧氏空间的凸锥 K, 为求解非线性规划问题提供了一种新的框架. 它介于线性优化和一般的非线性优化问题之间. 一般情况线性锥优化包含凸二次规划 (convex quadratic programming, CQP) 问题、二次约束二次规划 (quadratically constrained quadratic programming, QCQP) 问题等. 很多投资组合优化与风险控制问题可以建模为线性锥优化. 自 1984 年线性规划内点算法的诞生以来, 目前在优化领域, 锥优化无论是在理论算法方面, 还是实际应用方面, 均达到了新的研究高潮.

2006 年国际著名优化专家, 冯・诺依曼理论奖获得者, 国际数学家大会一小时报告人, 国际著名优化专家美国佐治亚理工学院 (Georgia Institute of Technology) A. Nemirovski 在 2006 年西班牙举行的国际数学联盟大会的一小时报告 “Advanced in Convex Optimization: Conic Programming” 中总结了 20 年来优化领域的最新进展, 他指出: 过去的 20 年中, 在凸优化领域主要进展是锥优化, 即线性、锥二次优化和半正定优化. 锥优化揭示了凸优化所具有的丰富结构, 这种结果能促进算法的有效性[16].

线性锥优化具有像线性规划一样丰富的最优性和对偶性理论. 它的对偶问题和原问题具有结构与代数上的对称性. 进一步, 线性锥优化问题有非常广泛的应用背景, 除了在传统学科, 如投资组合风险管理、无线信号定位、工业设计、最优控制等经典问题, 还在新兴学科有广泛的交叉应用, 如稀疏优化、人工智能、大数据、云计算、信息和网络技术等. 20 世纪 80 年代兴起的内点算法发展和丰富了线性规划的求解方法以及计算复杂性分析, 也成为求解线性锥优化问题的强大工作. 迄今, 线性锥优化和内点算法已成为数学优化领域最活跃的研究领域之一. 线性锥优化主要包含三类重要的优化问题: 线性规划、二阶锥规划和半正定规划问题. 其中, 半正定规划的应用非常广泛, 在组合优化及图论中都有很好的应用, 如图论中的最大割问题、球的镶嵌问题等均可用半正定规划将 NP-难问题转化成凸的可计算问题[17]. 有兴趣的读者请参考比较经典的文献 [18] 和 [19].

线性锥优化问题的数学模型如下:

$$(\text{LCO}) \qquad \min\{c^{\mathrm{T}}x : Ax - b \in \mathcal{K}\},$$

这里 $A \in \mathbb{R}^{m\times n}$, $b \in \mathbb{R}^m$ 和 $c \in \mathbb{R}^n$. 目标函数是 $c^{\mathrm{T}}x$, 决策向量是 $x\in\mathbb{R}^n$, $Ax-b$ 是从 $\mathbb{R}^n$ 到 $\mathbb{R}^m$ 的仿射函数. $\mathcal{K}$ 是 $\mathbb{R}^m$ 闭凸点锥. 这类问题的重要性体现在如下两方面. 一方面, 很多优化问题可以表示成锥优化形式. 另一方面, 若锥 $\mathcal{K}$ 满足适当的假设, 则此类问题可由有效算法求解.

锥 $\mathcal{K}$ 的一个最简单的例子是 m 维欧氏空间 $\mathbb{R}^m$ 的第一象限锥, 即 $\mathcal{K}=\mathbb{R}^m_+$. 因此, 锥优化是线性优化问题的推广. 三种常见的闭凸点锥是第一象限锥、二阶锥 (second-order cone, or Lorentz, or ice-cream cone) 和矩阵空间的对称半正定矩阵锥, 其定义如下:

(1) 第一象限锥:

$$\mathbb{R}^m_+ = \{x \in \mathbb{R}^m : x \geqslant 0\}.$$

(2) 二阶锥:

$$\mathbf{L}^n = \left\{x \in \mathbb{R}^m : x_1 \geqslant \sqrt{\sum_{i=2}^{m} x_i^2}\right\}.$$

(3) 对称半正定矩阵锥:

$$\mathbf{S}^m_+ = \{A \in \mathbb{R}^{m\times m} : A = A^{\mathrm{T}}, x^{\mathrm{T}}Ax \geqslant 0, \forall x \in \mathbb{R}^m\}.$$

2.6 线性锥优化对偶理论

一个凸锥 $\mathcal{K}$ 的对偶锥定义如下:

$$\mathcal{K}_* = \{y \in \mathbb{R}^m : y^{\mathrm{T}}x \geqslant 0, \forall x \in \mathcal{K}\}.$$

2.5 节提到的三种锥都是对称锥, 即锥和它的对偶锥相同, 亦称为自对偶锥. 同时, 它们还是齐次锥. 更为广泛的锥可表示为这三类锥的有限卡氏积. 关于凸锥和它的对偶锥理论, 读者可参考文献 [20].

(LCO) 问题的对偶问题是

$$(\mathrm{LCD}) \qquad \max\{b^{\mathrm{T}}y : A^{\mathrm{T}}y + s = c, s \in \mathcal{K}_*\},$$

其中, $\mathcal{K}_*$ 是 $\mathcal{K}$ 的对偶锥. 如下分别给出二阶锥优化问题和半正定优化问题以及它们的对偶问题.

二阶锥优化问题及其对偶问题: 二阶锥优化问题的标准形式

$$(\mathrm{SOCO}) \qquad \min\{c^{\mathrm{T}}x : Ax = b, x \in \mathbf{L}^n\}.$$

它的对偶问题是

$$(\text{SOCD}) \qquad \max\{b^{\mathrm{T}}y : A^{\mathrm{T}}y + s = c, s \in \mathbf{L}^n\},$$

其中, $\mathbf{L} \subseteq \mathbb{R}^n$ 是几个二阶锥的卡氏积, 即

$$\mathbf{L}^n = \mathbf{L}^1 \times \mathbf{L}^2 \times \cdots \times \mathbf{L}^N,$$

对于每一个 j, 有 $\mathbf{L}^j = \mathbf{L}^{n_j}$ 和 $n = \sum_{j=1}^{N} n_j$.

半正定优化问题及其对偶问题: 半正定优化问题的标准形式

$$(\text{SDO}) \qquad \min\{C \cdot X : A_i \cdot X = b_i, i = 1, 2, \cdots, m, X \in \mathbf{S}_+^n\},$$

其对偶问题是

$$(\text{SDD}) \qquad \max\left\{b^{\mathrm{T}}y : \sum_{i=1}^{m} y_i A_i + S = C, S \in \mathbf{S}_+^n\right\},$$

其中, $A_i, C \in \mathbf{S}^n, b \in \mathbb{R}^m$. 不失一般性, 总是假设矩阵 A_i 线性无关.

关于锥优化的对偶定理有几种表示, 这里为了和线性优化的对偶理论表示一致, 我们简略描述了对偶定理, 详细的理论可以参考文献 [20].

(1) 弱对偶定理: 对于任意原问题的可行解 x (或 X) 和对偶问题的可行解 y, 恒有 $c^{\mathrm{T}}x \geqslant b^{\mathrm{T}}y$.

(2) 如果原问题严格可行且有下界, 则对偶问题可解.

(3) 如果对偶问题严格可行且有上界, 则原问题可解.

(4) 强对偶定理: 如果原问题与对偶问题都有界且严格可行, 则 x^* 是原问题最优解且 y^* 为对偶问题的最优解:

当且仅当 $c^{\mathrm{T}}x^* = b^{\mathrm{T}}y^*$ (零对偶间隙).

当且仅当 $(c - A^{\mathrm{T}}y^*)^{\mathrm{T}}x^* = 0$ (互补松弛).

2.7 线性锥优化的求解方法

2.7.1 内点算法

求解线性锥优化问题的内点算法的思想如下:

首先, 在给定的可行域 K 内构造一个光滑且严格凸的内罚函数 (障碍函数) $P(x)$, 考虑如下参数化的优化问题

$$(\mathrm{P}_\mu) \qquad \min \left\{ c^{\mathrm{T}}x + \frac{1}{\mu}P(x) \right\},$$
$$\text{s.t.} \quad x \in \mathrm{int}K,$$

这里 $\mu > 0$ 是参数.

其次, 在合适的假设下, 对于每一个 $\mu > 0$, 问题 (P_μ) 有一个唯一的解 $x^*(\mu)$, 这个解在锥 K 的内部.

参数化的优化问题 (P_μ) 形成一个连续路径 $x^*(\mu)$, $\mu \in (0, +\infty)$, 并当 $\mu \to +\infty$ 时, 收敛到原问题的最优解.

由此原问题可行域的中心路径 (central path) 是

$$x^*(\mu) = \arg \min_{x \in \mathrm{int}K} F_\mu(x) = c^{\mathrm{T}}x + \frac{1}{\mu}P(x).$$

求解线性锥优化问题的内点算法的路径跟踪策略是:

(1) 内罚的算法框架把原问题转化成一系列无约束优化问题 (P_μ).

(2) 中心路径产生迭代点列 (x_i, μ_i) 并跟踪了 $x^*(\mu)$, 使得当 $i \to +\infty$ 时, 有 $x_i - x^*(\mu_i) \to 0$, 其中 $\mu_i \to +\infty$.

(3) 当迭代点 (x_i, μ_i) 是 $x^*(\mu_i)$ 一个好的近似时, 校正 μ_i 到 μ_{i+1}, 极小化 $F_{\mu_{i+1}}(x)$, 开始新一轮迭代 x_{i+1}, 它是 $x^*(\mu_{i+1})$ 的近似.

2.7.2　其他方法

香港理工大学孙德锋教授在 20 世纪 90 年代中后期发展了半光滑和光滑化牛顿方法, 开辟了矩阵优化这一新的学科领域, 建立了非光滑矩阵分析, 在矩阵优化的理论、算法及应用方面取得了一系列奠基性的成果, 提供了求解线性锥优化的方法, 主要参考文献 [21].

北京大学文再文教授与合作者基于 ADMM (alternating direction method of multipliers) 与 DRS (Douglas-Rachford splitting) 的等价性, 发展了一种二阶型方法, 把 SDP 作为一个非线性方程组进行重新计算, 并提出了一种自适应半光滑牛顿方法, 证明了该算法可以收敛到全局最优解. 在某些假设下, 这个二阶型算法能够实现超线性或二次收敛. 数值结果表明, 该算法可以比现有的最佳算法 SDPNAL 更快地达到相当的精度, 主要参考文献 [22].

2.8　线性锥优化发展方向

由于线性锥优化问题有非常广泛的应用背景, 它又具有像线性优化问题同样多的优点, 如简单的最优性条件和丰富的对偶性理论. 对复杂应用问题的描述性, 以及有效的求解方法, 因此, 关于线性锥优化的研究前景非常广泛. 如下列举几方面的发展思路与前沿方向. 由于作者的知识局限性, 仅供读者参考.

(1) 非对称锥优化的具有多项式时间近似算法研究: 线性锥优化根据约束锥的自对偶性和非自对偶性分为两类: 对称锥优化和非对称锥优化模型. 对称锥优化模型目标函数是决策变量的线性函数, 约束集是自对偶的齐次 (homogeneous) 凸锥与仿射空间的交集. 这类优化模型主要是线性规划、二阶锥优化和半正定锥优化模型. 由于约束锥具有对称性, 这类锥称为可计算锥, 对应的优化问题可用具有多项式时间的内点算法求解. 然而美国康奈尔大学数学与运筹学专家 Renegar 教授在他的著作 *A mathematical view of interior-point methods in convex optimization* 中指出在向量空间和矩阵空间对称凸锥仅有五类, 其中三类是常见的 n 维欧氏空间的第一卦限锥、二阶锥和半正定矩阵锥、余下的两类目前没有用以优化建模. 因此大部分凸锥是非对称锥.

非对称锥优化模型, 顾名思义, 是指约束锥是非自对偶的凸锥与仿射空间的交集, 其目标函数是决策变量的线性函数. 这类锥优化模型的突出优点表现在三个方面: 第一方面是, 对于非凸二次规划问题 (连续或者离散) 或者是组合优化 NP-难问题可用非对称锥吸收、隐藏和描述非凸性和 NP-难的, 把这两类问题等价转化成凸锥优化问题. 第二方面是, 当非凸问题不能进行等价转化时, 为这些问题建立锥松弛, 能够得到比对称锥 (半正定锥) 更紧的界. 因此非对称锥优化模型成为处理非凸二次规划和组合优化 NP-难问题的有力工具. 第三方面是, 非对称锥优化模型被广泛应用于机器学习、分类问题、鲁棒优化、投资组合优化、博弈与均衡, 以及图像处理等实际问题的建模与计算. 然而, 虽然非对称锥优化在形式上保存了对称锥优化问题的特点, 但在设计算法方面和对称锥优化问题有三个本质的差别, 具体表现在: 首先, 决策变量有时没有显式表达, 比如对于完全正锥 (completely positive cone) 元素就是借用集合的凸组合表达的. 因此对于优化问题的决策变量可能由向量和矩阵混合表示或者是矩阵不等式表示, 其中参数不明确. 这种表示导致维数巨大、计算难度与成本都大等问题. 其次, 原始问题和对偶问题的对偶间隙存在性问题. 最后, 最重要差别还是在约束锥上, 当约束锥是非自对偶锥时, 直接导致了验证决策变量是否属于非自对偶锥就是 NP-难问题. 比如, 当约束锥是协正锥 (conpositive cone) 或者是它的对偶锥完全正锥, 验证一个变量是否属于协正锥或者完全正锥是 NP-完全问题. 因此, 非对称锥优化的理论与近似算法成为国际优化领域研究的热点. 2012 年 Bomze 等给出协正锥的进展和应用[23]. 同年国际数学优化学会 (National Mathematical Optimization Society) 在其会刊 (*Mathematical Optimization Society Newsletter*) 指出了优化领域的热点课题, 刊登由 Bomze, Dür 等的综述文章 *Copositive optimization*, 并提出了公开问题: 如何设计求解具有简单锥结构非对称锥优化问题的多项式时间的算法. 北卡罗来纳州立大学方述诚教授与清华大学的邢文训教授的著作也对非对称锥优化的理论与算法做了深刻研究[24]. 这些信息均表明了研究非对称锥优化理论与算法是锥优化的重要研究方向之一.

(2) 内点算法计算复杂性分析研究: 内点算法是求解线性优化问题、线性锥优化以及相关问题强有力的工具. 在应用方面, 基于内罚函数的原始对偶内点算法是各种内点算法中最简单与实用的方法. 理论上, 这个方法的计算复杂性非常好. 基于内罚函数的原始对偶内点算法有大步方法 (large-update method) 和小步方法 (small-update method) 之分. 在实际数值应用中, 大步方法比小步方法效果好, 然而在计算复杂性分析上, 小步方法的计算复杂性好. 它们的计算复杂性分别为 $O\left(n\log\left(\dfrac{n}{\varepsilon}\right)\right)$ 和 $O\left(\sqrt{n}\log\left(\dfrac{n}{\varepsilon}\right)\right)$, 这里 n 是问题决策变量的维数, 两者的差距 (gap) 与因子 $\sqrt{n}$ 同阶, 当 n 很大时, 差距非常大. 因此, 解决大步方法和小步方法理论计算复杂性差距是一个重要的研究课题.

(3) 非线性锥优化的理论与算法研究: 大连理工大学张立卫教授[25] 领衔的团队和香港理工大学孙德锋教授[26] 在非线性锥优化理论, 包括矩阵优化理论等方面均有突出的研究工作. 由于非线性锥优化的最优性条件非常复杂, 因此研究开发求解非线性锥优化的有效算法将是一个研究方向.

(4) 线性锥优化在机器学习问题的松弛模型研究: 线性锥优化具有特殊描述优化问题可行域结构的性质, 因此具有强大的描述现实复杂问题的能力, 以及模型转化能力, 最终能使得优化模型具有有效的近似算法. 比如距离度量学习中的决策变量的可行域是对称正定矩阵黎曼流形. 它的数学模型是非常复杂的, 是没有多项式时间计算的模型. 通过建立合适的线性锥优化松弛问题, 研究原问题与松弛问题之间的等价以及误差界的关系、最优解的关系等, 为解决机器学习问题提供研究方法.

(5) 锥优化软件平台开发: 求解半正定规划的第一个软件是来自荷兰的 SEDUMI, 后来由加拿大 MK Master 大学的优化团队维护. 随着时代的变迁, 对求解线性锥优化的软件开发更是迫切. 关于这方面的工作, 新加坡国立大学的研究团队在线性锥优化、矩阵优化的软件开发与平台建设已经做了非常重要的工作[21]. 北京大学文再文教授以及合作者也开发了软件, 参见文献 [22].

(6) 线性锥优化在人工智能等领域的应用研究: 因为对于一般情况, 人工智能解决问题的方法最终需转化成优化模型或者统计模型. 这些问题具有复杂的目标函数或者约束条件, 这些问题与锥优化模型之间的转化是重要的途径之一.

(7) 锥优化与矩阵优化的相关研究: 矩阵优化问题 (matrix optimization problem) 是指目标函数或约束函数中含有矩阵变量的优化问题. 这类问题大量出现在图像处理、推荐系统、机器学习、稀疏优化、数据挖掘、高维统计等领域, 在当今大数据、人工智能和深度学习有着广泛的应用, 矩阵优化已经成为最优化领域一类重要的优化问题[27]. 比如, 矩阵秩优化问题和低秩矩阵分解问题都是典型的矩阵优化问题. 由于许多矩阵优化问题是非凸的、非光滑的, 甚至是不连续问题, 大部分是 NP-难问题, 所以研究求解矩阵优化问题的高效算法是非常必要的. 矩阵优化与锥优化有着非常密切的关系, 比如, 半正定优化问题就是矩阵优化的特例. 因此矩阵优化问题的锥松弛模型、近似算法、误差界等是研究矩阵优化问题的重要途径之一.

(8) 锥优化与张量优化的相关研究: 张量是向量和矩阵的高阶推广. 最近十几年来, 张量优化的理论与应用研究得到迅速发展. 其中一类重要问题是张量锥规划问题, 例如, 完全正张量锥规划问题、非负张量锥规划问题等. 很多 NP-难问题都可以等价转化为完全正张量规划问题. 例如, 混合 0-1 二次规划问题、图的近似稳定数等. 特别地, Peña 等于 2015 年在较弱的条件下, 证明了一般的多项式优化问题均可等价转化为完全正张量规划问题[28]. 但是由于张量锥本身结构的复杂性, 关于一般张量锥规划的有效全局求解算法仍是一个重要的研究课题.

(9) 随机线性 (锥) 规划. 随着随机优化算法在机器学习中分布式和随机优化领域获得广泛的应用, 比如随机梯度算法在解决大规模计算和去中心化问题上显示出优势. 这些发展可以推动线性锥规划从确定性模型发展到随机化模型或者是分布式将成为一种趋势.

参 考 文 献

[1] Dantzig G B. Programming in a linear structure. Report of the September Meeting in Madison, 1949, 17: 73-74.

[2] Dantzig G B, 章祥荪, 杜链. 回顾线性规划的起源. 运筹学杂志, 1984, (1): 71-78.

[3] Bazaraa M S, Sherali H D, Shetty C M. Nonlinear Programming: Theroy and Algorithms. New York: John Wiley & Sons, 2004.

[4] Luenberger D G, Ye Y. Linear and Nonlinear Programming. Berlin: Springer, 2015.

[5] Khachiyan L G. A new polynomial algorithm in linear programming. Soviet Mathematics Doklady, 1979, 20: 191-194.

[6] Karmarkar N K. A new polynomial-time algorithm for linear programming. Combinatorica, 1984, 4: 373-395.

[7] Klee V, Minty G J. Inequalities. New York: Academic Press, 1972: 159-175.

[8] Nesterov Y, Nemirovski A. Interior Point Polynomial Methods in Convex Programming: Theroy and Algorithms. Philadelphia: SIAM Publications, 1993.

[9] Bai Y Q. Kernal Function-based Interior-point Algorithm for Conic Optimization. Beijing: Science Press, 2010.

[10] 袁亚湘. 非线性规划——现状与进展. 运筹学杂志, 1989, 8(1): 12-22.

[11] Arjovsky M, Chintala S. Wasserstein generative adversarial networks. Procedinges of the 34th International Conference on Machine Learning, 2017.

[12] Cuturi M. Sinkhorn distances: Lightspeed computation of optimal transport. Advances in Neural Information Processing Systems, 2013, 26: 2292-2300.

[13] Villani C. Optimal Transport: Old and New. Berlin: Springer Science & Business Media, 2008.

[14] Dvurechensky P, Gasnikov A, Kroshnin A. Computational optimal transport: Complexity by accelerated gradient descent is better than by Sinkhorn's algorithm. Proceedings of the 35th International Conference on Machine Learning (ICML), 2018, 80: 1367.

[15] Hinton G E, Salakhutdinov R R. Reducing the dimensionality of data with neural networks. Science, 2006, 313: 504-507.

[16] Nemirovski A. Advances in convex optimization: Conic programming. Marta Sanz Sole, 2006, 1: 413-444.

[17] Boyd S, Vandenberghe L. Convex Optimization. Cambridge: Cambridge University Press, 2004.

[18] Alizadeh F, Goldfarb D. Second-order cone programming. Mathematical Programming, 2003, 95: 3-51.

[19] Anjos M F, Lasserre J B. Handbook on Semidefinite, Conic and Polynomial Optimization. Berlin: Springer-Verlag, 2012.

[20] Ben-Tal A, Nemirovski A. Lectures on Modern Convex Optimization. Philadelphia: SIAM Publications, 2001.

[21] Yang L Q, Sun D F, Toh K C. SDPNAL+: A majorized semismooth Newton-CG augmented Lagrangian method for semidefinite programming with nonnegative constraints. Mathematical Programming Computation, 2015, 7: 331-366.

[22] Li Y, Wen Z, Yang C. A Semi-Smooth Newton Method for Solving Semidefinite Programs in Electronic Structure Calculations. Beijing: Peking University, 2017.

[23] Bomze I, Dür M, Teo C P. Copositive optimization. Mathematical Optimization Society Newsletter, Optima, 2012, 89: 2-8.

[24] 方述诚, 邢文训. 线性锥优化. 北京: 科学出版社, 2013.

[25] 张立卫. 锥约束优化: 最优性理论与增广 Lagrange 方法. 北京: 科学出版社, 2010.

[26] Zhao X Y, Sun D F, Toh K C. A Newton-CG augmented Lagrangian method for semidefinite programming. SIAM Journal on Optimization, 2010, 20: 1737-1765.

[27] Yann L C, Bengio Y S, Hinton G. Deep learning. Nature, 2015, 521: 436-444.

[28] Peña J, Vera J C, Zuluaga L F. Completely positive reformulations for polynomial optimization. Mathematical Programming, 2015, 151: 405-431.

第3章 非线性优化

3.1 概　　述

非线性规划研究多元实函数在一组等式或不等式的约束条件下的极值问题，且目标函数和约束条件至少有一个是含未知量的非线性函数. 根据问题特点和对解的要求，它又可以分为无约束优化、约束优化、凸规划、二次规划、非光滑优化、全局优化、几何规划、分式规划、稀疏优化等研究方向. 它是 20 世纪 50 年代开始形成的一门学科. 1951 年 Kuhn 和 Tucker 发表的关于最优性条件 (后来称为 Karush-Kuhn-Tucker 条件或 Kuhn-Tucker 条件) 的论文是非线性规划正式诞生的一个重要标志. 20 世纪 50 年代得出了可分离规划和二次规划的几种解法，它们大都是基于 Dantzig 提出的解线性规划的单纯形法. 50 年代末到 60 年代末出现了以拟牛顿方法、罚函数方法等为代表的许多解非线性规划问题的有效的算法，70 年代又提出了增广拉格朗日乘子法和 SQP 算法. 非线性规划在工程、管理、经济、科研、军事等方面也得到广泛的应用，为最优设计提供了有力的工具. 20 世纪 80 年代以来，在信赖域方法、内点算法、无导数方法、稀疏优化、交替方向法等诸多方向取得了丰硕的成果. 目前主要使用的非线性规划软件和测试环境有 CUTEr、IPOPT、LINGO、MOSEK、NLPQLP、EASY-FIT、CVX 等.

3.2 无约束优化

本节介绍无约束优化问题 $\min\limits_{x\in\mathbb{R}^n} f(x)$ 的一阶导数方法，主要包括共轭梯度法、拟牛顿法以及信赖域方法的研究进展. 梯度法也是一类非常重要的优化方法，由第 18 章专门介绍.

3.2.1 共轭梯度法

共轭梯度法所需存储少、计算速度快, 自提出之后就成为求解大规模优化问题的一类有效方法. 它选取负梯度方向为初始方向, 之后每次迭代以负梯度方向和前一个方向的线性组合为迭代方向. 对于二次函数极小化问题, 如果采取精确线搜索, 这类方法退化为由 Hestenes 和 Stiefel 在 1952 年提出的求解对称正定线性方程组的 (线性) 共轭梯度法. 此时, 方法所生成的搜索方向相互共轭, 方法具有二次有限终止性质. 对于非线性优化问题, 当线搜索不精确时, 不同的共轭梯度参数所对应的共轭梯度法其理论性质和数值表现可能各不相同. 目前有四个有名的共轭梯度类方法: HS 方法、FR 方法、PRP 方法、DY 方法.

由于共轭梯度法每步产生的方向未必是下降方向, Dai[1] 将非线性共轭梯度法归为三类: 早期的共轭梯度法 (如 FR 方法、PRP 方法、HS 方法等)、具有下降性质的共轭梯度法, 以及具有充分下降性质的共轭梯度法. 早期的共轭梯度法的研究缺少系统性, 在 1991 年之前 "可能是最未被理解的优化方法". 它们的一个缺点是, 即使采取强 Wolfe 搜索, 也可能因为产生上升方向而失败. 这就促使了具有下降性质的共轭梯度法的研究. 一个典型的工作是 Dai 和 Yuan[2] 在 1999 年提出的 DY 方法 [3], 它只需要 Wolfe 搜索, 即可保证每步产生下降方向, 并且全局收敛; 它和 HS 方法混合, 可以得到计算效果明显优于 PRP 方法的共轭梯度法. 利用共轭梯度法和拟牛顿法的内在联系, 可以借此构造具有充分下降性质的共轭梯度法. 如 Hager 和 Zhang[4] 将无记忆自调比 BFGS 方法的搜索方向的第三项简单删去, 得到了梯度下降法; Dai 和 Kou[5] 将最优无记忆自调比 BFGS 方法的搜索方向投影到由当前梯度方向和前一步搜索方向张成的二维流形, 得到了具有充分下降性质的共轭梯度法, 并提出了一种非单调的 Wolfe 型搜索和新的重开始技巧, 设计了更加有效的 CGOPT 算法软件, 其共轭梯度参数公式也被梯度下降法采用.

为得到更有效的非线性共轭梯度算法, 探讨新的共轭条件也是一种可能的途径[6]. 一般来说, 如何在线性共轭梯度法的基础上, 适当地引入一些量, 以尽量摄取所求优化问题的非线性性质, 将是设计更为有效的非线性共轭梯度法的重要研究方向. 从这个角度看, 基于子空间极小思想的共轭梯度法[7]、多项式共轭梯度法以及非线性预条件子仍有很大的研究空间. 目前高效的共轭梯度法仍然依赖于相对较为精确的 Wolfe 型搜索, 这使得每步平均需要计算两次目标函数值. 如何减少每步迭代计算量也是值得考虑的重要问题.

3.2.2 拟牛顿法

Davidon (1959)、Fletcher 和 Powell (1963) 提出的拟牛顿法, 大大地促进了

非线性规划的研究. Trefethen 认为该工作是 20 世纪数值分析中十三个经典工作之一. 目前认为最有效的拟牛顿法是由 Broyden、Fletcher、Goldfarb 和 Shanno 在 1970 年独立提出的 BFGS 方法. BFGS 方法以及求解大规模问题的有限内存 BFGS 方法, 已经被工业与应用数学界广泛地使用. 关于拟牛顿法的综述可见文献 [8].

关于拟牛顿法, 多年来大家一直关心两个收敛性问题: 第一个是采取 Wolfe 搜索的 DFP 方法判断一致凸函数是否收敛? 第二个是采取 Wolfe 搜索的 BFGS 方法判断非凸目标函数是否收敛? Dai[9] 通过考察 Powell[10] 关于 PRP 方法的例子, 给出了六个聚点之间循环的反例, 说明采取 Wolfe 搜索的 BFGS 方法判断非凸函数可能不收敛. Powell[11] 证明了采取总取第一个极小点的线搜索时, BFGS 方法对二维非凸函数全局收敛. Mascarenhas[12] 构造了具有八个聚点的例子, 说明采取 (全局) 精确搜索的 BFGS 方法对非凸函数也可能不收敛. Dai[13] 给出了一个性质较为优美的具有八个聚点的反例, 它具有如下性质:

(1) 总是采取单位步长, 而且单位步长总满足 Wolfe 线搜索条件和 Armijo 线搜索条件等.

(2) 尽管目标函数非凸, 每个线搜索函数为强凸函数, 并且单位步长是其唯一的极小点. 故此反例也适用于各种类型的精确线搜索 (包括总取第一个极小点的线搜索).

(3) 目标函数是一个 38 次多项式函数, 因此无穷次连续可微. 而如果不要求每个线搜索函数为凸函数, 反例中的目标函数可取六次多项式.

对于非凸目标函数, 一些学者试图通过适当修正 BFGS 方法使之收敛. 关于 DFP 方法的收敛性, 目前尚不清楚采取 Wolfe 非精确搜索的 DFP 方法判断一致凸函数是否收敛. 很多学者引入修正的拟牛顿关系式, 并在不同的程度上可以改善原来的 BFGS 方法. 这方面的第一个成果是 Yuan[14] 做出的. 目前已从三种途径推广拟牛顿法去求解大规模问题: 一是有限内存拟牛顿法; 二是考虑目标函数具有部分可分的结构; 三是假定目标函数的黑塞矩阵具有稀疏性. 对于第三种途径, 早期由 Toint 以及 Fletcher 提出的稀疏拟牛顿法要求拟牛顿迭代既满足拟牛顿方程, 又满足稀疏性, 但常常会数值不稳定. Yamashita[15] 提出了一种新颖的思路, 只保证稀疏性, 放松了严格满足拟牛顿方程的要求, 但方法仍具有超线性收敛性. 对这类方法, 仍然值得进一步的研究.

3.2.3　信赖域方法

和线搜索方法一样, 信赖域方法也是求解最优化问题的一类重要方法. 但与线搜索方法先确定搜索方向然后选择适当的步长不同, 信赖域方法是先确定信赖域半径的大小, 然后在以当前迭代点为中心的信赖域中寻找最好的试探步.

如果试探步不够满意, 则需要缩小信赖域半径并寻找新的试探步. 这一过程被袁亚湘院士形象地比喻为“盲人爬山”.

信赖域方法出现最早可以追溯到 60 多年前的非线性参数估计方法. 1970 年, Powell 把它引入无约束最优化算法来保证算法的全局收敛性. Yuan[16] 研究了非光滑优化的信赖域方法. 当前, 信赖域技术已经被广泛应用于求解约束最优化, 许多重要的约束最优化方法, 如 Byrd 等[17] 的内点算法、Fletcher 和 Leyffer[18] 的滤子方法与 Gould 和 Toint[19] 的不使用罚函数或滤子的逐步二次规划方法等均通过求解信赖域子问题来产生迭代的试探步. 由于使用了信赖域约束, 信赖域方法比线搜索方法具有更好的鲁棒性, 主要表现在它能够在算法中直接使用最优化问题的二阶信息, 即使这些信息不具有线搜索方法所要求的正定性质.

在信赖域方法中, 信赖域子问题的有效求解至关重要. 一些直接求解子问题或等价地求解子问题的 KKT 条件的有效方法已经被提出. Yuan[20] 表明, 在 B_k 正定情况下, 使用截断共轭梯度法获得的信赖域子问题的近似最优目标函数值一定不会超过最优目标函数值的 $\frac{1}{2}$. 对于约束最优化, 信赖域子问题的模型和求解变得更加复杂. Chen 和 Yuan[21] 等研究了等式约束信赖域子问题的性质, 得到了许多很有意义的结果. Ni[22] 等提出并研究了非线性约束最优化的锥信赖域模型.

除了应用于求解经典的无约束和约束最优化问题以外, 信赖域方法也被应用于求解对称锥规划[23] 等大规模特殊结构的约束最优化和 Nash 平衡问题[24]. 信赖域技术也被应用于求解非线性方程组的 Levenberg-Marquardt 方法来保证全局收敛性[25, 26]. 信赖域方法的实际应用例子可见 Conn 等的相关文献[27].

近年来, 非标准的信赖域方法得到了很大的发展. Fan 和 Yuan[28] 选取信赖域半径为梯度模的数量倍, 不同于经典的信赖域方法, 当迭代点列收敛时, 信赖域半径趋于零. Cartis 等[29] 提出了使用非线性步长控制的非标准信赖域方法, 该方法在每次迭代时求解一个三次正则化子问题. 一些非标准的信赖域方法也出现在求解非线性最小二乘问题中[30, 31]. 这类方法都具有好的全局收敛性质以及最坏情况下的复杂性结果, 也都有令人满意的数值表现. 非线性步长控制技术正扩展来求解复合非光滑最优化和无约束多目标最优化问题. Cartis 等[32] 给出了无约束最优化信赖域方法最坏情况下的复杂性结果, 他们还研究了非线性约束最优化信赖域方法最坏情况下的复杂性. 有关非线性步长控制算法的局部收敛性可能是下一个研究方向.

3.3 约束优化

约束最优化是在约束可行集上极小化目标函数，即 $\min\limits_{x\in\Omega} f(x)$. 一般地，$\Omega$ 可以表示为一组等式和 (或) 不等式的解集: $\Omega = \{x \in \mathbb{R}^n : c_i(x) = 0, i = 1,\cdots,m; c_{m+j}(x) \leqslant 0, j = 1,\cdots,p\}$, 且为了区别于线性规划和凸规划, 常常假定 f, $c_i(i = 1,\cdots,m)$ 和 $c_{m+j}(j = 1,\cdots,p)$ 中至少有一个是非线性非凸函数.

3.3.1 KKT 定理和对偶理论

KKT 定理是非线性规划的基础理论, 它是 x^* 为非线性规划问题的最优解的一阶必要性条件. 它包括了可行性和对偶可行性, 以及互补松弛条件, 被 Karush 在 1939 年, 以及 Kuhn 和 Tucker 在 1951 年先后独立发现. 当没有不等式约束时, 它退化为拉格朗日条件, 此时 KKT 乘子也称为拉格朗日乘子. 为使 x^* 满足 KKT 条件, 非线性规划问题需要满足一些约束规格条件. 例如, 线性无关约束规格 (LICQ)、Mangasarian-Fromovitz 约束规格 (MFCQ)、常秩约束规格 (CRCQ)、常正线性相关约束规格 (CPLD)、拟正规约束规格 (QNCQ) 等. 并且有 LICQ $\Rightarrow$ MFCQ $\Rightarrow$ CPLD $\Rightarrow$ QNCQ 及 LICQ $\Rightarrow$ CRCQ $\Rightarrow$ CPLD $\Rightarrow$ QNCQ, 反之未必成立. 一阶最优性条件不涉及目标函数和约束函数的二阶导数, 实际上, 二阶导数反映了函数的曲率特性, 对稳定算法的设计具有重要的意义.

对偶理论在最优化理论的发展及算法的研究中具有十分重要的作用. 原始最优化问题的最小值总是大于等于对偶问题的最大值, 即对偶间隙大于等于零. 如果原始问题为凸问题, 并且约束规格 (比如 Slater 条件) 成立, 则强对偶定理成立, 此时对偶间隙为零.

Farkas 引理建立了线性规划的强对偶理论, 也是 KKT 定理的基石. Farkas 引理的证明基于著名的凸集分离定理, 其证明可推广到更一般的非线性凸函数系统. 类似地, 苏联控制专家 Lure 和 Postnikov 于 1944 年将其推广到了非凸函数系统, 由于这个结论在稳定控制中具有广泛应用, 也被称为 S-引理, 其中 S 是 stability 的简称. 一个有趣的推广是将不等式型的 S-引理推广为等式情形. 2016 年 Xia 等[33] 建立了等式 S-引理成立的充分必要条件, 不等式 S-引理成为等式 S-引理的一个推论, 该文还给出了等式 Slater 条件成立的充分必要条件, 基于等式 S-引理可直接建立广义信赖域子问题的强对偶, 其对偶问题可转化为一个等价的半定规划问题.

3.3.2 乘子法

罚函数在发展约束最优化方法过程中一直扮演着十分重要的角色. 罚函数

法借助罚函数将约束优化问题转化为序列无约束最优化问题, 进而用无约束最优化方法求解, 方法简单、使用方便, 并能用来求解无解的问题. 但其存在固有的缺点, 随着罚因子趋向于无穷, 罚函数的黑塞矩阵的条件数无限增大, 因而越来越病态, 为求解无约束优化问题带来了困难. Hestenes 和 Powll 于 1969 年各自独立提出了乘子法, 引入了增广拉格朗日函数, 其与拉格朗日函数及罚函数具有不同的性态. 对于增广拉格朗日函数, 只要取足够大的罚因子, 不必趋向无穷大, 即可得到问题的局部最优解.

3.3.3 逐步二次规划方法

逐步二次规划方法是目前认为求解非凸约束最优化问题最有效的方法, 它也曾被称为约束拟牛顿法和 Han-Powell-Wilson 方法. 在每次迭代时, 它需要求解一个二次规划子问题

$$
\begin{aligned}
\min\quad & g_k^{\mathrm{T}} d + \frac{1}{2} d^{\mathrm{T}} B_k d, \\
\text{s.t.}\quad & c_i(x_k) + \nabla c_i(x_k)^{\mathrm{T}} d = 0, \quad i = 1, \cdots, m, \\
& c_{m+j}(x_k) + \nabla c_{m+j}(x_k)^{\mathrm{T}} d \leqslant 0, \quad j = 1, \cdots, p,
\end{aligned}
$$

其中 B_k 是拉格朗日函数的黑塞矩阵或者它的一阶拟牛顿矩阵近似. 理论上, 算法的全局收敛性只需要 B_k 是有界的, 并且在积极约束梯度的零空间正定. 只要在解 x^* 附近满足 $\lim\limits_{k\to\infty} \dfrac{\|P_k(B_k - W^*)d_k\|}{\|d_k\|} = 0$ (其中 P_k 是 x_k 点处的积极约束梯度投影矩阵, d_k 是第 k 次迭代的搜索方向, W^* 是 x^* 处的拉格朗日函数的黑塞矩阵), 算法还可获得超线性收敛速率.

逐步二次规划方法是以罚函数作为效益函数, 在选择步长时使得罚函数充分下降, 从而实现算法的全局收敛. 但在实际计算过程中, 初始罚参数选取不适当, 可能导致逐步二次规划方法找不到解. 由 Fletcher 和 Leyffer[18] 首创的滤子方法正是为克服这个难题提出的. 随后, 许多专家学者发展了各种求解非线性约束最优化问题的有效的滤子方法及其相关的全局收敛性理论, 一些滤子方法也被证明具有局部快速收敛性质[34].

Gould 和 Toint[19] 在 2009 年提出并发展了等式约束最优化的不使用罚函数或滤子技术的信赖域逐步二次规划方法及其全局收敛性理论, 数值测试表明该方法对求解标准测试问题集 CUTE 中的问题非常有效. Liu 和 Yuan[35] 在 2011 年提出并发展了一个求解等式约束最优化的不使用罚函数或滤子技术的使用线搜索的逐步二次规划方法及其全局和局部收敛性理论. 方法的步长准则允许约束违背度量非单调下降, 但对于目标函数值在整个迭代过程中是否下降没有明确的要求, 不同于使用非单调线搜索的逐步二次规划方法[36]. 而且, 新

的步长准则使得我们可以在算法的全局收敛性分析中移除要求迭代点序列有界的普遍性假设. 对经典的使用罚函数作为效益函数的逐步二次规划方法的收敛性分析要移除这个假设是非常困难的. 并且算法具有下列强收敛性质: 如果 $\|\nabla c_k c_k\| \geqslant \eta \|c_k\|$(其中 $\eta > 0$ 是一个常数), 那么一定存在迭代点列 $\{x_k\}$ 的一个聚点, 它是一个 KKT 点; 否则, 存在 $\{x_k\}$ 的一个聚点, 它或是一个不满足线性无关约束规范的可行的 Fritz-John(FJ) 点, 或是 $\min \|c(x)\|$ 的一个稳定点 (也称为约束最优化的一个不可行稳定点). 上述全局收敛性结果的一个重要意义在于, 它表明了算法是否收敛到一个 KKT 点, 主要取决于一些困难约束的梯度的线性无关性, 以及用户所能接受的约束 Jacobi 矩阵最小奇异值 η 的大小. 该方法与内点算法结合可推广来求解带有不等式约束最优化问题.

近年来, 能够快速收敛到最优化问题不可行稳定点的逐步二次规划方法及其超线性收敛性理论也得到了发展, 每次迭代求解两个或多个可行的二次规划子问题[37].

3.3.4 内点算法

内点算法是除逐步二次规划方法之外的另一种求解不等式约束最优化的方法. 从某种意义上说, 它也是结合内点技术的逐步二次规划方法. 内点算法最早源于 20 世纪 60 年代提出的求解约束最优化的对数障碍方法. 由于在最优解附近可能遇到坏条件问题, 该算法没有引起足够的重视. 这种情况直到 20 世纪 80 年代, Karmarkar 提出线性规划的内点算法并证明该方法具有多项式时间复杂性以后才发生改变. El-Bakry 等[38] 基于最优性条件提出了求解非凸约束最优化的内点算法并建立了算法的全局收敛性, Byrd 等[17] 提出并发展了求解非线性规划的信赖域内点算法, Liu 和 Sun[39] 提出和发展了基于线搜索的求解不等式约束最优化的原始对偶内点算法. 目前的研究表明, 在数值表现上内点算法与逐步二次规划方法具有可比性.

约束正则性包含积极约束梯度的线性无关性、积极约束函数凸性及不等式约束严格可行性等性质. 约束最优化基本理论是在约束正则性假设下建立的. 约束正则性影响拉格朗日乘子的存在性和有界性, 因此在算法设计和收敛性分析中起着举足轻重的作用.

Andreani 等[40] 考虑了弱约束正则性条件下的增广拉格朗日方法. Andreani 等[41] 提出了弱约束正则性条件下的算法终止条件并考虑了相应的算法和收敛性. 在考虑没有约束正则性假设下的算法有助于开发新的、更具鲁棒性的约束最优化算法, 进一步认清算法的实质和正则性在约束最优化算法中的作用.

Liu 和 Sun[39] 提出了一个求解非凸不等式约束最优化的原始对偶内点算法, 并在没有约束正则性假设下给出了算法的全局收敛性分析. Liu 和 Yuan 在

文献 [42] 的基础上, 进一步给出了一个求解非凸等式和不等式约束最优化的原始对偶内点算法的统一框架, 并在没有约束正则性假设下给出了算法的全局和局部收敛性分析.

借助于对数障碍增广拉格朗日函数, Dai 等[43] 给出了一个含有障碍参数 μ 和调节参数 ρ 的两参数非线性方程组. 当 $\rho > 0, \mu = 0$ 时, 它对应于非线性规划的 KKT 点; 否则, 当 $\rho = 0$, 且当前点 x 为不可行点时, 它对应于非线性规划的不可行稳定点. 在此基础上, 他们提出了一个能够快速探测模型不可行性的非线性规划原始对偶内点算法. Liu 和 Dai 利用文献 [43] 中提出的内点处理技术, 给出了求解一般非线性规划的全局收敛的原始对偶内点松弛算法, 这一算法可用于重启内点算法[44].

3.4 总结与展望

本章主要介绍了一般非线性光滑最优化问题的重要算法与理论以及一些前沿与热点问题, 包括无约束优化的共轭梯度法、拟牛顿法和信赖域方法, 以及约束优化的逐步二次规划方法和内点算法等. 这类方法考虑求解的问题常常是高度非线性和非凸约束最优化问题, 如飞行器轨道设计、化学和生物工程中的许多问题都是这类最优化问题. 它主要是在假设目标和约束函数具有光滑性下, 利用泰勒定理和迭代点的信息, 逐步构造简单模型近似原最优化问题, 在兼顾局部收敛率的情况下, 全局收敛到原最优化问题的解. 对于一些实际应用中的、较为困难的约束优化问题, 有时可以通过适当变换化为带结构的约束优化问题.

如何有效求解大规模非线性和非凸约束最优化问题仍然是这类方法面临的重大挑战. 随着大数据时代的到来, 问题的规模可能出现指数级的增长. 尽管计算机的存储能力和运算速度也在显著增加, 但有效求解大规模非凸非线性最优化的挑战仍将长期存在. 与随机抽样方法有效结合求解大规模非凸非线性最优化可能是未来研究的一个方向, 由此带来的理论问题需要依靠最优化和随机与统计学理论来解决. 另外, 尽管内点算法已广泛应用于求解大规模最优化和 CPLEX、GORUBI 等一些成熟的最优化应用软件, 但对于如何利用大规模问题的稀疏结构仍然有待于从方法和理论方面进行创新.

从整体来看, 线性与非线性规划的发展呈现以下特点: ① 对于大规模优化问题, 如果要提高收敛速度, 改善数值算法, 如何以较好的方式利用二阶曲率信息非常重要; ② 自适应技术和非单调策略在算法设计中越来越多地被使用; ③ 在现有算法的基础上, 试图进一步结合启发式算法与随机策略用于求解大规模、复杂优化问题的全局解; ④ 设计算法, 在较为合理的时间内求得一个不必十分精确但较为满意的解; ⑤ 根据具体问题的实际特点展开理论和算法研究.

非线性最优化方法面临的另一个挑战是如何快速判断模型的不可行性. 模拟实际应用的最优化模型并不总是可行的, 在对不可行问题求解时得到可用的信息反馈来帮助修正模型是一个合理的要求. 这类方法不仅应该具有已有方法好的收敛性质, 还需要有现有最优化方法不具有的收敛性质. 目前这方面的研究进展很慢, 需要在方法和理论上有新的突破. 对于中小规模问题, 非线性最优化方法的一个可能研究方向是针对一般光滑最优化开发利用更高阶信息的方法, 这些方法不仅可以改善已有最优化方法的局部收敛速率, 也可期待找到更好的局部最优解.

子空间方法也是大规模非线性约束最优化问题数值技术的另一个重要发展方向, 关于这个方面的综述可见 Yuan[45] 的相关文献. 对于国内优化研究者来说, 如何研究和设计较好的一些通用优化算法与软件, 或者结合一些实际问题与合作部门共同建立一些行业领域的核心与关键的优化算法和软件也是一个很重要的问题. 由于作者研究领域的局限性以及时间有限, 对一些研究方向和研究结果并未能作全面概括和介绍, 敬请大家包涵与指正.

参 考 文 献

[1] Dai Y H. Nonlinear conjugate gradient methods//CochranJ J, Jr Cox L A, Keskinocak P, et al. Wiley Encyclopedia of Operations Research and Management Science. New York: John Wiley & Sons, 2011.

[2] Dai Y H, Yuan Y. A nonlinear conjugate gradient method with a strong global convergence property. SIAM Journal on Optimization, 1999, 10(1): 177-182.

[3] 戴彧虹, 袁亚湘. 非线性共轭梯度法. 上海: 上海科学技术出版社, 2000.

[4] Hager W W, Zhang H C. A new conjugate gradient method with guaranteed descent and an efficient line search. SIAM Journal on Optimization, 2005, 16: 170-192.

[5] Dai Y H, Kou C X. A nonlinear conjugate gradient algorithm with an optimal property and an improved Wolfe line search. SIAM Journal on Optimization, 2013, 23: 296-320.

[6] Dai Y H, Liao L Z. New conjugacy conditions and related nonlinear conjugate gradient methods. Applied Mathematics and Optimization, 2001, 43: 87-101.

[7] Yuan Y X, Stoer J. A subspace study on conjugate gradient algorithms. ZAMM Journal of Applied Mathematics and Mechanics, 1995, 75: 69-77.

[8] 袁亚湘. 非线性规划数值方法. 上海: 上海科学技术出版社, 1993.

[9] Dai Y H. Convergence properties of the BFGS algoritm. SIAM Journal on Optimization, 2002, 13: 693-701.

[10] Powell M J D. Nonconvex minimization calculations and the conjugate gradient method//Griffiths D F. Numerical Analysis. Berlin: Springer-Verlag, 1984: 122-141.

[11] Powell M J D. On the convergence of the DFP algorithm for unconstrained optimization when there are only two variables. Mathematical Programming, 2000, 87: 281-301.

[12] Mascarenhas W F. The BFGS method with exact line searches fails for nonconvex objective functions. Mathematical Programming, 2004, 99: 49-61.

[13] Dai Y H. A perfect example for the BFGS method. Mathematical Programming, 2013, 138: 501-530.

[14] Yuan Y. A modified BFGS algorithm for unconstrained optimization. IMA Journal of Numerical Analysis, 1991, 11: 325-332.

[15] Yamashita N. Sparse quasi-Newton updates with positive definite matrix completion. Mathematical Programming, 2008, 115: 1-30.

[16] Yuan Y. Conditions for convergence of trust region algorithms for nonsmooth optimization. Mathematical Programming, 1985, 31: 220-228.

[17] Byrd R H, Gilbert J C, Nocedal J. A trust region method based on interior point techniques for nonlinear programming. Mathematical Programming, 2000, 89: 149-185.

[18] Fletcher R, Leyffer S. Nonlinear programming without a penalty function. Mathematical Programming, 2002, 91: 239-269.

[19] Gould N I, Toint P L. Nonlinear programming without a penalty function or a filter. Mathematical Programming, 2009, 122: 155-196.

[20] Yuan Y. On the truncated conjugate gradient method. Mathematical Programming, 2000, 87: 561-571.

[21] Chen X, Yuan Y. A note on quadratic forms. Mathematical Programming, 1999, 86: 187-197.

[22] Ni Q. Optimality conditions for trust-region subproblems involving a conic model. SIAM Journal on Optimization, 2005, 15: 826-837.

[23] Lu Y, Yuan Y. An interior-point trust-region algorithm for general symmetric cone programming. SIAM Journal on Optimization, 2007, 18: 65-86.

[24] Yuan Y. A trust region algorithm for Nash equilibrium problems. Pacific Journal of Optimization, 2011, 7: 125-138.

[25] Fan J Y. The modified Levenberg-Marquardt method for nonlinear equations with cubic convergence. Mathematics of Computation, 2012, 81(277): 447-466.

[26] Fan J Y, Huang J C, Pan J Y. An adaptive multi-step Levenberg-Marquardt

method. Journal of Scientific Computing, 2019, 78(1): 531-548.

[27] Conn A R, Gould N I, Toint P L. Trust-Region Methods. Philadelphia: SIAM, 2000.

[28] Fan J Y, Yuan Y. A new trust region algorithm with trust region radius converging to zero//Li D. Proceedings of the 5th International Conference on Optimization: Techniques and Applications, 2001: 786-794.

[29] Cartis C, Gould N I, Toint P L. Adaptive cubic overestimation methods for unconstrained optimization, Part I: Motivation, convergence and numerical results. Mathematical Programming, 2011, 127: 245-295.

[30] Fan J Y. Convergence rate of the trust region method for nonlinear equations under local error bound condition. Computational Optimization and Applications, 2006, 34: 215-227.

[31] Nesterov Y, Polyak B T. Cubic regularization of Newton method and its global performance. Mathematical Programming, 2006, 108: 177-205.

[32] Cartis C, Gould N I, Toint P L. On the complexity of finding first-order critical points in constrained nonlinear optimization. Mathematical Programming, 2014, 144: 93-106.

[33] Xia Y, Wang S, Sheu R L. S-Lemma with equality and its applications. Math. Program., 2016, 156(1): 513-547.

[34] Ulbrich M, Ulbrich S, Vicente L N. A globally convergent primal-dual interior-point filter method for nonlinear programming. Mathematical Programming, 2004, 100: 379-410.

[35] Liu X W, Yuan Y. A sequential quadratic programming method without a penalty function or a filter for nonlinear equality constrained optimization. SIAM Journal on Optimization, 2011, 21: 545-571.

[36] Dai Y H, Schittkowski K. A sequential quadratic programming algorithm with non-monotone line search. Pacific Journal of Optimization, 2008, 4: 335-351.

[37] Burke J V, Curtis F E, Wang H. A sequential quadratic optimization algorithm with rapid infeasibility detection. SIAM Journal on Optimization, 2014, 24: 839-872.

[38] El-Bakry A S, Tapia R A, Tsuchiya T, et al. On the formulation and theory of the Newton interior-point method for nonlinear programming. Journal of Optimization Theory and Applications, 1996, 89: 507-541.

[39] Liu X W, Sun J. A robust primal-dual interior point algorithm for nonlinear programs. SIAM Journal on Optimization, 2004, 14: 1163-1186.

[40] Andreani R, Birgin E G, Martinez J M, et al. Augmented Lagrangian methods under the constant positive linear dependence constraint qualification. Mathematical Programming, 2008, 111: 5-32.

[41] Andreani R, Martinez J M, Svaiter B F. A new sequential optimality condition for constrained optimization and algorithmic consequences. SIAM Journal on Optimization, 2010, 20: 3533-3554.

[42] Liu X W, Yuan Y X. A null-space primal-dual interior-point algorithm for nonlinear optimization with nice convergence properties. Mathematical Programming, 2010, 125: 163-193.

[43] Dai Y H, Liu X W, Sun J. An primal-dual interior-point method capable of rapidly detecting infeasibility for nonlinear programs. Journal of Industrial and Management Optimization. 2018, doi: 10.3934/jimo.201890.

[44] Engau A, Anjos M F, Vannelli A. A primal-dual slack approach to warmstarting interior-point methods for linear programming//Chinneck J W, Kristjansson B, Saltzman M J. Operations Research and Cyber-Infrastructure. Berlin: Springer-Verlag, 2009: 195-217.

[45] Yuan Y. Subspace techniques for nonlinear optimization//Jeltsch R, Li D Q, Sloan I H. Some Topics in Industrial and Applied Mathematics. Beijing: Higher Education Press, 2007: 206-218.

第4章 整数规划

整数规划是指决策变量为整数的最优化问题, 如果只有部分变量是整数, 则称为混合整数规划. 应用是推动整数规划发展的重要原因, 作为应用最广泛的优化模型之一, 整数规划覆盖了不同领域: 交通 (如路径规划、预测飞行轨迹问题)、经济 (如炼油厂运营、天然气稳态运行问题)、金融 (如投资组合优化问题)、通信 (如无线传感器网络设计的最小化网络能量消耗和配置成本问题)、过程系统工程 (如原油调度问题)、生物和生物医学工程 (如柠檬酸生产最大化问题)、计算化学 (如相位平衡问题、蛋白质结构预测、肽的稳定性和功能性问题)、计算几何 (如布局设计、切割多边形、切割椭圆问题)、组合优化 (如背包问题、匹配与指派问题、广义覆盖问题、旅行商问题、最大流–最小割问题等, 详见组合优化一节) 等. 混合整数规划在现代物流中有重要而切实的应用, 国内某大型快递公司将网点选址问题和货运航空网络问题建模为混合整数规划问题, 降低了运输成本、减少了运输时间、提高了快递运输的效率.

整数规划从历史发展和建模角度主要分为线性整数规划和非线性整数规划.

4.1 线性整数规划

1947 年 Dantzig 开创了求解线性规划的单纯形法 (详见线性规划一节), 论文正式发表于 1951 年, 这是一个里程碑式的工作. Dantzig 后来成为美国三院院士, 被公认为线性规划之父. 实际应用线性规划建模的时候, 人们常常要求限制 (一部分) 变量为整数, 这就是 (混合) 线性整数规划. 著名的旅行商问题就是这样一个问题: 给定一系列城市和每对城市之间的距离, 求访问每一座城市一次并回到起始城市的最短回路. 旅行商问题的起源不可考, 最早可追溯到 19 世纪的哈密顿圈, 最早正式提出该问题的一个较公认的说法是 20 世纪 30 年代由 Flood (美国运筹学会前主席) 求解校园巴士的路线规划问题时提出. 近期的一本旅行商问题专著由 Cook 出版[1]. 1954 年 Dantzig、Fulkerson (最大流问题

Ford-Fulkerson 算法提出者之一, 1979 年起数学优化学会和美国数学会联合设立每三年颁一次 Fulkerson 奖) 与 Jonson 引入一些特殊的线性不等式以割去非整数的可行解, 基于单纯形法手算求解了美国 49 个城市 (美国本土 48 个州, 每州一个城市外加华盛顿) 的旅行商问题, 成为线性整数规划的开端[2].

1958 年, 针对一般的线性整数规划, Gomory (美国国家科学院院士、美国国家工程院院士) 从单纯形法提供的单纯形表中发现可以找到一些有效不等式, 这些不等式满足整数约束要求, 但可以割去当前已经达到最优但不满足整数要求的线性规划松弛问题的解, 把不等式添加进线性规划松弛问题继续迭代, 通过这样迭代修正可以在有限步内找到整数最优解. 这个开创性的方法被称为割平面法, 有效不等式被称为 Gomory 割.

整数规划早期的研究历史有很多经典之作并形成重要影响. 1955 年, Kuhn (KKT 条件的创始人之一、冯·诺依曼理论奖得主、SIAM 学会前主席) 设计了求解线性指派问题 (也译作分配问题) 这一特殊结构整数规划的组合算法, 被认为是原始–对偶线性规划算法的第一个应用案例. 随后 1956 年, Hoffman (美国国家科学院院士、美国艺术科学院院士、冯·诺依曼理论奖得主) 和 Kruskal (美国统计协会会士) 基于此提出了全单位模这一重要概念, 刻画了一大类线性规划问题的最优解正好可以在整数顶点处取到. 1968 年 Edmonds (冯·诺依曼理论奖得主、Cobham-Edmonds 命题、Edmonds-Karp 算法提出者之一) 提出拟阵分割技术, 通过对一大类线性优化问题添加组合方式刻画的割平面, 可以在多项式时间求解到整数最优解.

20 世纪 70 年代早期关于复杂度的研究随着 Cook (图灵奖得主、美国国家工程院院士、美国数学会会士、SIAM 会士、INFORMS 会士) 奠定了 NP- 完全理论的基础, 形成热潮. 1972 年 Karp (图灵奖得主、冯·诺依曼理论奖得主) 首次将该概念引入数学优化界, 证明了历史上一些长期找不到多项式求解时间的特殊结构的整数规划问题是 NP-完全问题.

1960 年伦敦政治经济学院两位杰出女教授 Land(Harold Larnder 奖获得者) 和 Doig 首次提出分支定界算法, 该算法如今成为求解整数规划的主流算法之一. 1965 年 Glover (美国国家工程院院士、冯·诺依曼理论奖得主) 首次提出求解 0-1 线性规划的回溯方法框架, 1967 年 Geoffrion (INFORMS 前主席) 基于 Glover 的工作用回溯框架的概念提出了隐枚举法框架, 被应用于求解 0-1 线性规划. 1974 年 Geoffrion 首次将拉格朗日方法引入整数规划, 通过将部分约束经由拉格朗日乘子结合到目标函数, 然后交替求解原始问题和对偶问题, 此外他还建立了拉格朗日方法和 Dantzig-Wolfe 分解之间的联系.

整数规划可以进一步推广到析取规划 (disjunctive programming), 如要求约束 A 和 B 中至少有一个成立即可. 1979 年 Balas (匈牙利科学院外籍院士、冯·

诺依曼理论奖得主、欧洲运筹学会金质奖章得主) 首次研究了多面体约束的析取, 从而定义了比整数规划更广泛的问题类, 并将针对析取规划的方法应用到 0-1 混合整数规划取得了从理论到计算的成功.

1979 年线性规划通过椭球算法首次被证明的是多项式时间可解. Grötschel (德国国家科学院院士、中国科学院外籍院士、美国国家工程院外籍院士、欧洲运筹学会金质奖章得主)、Lovász (Wolf 奖得主、荷兰皇家艺术与科学院院士、瑞典皇家科学院院士、伦敦数学学会荣誉会士、美国数学会会士) 和 Schrijver(荷兰皇家艺术与科学院院士、美国数学会会士、欧洲运筹学会金质奖章得主) 将椭球算法应用到离散组合优化, 揭示了分离与优化的多项式归约性关系[3], 为此三位数学家分享了 1982 年美国数学会的 Fulkerson 奖. 三位数学家在此基础上整理出版专著[4], 因为此项工作于 2006 年分享了冯・诺依曼理论奖.

1984 年内点算法的问世, 不仅给线性规划带来理论和计算新的突破, 而且还提供了矩阵半定规划的多项式求解方法, 半定规划成为凸松弛的有效工具. 比如 1991 年问世的 Lovász-Schrijver 层级方法, 基本思想是先将整数可行集提升到高维矩阵锥空间, 然后再投影以近似原整数可行解集的凸包. 在模型上, 线性混合整数规划被进一步推广到线性锥混合整数规划.

此外, 值得一提的是, 经典的 Gomory 割由于其数值不稳定性长期得不到重视, 直到 20 世纪 90 年代中期, Cornuéjols (美国国家工程院院士) 等将 Gomory 割技术与分支定界算法结合, 提出了分支–割 (branch-and-cut) 算法, 解决了 Gomory 割的数值不稳定性, 并且非常有效. 割平面和分支定界的深度结合促进了整数规划革命性计算的发展, 被很多商业软件包广泛采用.

目前, 解决线性整数规划使用最广泛的算法框架仍然是单纯形法、对偶单纯形法、分支定界算法和分支–割算法. 分支定界算法在执行过程中需要不断分割和调整问题的可行域, 算法的效率严重依赖子区域上线性松弛问题的紧性和求解效率. 单纯形法和对偶单纯形法可以有效地求解线性整数规划问题, 并且能够结合热启动方式从而快速求解线性规划松弛子问题. Gomory 割平面算法结合分支定界促进了分支– 割算法的发展, 而基于不同问题结构开发的有效不等式能够进一步提高分支定界算法的速度和效率. 而对于大规模特殊结构问题, 分解算法也是一种有效的分解策略, 比如, 拉格朗日分解、Dantzig-Wolf 分解 (Wolf: 冯・诺依曼理论奖得主)、Benders 分解 (Benders: 欧洲运筹学会金质奖章得主)、列生成方法等.

1965 年 Balinski (冯・诺依曼理论奖得主、INFORMS 会士、国际数学优化学会创始人之一、优化顶级期刊 *Mathematical Programming* 创刊主编) 撰写了整数规划的第一篇综述论文, 该综述展示了整数规划求解实际问题的魅力. 1986 年 Schrijver 出版了 *Theory of Linear and Integer Programming*[5], 获得

Frederick W. Lanchester 奖. 1988 年 Nemhauser(美国工程院院士、冯·诺依曼理论奖得主、INFORMS 会士、SIAM 会士) 和 Wolsey (冯·诺依曼理论奖得主、*Mathematical Programming* 前主编) 出版了 *Integer and Combinatorial Optimization*[6], 1989 年获得了 Frederick W. Lanchester 奖. 这两本专著已经成为该领域的经典教科书, 它们将线性整数规划的主要理论结果和算法进行了全面深入的总结, 对线性整数规划的研究起到了非常大的推动作用.

进入大数据时代, 线性整数规划仍有深刻的应用, 仅举数例.

在机器学习领域, 2016 年 Fischetti (Edelman 奖得主) 从整数规划角度研究了支持向量机 (SVM) 问题 (将混合线性整数规划作为工具应用于解决热启动方案), 从而将交叉验证结合到支持向量机的训练模型, 改善了对模型外环境优化的需求, 同时保持了在测试集上的准确性[7].

在快速发展的人工智能领域, 2018 年 Fischetti 和 Jo[8] 对深度神经网络 (DNN) 进行研究, 将其建模为 0-1 混合整数线性规划, 并提出了一种有效的紧缩捆集技术, 用来简化求解方法, 并且介绍了这种 0-1 混合整数线性规划模型在特征可视化和对抗实例构建中的应用. 2019 年来自 MIT 的 Tjeng 等[9] 发表在深度学习顶级会议 ICLR 的论文中将验证分段线性前馈神经网络的特性建模成混合整数线性规划, 并在寻找最小对抗性的代表性任务中实现了计算上的加速.

4.2 非线性整数规划

非线性整数规划是指目标和 (多个) 约束中至少有一个是非线性的整数规划.

非线性整数规划在 20 世纪 80 年代开始蓬勃发展, 一是基于它在实际生产中的广泛应用, 二是随着线性整数规划的算法研究日趋成熟, 这些算法 (如分支定界算法、割平面算法、分支–割算法) 被进一步推广到用于求解非线性问题. 而更早的, 如二次指派问题, 这一特殊而经典的非线性整数规划模型, 于 1957 年由 Koopmans (1975 年诺贝尔经济学奖得主之一) 和 Beckmann(欧洲区域科学协会前主席) 从经济领域中提炼出来. 后来人们发现二次指派问题在设施布置、排程、芯片设计、涡轮机平衡、分布式计算、统计分析等问题或领域中应用广泛, 不仅其本身是 NP-难问题, 而且求一个近似解也是 NP-难问题. 4.1 节提到的旅行商问题也是二次指派问题的特例之一.

最简单且具有代表性的非线性整数规划是二次整数规划问题, 除了二次指派问题还包括二次 0-1 规划问题、二次背包问题等经典组合优化问题. 另一个著名的二次整数规划问题是最大割问题: 对给定的有向加权图求取一个最大分割, 使横跨两个割集的所有边上的权值之和最大. 最大割问题是图论中一个典型的 NP-难组合优化问题, 在统计物理、图像处理等工程问题中有着广泛的应用. 最大割问题对应的判定问题: 给定一个图和整数 K, 判定图中是否有一个割的大小不小于 K, 是 Karp 21 个经典的 NP-完全问题之一. 1976 年 Sahni 和 Gonzales 提出了一个简单的抛硬币方法: 每个顶点以 1/2 的概率属于其中一个割集. 不难证明该简单方法的近似比为 1/2, 即近似最优值不低于真正最大值的一半. 有趣的是, 该简单方法提供的 1/2 近似比保持了近 20 年没有被打破. 直到 1995 年 Goemans (美国计算机学会会士、美国数学会会士、SIAM 会士) 和 Williamson[10] 创造性地运用半定规划工具设计了求解最大割问题的 0.878 近似比的算法, 为此两人于 2000 年分享了 Fulkerson 奖. 另一个角度, 人们证明了找到最大割问题的 0.941 近似比的算法是 NP-难问题. 半定规划在该问题上的成功掀起了半定规划应用到非线性整数规划的一股热潮.

一般的非线性整数规划从约束数量可以分为无约束非线性整数规划、单约束非线性整数规划以及多约束非线性整数规划. 根据其结构不同又可分为非线性整数规划 (变量可分离)、凸整数规划 (目标和约束函数为凸函数)、多项式 0-1 规划问题 (目标函数和约束都是多项式, 变量为 0-1 变量)、单调整数规划 (目标和约束函数具有单调性质) 等特殊的非线性整数规划. 可分非线性整数规划进一步包含非线性背包问题等特例. 此外, 混合整数非线性规划是非线性整数规划中最重要的一部分: 一是因为在实际应用中往往只要求一部分变量是整数; 二是因为一些非线性纯整数规划问题在求解时往往将其转化为混合整数规划求解更为高效. 典型问题有混合整数二次约束二次规划、盒子约束混合整数二次规划等. 来自金融优化领域的半连续优化问题 (变量要么为零要么属于某个区间)、概率约束优化问题 (比如要求使得约束成立的概率在一个水平之上) 等等也被建模成混合整数规划问题.

非线性整数规划的专著和综述近年来也不断涌现. 2005 年 Nowak 出版了 *Relaxation and Decomposition Methods for Mixed Integer Nonlinear Programming* 一书[11]. 2006 年李端和孙小玲出版了 *Nonlinear Integer Programming* 的专著[12], 2012 年 Lee 和 Leyffer (*Mathematical Programming Ser. B* 主编) 合编出版了关于混合整数非线性规划的论文集[13]. 此外, 在很多全局优化的专著中 (比如 2013 年 Locatelli 和 Schoen 发表的论文[14]) 也涉及非线性整数规划. 2012 年 Burer 和 Letchford 发表关于非凸混合整数规划的综述论文[15], 2016 年 Boukouvala, Misener 和 Floudas (美国国家工程院院士) 发表综述报告介绍了混合非线性整数规划的应用、求解算法、软件以及测试算例[16]. 在国内, 2014 年孙小玲和李端在《运筹学学报》发表了综述论文[17], 侧重介绍了非线性整数规划的重要进展.

基于其重要的实际应用需要, 开发能够快速求解 (混合) 整数规划的软件包变得越来越重要. 目前用于求解混合整数规划的软件包有很多, 例如专门用于建模线性、非线性、混合整数优化问题的软件 GAMS, 其包含的 Antigone、Baron、Couenne、Glomiqo、LINDO、Scip 等软件包都可以用于求解混合整数规划问题. 此外, 在 C 中实现的 αBB, 可在 MATLAB, C++ 和 Java 等环境中使用的商业软件包 CPLEX、Gurobi、FICO Xpress、Mosek 以及一些开源软件求解器 SCIP、GLPK、Ipsolve、Yalmip 等等. 其中, 由 IBM 公司研发的 CPLEX 可以求解线性规划 (LP)、二次规划 (QP)、带约束的二次规划 (QCQP)、二阶锥规划 (SOCP) 及与之相关的混合整数规划问题, Gurobi 公司开发的 Gurobi 也可以求解线性规划、二次规划、混合整数线性规划和混合整数二次规划 (MIQP), Ipsolve 可以求解纯整数线性、混合整数、半连续和特殊有序集等模型. 目前由华人开发的整数规划求解器有叶荫宇 (冯·诺依曼理论奖得主) 领衔开发的 LEAVES 和陈省身数学奖获得者、冯康科学计算奖获得者、中国科学院数学与系统科学院戴彧虹研究员领衔开发的 CMIP. 还有一些可用于寻找非凸 MINLP 的启发式解决方案的软件包, 例如, BONMIN、DICOPT、LaGO 和 MIDACO 等.

4.3 非线性整数规划算法

求解混合整数非线性规划问题时, 通常的策略是将它的整数部分变量连续松弛为连续变量. 在松弛模型是 (非线性) 凸规划的情况下, 连续松弛子问题在理论和算法上易于求解. 基于这一认知, 人们设计了各种用于凸混合整数非线性规划的非常有效的精确求解方法, 包括广义 Benders 分解、分支定界算法、外逼近方法、基于线性规划或非线性规划的分支定界算法、扩展的割平面法、分支–割算法以及一些混合算法. 这些算法能够解决具有数百甚至数千个变量的实例.

对于非凸的混合整数非线性规划模型, 它的连续松弛是一个非凸全局优化问题, 通常松弛问题仍然是 NP-难的. 求解这种问题的一种策略是进一步找到松弛模型中非凸松弛函数的下凸估计函数, 另一种策略是在原模型中先行添加新的变量和约束, 使得转化后的模型逼近原模型, 且转化后的模型函数易于建立凸包络或凹包络.

还有一些混合整数非线性规划具有特殊结构. 比如对于可分混合整数非线性规划, 首先可以尝试找到每个单独函数的凸下估计函数. 而对于无法找到分离函数的凸下估计函数的情况, 常用的方法是用分段线性函数逼近每个单独的函数, 或者引入新的连续变量表示这些函数的值, 还可以为每个分段线性函数的片段引入 0-1 变量, 从而任何具有可分性质的非凸混合整数非线性规划都可以用混合整数线性规划近似.

简单总结一下, 求解混合整数非线性规划方法基本可以分为如下七大类.

1. 分支定界算法

分支定界算法也称为隐枚举法, 它是一种在问题的解空间树上搜索最优解的方法, 不仅可以用来求解纯整数规划问题, 也可以用来求解混合整数规划问题. 目前大部分的整数规划软件, 如 CPLEX、Gurobi 和 BARON 等都是基于分支定界算法的框架. 该方法最早在线性整数规划中提出, 1965 年被应用到求解凸混合整数非线性规划问题, 推动了分支定界算法的发展. 分支定界算法与割平面法结合衍生出分支–割算法, 分支定界算法与列生成方法融合衍生出了分支–价格 (branch-and-price) 方法.

分支定界算法的关键是 "分支" 和 "定界", "分支" 可以缩减整数规划最优解的收缩范围, "定界" 则可以提高搜索的效率. 在分支定界算法执行时, 通常希望选择的分支序列使得搜索树的大小最小, 这种方法通常不可能实现, 退而求其次选择下界增量最大化的分支规则. 通常采用的分支准则包括强分支、伪费用分支、可靠性分支和混合分支等. 一种简单的分支规则是选用最大整性违反度的变量, 也即最大分式分支准则, 但这种方法并不是有效的, 2004 年 Achterberg 等证明了这种分支方法与随机选择分支变量的效果差不多. 强分支可以减少分支定界树上节点的个数, 但由于每次需要计算两个非线性规划子问题, 因此, 整体计算成本较高. 为降低强分支的计算成本, 通常只近似计算子问题. 可靠性分支方法是一种将强分支与启发式相结合的以预测最佳为分支变量的技术, 2009 年被引入求解器 Couenne, 后来软件包 Antigone、GloMIQO 和 Scip 中也引入了这种分支方法. 定界则需要确定子问题提供目标函数的下界 (极大化问题时为上界), 如果能判断出某一子问题的解在下界之外, 则需要剪枝. 分支定界算法中可行域的缩减技术也非常重要, 即使约束是凸的, 也可能通过引入其他变量将约束拆分为两个约束对区域进行缩减而获得改进.

用于求解整数非线性规划的一类代表性的分支定界算法是 αBB 算法. 1995 年 Androulakis 等提出了一种用于求解非凸非线性规划全局优化的精确的分支定界算法, 其中涉及的所有函数都假定是二次可微的, 算法思想基于构造更紧的估计下界, 这种算法被称为 αBB, 现已成为求解混合整数非线性规划一类重要的具有代表性的算法. 2000 年 Adjiman 等将 αBB 算法扩展到混合整数优化, 提出了两种新的非凸混合整数规划的确定性全局优化算法: 结构特殊的混合整数 αBB 算法 (SMIN-αBB 算法) 针对性解决连续变量非凸的问题以及带 0-1 变量的混合双线性问题, 而一般结构混合整数 αBB 算法 (GMIN-αBB 算法) 适用于连续松弛二次连续可微的问题. 与传统的分支定界算法相比, αBB 具有的一个优点是通常不需要添加额外的变量, 因为使用的估计不依赖于所考虑的函数, 所以通常可以直接使用原始目标和约束函数对模型进行求解.

2. 割平面算法

基于有效不等式理论构建的割平面方法最初针对求解 (混合) 整数线性规划, 后来被进一步扩展到求解非线性整数规划. 1960 年 Kelly 提出了用于求解凸的非线性规划的割平面算法, 1995 年 Westerlund 等将其推广到求解凸混合整数非线性规划问题, 并给出了推广的割平面算法的收敛性分析. 目前, 为混合整数非线性规划设计开发的割平面算法包括凸项的外逼近、凸下估计的线性化以及基于多线性函数、优化非凸集上的凸二次函数以及其他非线性函数形式等等. 此外, 上述算法还被进一步推广到伪凸混合整数非线性规划问题以及不可微混合整数非线性规划问题.

3. 分支–割算法

单纯使用割平面算法求解整数规划时会出现收敛较慢和数值不稳定性的情况. 另外在分支定界算法中, 下界的紧性对修剪分枝枚举树至关重要. 20 世纪 90 年代中期, Cornuéjols 等将 Gomory 割算法与分支定界算法结合, 把割平面算法应用到松弛子问题来计算更紧的估计下界, 从而提出了分支–割算法, 成为目前求解一般的线性整数规划最成功的方法之一, 1999 年 Stubbs 等进一步推广到求解凸混合 0-1 非线性规划. 21 世纪以来产生了新的分支–割算法, 比如将多项式优化中的 SOS 方法与强有效不等式结合使用等, 并行分支以及衍生出了分支–价格方法, 取得了很好的计算效果.

4. 重构–线性化技术

重构–线性化技术 (RLT) 在凸和非凸混合整数非线性规划中都有应用, 通过引入额外变量将非线性问题 (一般是多项式情形) 等价转化为混合整数线性规划问题. 1986 年, Adams 和 Sherali (美国国家工程院院士) 首次提出了解决 0-1 二次规划的 RLT 方法, 进一步通过引入代表三个 (以及四个) 变量积的新变量, 可以获得松弛越来越紧的模型. 值得一提的是, Sherali 本人于 2000 年被遴选为美国国家工程院院士的主要贡献正是 RLT 方法及其在工业界的广泛应用. 线性化方法在一些特殊结构问题上还可以进一步改进, 如 2007 年 Sherali 等对 0-1 二次规划提出了更特殊的重构技术, 引发了后继扩展. 重构思想还进一步从线性化拓展到二次化, 整数变量的特殊性容许问题有相当多的等价变形, 虽然模型等价但是计算效率不等价, 如何选择一个 “最优” 的等价模型进行求解是一个值得深入探讨的课题.

5. 广义 Benders 分解

Benders 分解最初是 Benders 于 1962 年为求解特殊结构的混合整数线性规划问题提出的, 基本思想是分而治之. 基本步骤是将原问题变量分成两类变量, 第一阶段主问题只需要求解第一类变量, 给定第一阶段的第一类变量解之后求解第二阶段子问题. 如果可以判断出固定第一阶段的第一类变量导致子问题无解, 那么这就产生一个割平面, 称为 Benders 割, 添加到第一阶段的主问题中去. 循环直到找不到 Benders 割. 1972 年 Geoffrion 首次利用非线性凸对偶理论对 Benders 分解进行推广, 将其应用于混合整数非线性规划问题. 1995 年 Floudas 在仔细分析其基本理论和过程的基础上进一步扩展了 Benders 分解, 为混合整数非线性规划问题的研究提供了更好的导向. 2010 年 Abhishek 等将 Benders 割平面添加到分支定界算法中, 带来了该方向上新的发展空间. Benders 分解算法已经被应用到求解不确定性供应链计划中的两阶段随机线性规划问题、工程设计优化中的双层规划问题, 以及过程设计和组合优化的较大规模非凸混合整数非线性规划问题等.

6. 启发式算法

启发式算法是求解大规模混合整数非线性规划的最实用的算法, 能够在合理的时间内给出一个较高质量的解, 但解的质量没有保证和刻画. 启发式算法的搜索技术分为两类: 概率搜索和确定性搜索. 概率搜索是指在每次迭代时需要随机选择候选解决方案或确定解决方案的参数的技术. 其中模拟退火、蚁群优化、粒子群优化、交叉熵、禁忌搜索和遗传算法属于概率搜索. 这种技术虽然设计简单并且适用于许多组合优化问题, 但这些方法或者其参数依赖于经验以及所要求解问题的结构. 超启发式 (metaheuristic) 一词最早由 Glover 创造, 是一个更高层次的启发式方法, 可以看作是驾驭多种启发式算法搜索空间的策略, 在广探 (diversification) 和深探 (intensification) 之间保持动态平衡. 广探是指多样化搜索空间, 深探是集中在特定区域进行深度发掘. 这种搜索策略一方面快速探索搜索包含高质量解的可行区域, 另一方面避免浪费太多的时间在一些以前探索过的或者不能发现高质量解的区域上探索.

7. 多项式优化方法

非线性整数规划可以看作特殊的多项式方法, 比如 0-1 约束就是连续变量 x 满足约束方程 $x^2 - x = 0$, 从而可以用多项式优化方法精确求解或者近似求解, 详细讨论可参考第 12 章, 此处不再赘述.

4.4 整数规划展望

整数规划研究的总体发展趋势: 一是针对非凸非线性整数规划, 利用结构设计更高效的算法; 二是开发更高效的软件包, 能够满足更大规模整数规划问题的求解; 三是在计算机科学和工程、管理科学等领域, 特别是关于深度学习、交通规划的深入应用. 未来的研究方向和关键问题包括:

(1) (混合) 整数多面体凸包的刻画. 对线性整数规划的可行域的凸包的刻画能导出新的强有效不等式, 可以大幅提高分支–割平面算法的效率. 非线性混合整数规划通过引入变量线性化之后的凸包在原变量空间的投影刻画也缺乏分析.

(2) 非线性混合整数规划的重构. 通过引进变量或者参数非线性混合整数规划有多种线性化重构、(二次乃至非线性) 凸化重构等价模型. 模型等价但是计算效果迥异. 目前尚不清楚有没有一种统一的策略来搭建最优重构模型.

(3) 整数规划与其他规划问题的交叉建模与分析, 比如, 锥规划、随机规划、鲁棒优化、双层规划等等.

(4) 针对非凸非线性整数规划设计一些新的算法, 比如考虑能够高效求解的非凸松弛下界.

(5) 针对大数据的整数规划问题, 开发其特殊结构, 如稀疏、低秩等结构, 设计求解这类整数规划的快速局部算法或者全局优化算法.

(6) 在人工智能、机器学习领域的深入应用和尝试.

(7) 开发更高效的软件包, 求解更大规模整数规划问题.

参 考 文 献

[1] Dantzig G B, Fulkerson D R, Johnson S M. Solution of a large-scale traveling-salesman problem. Journal of the Operations Research Society of America, 1954, 2: 393-410.

[2] Cook W J. In Pursuit of the Traveling Salesman: Mathematics at the Limits of Computation. Princeton: Princeton University Press, 2012.

[3] Grötschel M, Lovász L, Schrijver A. The ellipsoid method and its consequences in combinatorial optimization. Combinatorica, 1981, 1: 169-197.

[4] Grotschel M, Lovasz L, Schrijver A. Geometric Algorithms and Combinatorial Optimization. Berlin: Springer-Verlag, 1988.

[5] Schrijver A. Theory of Linear and Integer Programming. New York: John Wiley and Sons, 1986.
[6] Nemhauser G L, Wolsey L A. Integer and Combinatorial Optimization. New York: Wiley, 1988.
[7] Fischetti M. Fast training of support vector machines with gaussian kernel. Discrete Optimization, 2016, 22: 183-194.
[8] Fischetti M, Jo J. Deep neural networks and mixed integer linear optimization. Constraints, 2018, 23(3): 296-309.
[9] Tjeng V, Xiao K, Tedrake R. Evaluating robustness of neural networks with mixed integer programming. 2017, arXiv: 1711. 07356.
[10] Goemans M X, Williamson D P. Improved approximation algorithms for maximum cut and satisfiability problems using semidefinite programming. J. ACM, 1995, 42(6): 1115-1145.
[11] Nowak I. Relaxation and Decomposition Methods for Mixed Integer Nonlinear Programming. Berlin: Humboldt-Universit Zu Berlin, 2005.
[12] Li D, Sun X L. Nonlinear Integer Programming. Berlin: Springer, 2006.
[13] Lee J, Leyffer S. Mixed Integer Nonlinear Programming: The IMA Volumes in Mathematics and Its Applications. Volume 154. Berlin: Springer, 2012.
[14] Locatelli M, Schoen F. Global optimization: Theory, algorithms, and applications. SIAM, 2013, 11(4): 301-321.
[15] Burer S, Letchford A N. Non-convex mixed-integer nonlinear programming: A survey. Surveys in Operations Research and Management Science, 2012, 17: 97-106.
[16] Boukouvala F, Misener R, Floudas C A. Global optimization advances in mixed-Integer nonlinear programming, MINLP, and constrained derivative-free optimization, CDFO. European Journal of Operational Research, 2016, 252(3): 701-727.
[17] 孙小玲, 李端. 整数规划新进展. 运筹学学报, 2014, 18(1): 39-68.

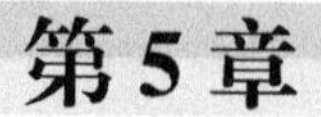

第 5 章

组合优化、复杂性与近似算法

5.1 概　　述

最优化问题可以自然地分成两类: 一类是连续变量的优化问题, 另一类是离散变量的优化问题. 具有离散变量的最优化问题我们通常称为组合 (最) 优化问题. 组合优化研究组合优化问题解的性质和求解方法, 它把组合学与图论、近似算法与计算复杂性等有机地结合起来, 属于运筹学与计算机科学的交叉学科. 它在经济管理、生产调度、工程技术和军事方面有着广泛的应用背景. 尤其是近几十年来, 人类社会越来越需要合理地安排并利用有限的资源、人力和时间, 尽可能好地完成任务、实现目标, 这是包括美国、中国在内的所有发达和发展中国家战略布局的共识. 随着信息科学和网络技术的飞速发展, 特别是改变世界和人类生活方式的互联网及其衍生而来的物联网和社会网络的创新式发展, 组合优化研究的模型、理论及方法越来越丰富. 可以清晰地看到中国组合优化研究及应用的发展势头迅猛, 处于全面追赶世界领先水平阶段并且在个别领域已经领跑世界. 其原因之一是社会的发展迫切需要阿里巴巴、百度、华为、中兴、大疆、滴滴、顺丰等民族企业对优化技术和人才的重视. 在新型环境下组合优化的应用已经渗透到生产生活的方方面面, 包括人工智能、物流云配送、共享经济体系、智能交通等.

一般来讲, 组合优化研究领域可分为计算复杂性理论、算法设计与分析、算法实际应用三个主要研究范畴. 计算复杂性理论主要研究节省计算资源的极限和困难程度; 算法设计与分析 (在各种复杂性的假设下) 致力于最有效的算法的设计和分析; 算法实际应用则利用算法的理论成果结合模型本身的特点去解决实际问题. 组合优化问题依据其特征可以分成如下两类. 一类是数字化的优化问题, 例如, 划分 (partition)、装箱 (bin packing)、背包 (knapsack) 等. 这类问题的刻画依赖于数量或向量值及其之间的约束. 另一类是结构化的优化问题, 如网络

流 (network flow)、网络设计 (network design)、旅行商问题 (traveling salesman problem)、设施选址 (facility location) 等. 这类问题则主要通过图和网络刻画元素之间的拓扑关系.

组合优化的发展史离不开重要理论的创新发展和对理论进展有重要贡献的前沿专家. 如 Cook 的 NP-完备性理论、Khachiyan 的线性规划椭球法、Karmarkar 的内点算法、Goemans 和 Williamson 基于半定规划的最大割近似算法、Arora 关于欧氏平面上几何优化问题的多项式时间近似方案等组合优化研究的里程碑工作. 有关组合优化发展的重要文献、基础理论可参考 Schrijver 的经典著作 *Combinatorial Optimization: Polyhedra and Efficiency*[1], 理论和算法的完美结合可参考 Korte 和 Vygen 的著作 *Combinatorial Optimization: Theory and Algorithms*[2], 近似算法可参考 Vazirani 的著作 *Approximation Algorithms*[3], Williamson 和 Shmoys 的著作 *The Design of Approximation Algorithms*[4], 计算复杂性理论可参考 Arora 和 Barak 的著作 *Computational Complexity: A Modern Approach*[5].

国际上组合优化的研究队伍集中在各个大学的计算机系、数学系以及管理科学系. 几乎所有著名的学校里均有很强的研究团队. 组合优化理论研究与应用开发整体领先的国家包括美国、德国、荷兰和加拿大. 国内组合优化的集中发展起源于 20 世纪 80 年代. 在越民义、管梅谷先生等的带动和促进下, 在北京、上海、山东、浙江、河南和福建等地形成了组合优化的研究团队. 研究工作涵盖组合优化的各个领域, 比较突出的成果包括装箱、排序、设施选址和斯坦纳树等问题的算法设计与分析, 以及计算复杂性、拟阵和多面体组合中的对偶整数性等理论体系上的研究. 文章发表在 *Mathematics of Operations Research, SIAM Journal on Computing, ACM Transactions on Algorithms, Algorithmica* 等重要国际期刊和离散算法研讨会 (Symposium on Discrete Algorithms, SODA)、欧洲算法研讨会 (European Symposium on Algorithms, ESA) 等核心学术会议论文集上. 以上的会议均属于顶级会议, 享誉组合优化以及计算机科学领域. 国内学者也先后多次组织有影响的系列国际学术会议, 包括 COCOON、COCOA、FAW-AAIM、ISAAC、TAMC 等.

组合优化与实际生产的联系非常密切, 可以说该领域绝大多数的问题均来自生产、生活、实际的经济活动. 组合优化的典型应用包括人工智能、芯片设计、智能交通、投资组合、蛋白质结构预测、社会网络等. 以芯片设计为例, 其研究内容包括定位、路由设计、时序安排、时钟树设计、缓冲、平面设计等. 这些问题可以运用组合优化的理论与工具来解决, 涉及的数学问题涵盖匹配、网络流、最小费用流、多商品流、最短路、斯坦纳树设计、聚类、设施选址、极小极大资源分享以及二次优化等. 德国波恩大学离散数学研究所将离散数学方法应用于芯片设计已积累了 20 多年的经验. 经由该研究所研制名为 BonnTools 的算法工具包已经在工业界普遍使用. 通过 BonnTools 而设计的高度复杂的芯片已经超过 1500 种. 在信息与网络时代将会涌现更多的组合优化问题, 为组合优化理论和方法的研究提出挑战, 同时也带来机遇. 人们的研究中心逐步从简单的 P 和 NP-难问题的两极划分转到算法的精度与代价之间平衡的根本问题上. 一方面, 研究实用的精确算法, 保证算法的最优性, 同时 (对于 NP-难问题) 尽量降低算法的指数复杂性, 即使问题本身是 NP-难的; 另一方面 (为包括多项式时间可解问题在内的组合优化问题), 设计快速的近似算法, 如线性时间算法, 使解的精确度尽量高. 这就促使人们从更细的角度探讨问题的计算有效性. 复杂性思想、多面体理论和统计方法将显现出更大的作用. 我们通过若干典型的问题和重要理论方法来概述整个组合优化领域的发展状况和研究趋势.

5.2 关键科学问题与研究发展趋势

5.2.1 装箱问题

装箱是经典组合优化问题之一, 该问题的研究见证了近似算法和在线算法的发展历程. 经典装箱问题 (bin packing problem) 可以简单叙述如下: 给定若干尺寸为 $(0,1)$ 内的物品, 将它们装入单位容量的箱子中, 使得每个箱子所装物品尺寸之和不超过 1, 且所用箱子个数最少. 显然, 装箱问题与划分问题密切相关. 在 $\mathrm{P} \neq \mathrm{NP}$ 的假设下, 装箱问题不存在近似比严格小于 $3/2$ 的近似算法. 这里, 算法的近似比定义为在最坏情形下问题最优值与算法求解值之间的比率, 它总是大于等于 1, 且越小越好. 装箱问题有若干变形. 最直接的扩展模型是高维装箱, 其中向量装箱指的是物品为分量不超过 1 的 n-维向量, 箱子为全 1 向量. 一些物品可以装入同一个箱子当且仅当物品向量和的任何分量最多为 1. 而 2-维 (或 3-维) 几何装箱则假设物品为各边长均不超过 1 的矩形 (或长方体), 箱子为单位正方形 (或立方体). 可行的装箱要求所有物品所占的平面 (空间) 必须包含在箱子的平面 (空间) 中, 且不允许各物品所占的空间有任何重叠. 当有多种类型箱子可以选择时, 得到变尺寸装箱.

人们还关注装箱问题的在线模式, 探讨待装物品信息不全情况下的装箱算法. 在线环境下, 物品是逐个到达的. 一旦一个物品出现, 在不知道任何后续物品信息的前提下, 必须立即决定将其可行地装入某个箱子中, 而且做出的决定不可更改. 可以看出, 在线算法的决策是逐步给出的. 信息的缺失影响到算法的效果.

Ullman 和 Johnson 等四十年前的工作打开了装箱问题研究的大门, 同时成为近似算法和在线算法研究的基石. Karp、Karmarkar 以及 Yao 等都曾在装箱算法的研究中做了奠基性的工作.

从 1970 年起装箱及其相关问题的研究取得了重大进展. Johnson 的博士学位论文[6] 深入分析了装箱问题的若干经典算法, 拉开了近似算法和在线算法研究的舞台序幕. 特别是近似比证明中权函数方法的巧妙使用, 使得算法分析柳暗花明. FF(first-fit) 和 FFD(first-fit decreasing) 是装箱问题的两个经典算法. 我们知道, 装箱算法的核心是给出 "装箱规则": 为每一个待装物品, 选择恰当的箱子 (包括空箱). FF 算法是逐个装入物品, 并将箱子按照打开的先后顺序标号, 对每一个待装的物品, 总是选择有足够剩余空间且标号最小的箱子; 如果这样的箱子不存在, 则打开一个新的箱子并把该物品装入. 也就是说, FF 算法尽量选择最早打开的箱子. 如果先将物品按尺寸从大到小排列, 然后再使用 FF 算法, 就得到了 FFD 算法. Johnson 等证明了 FFD 算法的渐近近似比为 11/9, FF 算法的渐近近似比为 17/10. 具体说来, 对任意的实例 L, 记 $\mathrm{FFD}(L)$ 为 FFD 算法所使用的箱子数目, $\mathrm{OPT}(L)$ 为最优装箱所需要的箱子数目. Johnson 等证明

$$\mathrm{FFD}(L) \leqslant \frac{11}{9}\mathrm{OPT}(L) + 3.$$

Yue[7] 在 FFD 算法近似界的不等式改进中有重要贡献, 不仅将上面不等式的常数尾项降至 1, 而且大大简化了已有的证明. 另外, 其结果还意味着 FFD 的绝对近似比为 3/2, 也就是说 FFD 算法在此意义下是最好可能的, 除非 $\mathrm{P} = \mathrm{NP}$. 2013 年, FFD 不等式的尾项被证明为 6/9[8], 目前渐近近似比意义下最好的在线算法仍是 Seiden[9] 提出的共轭类算法, 其渐近近似比约为 1.58889. 就离线算法而言在渐近近似比意义下存在完全多项式时间近似方案, 更进一步, 装箱问题存在渐近近似比为 1 的近似算法, 目前已知的尾项为 $O(\log \mathrm{OPT}(L))$[10]. MIT 的学者证明: 当只有常数个不同的物品尺寸时, 装箱问题存在多项式时间的精确算法.

除了经典模型外, 装箱问题的各种变形也得到了广泛的研究. 特别地, 关于二维装箱, Bansal 和 Khan[11] 给出了渐近近似比至多为 1.405 的近似算法, Han 等[12] 则提出了渐近近似比不超过 2.5545 的在线算法.

5.2.2　旅行商问题

旅行商问题 (travel salesman problem, TSP) 是组合优化的基本问题之一. 给定网络中一系列的点以及它们两两之间的距离, 我们的任务是寻找一条最短的路径, 满足: 这条路径恰好经过每个点一次, 并且最后回到出发点. 1930 年 TSP 首次作为一个实际问题被提出. Karp 于 1972 年证明了 TSP 是 NP-难问

题, Sahni 和 Gonzales 在 1976 年证明了一般网络中的 TSP 不存在近似比为常数的多项式时间算法. 所以人们通常考虑度量空间下的 TSP. 这里度量空间是指点与点之间的距离满足三角不等式、对称性并且点到自身的距离为 0. 在度量空间下, TSP 虽然是 NP-难问题, 但是我们可以找到近似比为常数的多项式时间算法. 然而, Arora 在 1992 年证明度量空间下的 TSP 不存在多项式时间近似方案. 这里, 多项式时间近似方案指一种特殊的近似算法, 对于任意参数 $\varepsilon > 0$, 它都能在多项式 (通常与 ε 有关) 时间内达到近似比 $1+\varepsilon$.

TSP 还有更一般的形式, 即所谓 s-t 路 TSP: 给定网络中一系列的点以及它们两两之间的距离, 其中包含一个起点 s 和终点 t, 我们的任务是寻找一条从 s 出发、恰好经过每个点一次、最后终止于 t 的最短路径. 和 TSP 类似, 通常考虑度量空间下的问题. 下面我们所说的 TSP 和 s-t 路 TSP, 如没有特殊说明, 都是指度量空间下的问题.

对于度量 TSP, Christofides[13] 在 1976 年提出来近似比为 3/2 的近似算法. 这是目前为止最好的求解度量 TSP 的算法. 近四十年来尚未有人成功对它进行改进. 算法首先找出图中的最小生成树; 然后确定该最小生成树中度数为奇数的顶点并求出这些点的导出子图的一个最小权完美匹配; 最后将匹配中的边添加到最小生成树里, 使得每个点的度数都为偶数. 这样得到的欧拉图所产生的欧拉环游经过边的剪枝后得到 TSP 的解. 这个解中边的长度之和不超过最优解的 3/2 倍. 此外, Karpinski 等在 2013 年证明除非 $\mathrm{P}=\mathrm{NP}$, 度量 TSP 不可能有近似比小于 123/122 的近似算法.

对于度量 s-t 路 TSP, 基于 Christofides 算法的思想有学者给出了近似比为 5/3 的近似算法. 这个近似比一直到 2012 年才被 An、Kleinberg 和 Shmoys[14] 改进到 1.618. 算法的总体框架仍然采用了 Christofides 算法的框架, 即找到生成树, 对其中不符合一笔画度数奇偶性要求的点求最优匹配 (或最小 T-join), 将这些最优匹配 (T-join) 中的边添加到生成树中以满足欧拉图的要求, 再通过对边的处理之后就得到问题的解. 他们在生成树的选取和算法分析上建立了新的框架. 首先求解 s-t 路 TSP 问题的线性规划松弛的最优解, 再将其分解成多项式个生成树的凸组合, 然后以生成树在凸组合中的系数为概率来随机选取这些生成树. 在算法分析时, 他们通过巧妙的构造和大量随机的性质来估计最优匹配 (或最小 T-join) 的值. 最终, 他们分析出该算法的近似比不超过 1.618. Sebő[15] 进一步将该算法推广到 T-tour 问题, 并证明近似比至多为 1.6. 在分析算法时, Sebő 对分析对象进行了细致的分类, 并且将对象出现的概率作为其权重, 对不同权重的对象进行不同的处理, 这是他能够将界分析得更紧的重要原因.

对于非对称 TSP(ATSP) 的研究进展较为缓慢. ATSP 的第一个近似算法

由 Frieze 等[16] 给出, 其近似比为 $\log_2 n$. 他们的方法在后续研究中得到了改进. 但近似比并未得到渐近改进, 直到 Asadpour 等[17] 给出了 $O(\log n/\log\log n)$-近似算法. 近期, Svensson 等[18] 给出了该问题的常因子近似算法, 近似比为 5500.

5.2.3 斯坦纳树问题

斯坦纳树问题 (Steiner tree problem) 是网络设计中的基础问题之一, 在大规模集成电路的设计中有重要的应用. 在斯坦纳树问题中, 给定边带费用的无向图和终端顶点集合, 目标是找到连通所有终端顶点的费用最小的树. 连通所有终端顶点的树被称为斯坦纳树. 值得注意的是, 一棵斯坦纳树中可能包含一些不属于终端顶点集合的点, 这样的点被称为斯坦纳点. 不失一般性, 当求解斯坦纳树问题时, 通常可以先给出给定图的度量闭包, 从而在度量闭包上进行算法设计. 斯坦纳树问题是 Karp 提出的 21 个 NP-难问题之一. 斯坦纳树问题在不同的度量空间下有不同的变形, 如欧氏平面上的斯坦纳树问题 (欧氏平面上给定点集的最短连通网络) 和直线距离下的斯坦纳树问题.

对于斯坦纳树问题, 找到一个近似比小于 96/95 的近似算法是 NP-难的. 最早的斯坦纳树问题的近似算法是通过找到一棵费用最小的终端生成树而得到的 2-近似算法. 一棵终端生成树是一棵不包含任何斯坦纳点的斯坦纳树, 这样的树在度量闭包中是一定存在的. 尽管斯坦纳树问题的 2-近似算法比较简单, 但是在很长的一段时间内这个算法都是最好的近似结果. 直到有学者提出了一个突破性的算法, 这个算法通过在最小费用终端生成树上贪心地增加斯坦纳点得到了一个近似比为 11/6 的算法. 斯坦纳树问题的最好的组合算法由 Robins 和 Zelikovsky[19] 提出, 这个算法的近似比是 1.55. 目前最好的近似算法由 Byrka 等给出. 这个算法利用了 Borchers 和 Du[20] 的结论, 即 k-限制斯坦纳树问题和斯坦纳树问题的最优解的比值有一个足够小的上界. 基于这个结论, Byrka 等[21] 建立了斯坦纳树问题的一个新的线性规划, 利用迭代的随机舍入技巧给出了一个 1.39-近似算法.

在经典斯坦纳树问题中, 没有考虑未选择的斯坦纳点对费用的影响. 实际上, 可以对每个顶点都定义一个惩罚费用, 选择一棵树使得连通费用和未在树中斯坦纳点的惩罚费用之和最小. 这类问题称为奖励收集 (prize collecting) 斯坦纳树问题或带惩罚的斯坦纳树问题. 根据 Bienstock 等的方法, 可以首先求解奖励收集的斯坦纳树问题的线性规划松弛得到最优解, 然后对最优解进行舍入从而得到一个 3-近似算法. 1995 年 Goemans 和 Williamson 基于奖励收集的斯坦纳树问题的线性规划松弛构造了一个原始对偶算法, 得到了近似比为 2 的可行解. 由于奖励收集的斯坦纳树问题自然的线性规划松弛的整数间隙为 2, 所以通过基于线性规划的方法进一步改进这个问题有很大的阻碍. 在随后的 17 年时间里, 奖励收集的斯坦纳树问题没有得到任何进展. 2011 年, 这个问题的突破性进展由 Archer 等取得, 他们通过考虑最优解中惩罚费用在最优值中所占的比例, 在 Goemans 和 Williamson 算法中的最坏情形下, 均匀随机地引入参量重新设计算法, 其近似比 1.9672 是奖励收集斯坦纳树问题目前最好的近似比.

5.2.4 设施选址问题

设施选址问题 (facility location problem) 一直是组合优化领域中的热点问题之一, 在仓库选择、供应链管理中有很多的应用. 它是指在给定的若干位置中选择一些来建立设施使得所有顾客的需求得到满足, 且总费用最少. 其中最经典的一类问题为无容量限制设施选址问题. 具体来说, 就是给定设施地址的集合和顾客地址的集合, 以及设施在不同的地址的开设费用、顾客到开设设施的连接费用 (也称服务费用), 目标是确定一些地址用于开设设施最终使得开设费用和连接费用之和最小. 如果要求连接费用是非负的、对称的并且满足三角不等式, 则称该类问题为度量的无容量限制设施选址问题. 尽管无容量设施选址问题的结构简单, 很多情况下不能直接应用于实际, 但是它的算法设计可以为实际问题提供算法思想以及理论依据. 一般来说, 如果没有特别指明, 设施选址问题均为无容量限制的. 此外, 设施选址领域还有诸多相关的变形和推广, 例如, 带惩罚的设施选址问题、k 层设施选址问题、带容量限制的设施选址问题、k-中位问题等.

无容量限制设施选址问题是 NP-难的, 对其设计精确的算法在计算时间上不能得到保证, 而研究特殊情形又不能体现问题的一般性, 因而大多数研究集中于近似算法. 第一个常数近似比的算法由 Shmoys 等[22] 得到. 他们通过引入过滤参数, 将分数最优解舍入成整数解, 并分析得到算法求出的解所对应的目标值至多为整数最优值的 4 倍. 如果均匀随机地选取过滤参数, 期望意义下的近似比为 3.16. 此外, 该算法可以去随机化. 基于线性规划的算法设计技巧在无容量设施选址和软容量设施选址问题上应用得相对成功, 都能得到相对较好的常数比近似算法. 这也是无容量设施选址问题的理论研究相对成熟的原因之一. Guha 和 Khuller[23] 证明了度量的无容量设施选址问题的不可近似性下界至少是 1.463, 除非 $\mathrm{NP} \subseteq \mathrm{DTIME}[n^{O(\log\log n)}]$. 这个不可近似性结果的假设条件被 Sviridenko[24] 减弱到了只需 $\mathrm{P} \neq \mathrm{NP}$. 迄今最好近似比的 1.488-近似算法[25] 是基于线性规划技巧的. 注意到此近似比已经距下界 1.463 不远了.

然而基于线性规划的算法设计技巧在应用到硬容量和一般设施选址问题上并不十分奏效. 主要原因是硬容量和一般设施选址问题的数学规划的自然线性松弛的整数间隙是无界的. 目前, 此方面唯一正面的结果是硬容量设施选址问题的 288-近似算法. 另外, 局部搜索技巧却在这些线性规划技巧难以处理的问题上表现良好. 在设施容量一致 (即所有容量都相同) 的假设下, 有学者基于局部搜索技巧给出了带容量设施选址问题的常因子近似算法. 目前为止, 一致硬容量设施选址问题的最好近似算法是 Aggarwal 等[26] 提出的 3-近似算法.

对于设施容量并不一定一致的设施选址问题, Pal 等[27] 首先给出了常数近似比的 $(9+\varepsilon)$-近似算法. 他们为局部搜索算法设计了 "加" "关" "开" 操作, 其中 "加" 操作在其后发表的几乎所有设施选址问题的局部搜索算法中都有应用. Zhang 等[28] 在他们的基础上将 "关" 和 "开" 操作推广到了更广义更有效的 "多交换" 操作, 并给出了该操作的多项式时间证明, 从而得到了 $(5.83+\varepsilon)$-近似算法. 该算法也是首个被证明具有紧的近似比分析的硬容量设施选址问题的局部搜索算法. 虽然 Bansal 等声称将这一结果改进到了 $(5+\varepsilon)$, 但因其多项式时间保证的证明存在问题, 故该问题目前最好的近似比是 Zhang 等的 $(5.83+\varepsilon)$-近似.

连通设施选址问题是将斯坦纳树问题和设施选址问题结合起来而产生的问题. 在连通设施选址问题中, 设施除了需要被开设用以对顾客提供服务以外, 所有开设的设施还需要被当作终端点进而利用斯坦纳树连通起来. 连通设施选址问题需要找到开设设施的集合并构造开设设施的斯坦纳树, 同时把每个顾客都连接到某个开设的设施上去, 最终使得开设费用、连通费用和连接费用之和最小. 由于连通设施选址问题结构复杂, 现有的算法均分为两个独立的阶段. 首先通过设施选址问题的算法得到开设设施的集合, 然后再将开设设施的集合利用斯坦纳树的算法连通起来. 通过对连通设施选址问题的指数量级线性规划松弛进行舍入, Gupta 等得到了一个 10.66-近似算法. 随后, Swamy 和 Kumar 给出了一个原始对偶的 8.55-近似算法. 连通设施选址问题目前最好的近似算法由 Eisenbrand 等[29] 给出, 他们考虑先确定潜在的开放设施集合, 然后通过取样得到顾客集合的样本, 开放服务取样顾客的设施, 最后将所有的顾客连接到距离最近的开放设施上, 并将确定开放的设施利用最小斯坦纳树的算法连接, 从而得到了一个 4-近似算法.

5.2.5　k-平均问题

k-平均问题 (k-mean problem) 在组合优化领域也备受关注. k-平均起源于信号处理领域, 起初被用于向量的量化. k-平均问题可定义如下: 给定元素 (即观测点) 个数为 n 的观测集, 每个观测点均为 d 维实向量, 目标是把此 n 个观测点划分到 $k(\leqslant n)$ 个集合中, 使得观测集中的所有观测点到对应的聚类中心的距离平方和最小, 这里, 集合的聚类中心是指该集合中所有观测点的均值 (不一定是观测集中的点).

k-平均问题在不作任何限制的情况下是 NP-难的. 某些特殊的 k-平均问题

同样是 NP-难的, 例如, 平面上, 不对 k 值作任何限制的 k-平均问题; 一般欧氏空间中的 2-平均问题. Awasthi 等回答了一般的 k-平均问题是否存在多项式时间近似方案的未解决问题: 由顶点覆盖问题 (vertex cover problem) 规约证明了一般 k-平均问题是 APX-难的, 不存在多项式时间近似方案. Lee 等[30] 随后证明了这个不可近似性下界至少是 1.0013.

虽然 k-平均问题是 NP-难问题, 但存在高效的启发式算法. 其中最常用的算法之一是 Lloyd 算法[31], 也被称为 k-平均算法. Lloyd 算法广泛地应用在机器视觉、地质统计学、天文学和农学等诸多实际问题中. Lloyd 算法首先将所有观测点分成 k 个初始化分组, 也可理解为通过某些方法给出初始的 k 个中心, 这个初始化步骤可以调用某些启发式数据或是简单的随机生成过程. 然后交替进行分配 (将观测点分配到距其最近的均值点/中心) 和更新 (计算新的聚类的均值点/中心) 这两个步骤, 直至算法收敛. 可以证明算法最终一定会收敛到某一局部最优解, 但无法保证其全局最优性. 此算法在实践中是非常快速有效的, 通常被认为几乎是线性时间收敛. Arthur 和 Vassilvitskii 证明了若将 Lloyd 算法的初始化步骤替换为适当选取初始中心点的过程, 容易得到 $O(\log k)$-近似算法. Ostrovsky 等[32] 进而证明了若观测点满足某种假设, Lloyd 算法是具有常数近似比的. Arthur 等[33] 证明了 Lloyd 算法的多项式时间的光滑复杂性.

对于 k-平均问题的理论主要有以下两方面研究结果: 一是对于经典 k-平均问题的近似算法结果; 二是对于具有特殊结构的 k-平均问题的多项式时间近似方案结果. 对于经典 k-平均问题, 诸多启发式算法在实际应用中都有很好的效果, 但是这些算法的共同缺点是都没有有效的理论分析. 直到 Kanungo 等[34] 提出了 k-平均问题的 $(9+\varepsilon)$-近似算法, 对于任何实例, 该算法得到的解的目标值最多是最优值的 $(9+\varepsilon)$ 倍. 算法结合了 Lloyd 算法和局部搜索, 在实际中有很好的应用.

k-平均问题有很多双标准近似算法结果. k-平均问题的 (α,β) 双标准近似算法表示该算法得到的解最多把观测集分成 αk 类, 即最多违反基数约束的 α 倍, 但该解对应的目标值至多是最优值的 β 倍. Aggarwal 等研究了开设最多 $O(k)$ 个中心的双标准算法, 并基于线性规划的技巧给出了 $(16(k+\sqrt{k}),(4+\varepsilon))$-近似结果. Makarychev 等[35] 基于线性规划和局部搜索的技巧, 提出了 $(\beta,\alpha(\beta))$-双标准近似算法, 其中 $\alpha(\beta)$ 是关于 β 的单调递增函数, 并有上界 $(9+\varepsilon)$. 特别地, $\alpha(2)<2.59$, $\alpha(3)<1.4$, 这是上述 $(9+\varepsilon)$-近似算法的改进. Hsu 等同时研究了 k-中位和 k-平均两个问题的双标准算法, 并对 k-平均问题得到了 $O(k\log(1/\varepsilon),(1+\varepsilon))$-近似结果, 注意到当 ε 越小时, 违反约束程度越大, 但得到的结果越精确. 当空间维数 d 固定时, Bandyapadhyay 和 Varadarajan[36] 提出了局部搜索的 $((1+\varepsilon),(1+\varepsilon))$ 双标准近似算法.

对于空间维数 d 或基数约束 k 固定的 k-平均问题的特例，学者们陆续给出了多项式时间近似方案. 特别地，当 $k=2$ 且 d 固定时，Inaba 等[37] 设计了运行时间为 $O(n\varepsilon^{-d})$ 的多项式时间近似方案. 当 $k \geqslant 3$ 和 d 都固定时，Matoušek 提出了运行时间为 $O(n(\log n)^k\varepsilon^{-2k^2d})$ 的多项式时间近似方案. 当 d 固定时，Friggstad 等和 Cohen 等分别独立地给出了多项式时间近似方案.

5.2.6 次模最大化问题

次模最大化问题 (submodular maximization problem) 是典型的非线性组合优化问题. 次模最大化问题主要包括无约束次模和约束次模最大化两大类问题. 一般情形下，两类问题都是 NP-难的. 无约束次模最大化问题涵盖了诸如最大割、最大方向割以及最大设施选址等问题，学者们已经做了大量研究. 无约束次模最大化问题一般描述为: 给定元素集合 V 和次模函数 $f: 2^V \to \mathbb{R}_+$，目标是从 V 中挑选一个子集合 S，使得对应的函数目标值达到最大. 同样地，约束次模最大化问题也有非常广泛的应用，例如，无线传感网络、机器学习和数据挖掘等.

无约束次模最大化问题主要应用于经济学和博弈中，例如，社交网络营销、算法博弈理论等. 由于其 NP 困难性，人们更加关注次模最大化问题近似算法的工作. Feige 等给出无约束次模最大化问题近似算法设计的第一个突破性工作，该工作基于局部搜索的方法和随机算法的技术，近似比在期望意义下可以达到 2.5. 假设函数值可由神算包 (oracle) 给出，Feige 等证明了任意多项式时间调用神算包的算法对于无约束次模最大化问题近似比的上界是 2. 后续还有比较出色的工作，例如，基于模拟退火的方法，把近似比改进到 $2.44 \approx 0.41^{-1}$. 基于贪心算法，有学者给出一个线性时间随机的 2-近似算法. 该方法在一定意义上已经匹配了该模型近似比的上界，而且还是线性时间的.

对于约束次模最大化问题，其中基数约束是最简单的一类约束，并且被广泛研究. Nemhauser 等[38] 做了奠基性的工作，他们首先提出了一个高效的 $1/(1-\mathrm{e}^{-1})$-近似算法. 该算法基于贪心策略，每一次迭代总是选取对当前解集合边际增益值最大的元素，直到 k 步迭代结束. 直到今天，贪心算法已经成功地应用于组合优化的各个方面，是近似算法设计的一个重要技术. 基于 Nemhauser 等[38] 的工作，后续的研究更加丰富. Conforti 和 Cornuéjols 通过引入次模函数的曲率 α 这一 概念，证明了贪心算法的近似比是 $\alpha/(1-\mathrm{e}^{-\alpha})$. Das 和 Kempe 通过引用一般非负函数的次模率 γ，证明了贪心算法的近似比是 $1/(1-\mathrm{e}^{-\gamma})$. Bian 等[39] 结合曲率和次模率，证明了贪心算法的近似比是 $\alpha/(1-\mathrm{e}^{-\alpha\gamma})$. 此外，基于贪心策略，学者们对更复杂的约束次模最大化问题 (例如，背包约束、拟阵约束) 进行研究. 除了传统的次模最大化问题，学者们同时也关注带有更复杂约束的基于图的次模最大化问题. Zhang 和 Vorobeychik 对带路由约束的次模最大化问题给出第一个双标准近似算法. 给出该问题的第一个 $1/(1-\alpha)$-近似算法, 其中 α 是次模函数的曲率. 无线传感网络中的应用有许多更复杂的约束, 比如斯坦纳树约束, 其目的是在网络上找一棵斯坦纳树使得树上边集的函数值达到最大, 相关问题需要学者们进一步研究. 鲁棒次模最大化是次模最大化问题的另一种重要变形, 其研究动机是因为我们挑选的子集中元素可能会出错或者信息缺失, 该模型首先引入参数 τ, 目的是要选择一个满足给定约束的子集, 使得该子集去除掉不超过 τ 个元素后最坏情况下所对应的函数值最大. 带基数约束的鲁棒次模最大化问题首先由 Krause 等提出, 要求解子集的基数不超过给定参数 k. 对于 $\tau = o(\sqrt{k})$, Orlin 等给出第一个常数比近似算法, 其近似比为 $2.584 \approx 1/0.387$. 随后有学者把 τ 从 $o(\sqrt{k})$ 改进到 $o(k)$, 同时近似比保持不变, 这是目前关于鲁棒次模最大化问题最好的近似算法. 在前面的模型中, 我们假设每次计算函数值可由神算包给出, 实际上很多应用例如社交网络中的影响力最大化问题, 精确计算函数值本身也是非常费时的, 一般通过采样的技术去近似计算. 基于这样的想法, Karimi 等[40] 定义了随机次模最大化问题, 该模型的目标是寻找子集 S 最大化 $f_\theta(S)$ 的期望, 其中 θ 服从某一给定的分布. Karimi 等利用投影随机梯度下降的方法和管输舍入 (pipage rounding) 的技术得到关于赋权覆盖最大化问题的 $1/(1-\mathrm{e}^{-1})$-近似算法.

随着数据量的爆发式增长, 机器学习中处理有大规模数据的次模最大化问题逐渐成为研究热点. 基于流模型的次模最大化 (streaming submodular maximization) 问题是该类问题的核心, 其模型可以描述如下: 数据是以流的形式到来或者数据产生是实时的, 而存储资源有限, 利用这有限的存储资源从数据流中抽取数据点进行存储, 同时从存储的集合中挑选一个满足约束的子集, 使得其目标值能与在整个数据流中挑选的最优子集的目标值尽可能接近. 处理流模型下的次模最大化问题主要有两大类方法: 阈值 (threshold value) 方法和优先权 (preemption) 方法. 对于带基数约束的流模型下的次模最大化问题, Badanidiyuru 等[41] 基于阈值方法提出第一个有效的 $(2+\epsilon)$-近似算法, 同时存储规模上界为 $O(k\log k/\epsilon)$. 该算法的核心是每步迭代中选取的存储的数据点一定使边际增益超过最优值的平均, 直到 k 步结束. Buchbinder 等提出的优先权方法的关键是找一个前一步迭代所得解的数据点与当前数据点进行交换, 判断交换操作产生的增益是否超过当前解的均值. 实际上, Buchbinder 等考虑的是一个更一般的在线次模最大化问题模型. 该模型中数据点一个接一个地到达, 每到达一个新的数据点算法要做出决策是否存储该点, 目的是使保存的数据点的目标值与最优值尽可能接近. 该算法依然适用于流模型的次模最大化问题. Norouzi-Fard 等证明了当数据流以任意一个确定的顺序达到时近似比的上界是 2; 当数据流是随机到达时, 他们给出一个近似比优于 2 的算法, 并且存储空间有更小的上

界 $O(k\log k)$.

5.2.7 图划分问题

图划分问题 (graph partition problem) 是组合优化领域一个非常重要的问题, 这一问题在近二十年来有了重大发展. 该问题的简单描述如下: 对给定的图, 将其顶点集划分成若干不相交的子集, 使得各子集内部或子集之间满足某种要求. 这一问题在电路排布设计、统计物理学、生物学、排序和社交网络等方面有着广泛应用. 由于某些实际问题的要求, 图划分问题衍生了一些子问题, 例如, 要求划分的子集规模满足一定条件, 如经典的最大平衡 k-划分问题, 即要求各子集的顶点数之差不超过 1.

最大/最小 k-割问题是经典的图划分问题之一. 其中最大割问题, 即 $k=2$ 的情形, 是 Karp 提出的 21 个 NP-难问题之一. 问题要求在给定的边赋权图中, 找到顶点子集, 使得该顶点子集与其补集之间的割集的边权之和最大. 关于该问题存在一个非常简单的 2-近似随机算法, 但直到 20 世纪 90 年代, Goemans 和 Williamson[42] 基于半定规划技术才在该问题上取得实质性进展. 他们给出了近似比为 $1.13823\approx 1/0.87856$ 的随机近似算法; 值得注意的是, 随后 Mahajan 和 Ramesh[43] 证明该算法可以去随机化; 2007 年在唯一博弈猜想 (unique game conjecture) 成立的前提下该近似比被证明是最大割问题的最好近似比.

最大割问题包含一系列变形, 其中最为著名的是平衡最大割问题, 即要求划分的两部分点数严格相等. 1995 年, Frieze 和 Jerrum 设计了近似比为 $1.5361\approx 1/0.651$ 的平衡最大割问题近似算法; 2002 年, Halperin 和 Zwick 针对图的所有自然极大平分问题, 给出了改进的基于半定规划的近似算法, 其结果之一将平衡最大割问题的近似比改进至 $1.4253\approx 1/0.7016$; 2006 年, Feige 和 Langberg 进一步将这一近似比改进至 $1.4231\approx 1/0.7027$. 这些学者均是在半定规划技术的基础之上得到的结果, 只是在具体设计算法时根据实际问题添加了一些新的参数或者利用了新的技巧.

Raghavendra 和 Tan[44] 基于半定规划分层 (semidefinite programming hierarchies) 技术, 为平衡最大割问题设计了近似比为 $1.1765\approx 1/0.85$ 的近似算法. 2016 年, 这一近似比被改进至 $1.1395\approx 1/0.8776$, 注意到这与图的最大割问题的近似比已经非常接近了 (差距不到 0.0013).

由于一般最大 k-割问题的复杂性, 该问题的研究进展一直落后于最大割问题的研究, 即 $k=2$ 的情形. 受到 Goemans 和 Williamson 工作的启发, 许多学者开始考虑用半定规划技术解决该问题. 这是一个自然的想法, Frieze 和 Jerrum 成功地将这一方法推广到了一般的最大 k-割问题. 特别地, 当 $k=3$ 时, 近似比为 $1.24966\approx 1/0.800217$, 然而这并不是最大 3-割问题最好的近似算法. 2001 年,

Goemans 和 Williamson[45] 利用复半正定规划技术为最大 3-割问题设计了近似比为 $1.1961611 \approx 1/0.836008$ 的随机近似算法, 并且对于有向图的最大 3-割问题, Goemans 和 Williamson[45] 给出了近似比为 $1.25987 \approx 1/0.793733$ 的随机近似算法. 同样地, 最大 3-割问题也衍生了一系列相关问题, 例如, 平衡最大 3-割问题, 即要求划分的三个子集点数相等. 遗憾的是, 这一问题近二十年来未取得实质性进展, 目前最好结果仍是 Andersson 给出的近似比为 1.5 的近似算法.

与最大割问题不同, 图的最小割问题是多项式可解的. 值得注意的是, 如果要求划分后的子集规模相同, 即最小平衡割问题, 那么问题目前最好的近似比是 $O(\sqrt{\log n})$, 这里 n 是问题实例输入图的点数, 最小平衡割问题的难度远远超过不加子集规模约束的情形.

5.2.8 计算复杂性

计算复杂性理论 (computational complexity theory) 定量分析求解问题所需的资源 (时间、空间、随机源等), 研究各类问题之间在算法复杂度上的相互关系和基本性质. 计算复杂性是算法设计与分析的理论基础, 对计算机科学和应用数学等许多相关领域产生重大深远的影响.

关于计算复杂性的一个早期研究是 19 世纪 40 年代 Gabriel Lamé 对欧几里得算法的运行时间分析. 1936 年, 艾伦・图灵对理论计算机模型 —— 图灵机的定义为计算复杂性的研究奠定了重要的理论基础. 对计算复杂性的系统性研究始于 20 世纪 60 年代 Hartmanis 和 Stearns 撰写的开创性论文《算法的计算复杂性》, 论文提出时间和空间复杂性的概念, 并证明了层级定理. 同一时期, Edmonds 将运行时间为输入规模多项式的算法称为有效的, 并为包括最大权匹配在内的几个重要的组合优化问题设计了有效算法 (多项式时间算法). 图灵机模型奠定了计算复杂性理论的基础. 20 世纪 70 年代 Cook 定义 P 问题和 NP 问题类分别为确定型和非确定型图灵机多项式时间可解的问题类, 这是对计算复杂性的最基本分类. 一个重要的问题是 $\mathrm{P} \neq \mathrm{NP}$ 是否成立, 即著名的 P 与 NP 的关系问题. 由此问题最早发展出的理论是 NP-完备理论, NP-完备类是指 NP 中任何问题都可在多项式时间内归约到的问题类, 如果给出任何一个 NP-完备问题的多项式时间算法, 那么就可证明 $\mathrm{P} = \mathrm{NP}$, 而 $\mathrm{P} \neq \mathrm{NP}$ 的一个必然结果是所有的 NP 完备问题都没有多项式时间算法. 自 1972 年 Cook 和 Karp 发现可满足性问题与其他 21 个著名的组合优化问题 (判定形式) 属于 NP-完备类起, 至今已经有大量的问题被证明是 NP-完备的, 但是仍没有人设计出解决这些 NP 完备问题的多项式时间算法进行证明, 这是一些理论计算机科学家认为 $\mathrm{P} \neq \mathrm{NP}$ 的理由之一. 近三十年人们已发展出了很多计算复杂性理论的基础性结果, 包括 NP-完备理论、各种复杂性的分类、不可近似性、对经典复杂性分类的概率型新

定义 (PCP 理论)、平均计算复杂性、交互式证明系统、程序长度复杂性、去随机化理论和基于计算难度的伪随机性, 以及它们在近似算法上的应用等. 这些理论很多出发于或者依赖于 P 和 NP 的关系问题, 这使得 P 和 NP 的关系问题成为理论计算机科学的核心问题之一, 以及凯莱数学研究所公布的 21 世纪七大数学难题之一.

20 世纪 90 年代起, 随着算法理论的发展, 计算复杂性理论相应开展了更加深入的研究, 揭示各计算模型间更加深刻密切的关系, 具有代表性的突破, 如: 发现 PCP 定理, 通过概率可验证明刻画 NP 问题, 从而基于 PCP 定理的 NP-难问题不可近似性成为研究热点之一. 另外随机算法的去随机化理论 (包括伪随机数生成器)、零知识证明、量子计算都成为研究的亮点, 推进人们对 P 和 NP 关系的理解.

多数计算复杂性的研究都将多项式时间认定为是有效的, 而非多项式时间是困难的. 然而在实践中, 当多项式的指数很大的时候, 算法也不能看作是有效的. 特别是在一些对即时性要求较高的场景 (例如网络通信), 随着数据量 (即问题规模) 的急速增长, 即使是三次方多项式时间算法, 也会产生不可接受的时间延迟. 因此, 对多项式时间复杂性的进一步分类, 以及相应问题的有效算法研究是非常有意义的. 另外, 即便一个问题没有多项式时间算法, 它可能会有近似比很好的近似算法, 或者实际效果很好的启发式算法. 虽然启发式算法在理论上没有精确的近似比分析, 但是在大多数时候, 它都能快速而比较准确地解决问题. 这在计算复杂性中对应的理论分析是平均复杂性理论和光滑分析. 实际中的例子包括 Presburger arithmetic、布尔可满足性问题和背包问题等, 我们可以从这个角度对更多的问题进行研究.

量子计算是一种使用量子信息单元进行计算的新型计算模式, 由于量子力学态叠加原理, 量子计算具有比传统的电子计算机更快的计算速度. 量子计算将在量子力学规律的环境下重新诠释通用图灵机, 从计算复杂性的角度来说, 量子计算的能力有可能比经典图灵机强, 但是量子计算机在多项式时间内能否解决传统图灵机多项式时间内不能求解的问题, 理论上还没有得到证明, 这方面的研究还有很长的路要走. 目前国内的量子计算研究工作者多数为物理学家, 而量子计算具有明显的专用性, 需要计算机科学的研究人员判断量子计算在哪些问题上适用, 并且进行量子计算的算法理论研究.

5.3　重要理论、方法的应用及展望

除了各类典型问题的算法设计与理论分析外, 组合优化还致力于一般问题

解的结构和性质研究, 并关注统一的有效算法工具的挖掘. 与连续优化、图论、组合学、计算理论结合, 获得了非常优美、深刻、实用的理论方法和工具.

1. *线性规划舍入*

线性规划舍入 (linear-programming rounding) 算法是最直接基于问题线性规划的一种技巧. 线性规划舍入算法的描述如下: 首先, 用整数规划来刻画给定问题. 然后, 对整数规划进行松弛, 得到相应的线性规划并求解线性规划得到分数 (最优) 解. 最后, 对分数解进行舍入, 得到整数可行解. 当线性规划的规模非常大时 (即规划中约束的个数对输入的规模而言是指数量级的), 线性规划可用椭球算法在多项式时间内求解. 由于在多项式时间内求解线性规划的算法在 20 世纪 70 年代末才被提出, 所以早期对线性规划舍入算法方面的研究并不是很多. 最早的线性规划舍入算法涉及了集合覆盖问题和装箱问题. 由于线性规划舍入算法涉及整数规划中的变量通常为 0-1 变量, 所以对分数解进行舍入时, 最直观的想法是将取值相对大的分数值舍入为 1, 其余的舍入为 0. 很多问题的线性规划舍入算法采用了这种直观想法, 如奖励收集斯坦纳树问题、无容量设施选址问题.

2. *原始对偶方案*

原始对偶方案 (primal-dual scheme) 也是基于问题线性规划的一种技巧. 原始对偶算法的描述如下: 首先, 用整数规划来刻画给定问题. 其次, 对整数规划进行松弛, 得到相应的线性规划, 从而给出线性规划的对偶规划. 最后, 就对偶规划进行对偶变量上升过程并得到对偶可行解, 从而根据 (放松的) 互补松弛条件构造出原问题的整数解. 虽然用原始对偶算法求解问题往往不会比用线性规划舍入算法得到更好的结果, 但由于原始对偶算法不需要精确求解线性规划松弛, 所以用它来处理实际问题时速度相对要快. 最早的原始对偶算法由 Bar-Yehuda 和 Even 提出[46], 用于求解集合覆盖问题. 随后, 原始对偶算法被广泛地应用于其他问题中, 如无容量设施选址问题和 k-中心问题、连通设施选址问题、背包问题、广义斯坦纳树问题.

3. *局部搜索*

局部搜索 (local search) 算法在通常情况下是一种启发式算法. 局部搜索算法的描述如下: 首先, 找到问题的一个任意可行解. 然后, 检验对当前解做局部改变能否改进问题的目标值, 如果可以则更新当前解. 当没有任何局部改变可以改进当前解时, 算法停止, 得到局部最优解. 局部搜索算法的整个过程都保证了解的可行性, 算法是不断地得到调节解的一个过程. 通常为了保证局部最优解可以在多项式时间内找到, 局部搜索算法要求每次更新当前解时目标值的改变量有一个下界. 能够给出相应近似比的局部搜索算法相对较少, 主要集中在设施选址问题上. Kuehn 和 Hamburger 提出了针对无容量设施选址问题的局部搜索算法. Korupolu 等给出了第一个用局部搜索算法求解无容量设施选址问题的近似比. 局部搜索算法在其他问题方面也有一定应用, 如最小度生成树问题、平行机排序问题等.

4. 贪心算法

贪心算法 (greedy algorithm) 通常也是一种启发式算法. 贪心算法是一个问题可行解的构造过程, 算法由若干步骤组成, 算法每步都选取一个局部最优的部分加到当前解中, 直到当前解可行为止. 贪心算法的优点在于方便实施且运算速度较快. Graham[47] 用贪心算法的思想设计了第一个非平凡的能给出近似比的多项式时间算法. 贪心算法在很多问题中都有应用, 如旅行商问题、k-中心问题、集合覆盖问题、拟阵优化等.

5. 半定规划

半定规划 (semi-definite programming) 是凸规划的一种, 也称为锥上的线性规划, 是典型的非线性规划. 半定规划指变量为矩阵并要求矩阵为半正定阵的一类规划问题. 在某种意义上, 半定规划非常类似于线性规划, 半定规划继承了锥–线性规划的对偶性质. 值得注意的是, 在给定误差 ϵ 的前提下, 半定规划是多项式可解的, 即求解半定规划的时间复杂度是 $\log(1/\epsilon)$ 的多项式函数. 这可以利用椭球算法或者内点算法实现. 半定规划在控制理论、信号处理、几何学、特征值优化、组合优化等众多领域有着极为重要的作用. 在组合优化领域, 半定规划的重要性凸显在对于许多图和组合优化问题, 利用半定规划可以得到比传统线性规划更紧的松弛, 这也意味着利用半定规划设计近似算法时可以得到更好的近似比.

半定规划在组合优化中的应用可以追溯到 20 世纪 70 年代末, 在计算图的香农容量时, 国际数学联盟前主席 Lovász 利用并发展了半定规划这一技术. 如今手机和电脑已经十分普及, 在我们的日常生活、学习、工作中都发挥着重要作用, 这二者想要发挥作用离不开通信工程. 此外, 经济以及国防等领域亦是相当依赖通信工程. 在构建通信网络时需要考虑到信道容量、信息传输速率、信息安全等实际要求. 香农容量是针对特定噪声水平信道的理论信息最大传输速率, 因此研究信息传输网络中的香农容量问题具有非常重要的理论和实际意义. Lovász 于 1979 年对图上的香农容量问题做了重要工作, 这一工作是半定规划的经典应用之一. 另一个经典地利用半定规划设计近似算法的例子是最大割问题. 分层半定规划利用层级结构, 能够给出更紧的松弛, 使分数解更加靠近整数解, 从而有可能设计更好的近似算法.

6. 半定规划松弛算法

Goemans 和 Williamson[42] 首次利用半定规划舍入技巧给出了最大割问题的 (1/0.87856)-近似算法, 引起了国际上利用半定规划设计近似算法以及探讨半定规划的局限性的研究热潮. 由于利用半定规划设计舍入算法比较困难, 研究主要集中在图划分问题、染色问题、可满足问题等. Goemans 和 Williamson[45] 首次利用复半定规划舍入技巧给出了最大 3-割等问题的近似算法.

如果唯一博弈猜想[48] 成立, 则简单的半定规划给出所有约束满足问题 (constraint satisfiability problem) 的最好近似比. Lasserre 引入了更紧的分层半定规划来研究多项式优化问题和多项式 0-1 整数规划. 2012 年 Raghavendra 和 Tan[44] 利用分层半定规划的性质, 对平衡最大割问题设计了基于分层半定规划舍入的 (1/0.85)-近似算法; Austrin 等[49] 同样利用分层半定规划舍入技巧进一步将近似比改进到 1/0.8776. 鉴于分层技术在平衡最大割问题上的卓越表现, 因此考虑将其与半定规划技术结合进而为一般的平衡最大 k-割问题设计更好的近似算法, 是值得研究的方向.

一般图的二元结构存在着不足之处. 例如, 在处理高维数据时, 一般图模型难以准确地刻画数据的特征与关系, 因而我们需要利用超图模型来更好地刻画这些高维数据. 在现实网络中, 存在资源数量庞大、结构复杂多样、关系复杂多变等特点, 需要构建网络结构的超图模型, 而原有的一般图模型无法准确地刻画. 超图模型在信息科学及生命科学等领域有着广泛的应用. 超图的划分是将图中顶点划分成若干个子集的不交并, 并要求子集内部或子集之间满足一定的要求. 由于超图的结构比一般图要复杂, 这也意味着具有更多的结构特征. 因此在解决超图的划分问题时, 必须考虑到超图独特的结构特征, 而不能简单套用一般图的划分算法. 如何利用半定规划技术为超图的划分问题设计高效的近似算法是值得探索的研究课题. 我们的研究目标是设计出适用于超图 k-划分问题的基于非线性规划松弛的随机近似算法.

7. 三明治方法

基于次模优化模型的理论研究与算法设计有众多结果, 并且应用非常成功, 如机器学习中信息抽取、推荐系统以及非参数学习等. 另外, 在社交网络中被广泛研究的影响力最大化问题也可以建模成次模优化[50]. 但无论是组合优化, 还是计算机等学科中都有非常多的问题是非次模优化问题, 目前处理非次模优化的问题没有通用的办法, 发展比较成功并且有实际应用的是三明治方法 (sandwich method)[51, 52]. 其方法的核心是找目标的次模上下界函数, 把问题转化为求解两个次模优化模型. 该方法的难点在于怎么有效地找次模上下界函数, 目前已经有若干应用三明治方法的结果. 但是三明治方法与理论研究还有许多不足, 特别地, 该方法是数据依赖类型的求解方法, 算法还没有很好的性能保证. 因此, 用三明治方法处理非次模优化模型是我们广大青年学者值得关注的方向.

8. **多面体组合学**

多面体组合学 (polyhedral combinatorics) 利用多面体、线性代数等理论和方法解决组合优化问题, 是组合优化算法与复杂性研究的一个非常有力的工具. 一方面, 多面体理论和技术的成功运用, 帮助设计出高效的多项式时间算法. 另一方面, 高效的算法通常能导出问题的多面体特征 (多面体的线性不等式系统) 和相应的最小–最大关系 (组合的原始对偶最小–最大定理). 这两方面紧密交织, 形成多面体组合研究的鲜明特点.

从 20 世纪 60 年代 Edmonds 对匹配多面体的研究至今, 多面体组合学理论和技术不仅被用来证明了很多组合优化问题的多项式时间可解性 (如最大权匹配问题、完美图中的最大独立集问题等), 还被用来为不少 NP-难的组合优化问题设计近似算法 (如最小圈覆盖问题、旅行商问题以及设施选址问题等).

对偶理论在多面体组合学中起核心作用. 获得多面体完整的线性刻画以及证明组合的最小–最大关系的一个主要途径是建立相应线性系统的对偶整数性. 最小–最大关系成立的充要条件通常以禁用结构的方式给出. 从几何对偶的角度研究最小–最大关系的一个基本框架是阻断 (blocking) 和逆阻 (antiblocking) 多面体理论, 其讨论多面体侧面 (facet) 和顶点的极性, 从阻断多面体的性质导出相应逆阻多面体的性质. 一个最典型运用和研究最广泛的阻断/逆阻对偶关系见于装填和覆盖类型的组合优化问题.

多面体组合的一个中心任务是寻找刻画多面体的简洁的线性不等式系统, 并在算法上有效地利用这些不等式解决相应组合优化问题. 这通常包含三个方面: 迭代地建立定义多面体侧面的不等式系统; 为分离问题 (separation problem) 设计算法识别非可行解并找到分离该非可行解和多面体的超平面; 设计具体的实施方案 (如分支定界策略等) 寻找问题的优化解. 20 世纪 80 年代 Grötschel、Lovász 和 Schrijver 将多面体理论和割平面方法成功结合, 发展了椭球算法. 很多组合优化问题在椭球算法的帮助下获得了多项式时间可解的证明. 更多时候问题的难点在于: 或者多项式时间内找到/判断定义多面体 (或多面体侧面) 的不等式是不可能的 (除非 NP = co-NP), 或者解决分离问题是 NP-难的, 但可喜的是对于不少的难问题, 多面体组合方法能给出其多面体简洁的部分线性表达, 从而系统地成功解决大量困难的实例 (旅行商问题就是成功的范例之一).

在各类组合多面体中，拟阵多面体及其推广 (多拟阵、广义拟阵) 具有特殊的地位. 对它们的研究带动了对次模 (集合) 函数的系统研究. 次模函数具有组合的凸性，它和许多组合多面体、分离定理、最小–最大关系有紧密联系.

9. 拟阵

拟阵 (matriod) 是基于某个有限集合的满足一些特定公理的独立集系统，其抓住了一大类能够被贪心算法解决的组合优化问题的结构特征. 拟阵的重要性不仅在于广泛的实际应用，还在于所导出的深刻的定理和算法，它们的发展促进很多相关方向的进步，如算法设计、网络编码、混合矩阵论等. 拟阵理论诞生于 1935 年，30 多年后随着拟阵分解定理、拟阵交定理、多拟阵交定理及其相关算法的建立，拟阵和次模性成为优化界研究的重要课题，拟阵优化成为次模优化最重要的基石之一. Seymour 的正则拟阵分解定理给出了识别全幺模矩阵的多项式时间算法，对组合优化等学科领域产生深远影响. 围绕 Well-Quasi-Ordering 猜想展开的一系列工作试图将 Robertson 和 Seymour 的图缩微 (graph minor) 的结果与方法推广到拟阵上；另外，拟阵的连通性、禁用缩微和分解的研究也进一步深入. 图论中树宽的概念和方法被推广到拟阵上，使得树分解和枝分解一起成为拟阵优化的有力工具. 关于拟阵方法应用的研究包括：模型拟合极小化误差、稳定匹配、随机网络通信、数据计算等.

拟阵理论的研究价值及潜力巨大. 第一，由最基本的拟阵理论可以发展出很多具有重要性质和深刻意义的集合系统，我们可以利用这些集合系统对网络通信、组合优化、矩阵论等领域的重要问题进行全新的研究，包括问题结构的揭示、数学模型的建立和算法的设计等. 第二，将拟阵理论和其他理论 (包括图论、优化、数值计算等) 相结合，为拟阵优化算法的研究提供有力的工具，进而有望在算法设计理论上取得重大的突破.

10. 计算复杂性

除了发现更多的组合优化问题是 NP-难的以外，基于 $P \neq NP$ 或唯一博弈猜想的假设，很多组合优化问题的不可近似性 (可达近似比的下界) 被证明或改进，例如，最大独立集问题、最稀疏割问题、平行机排序问题、最大无圈子图问题等. NP-难的组合优化问题在近似类的细分的框架下得到了越来越深入的理解. 另外，随着人们对困难问题的精确算法和近似算法的不断尝试，出现了新的更强的复杂性假设，其中一个比较基本的是 “指数时间假设”，其假定 3-SAT 问题的精确算法具有某种指数时间下界. 在此假设下，可以推导出若干重要组合优化问题的精确算法和多项式时间近似方案的复杂度下界，从而证明已有算法的复杂度的某种最优性. 目前已经出现了一系列令人振奋的研究成果. 从发展趋势来看, 计算复杂性理论将更加深入渗透到各个学科分支中. 计算机科学的发展, 特别是新一代计算机系统的研究又会给计算复杂性理论提出许多新的课题. 计算复杂性理论、描述复杂性理论、信息论等学科将更加紧密结合, 得到更加深刻的结论.

11. 多面体理论

组合优化中很多著名的结果和猜想意指某些线性系统是全对偶整数的或者是盒式全对偶整数的. 近年来, 对偶整数性的研究在复杂性、方法工具和特殊系统的刻画方法方面有可喜的突破.

(1) 识别线性系统对偶整数性的计算复杂性曾是一个有 20 多年研究历史的公开问题. 它在 2008 年得到了解决: 对偶整数系统及盒式全对偶整数系统的识别问题被证明是 co-NP-完备的[53]. 这一突破引发了相关后续研究.

(2) 除了经典的矩阵全幺模性质, 超图的等子划分性质成为证明装填/覆盖类型的线性系统盒式全对偶整数性的一个新的统一工具.

(3) 大量研究致力于刻画特殊线性系统的对偶整数性. 具有代表性的工作包括: 圈多面体及其阻断多面体被证明具有同样的全对偶整数性刻画; 稳定婚姻多面体的整数性被加强为对偶整数性, 并进而推广为稳定匹配多面体的对偶整数性; 带限制的 2-匹配、k-连通性增广及其超模集合函数推广等很多组合优化问题的多面体得到了全对偶整数的线性系统表示.

除了由对偶整数性刻画所导出的最小–最大关系外, 国内外学者近年来建立了一系列装填/覆盖类型的最小–最大定理, 并设计了相应多项式时间的近似或精确算法, 问题涉及: 群标号图中的非零 A-路装填、循环序下的圈装填与圈覆盖等. 组合多面体的 $(1/k)$-整数性、有界分数装填、近似的最小–最大关系等逐渐成为研究的新方向. 我们将列举若干具体的关键研究课题, 这些只是众多有趣问题的很少一部分. 此外, 更为重要的是加强组合优化的应用研究, 形成依赖于理论和方法创新的应用平台, 服务于社会.

(1) 装箱问题: 绝对近似算法的存在性.

(2) 旅行商问题: 改进度量 TSP 的 1.5-近似算法和 123/122 的不可近似性下界.

(3) 斯坦纳树问题: 网络上斯坦纳树问题近似算法的改进; 欧氏平面上斯坦纳比猜想的证明; 奖励收集斯坦纳树问题中, 利用非均匀随机选取参量, 从而改进近似比.

(4) 设施选址问题: 改进无容量设施选址问题的上下界; 改进连通设施选址问题的近似比.

(5) 分层半定规划技术和理论: 理解分层半定规划舍入技巧的本质, 应用到更多的 NP-难问题上; 利用分层半定规划研究 NP-难问题的精确算法复杂性的上下界; 研究分层复半定规划的理论, 并应用到 NP-难问题的算法设计与分析.

(6) 利用和发展指数时间假设 (exponential time hypothesis) 下的算法复杂性研究, 给出数字化组合优化问题的算法界.

(7) 发展不完全信息下的算法理论, 逐步建立相应的复杂性体系. 特别是研究在线问题的竞争比近似方案, 使得经典的在线问题有所突破.

(8) 非次模优化问题, 特别是从机器学习应用中出发, 建立和发展从次模到非次模模型的最优化理论与方法.

(9) 加强与无线网技术发展息息相关的连通控制集问题的研究.

参 考 文 献

[1] Schrijver A. Combinatorial Optimization: Polyhedra and Efficiency. Berlin: Springer, 2003.

[2] Korte B, Vygen J. Combinatorial Optimization: Theory and Algorithms. 5th ed. Berlin: Springer-Verlag, 2012.

[3] Vazirani V V. Approximation Algorithms. Berlin: Springer-Verlag, 2001.

[4] Williamson D P, Shmoys D B. The Design of Approximation Algorithms. Cambridge: Cambridge University Press, 2011.

[5] Arora S, Barak B. Computational Complexity: A Modern Approach. Cambridge: Cambridge University Press, 2009.

[6] Johnson D S. Near-Optimal Bin Packing Algorithms. Cambridge: Massachusetts Institute of Technology, 1973.

[7] Yue M. A simple proof of the inequality $\mathrm{FFD}(L) \leqslant 11/9\mathrm{OPT}(L) + 1, \forall L$, for the FFD bin-packing algorithm. Acta Mathematicae Applicatae Sinica, 1991, 7: 321-331.

[8] Dosa G, Li R, Han X, et al. Tight absolute bound for first fit decreasing bin-packing: FFD(L) 6 11/9OPT(L) + 6/9. Theoretical Computer Science, 2013, 510: 13-61.

[9] Seiden S S. On the online bin packing problem. Journal of the ACM, 2002, 49: 640-671.

[10] Hoberg R, Rothvoö T. A logarithmic additive integrality gap for bin packing. Proceedings of the 28th Annual ACM-SIAM Symposium on Discrete Algorithms(SODA), Society for Industrial and Applied Mathematics, 2017: 2616-2625.

[11] Bansal N, Khan A. Improved approximation algorithm for two-dimensional bin packing. Proceedings of the 25th Annual ACM-SIAM Symposium on Discrete Algorithms (SODA), Society for Industrial and Applied Mathematics, 2014: 13-25.

[12] Han X, Chin F Y L, Ting H F, et al. A new upper bound 2.5545 on 2D online bin packing. ACM Transactions on Algorithms, 2011, 7(4): 50.

[13] Christofides N. Worst-case analysis of a new heuristic for the travelling salesman problem. Technical Report, 1976.

[14] An H C, Kleinberg R, Shmoys D B. Improving Christofides' algorithm for the *st* path TSP. Journal of the ACM, 2015, 62(5): 34.

[15] Sebő A. Eight-fifth approximation for the path TSP. Proceedings of the 16th Integer Programming and Combinatorial Optimization (IPCO), 2013: 362-374.

[16] Frieze A M, Galbiati G, Maffioli F. On the worst-case performance of some algorithms for the asymmetric traveling salesman problem. Networks, 1982, 12: 23-39.

[17] Asadpour A, Goemans M X, Madry A, et al. An $O(\log n/\log\log n)$-approximation algorithm for the asymmetric traveling salesman problem. Proceedings of the 21st Annual ACM-SIAM Symposium on Discrete Algorithms (SODA), 2010: 379-389.

[18] Svensson O, Tarnawski J, Vegh L A. A constant-factor approximation algorithm for the asymmetric traveling salesman problem. Proceedings of the 50th Annual ACM Symposium on Theory of Computing (STOC), ACM, 2018: 204-213.

[19] Robins G, Zelikovsky A. Tighter bounds for graph Steiner tree approximation. SIAM Journal on Discrete Mathematics, 2005, 19: 122-134.

[20] Borchers A, Du D Z. The k-Steiner ratio in graphs. SIAM Journal on Computing, 1997, 26: 857-869.

[21] Byrka J, Grandoni F, Rothvoö T, et al. An improved LP-based approximation for Steiner tree. Proceedings of the 42nd ACM Symposium on Theory of Computing(STOC), ACM, 2010: 583-592.

[22] Shmoys D B, Tardos E, Aardal K. Approximation algorithms for facility location problems. Proceedings of the 29th Annual ACM Symposium on Theory of Computing(STOC), ACM, 1997: 265-274.

[23] Guha S, Khuller S. Greedy strikes back: Improved facility location algorithms. Journal of Algorithms, 1999, 31: 228-248.

[24] Sviridenko M. An improved approximation algorithm for the metric uncapacitated facility location problem. Proceedings of the 9th International Conference on Integer Programming and Combinatorial Optimization (IPCO), 2002: 240-257.

[25] Li S. A 1.488 approximation algorithm for the uncapacitated facility location problem. Information and Computation, 2013, 222: 45-58.

[26] Aggarwal A, Anand L, Bansal M, et al. A 3-approximation for the facility loca-

tion with uniform capacities. Proceedings of the 14th Integer Programming and Combinatorial Optimization (IPCO), 2010: 149-162.

[27] Pal M, Tardos E, Wexler T. Facility location with nonuniform hard capacities. Proceedings of the 42nd Annual Symposium on Foundations of Computer Science(FOCS), 2001: 329-338.

[28] Zhang J, Chen B, Ye Y. A multiexchange local search algorithm for the capacitated facility location problem. Mathematics of Operations Research, 2005, 30: 389-403.

[29] Eisenbrand F, Grandoni F, Rothvoö T, et al. Approximating connected facility location problems via random facility sampling and core detouring. Proceedings of the 19th Annual ACM-SIAM Symposium on Discrete Algorithms (SODA), Society for Industrial and Applied Mathematics, 2008: 1174-1183.

[30] Lee E, Schmidt M, Wright J. Improved and simplified inapproximability for k-means. Information Processing Letters, 2017, 120: 40-43.

[31] MacKay D J C. Information Theory, Inference and Learning Algorithms. Cambridge: Cambridge University Press, 2003.

[32] Ostrovsky R, Rabani Y, Schulman L J, et al. The effectiveness of Lloyd-type methods for the k-means problem. Journal of the ACM, 2013, 59(6): 28.

[33] Arthur D, Manthey B, Roglin H. Smoothed analysis of the k-means method. Journal of the ACM, 2011, 58(5): 19.

[34] Kanungo T, Mount D M, Netanyahu N S, et al. A local search approximation algorithm for k-means clustering. Computational Geometry, 2004, 28(2-3): 89-112.

[35] Makarychev K, Makarychev Y, Sviridenko M, et al. A bi-criteria approximation algorithm for k-means. Proceedings of the 19th International Workshop on Approximation Algorithms for Combinatorial Optimization Problems (APPROX) and the 20th International Workshop on Randomization and Computation (RANDOM), Schloss Dagstuhl-Leibniz-Zentrum fuer Informatik, 2016: 1-14.

[36] Bandyapadhyay S, Varadarajan K. On variants of k-means clustering. Proceedings of the 32nd International Symposium on Computational Geometry (SoCG), Schloss Dagstuhl-Leibniz-Zentrum fuer Informatik, 2016: 1-15.

[37] Inaba M, Katoh N, Imai H. Applications of weighted Voronoi diagrams and randomization to variance-based k-clustering. Proceedings of the 10th Annual Symposium on Computational Geometry (SoCG), ACM, 1994: 332-339.

[38] Nemhauser G L, Wolsey L A, Fisher M L. An analysis of approximations for maximizing submodular set functions — I. Mathematical Programming, 1978, 14: 265-294.

[39] Bian A A, Buhmann J M, Krause A, et al. Guarantees for greedy maximization of non-submodular functions with applications//Proceedings of the 34th Interna-

tional Conference on Machine Learning-Volume 70. JMLR. Org, 2017: 498-507.

[40] Karimi M R, Lucic M, Hassani H, et al. Stochastic submodular maximization: The case of coverage functions. Proceedings of the Neural Information Processing Systems(NIPS), 2017: 6853-6863.

[41] Badanidiyuru A, Mirzasoleiman B, Karbasi A, et al. Streaming submodular maximization: Massive data summarization on the fly. Proceedings of the 20th ACM SIGKDD International Conference on Knowledge Discovery and Data Mining (SIGKDD), ACM, 2014: 671-680.

[42] Goemans M X, Williamson D P. Improved approximation algorithms for maximum cut and satisfiability problems using semidefinite programming. Journal of the ACM (JACM), 1995, 42(6): 1115-1145.

[43] Mahajan S, Ramesh H. Derandomizing semidefinite programming based approximation algorithms. Proceedings of the 36th IEEE Annual Symposium on Foundations of Computer Science (FOCS), 1995: 162-169.

[44] Raghavendra P, Tan N. Approximating CSPs with global cardinality constraints using SDP hierarchies. Proceedings of the 23rd Annual ACM-SIAM Symposium on Discrete Algorithms (SODA), Society for Industrial and Applied Mathematics, 2012: 373-387.

[45] Goemans M X, Williamson D P. Approximation algorithms for MAX-3-CUT and other problems via complex semidefinite programming. Proceedings of the 33rd Annual ACM Symposium on Theory of Computing (STOC), ACM, 2001: 443-452.

[46] Bar-Yehuda R, Even S. A linear time approximation algorithm for the weighted vertex cover problem. Journal of Algorithms, 1981, 2: 198-203.

[47] Graham R. Bounds for certain multiprocessing anomalies. Bell System Technical Journal, 1966, 45: 1563-1581.

[48] Khot S. On the power of unique 2-prover 1-round games. Proceedings of the 34th Annual ACM Symposium on Theory of Computing (STOC), ACM, 2002: 767-775.

[49] Austrin P, Benabbas S, Georgiou K. Better balance by being biased: A 0. 8776-approximation for max bisection. Proceedings of the 24th Annual ACM-SIAM Symposium on Discrete Algorithms (SODA), 2013: 277-294.

[50] Kempe D, Kleinberg J, Tardos E. Maximizing the spread of influence through a social network. Proceedings of the ninth ACM SIGKDD International Conference on Knowledge Discovery and Data Mining (SIGKDD), ACM, 2003: 137-146.

[51] Lu W, Chen W, Lakshmanan L V S. From competition to complementarity: Comparative influence diffusion and maximization. Proceedings of the VLDB Endowment, 2015: 60-71.

[52] Wang Z, Yang Y, Pei J, et al. Activity maximization by effective information diffusion in social networks. IEEE Transactions on Knowledge and Data Engineering, 2017, 29: 2374-2387.

[53] Ding G, Feng L, Zang W. The complexity of recognizing linear systems with certain integrality properties. Mathematical Programming, 2008, 114: 321-334.

第6章 全局优化

6.1 概 述

全局优化的研究内容包括: 建立较真实地反映实际问题的全局优化问题模型, 设计解决优化问题模型的全局优化算法, 开发相应的计算程序并在计算机上模拟求解, 分析计算结果, 并应用于求解实际问题等. 因此, 高效的全局优化算法是最优化问题得以顺利解决的关键.

对于组合最优化问题, 全局优化研究的重点是算法的设计与实现. 对于连续优化问题中的非凸/非光滑规划问题, 全局优化主要考虑最优解的特征和计算方法. 由于非凸/非光滑规划问题往往存在多个局部最优解, 所以人们无法借助于经典的非线性规划方法求解这些问题, 特别是至今还没有很好地给出全局最优性准则, 使得非凸/非光滑全局优化问题的求解极具挑战性. 近年来, 随着计算机及信息技术的飞速发展, 全局优化方法在众多科学技术领域中的应用越来越广泛, 如生物计算、人工智能和数据压缩等等, 且科学和工程的许多进展都依赖于求解相应全局优化问题最优解的计算方法. 目前, 全局优化方法已成为人们研究实际问题时进行建模、分析、求解的重要手段之一.

全局优化研究一方面需要许多数学和计算机基础理论, 如泛函分析、非线性分析、凸分析、数据结构、算法复杂性理论、算法语言等, 另一方面又要熟悉某一具体的全局优化问题的背景和特征结构, 基于全局优化问题的特征设计相应的高效算法, 并进行大规模高效高置信度的数值实验模拟.

6.2 历史与现状

随着计算复杂性理论[1] 的建立和计算机硬件的发展, 全局优化的研究首先在组合优化问题中全面展开. 由于决策变量的状态空间离散和有限, 组合最优化问题最优解的存在性显而易见, 因此其重点研究问题的分类, 是多项式时间问题还是 NP-难问题, 是否有介于多项式时间与 NP-难问题之间的问题是 21 世纪公开待解问题[2]. 对于多项式时间问题, 全局最优解可在多项式时间内得到, 其核心是多项式时间算法的设计. 除非 P = NP, NP-难问题不存在多项式时间算法求出全局最优解. 对于 NP-难问题, 重点研究的内容涵盖启发式和全局最优解的算法设计与分析. 对于启发式算法, 强调的是计算时间, 同时应该兼顾求出解与最优解的差距, 因此算法的效能分析是研究的重点. 对于全局最优解算法, 计算效率成为应用的关键, 全局收敛分析成为理论研究的关键.

连续优化问题的计算复杂性理论借鉴组合最优化复杂性思想, 形成了自己的复杂性概念[3]. 最优性条件和计算方法设计与分析是连续优化研究的主题. 由于早期连续优化的计算方法研究多集中在方向下降法上, 因此, 研究聚焦在凸优化问题或局部最优解方面. 标准的非线性规划方法在求解全局优化问题时并不成功, 主要是难以处理这类问题的内在多极值性. 一般来说, 像梯度、次梯度和二阶黑塞矩阵等这样的基本的工具不能求解优化问题的全局最优解. 例如, 我们通常能得到优化问题的一个稳定点, 但却不能保证该点为局部最优点, 在某种意义上, 判断该点是否为局部极小点也是一个 NP-难问题. 鉴于这些原因, 全局优化方法与标准的非线性规划方法有显著区别, 并且它们在计算上更加复杂. 另一方面, 在许多实际的全局优化问题中, 多极值的特征只涉及少数的变量. 因此, 许多大规模的全局优化问题都存在合适的求解方案.

随着生物计算、社会网络、人工智能、大数据等方向的飞速发展, 以及国家重点支持的高新技术领域科技发展的需求, 全局优化方法的应用领域越来越广泛, 求解全局优化问题的巨大实际需求使人们更关注全局优化问题算法的研究. 自 20 世纪 70 年代中后期开始, 经过近 50 年的发展, 国内外学者提出和发展了许多应用广泛、卓有成效的全局优化理论与算法, 已有的全局优化方法主要分为两大类: 一类是确定性算法, 另一类是智能优化算法. 这两类算法在讨论的途径和论证方法上都截然不同, 各具特色和优势.

确定性算法主要包括: 分支定界算法、填充函数算法、打洞函数算法、DC 规划算法、单调规划算法等. 这些算法的构造一般都利用目标函数的某些局部性质或全局性质, 比如凸性、单调性、稠密性、Lipschitz 连续性、可微等性质. 以上方法是处理非凸规划问题的有效算法, 目前仍是全局优化算法的研究热点之一.

与确定性算法相比, 智能优化算法在求解全局优化问题中得到广泛应用, 如人工神经网络算法、进化算法、粒子群优化算法、蚁群算法等. 因其对所研究问题涉及的数学性质要求不高, 如目标函数可以不光滑, 优化问题只有一些实测数据而缺少解析函数表示等, 这促使了智能优化算法的发展. 因此, 其作为一种新兴的计算技术已成为越来越多研究者关注的焦点.

目前, 全局优化软件包主要有两类. 第一类是基于数学规划模型的软件, 主要是针对整数或混合整数的线性或二次规划等模型, 用一些确定性算法给出全局最优解, 如 CPLEX 和 GUROBI 等软件包. 第二类是开源可组合型的软件, 其主要特点是对可用程序语言描述的优化问题, 调用已有的一些确定性算法或智能优化算法, 比较并给出最好的解. 第二类软件包更适合应用研究, 一些软件具有开源性, 可自主开发和内置. 典型软件有 MATLAB 中的 Optimization Toolbox 和 MAPLE 中的 Global Optimization Toolbox 等.

第一个全局优化方面的专业刊物 *Journal of Global Optimization* 于 1991 年首刊, 每年 3 期. 在初期期刊难以满足大量研究结果发表的情况下, 两本专著 [4] 和 [5] 得以完成, 其中涵盖了全局优化的主要模型和方法. 全局优化的方法在经典数学问题中得以应用, 如在牛顿数求解中的应用[6] 等. 近 20 年来, 非凸二次约束二次规划问题的研究取得一定成果, 带动了该方向的发展, 成为一个热门研究方向.

从 20 世纪七八十年代开始, 国内就有一些学者从事全局优化的研究, 他们提出了填充函数法、水平集法等有国际影响力的方法.

综上所述, 一方面, 随着信息技术的飞速发展和重大应用领域研究需要, 全局优化问题的规模越来越大、模型结构越来越复杂, 我们急需发展适用于求解大规模、带结构体的全局优化问题的高效全局优化算法, 为人工智能、大数据、新一代信息技术的发展提供理论与算法支持. 另一方面, 我们应该结合最新发展的局部优化方法或改进现有的全局优化算法, 来降低现有算法的计算复杂度, 显著提高现有全局优化算法的能力. 因此, 我国应大力发展国家重大领域中出现的全局优化问题驱动的优化算法和基础理论等研究, 推动全局优化算法的进步与发展.

6.3 前景展望

全局优化研究的方向布局应为推动大数据、信息技术、人工智能等重大科学技术的创新发展提供必不可少的理论支撑, 坚持不懈地推动全局优化基础理论的创新研究和解决实际问题的应用研究, 高度重视培养高素质的优化专家, 满足国家科技发展对大规模优化计算的人才需求, 促进我国最优化学科的进步和快速发展.

下面分几个方面给出几个应重点发展的研究方向.

6.3.1 全局最优性基础理论研究

第一, 可验证全局最优性条件 KKT 条件给出了非线性优化问题局部最优解的一个必要条件, 为非线性优化问题最优解的计算提供了一些约束条件. Fenchel 强对偶理论为锥优化问题全局最优解的存在性和判别提供了一个充分条件, 使二阶锥和半定规划问题的最优解可达性得到理论支撑[7]. 为此, 最优性条件一直是最优化领域基础研究的重要方向.

对非凸/非光滑问题, 全局最优性条件的给出和验证一直是一个难点问题, 所以一般很难得到实质性的应用. 针对一些特殊结构的优化问题, 近期已有诸多研究成果. 如近年来 DC 规划在理论研究方面, 已取得较大进展[8]. 参考 DC 规划的研究方法, 对一些具有特殊结构的优化问题, 如非凸二次规划、三次规划、四次规划、一般多项式优化问题和弱凹规划 (这些规划问题都可表示为 DC 规划) 的特殊结构, 给出这些规划问题的一些可验证的全局最优性充分或必要条件成为可能 (参考文献 [9], [10] 及其中的参考文献). 结合一些特殊结构的全局优化问题, 从可验证的角度给出全局最优性条件是一个有希望的科研方向.

第二, 多项式可计算问题 内点算法[11] 的出现提升了人们对非线性规划问题计算复杂性的理解. 一些凸的非线性规划问题, 如二阶锥规划问题和半定规划问题, 可用内点算法在多项式时间内求得全局最优解. 一个非常直接的方法是: 将一个非线性规划问题等价地写成二阶锥可表示或半定矩阵可表示优化问题 (参考文献 [7] 及其中的参考文献), 如凸二次约束二次规划问题由此方法被归为多项式时间可计算的.

有一些问题, 表面看目标或约束中含有非凸函数或大类上已被证明为 NP-难问题, 但可通过二阶锥或半定矩阵等形式写成多项式时间可计算的松弛模型, 进而求得原问题的全局最优解, 这类问题称为隐凸问题. 这样的结论一直贯穿全局最优化研究的各个时期, 如一些约束较少的非凸二次规划问题的半定规划松弛方法 (参考文献 [12]~ [14] 等).

对一个优化问题得到其多项式可解的凸松弛模型后, 一个关注点是松弛问题与原问题的最优目标值差距, 更深入的关注应该是松弛问题的最优解能否提供原问题的最优解.

上述全局最优性基础理论研究只能局限于一些特殊结构的优化问题, 需要研究者有非常好的数学理论基础.

6.3.2 全局优化算法研究

1. *群智能算法*

对于组合优化问题, 基于其特殊的离散结构, 人们近期主要关注仿生的群智能全局优化算法. 群智能全局优化算法是一类基于生物群体行为规律的全局概率搜索算法. 这类算法将搜索空间中的每一个可行解视为生物个体, 将解的搜索和优化过程视为个体的进化或觅食过程. 生物个体适应环境的能力用来度量待求解问题的目标函数, 生物个体的进化或觅食过程用来模拟优化中较差的可行解被具有优势的可行解替代的迭代过程.

与大多数基于梯度型的优化算法相比, 群智能全局优化算法依靠的是概率搜索, 其算法特点包括: ① 种群中相互作用的个体是分布式的, 没有直接的中心控制约束, 多以非直接的信息交流方式实现个体协作; ② 采用并行分布式算法模型, 且每个个体只能感知局部信息; ③ 具有自组织性, 群体表现出来的复杂性行为是通过简单个体的交互表现出高度的智能.

群智能算法仅涉及各种基本数学操作, 计算相对简单, 且数据处理过程对计算机 CPU 和内存的要求也不高, 其潜在的并行性和分布式特点为处理大量以数据库形式存在的数据提供了技术保证, 特别是近期人工神经网络的深度学习算法的成功应用和人工智能产业的发展更吸引应用行业的关注. 鉴于其独特的优势, 人们还不断地提出了各种各样的新的群智能全局优化算法, 比如蜂群算法和声搜索算法等 (参考文献 [15] 和 [16]). 但这些算法的计算效能一直受到诟病, "无免费午餐" 就是一个代表性的观点[17].

随着人们对大自然认知的提高以及高性能机器的出现, 群智能优化算法将是智能科学、计算科学和最优化方法的热点研究领域之一, 其主要发展方向可概括为以下几个方面: ① 群智能算法均包含随机行为, 且没有通用的框架, 有关算法的数学分析工作有限, 因此在算法的收敛性、复杂性以及计算能力的理论分析等方面需要进一步发展和完善. ② 群智能算法的全局收敛性无法保证, 但对函数要求较低. 确定性的全局优化方法收敛性有保证, 但是应用范围有限. 如何将两类算法有效结合, 达到既能保证收敛性, 又能适用于更多问题的求解是一个很有意义的研究课题. ③ 如同神经网络深度学习算法[18] 一样, 针对具体问题的结构, 采用创新的算法模式在实际应用中具有巨大的潜力.

2. 分支定界算法

对于非凸/非光滑连续优化问题, 由于缺乏全局最优性条件判断准则, 目前的全局优化方法大多依据具体的全局优化问题的背景和特征结构, 按照不同的方式组合一些基本技术, 如分割、定界、切割, 以及通过松弛或限制进行逼近等, 从而产生了一系列不同的全局优化算法, 这些算法是求解全局优化问题的基础方法.

分支定界算法是求解全局优化问题最有效的方法之一, 该算法的基本思想是通过对问题初始可行域逐次剖分, 同时构造并计算相应的松弛问题确定最优值的下界, 通过求解一系列的松弛问题产生一个单调递增的下界序列, 并通过探测松弛问题最优解及所考察区域端点或中点的可行性, 构造问题的一个单调递减的上界序列, 当问题全局最优值的上界与下界的差满足终止性误差条件时, 算法终止, 从而得到所求问题的全局最优解, 否则算法继续迭代下去. 目前, 针对特殊形式的非凸规划问题的分支定界算法研究产生许多算法及理论 (参见文献 [19], [20] 及其中的参考文献). 分支定界算法的关键步骤就是松弛问题的构造和分支变量的选取, 而松弛方法的建立主要依赖于能否充分利用目标和约束函数的特点构造出原问题的紧的线性 (凸、半定) 松弛问题, 这些仍是目前分支定界算法研究的重点.

由于分支定界算法属于穷举性算法, 如何利用已有的成熟的局部优化算法, 探测到尽可能多的可行点或局部最优解, 从而改进上界 (或下界), 并利用其删除更多的不含全局最优解的区域, 提高算法的执行效率, 是构造分支定界算法加速技巧的可行方向之一.

通过引入恰当的外空间变量, 构造原问题的外空间等价问题, 并基于相应等价问题的外空间区域剖分搜索最优解, 通过降低剖分空间的维数, 提高算法的执行效率, 便于分支定界算法应用于求解实际生产生活中遇到的大规模工程优化问题. 通过应用问题分解技巧和并行计算技术, 将大规模的优化问题分解为多个低秩优化子问题, 同时利用并行处理技术对多个低秩优化子问题进行求解, 并基于分支定界框架构造相应的分支定界算法, 是应用分支定界算法求解大规模非凸全局优化模型的关键问题.

将内/外逼近方法、割平面方法、单调优化方法、近似算法、凹的极小化方法等全局优化思想与分支定界算法思想相结合, 构造与设计新型的分支定界算法, 是未来分支定界算法发展方向之一[21].

3. 加速技术

加速技术是指在搜索空间中尽可能删除更多的不存在可行点或最优解的区域的方法. 为了更加有效地寻找问题的全局最优解, 利用合适的加速技术能够快速减小搜索空间的范围, 对加速算法的全局收敛性起关键作用. 为此, 全局优化方法的研究可考虑两类加速技术: 预求解技术和区域缩减技术 (参考文献 [22]~[24] 及其中的参考文献).

预求解技术是通过分析或转化等手段将原问题转化为易于求解的问题, 这种技术的主要发展方向可概括如下: 消除冗余约束或变量, 利用对偶变量进行紧界处理, 将某些变量固定在其边界处以减小问题的维数, 增加模型中的稀疏性, 为简化模型重新调整问题变量和约束, 避免不确定函数, 减少模型中的非线性性, 通过变换改进问题的规模以及增加凸性等技术手段.

区域缩减技术也称为界传播、界紧、界加强、区域滤子、界减小和区域减小等. 区域缩减技术不必保证收敛到全局最优, 但能加速收敛. 这种缩减技术常利用可行性分析来消除搜索空间中的不可行部分. 同样地, 区域缩减技术也可利用最优性来压缩搜索空间. 对通过单位传播的可满足问题, 以及获得不同的一致性水准的各种滤子的约束规划问题, 区域缩减技术构成了求解方法的主要成分.

另外, 由于在分支定界算法的求解过程中, 通常在算法收敛到最优解之前, 需要对包含全局最优解的区域进行多次重复分支, 其中包含对接近局部最优解的区域过度分割并且无法删除很多不含解的部分, 这种现象称为集群效应. 为了减弱这种集群效应, 提高求解速度, 基于 Krawczyk 算子或 Kantorovich 定理的存在性和唯一性测试, 在确保删除区域中局部最小点周围不存在其他解的情况下, 建立区域删除方法, 关于这方面的问题值得进一步考虑[25].

区域缩减技术的复杂程度各不相同, 使用一些比较复杂的区域缩减技术时, 需要用智能启发式技术确保只有当区域能够缩减时才使用这些技术. 一些软件测试的结果表明区域缩减技术对求解器的性能有显著的影响, 在分支定界算法中引入区域缩减技术能够很大程度上减少计算时间和节点数量. 对于该领域而言, 在将来的研究中应注重基于约束集的区域缩减技术 (即全局过滤方法) 的发展. 这些区域缩减技术不仅能广泛应用于结构性问题, 也能用于重要的科学与工程问题, 例如, 蛋白质折叠[26] 和网络设计问题[27]. 同时区域缩减技术广泛应用于各种通信领域中, 包括人工智能、区间分析和计算机科学, 应是未来全局优化方法研究的重点之一.

4. 半定松弛技术

半定规划是线性规划的一种推广, 是一个凸优化问题. 它在理论和算法方面都已获得许多优秀成果, 并在控制理论、系统科学、组合优化、滤波技术、移动通信、模式识别等领域获得了广泛应用. 因此, 它备受关注并被誉为 21 世纪数学规划的摇篮.

鉴于半定规划在许多应用领域中的显著成效, 许多研究者希望把大量的非凸、非线性规划问题转化为半定规划问题来解决. 实现该转化的关键瓶颈技术是使用半定松弛策略. 半定松弛是凸松弛方法中具有代表性的一类, 它是在原问题的约束条件中通过引入适当的松弛因子及合理的等价转换后, 将原问题转化为半定规划问题的一种方法. 甚至, 有些问题需要分阶段使用半定松弛技术才可以转化为半定规划问题.

如今, 使用半定松弛技术将不同领域的大量非凸、非线性优化问题转化为半定规划来求解, 例如, 通信领域的多址通信干扰问题、码分多址 (CDMA) 技术、多输入多输出 (MIMO) 技术等 (参考文献 [28], [29] 等), 组合优化领域的单背包问题、投资组合问题、风险投资问题等[30], 电力系统中的最优潮流问题、主动配电网问题、变压器局部放电问题等[31], 运输系统中的稳健交通均衡问题、随机交通网络问题、相异最短路径问题等. 另外, 对于很多 NP-难问题, 通过使用半定松弛技术也可以转化为半定规划问题来求解, 例如整数规划中的 $(0,1)$-规划问题、矩阵的秩极小化问题、二次矩阵优化问题、量子计算问题等. 综上所述, 半定松弛技术必将在国家信息化建设、信息安全、经济发展、交通运输及科学研究等领域发挥作用, 因此它是一个有意义的研究课题.

目前备受关注的医学成像、张量分解与张量计算、信号处理、生物统计等等, 将半定松弛技术应用到这些重大的研究领域, 不仅可以拓宽半定规划的应用范围, 也可以丰富不同领域在理论和算法方面的研究, 这将是以后的一个发展方向.

5. 统计优化算法

确定性全局优化算法的缺陷是计算的耗时, 而智能算法的缺陷是依赖于参数的选择和 "无免费午餐"[17] 的结论. 将随机和确定算法结合, 可能产生计算时间少且保证一定概率收敛到全局最优解的一类统计优化算法 (参考文献 [3] 中 stochastic methods 部分的描述). 这类算法在非凸连续优化问题中的应用值得尝试.

6.3.3 应用问题驱动的全局优化算法研究

计算机视觉作为人工智能的一个重要科学分支, 它是用摄影机、电脑代替人眼对目标物体进行识别、跟踪和测量的机器视觉. 人们通常利用计算机视觉处理更适合人眼观察或传送给仪器检测的图像信息. 通过对采集的图片或者视频进行处理以获得相应场景的三维信息是计算机视觉的主要任务. 由于多视图几何发生在投影空间, 所以线性分式函数作为欧几里得空间和投影空间之间的介体起着至关重要的作用, 以至于计算机视觉中的很多问题 (如三维图像重构、相机切除、单应性估计等) 均可被阐述为最小化一个标准的线性分式向量函数的 L_q 范数的分式和优化问题, 这里 q 为正整数[32, 33]. 现有的确定性算法仅限于求解分式的个数 $r \leqslant 10$ 的情况. 然而, 当 $r \leqslant 10$ 且 $q \geqslant 3$ 时该类问题的全局优化算法在文献中还很少见.

计算机视觉中的多视图几何、三维图像重构等问题的特点是大量的分式个数和少量的变量, 如何利用这类分式规划问题的特征, 建立求解这类问题切合实际计算时间内的全局优化算法值得深入研究和探讨.

随着现实问题越来越复杂和规模越来越大, 已有的智能算法难以满足实际问题的需要, 高效算法成为主要需求. 比如车辆路径规划问题, 是物流中的一个核心问题. 由于智能算法的并行性和函数性质要求低等优点, 这类算法一直在该问题的求解中得到重视[34, 35]. 同样的现象也出现在解决机器学习中的特征选择问题、解决分类问题的相关算法等上 (参考文献 [36]~ [38] 等). 这些算法可以解决相应的问题, 但是还有很大的提升空间, 由此可见, 实际问题的解决是人们研究智能算法的一个重要驱动力.

参 考 文 献

[1] Garey M R, Johnson D S. Computers and Intractability: A Guide to the Theory of NP-Completeness. San Francisco: W. H. Freeman and Company, 1979.

[2] Clay Mathematics Institute. P vs NP Problem. http://www. claymath. org/millennium-problems/p-vs-np-problem.

[3] 邢文训. 离散优化与连续优化的复杂性概念. 运筹学学报, 2017, 21(2): 39-45.

[4] Horst R, Pardolas P M. Handbook of Global Optimization. Dordrecht: Kluwer Academic Publishers, 1995.

[5] Padolas P M, Romejin H E. Handbook of Global Optimization. 2nd ed. Dordrecht: Kluwer Academic Publishers, 2002.

[6] Mittelmann H D, Vallentin F. High accuracy semidefinite programming bounds for kissing numbers. Experimental Mathematics, 2009, 19: 174-178.

[7] 方述诚, 邢文训. 线性锥优化. 北京: 科学出版社, 2013.

[8] Thi H A L, Pham Dinh T P. DC programming and DCA: Thirty years of developments. Mathematical Programming, 2018, 169(1): 5-68.

[9] Rubinov A M, Wu Z Y. Optimality conditions in global optimization and their applications. Mathematical Programming, 2009, 120(1): 101-123.

[10] Wu Z Y, Tian J, Ugon J, et al. Global optimality conditions and optimization methods for constrained polynomial programming problems. Applied Mathematics and Computation, 2015, 262: 312-325.

[11] Karmarkar N. A new polynomial-time algorithm for linear programming. Combinatorica, 1984, 4: 373-395.

[12] Sturm J F, Zhang S. On cones of nonnegative quadratic functions. Mathematics of Operations Research, 2003, 28: 246-267.

[13] Lemon A, So A M-C, Ye Y Y. Low-rank Semidefinite Programming: Theory and Applications. Boston: Now Publishers, 2016.

[14] Jiang R, Li D. Simultaneous diagonalization of matrices and its applications in

quadratically constrained quadratic programming. SIAM Journal on Optimization, 2016, 26(3): 1649-1668.

[15] Karaboga D, Gorkemli B, Ozturk C. A comprehensive survey: Artificial bee colony(ABC) algorithm and applications. Artificial Intelligence Review, 2014, 42(1): 21-57.

[16] Manjarres D, Landa-Torres I,Gil-Lopez S, et al. A survey on applications of the harmony search algorithm. Engineering Applications of Artificial Intelligence, 2013, 26(8): 1818-1831.

[17] Wolpert D H, Macready W G. No free lunch theorems for optimization. IEEE Transactions on Evolutionary Computation, 1997, 1(1): 67-82.

[18] Hinton G E, Osindero S, Teh Y W. A fast learning algorithm for deep belief nets. Neural Computation, 2006, 18: 1527-1554.

[19] Horst R, Pardalos P M, Thoai N V. Introduction to Global Optimization. Dordrecht: Kluwer Academic Publishers, 1995.

[20] 申培萍. 全局优化方法. 北京: 科学出版社, 2006.

[21] Tuy H. Convex Analysis and Global Optimization. 2nd ed. Berlin: Springer-Verlag, 2016.

[22] Caprara A, Locatelli M, Monaci M. Theoretical and computational results about optimality-based domain reductions. Computational Optimization and Applications, 2016, 64(2): 513-533.

[23] Tawarmalani M, Sahinidis N V. A polyhedral branch-and-cut approach to global optimization. Mathematical Programming, 2005, 103: 225-249.

[24] Domes F, Neumaier A. Constraint aggregation for rigorous global optimization. Mathematical Programming, 2016, 155: 375-401.

[25] Schichl H, Markot M C, Neumaier A. Exclusion regions for optimization problems. Journal of Global Optimization, 2014, 59: 569-595.

[26] Neumaier A. Molecular modeling of proteins and mathematical prediction of protein structure. SIAM Review, 1997, 39: 407-460.

[27] Rlos-Mercado R Z, Borraz-Sanchez C. Optimization problems in natural gas transportation systems: A state-of-the-art review. Applied Energy, 2015, 147: 536-555.

[28] Nekuii M, Kisialiou M, Davidson T, et al. Efficient soft-output demodulation of MIMO QPSK via semi-definite relaxation. IEEE Journal of Selected Topics in Signal Processing, 2011, 5: 1426-1437.

[29] Chang T H, Luo Z Q, Chi C Y. Approximation bounds for semi-definite relaxation of max-min-fair multicast transmit beamforming problem. IEEE Transactions on Signal Processing, 2008, 56: 3932-3943.

[30] Helmberg C, Rendl F, Weismantel R. A semidefinite programming approach to the quadratic knapsack problem. Journal of Combinatorial Optimization, 2000, 4:

197-215.

[31] Marecek J, Takác M. A low-rank coordinate-descent algorithm for semidefinite programming relaxations of optimal power flow. Optimization Methods and Software, 2017, 32: 849-871.

[32] Jiao H, Liu S. A practicable branch and bound algorithm for sum of linear ratios problem. European Journal of Operational Research, 2015, 243: 723-730.

[33] Kuno T, Masaki T. A practical but rigorous approach to sum-of-ratios optimization in geometric applications. Computational Optimization and Applications, 2013, 54(1): 93-109.

[34] Goel R, Maini R. A hybrid of ant colony and firefly algorithms (HAFA) for solving vehicle routing problems. Journal of Computational Science, 2018, 25: 28-37.

[35] Nalepa J, Blocho M. Adaptive memetic algorithm for minimizing distance in the vehicle routing problem with time windows. Soft Computing, 2016, 20: 2309-2327.

[36] Banati H, Bajaj M. Firefly based feature selection approach. International Journal of Computer Science, 2011, 8(4): 473-480.

[37] Suguna N, Thanushkodi K. A novel rough set reduct algorithm for medical domain based on bee colony optimization. Journal of Computing, 2010, 2: 49-54.

[38] Karaboga D, Ozturk C. A novel clustering approach: Artificial bee colony (ABC) algorithm. Applied Soft Computing, 2010, 11: 652-657.

第7章

无导数优化

7.1 概　　述

大多数优化方法都需要利用目标函数或约束的一阶信息 (梯度或次梯度等). 然而, 实际应用中, 大量优化问题的一阶信息是无法进行有效计算的. 在很多典型的例子中, 目标函数是没有显式表达式的黑箱 (black box), 其函数值由复杂的计算机模拟或者物理实验给出, 而函数的一阶信息几乎不可能得到. 这样的问题被称为无导数 (derivative-free) 优化问题, 也有作者称为黑箱优化问题. 它们广泛出现在芯片设计[1]、航空器设计[2]、舰船设计[3]、计算核物理[4] 等对国家发展极具战略意义的领域, 在数据科学和机器学习中也有应用[5,6]. 求解这类问题仅仅需要使用函数值而不依赖一阶信息的方法, 也就是无导数优化方法 (derivative-free optimization method)[7,8], 亦称为直接方法 (direct method)[9]. 由于此类问题的目标函数计算往往代价较大并且含有噪声, 一个有效的无导数优化方法应当用尽量少的目标函数值计算获得合理精度的解, 并且对非精确的目标函数值有很强的鲁棒性. 由于一阶信息的缺失, 满足上述要求并不平凡, 尤其当问题规模变大时难度骤增. 随着计算机模拟成为越来越重要的科研手段, 无导数优化问题出现得越来越多, 规模越来越大, 无导数方法的研究也面临越来越大的挑战和机遇.

本章将简要总结无导数优化方法的历史和现状, 介绍有代表性的思想、方法和理论, 并初步探讨该领域中值得注意的几个课题.

7.2　无导数优化的源流与发展

2009 年和 2017 年出版的专著 (文献 [7] 和 [8]) 以及综述文章 (文献 [10] 和 [11]) 对已有的无导数方法作了系统的总结. 无导数方法主要分为两类, 即直

接搜索 (direct search) 方法和基于模型的 (model-based) 方法. 前者不显式地构造目标函数的任何模型, 而仅通过比较若干个试探点的函数值来确定下一个迭代点, 最著名的例子是 Nelder-Mead 单纯形法[12]; 后者利用函数值信息建立函数的局部模型, 然后基于模型信息进行信赖域迭代或者线搜索, 代表性的算法包括 Powell 的 NEWUOA 系列方法[13–15] 和 Kelley 的 Implicit Filtering[16] 等. 下面将介绍这两类方法的起源和发展. 当然, 除了这两类方法之外, 一些启发式的算法也可以用于求解无导数优化问题, 如进化算法、粒子群算法等, 限于篇幅不作介绍.

7.2.1　直接搜索方法

最早的无导数优化方法至少可以追溯到著名物理学家 Fermi 与 Metropolis[17] 1952 年在核物理研究过程中提出的一种直接搜索方法. 该方法沿着坐标方向扰动当前迭代点以寻求函数值更优的点. 这种朴素的思想后来衍生出方向类直接搜索 (directional direct search) 方法, 代表性的算法包括 Pattern Search[18]、Generating Set Search[19]、Mesh Adaptive Direct Search[20, 21] 和 BFO[22] 等. 此类算法的共同点是每步迭代在某个搜索方向集合上以一定步长扰动当前迭代点试图获得函数值的改进, 然后根据函数值的变化来更新方向集合或/和步长. 传统上, 搜索方向集合由确定的方式产生. 文献 [23] 提出基于随机方向集合的直接搜索方法, 并从理论上证明随机性的引入能够降低直接搜索方法的计算代价, 提高计算性能, 这在数值上也得到了验证.

Nelder-Mead 单纯形法[12] 代表了另一种直接搜索方法, 即单纯形类直接搜索方法 (simplicial direct-search method). Nelder-Mead 方法自 1965 年发表以来已被引用超过两万次, 在工业界有极为广泛的应用. 正因为如此, MATLAB/Octave、Numpy/Scipy、R 和 Julia 等科学计算软件和语言均包含基于 Nelder-Mead 方法的内置函数. Nelder-Mead 方法从 $\mathbb{R}^n$ 中 $n+1$ 个初始点构成的单纯形开始迭代, 根据单纯形顶点处的函数值对单纯形进行反射 (reflection)、扩张 (expansion)、收缩 (contraction) 等操作, 期望此单纯形会随着迭代逐步吻合函数局部的形态, 并最终收敛于一个局部极小值点. 这也就是单纯形类直接搜索方法的基本思想. 需要指出的是, Nelder-Mead 方法受到了文献 [24] (1962 年) 的启发, 后者最早提出了基于单纯形操作的优化算法. 近期关于单纯形类直接搜索方法的研究相对较少, 但介绍此类方法实际应用的工作仍层出不穷.

方向类直接搜索方法的全局收敛性[19, 20, 25] 和计算复杂性[23, 26, 27] 已经得到了较完备的刻画. 应用广泛的 Nelder-Mead 方法没有很好的收敛性理论. 事实上, 对严格凸的函数, 该方法可能收敛到非稳定点[28].

7.2.2 基于模型的方法

尽管并不广为人所知, Winfield 的博士学位论文[29] (1965~1969 年) 最先明确提出基于插值模型来设计优化算法, 该算法也被视为最早的信赖域方法[30]. 后来的基于模型的算法也大多为信赖域方法. 这些方法的框架本质上与传统的信赖域方法类似, 区别在于传统的信赖域模型基于导数信息构造, 而这里的信赖域模型仅利用函数值通过插值或回归等方式建立. Powell 的 COBYLA (1992 年, 一般非线性约束)[31] 和 UOBYQA (2002 年, 无约束)[32] 是十分典型的例子, 二者分别使用线性插值和二次插值建立信赖域模型. 一般来说, 二次模型的表现要好于线性模型, 因为前者可以逼近目标函数的曲率信息, 这对加快算法收敛至关重要. 然而, 一个完整的二次模型有$(n+1)(n+2)/2$ 个系数, 如果单纯依靠插值来决定这些系数, 则算法至少需要计算同样多的函数值来建立第一个信赖域模型. 为了能用尽量少的函数值信息获得二次插值模型, 并且提高计算的稳定性, 很多算法通过求解

$$
\begin{aligned}
\min_{Q\in\mathfrak{Q}_n} \quad & \mathcal{F}(Q), \\
\text{s.t.} \quad & Q(y)=f(y), \quad y\in Y
\end{aligned}
$$

来得到插值模型 Q, 其中 $f:\mathbb{R}^n\to\mathbb{R}$ 是目标函数, $\mathfrak{Q}_n$ 是 $\mathbb{R}^n$ 上次数不超过 2 的多项式集合, $\mathcal{F}$ 是 $\mathfrak{Q}_n$ 上的某一个泛函, Y 是一个插值点集且 $|Y|\ll n^2$. 极小化 $\mathcal{F}(Q)$ 的目的是从无穷个满足插值条件的二次函数中获得一个某种意义上最佳的插值模型. 当然, “最佳” 的含义取决于 $\mathcal{F}$ 的定义. Powell 提出用极小 Frobenius 范数更新 (least Frobenius norm update) 的方法来建立和逐步修正二次模型[33], 也就是取

$$
\mathcal{F}(Q) = \|\nabla^2 Q-\nabla^2 Q_{\text{old}}\|_{\text{F}}^2,
$$

其中 Q_{old} 为上一步迭代的二次模型, 首次迭代取 Q_{old} 为零. 这实际上将极小变化拟牛顿更新拓展到了无导数优化. 在此基础上, Powell 开发了 NEWUOA (2004 年, 无约束)、BOBYQA (2009 年, 界约束)、LINCOA (2013 年, 线性约束) 等系列算法和软件[13–15, 34], 取得了巨大的成功. 对于一般的无导数优化问题, Powell 的方法自发布以来一直是最有效方法之一[10]. 与 Powell 的方法不同, DFO 方法[35] 使用极小 Frobenius 范数模型, 也就是说取$\mathcal{F}(Q)=\|\nabla^2 Q\|_{\text{F}}^2$ 作为黑塞矩阵 Frobenius 范数的推广, 文献 [36] 讨论了二次函数的 Sobolev 半范数以及此半范数意义下的极小范数校正在无导数信赖域方法中的应用. 文献 [37] 提出使用 $\mathcal{F}(Q)=\|\text{vec}(\nabla^2 Q)\|_1$, 其中 $\text{vec}(\nabla^2 Q)$ 是 $\nabla^2 Q$ 的上三角元素组成的 $(n+1)(n+2)/2$ 维向量, 目的是建立具有稀疏黑塞矩阵的模型.

除了线性和二次函数之外, 其他函数也可以用于建立无导数信赖域方法的模型. 最典型的例子是径基函数 (radial basis function) 模型, 比如 ORBIT[38] 就是基于径基函数插值模型的无导数信赖域方法.

实际应用中很多无导数优化问题带有结构, 比如目标函数具有复合形式 $h(F(x))$, 其中映射 $F:\mathbb{R}^n\to\mathbb{R}^m$ 表达式未知, 而函数 $h:\mathbb{R}^m\to\mathbb{R}$ 具有显式表达式. 利用这类结构信息能够显著提高插值模型的质量, 从而得到比通用方法更为高效的算法, 比如文献 [39], [40].

文献 [41], [42] 分析了基于插值模型的无导数信赖域方法的全局收敛性, 计算复杂性则由文献 [43] 建立.

7.3　无导数优化的发展方向与挑战

无导数优化领域尚有许多课题亟待探讨, 其中既有挑战性的计算难题也涉及有趣的数学理论. 无论从应用还是从学术研究的角度讲, 该领域都将更加活跃并且产生有影响力的方法和理论. 下面具体探讨几个值得注意的发展方向和挑战.

7.3.1　针对噪声问题的算法和理论

由计算机模拟给出的函数值往往含有噪声. 这些噪声可能是确定性的计算误差, 也可能是随机性的扰动. 理想的无导数方法应当对函数值中的噪声有很强的鲁棒性. 这首先在算法的设计上提出了挑战. 目前, 绝大多数无导数方法都假设函数值是精确的, 这些算法的理论分析也都基于精确函数值, 尚欠缺系统的理论刻画这些算法在求解噪声问题时的行为. 这方面的研究可以从以下两个基本的问题入手.

(1) 当函数值含有噪声时, 算法是否仍在一定意义下收敛?

(2) 当函数值含有噪声时, 算法的效率 (全局或局部收敛速度) 会受到多大的影响?

需要注意的是, 在真实的应用场景下, 函数值当中的噪声强度往往是给定的, 而不会随着算法的迭代而减小到零, 这给理论分析带来了挑战.

7.3.2　针对大规模问题的算法

传统的无导数方法 (例如文献 [7] 中总结的方法) 能够求解的问题维数十分有限. 信赖域类型方法一般最多可以求解几百或上千维的问题, 而直接搜索方法则主要针对十几或几十维的问题. 事实上, 文献 [7] 认为可解问题维数过小可能是无导数方法最大的局限. 要拓展无导数方法的应用范围, 有必要研究和发展能够求解大规模问题的无导数方法. NEWUOA 方法在这方面做了尝试, 这一基于子空间技巧的无导数方法能够求解几千乃至上万维的无约束优化问题. 下面讨论另外两种可能提高无导数方法求解规模的技术.

1. *随机化的算法*

当一阶信息可用时, 随机化已被证明是求解大规模问题的一种有效策略[44]. 该策略同样可以应用于无导数方法. 文献 [45] 研究了基于随机模型的信赖域算法, 并且建立了该算法的概率 1 全局收敛性. 具体地说, 文献 [46] 证明, 只要每一步信赖域迭代的模型以一定的概率 (比如 1/2) 达到所谓全线性 (full linearity) 精度要求, 则信赖域算法以概率 1 全局收敛. 更进一步, 文献 [46] 证明基于随机模型的信赖域算法的全局收敛速度本质上与基于精确模型的信赖域算法同阶. 因此, 如果可以用很低的代价 (即很少的函数值计算次数) 保证插值模型以一定的概率满足全线性精度要求, 那么就能在不牺牲收敛性的前提下降低无导数信赖域方法的计算代价, 从而使求解大规模问题成为可能. 文献 [37] 利用压缩感知的理论给出了构造这种廉价模型的一种方法.

受到基于随机模型的信赖域算法的启发, 文献 [23] 提出了一种基于随机搜索方向的直接搜索方法. 他们不但建立了该算法的概率 1 全局收敛性, 而且从理论上证明它的计算代价 (最坏情形下实现目标精度的函数值计算次数) 低于传统的基于固定搜索方向的直接搜索方法. 不仅如此, 文献 [23] 的算法便于实现, 并且在实际计算中无论是在求解规模还是求解速度上都明显优于传统的直接搜索方法.

有理由相信, 随机化策略是无导数方法求解大规模问题的一条可行之路, 有必要进行更深入的研究. 除此之外, 随机化算法的研究涉及深刻的概率论工具 (比如文献 [23], [45], [46] 使用的半鞅理论、大偏差分析等), 从纯粹的数学研究角度讲也是很有意义的.

2. *分解算法与并行算法*

分而治之的策略也可以用于设计求解大规模问题的无导数方法, 也就是基于分解算法. 分解算法在优化中已有广泛应用, 比如坐标轮换法就可以视为一种分解算法. 另外, 分解算法在微分方程数值计算中取得了极大的成功, 发展出了一套系统的区域分解算法. 区域分解算法很好地适应现代计算机架构, 有很高的可扩展性 (scalability). 相较于基于分解的优化算法, 微分方程的区域分解算法更加成熟, 其中有很多技术值得优化算法借鉴, 包括限制 Schwarz 技巧、粗空间技巧等. 如果能借鉴这些技术, 对一般的非线性优化问题发展出能够媲美区域分解算法的优化算法, 将是十分有意义的. 由此, 也可能发展出可以在现代并行计算机上求解大规模问题的无导数方法.

7.3.3 无导数优化在数据科学和机器学习领域的应用

机器学习模型的超参数 (hyperparameter) 调节是一个典型的黑箱优化问题. 目前多依赖经验人工调节或随机搜索 (random search)、贝叶斯优化方法 (Bayesian optimization method) 等等. 文献 [5] 把无导数信赖域方法用于该问题, 得到的结果明显好于随机搜索和贝叶斯优化方法. 他们还用无导数信赖域方法优化线性分类器的 AUC (area under receiver operating characteristic curve[47]) 函数, 效果也较已有方法有明显优势. 由于 AUC 函数是一个具有大量片段的分片常数函数, 基于一阶信息的优化方法难以应用. 无导数信赖域方法每一步迭代都用一个平滑的插值模型代替目标函数, 忽略了 AUC 函数在小尺度上的间断性而捕捉了其在较大尺度上的变化趋势, 从而可能达到传统优化方法难以企及的优化效果. 这些工作显示无导数优化在数据科学和机器学习领域的某些问题上可能有亟待挖掘的潜力.

7.3.4 实用软件开发与实际问题求解

优化方法的价值最终体现在高效的实用软件和对实际问题的求解. 无导数方法的研究很多, 研究人员提出了很多新的算法, 但真正发展成软件的比例很小. 国际上公认比较成功的软件包括 NEWUOA 及其拓展[13–15]、Implicit Filtering[16]、NOMAD[21] 等, 这些软件在工业界都有成功的应用. 国内在软件开发方面有待提升. 无导数方法往往比传统的优化方法复杂, 高效的实现需要考虑大量细节, 软件开发周期长 (NEWUOA 有大约 2000 行代码, 开发历时十几个月). 正因为如此, 倘若一个无导数方法的提出者不将算法落实到软件上, 几乎可以肯定不会有其他人去实现这个算法, 此项研究也就永远只能停留在纸面. 只有把算法编制成软件, 并且解决实际应用问题, 无导数优化算法的研究才有真正的价值.

参 考 文 献

[1] Ciccazzo A, Latorre V, Liuzzi G, et al. Derivative-free robust optimization for circuit design. Journal of Optimization Theory and Applications, 2015, 164(3): 842-861.

[2] Colson B, Bruyneel M, Grihon S, et al. Optimization methods for advanced design of aircraft panels: A comparison. Optim. Eng., 2010, 11(4): 583-596.

[3] Campana E, Diez M, Iemma U, et al. Derivative-free global ship design optimization using global/local hybridization of the direct algorithm. Optim. Eng., 2016, 17(1): 127-156.

[4] Wild S M, Sarich J, Schunck N. Derivative-free optimization for parameter estimation in computational nuclear physics. J. Phys. G, 2015, 42(3): 34-31.

[5] Ghanbari H, Scheinberg K. Black-box optimization in machine learning with trust region based derivative free algorithm. 2017. arXiv preprint arXiv: 1703. 06925.

[6] Wilson Z, Sahinidis N. The ALAMO approach to machine learning. Comput. Chem. Eng., 2017, 106: 785-795.

[7] Conn A R, Scheinberg K, Vicente L N. Introduction to Derivative-Free Optimization, volume 8 of MPS-SIAM Series on Optimization. Philadelphia: Society for Industrial and Applied Mathematics/Mathematical Programming Society, 2009.

[8] Audet C, Hare W. Derivative-Free and Blackbox Optimization. Berlin: Springer International Publishing, 2017.

[9] 袁亚湘. 非线性优化计算方法. 北京: 科学出版社, 2008.

[10] Rios L, Sahinidis N. Derivative-free optimization: A review of algorithms and comparison of software implementations. J. Global Optim., 2013, 56(3): 1247-1293.

[11] Custodio A, Scheinberg K, Vicente L N. Methodologies and software for derivative-free optimization. Advances and Trends in Optimization with Engineering Applications, SIAM, 2017: 495-506.

[12] Nelder J A, Mead R. A simplex method for function minimization. Computer Journal, 1965, 7(4): 308-313.

[13] Powell M J D. The NEWUOA software for unconstrained optimization without derivatives//Di Pillo G, Roma M. Large-Scale Nonlinear Optimization. Berlin: Springer, 2006: 255-297.

[14] Powell M J D. The BOBYQA algorithm for bound constrained optimization without derivatives. Technical Report DAMTP 2009/NA06, CMS, University of Cambridge, 2009.

[15] Powell M J D. On fast trust region methods for quadratic models with linear constraints. Math. Program. Comput., 2015, 7(3): 237-267.

[16] Kelley C T. Implicit filtering, volume 23 of software, environments and tools. Society for Industrial and Applied Mathematics, 2011.

[17] Fermi E, Metropolis N. Numerical solution of a minimum problem. Technical Report LA-1492, Alamos National Laboratory, Los Alamos, USA, 1952.

[18] Hooke R, Jeeves T A. "Direct search" solution of numerical and statistical problems. J. ACM., 1961, 8(2): 212-229.

[19] Torczon V J. On the convergence of pattern search algorithms. SIAM J. Optim., 1997, 7(1): 1-25.

[20] Audet C, Dennis J E. Mesh adaptive direct search algorithms for constrained optimization. SIAM Journal on Optimization, 2006, 17(1): 188-217.

[21] Le Digabel S. Algorithm 909: NOMAD: nonlinear optimization with the MADS algorithm. ACM Trans. Math. Software, 2011, 4(44): 15.

[22] Porcelli M, Toint P L. BFO, a trainable derivative-free brute force optimizer for nonlinear bound-constrained optimization and equilibrium computations with continuous and discrete variables. ACM Trans. Math. Software, 2017, 44(1): 6.

[23] Gratton S, Royer C W, Vicente L N, et al. Direct search based on probabilistic descent. SIAM J. Optim., 2015, 25: 1515-1541.

[24] Spendley W, Hext G R, Himsworth F R. Sequential application of simplex designs in optimisation and evolutionary operation. Technometrics, 1962, 4(4): 441-461.

[25] Kolda T G, Lewis R M, Torczon V J. Optimization by direct search: New perspectives on some classical and modern methods. SIAM Review, 2003, 45(3): 385-482.

[26] Vicente L N. Worst case complexity of direct search. EURO J. Comput. Optim., 2013, 1: 143-153.

[27] Dodangeh M, Vicente L N, Zhang Z. On the optimal order of worst case complexity of direct search. Optim. Lett., 2016, 10: 699-708.

[28] McKinnon K I M. Convergence of the Nelder-Mead simplex method to a nonstationary point. SIAM J. Optim., 1998, 9(1): 148-158.

[29] Winfield D. Function and Functional Optimization by Interpolation in Data Tables. Cambridge: Harvard University, 1969.

[30] Conn A R, Gould N I M, Toint P L. Trust-Region Methods, volume 1 of MPS-SIAM series on optimization. Society for Industrial and Applied Mathematics, 2000.

[31] Powell M J D. A direct search optimization method that models the objective and constraint functions by linear interpolation// Gomez S, Hennart J P. Advances in Optimization and Numerical Analysis, Proceedings of the Sixth Workshop on Optimization and Numerical Analysis. Dordrecht: Kluwer Academic Publishers, 1994: 51-67.

[32] Powell M J D. UOBYQA: Unconstrained optimization by quadratic approximation. Math. Program., 2002, 92(3): 555-582.

[33] Powell M J D. Least Frobenius norm updating of quadratic models that satisfy interpolation conditions. Math. Program., 2004, 100(1): 183-215.

[34] Software by Professor M. J. D. Powell. http: //mat. uc. pt/ zhang/software. html.

[35] Conn A R, Scheinberg K, Toint P L. A derivative free optimization algorithm in practice. Proceedings of the Seventh AIAA/USAF/NASA/ISSMO Symposium on Multidisciplinary Analysis and Optimization, 1998: 129-139.

[36] Zhang Z. Sobolev seminorm of quadratic functions with applications to derivative-

free optimization. Math. Program., 2014, 146(1): 77-96.

[37] Bandeira A S, Scheinberg K, Vicente L N. Computation of sparse low degree interpolating polynomials and their application to derivative-free optimization. Math. Program., 2012, 134: 223-257.

[38] Wild S W, Regis R, Shoemaker C. ORBIT: Optimization by radial basis function interpolation in trust-regions. SIAM J. Sci. Comput., 2008, 30(6): 3197-3219.

[39] Zhang H C, Conn A R, Scheinberg K. A derivative-free algorithm for the least-squares minimization. SIAM J. Optim., 2010, 20(6): 3555-3576.

[40] Grapiglia G N, Yuan J, Yuan Y. A derivative-free trust-region algorithm for composite nonsmooth optimization. Comput. Optim. Appl., 2016, 35(2): 475-499.

[41] Conn A R, Scheinberg K, Toint P L. On the Convergence of Derivative-Free Methods for Unconstrained Optimization//Buhmann M D, Iserles A. Approximation Theory and Optimization: Tributes to M. J. D. Powell . Cambridge: Cambridge University Press, 1997: 83-108.

[42] Conn A R, Scheinberg K, Vicente L N. Global convergence of general derivative-free trust-region algorithms to first-and second-order critical points. SIAM Journal on Optimization, 2009, 20(1): 387-415.

[43] Garmanjani R, Judice D, Vicente L N. Trust-region methods without using derivatives: Worst case complexity and the nonsmooth case. SIAM J. Optim., 2016, 26(4): 1987-2011.

[44] Nesterov Y. Efficiency of coordinate descent methods on huge-scale optimization problems. SIAM J. Optim., 2012, 22(2): 341-362.

[45] Bandeira A S, Scheinberg K, Vicente L N. Convergence of trust-region methods based on probabilistic models. SIAM J. Optim., 2014, 24: 1238-1264.

[46] Gratton S, Royer C W, Vicente L N, et al. Complexity and global rates of trust-region methods based on probabilistic models. IMA J. Numer. Anal. 2018, 38(3): 1579-1597.

[47] Cortes C, Mohri M. AUC optimization vs. error rate minimization. Proceedings of the 16th International Conference on Neural Information Processing Systems, NIPS'03, 2003: 313-320.

第 8 章

非光滑优化和扰动分析

8.1 非光滑优化

8.1.1 非光滑分析的综述

非光滑分析和优化的早期工作始于凸分析与凸优化, 标志性的代表著作是 R. T. Rockafellar [1] 于 1970 年出版的 *Convex Analysis*, 该书在西方被称为“优化的圣经”. 20 世纪 70 年代中期开始关于局部 Lipschitz 连续函数的微分学和优化逐渐形成完整的理论体系, 标志性的代表著作是 F. H. Clarke 于 1983 年出版的 *Optimization and Nonsmooth Analysis* [2]. 20 世纪 70 年代中期, 以 Rockafellar、Morduckhovich、Ioffe 为代表的众多学者着重发展下半连续函数的微分学、集值映射的微分学, 形成了变分分析这一学科, 标志性的代表著作是 R. T. Rockafellar 和 R. J. B. Wets 于 1998 年出版的 *Variational Analysis* 以及 B. S. Morduckhovich 于 2006 年出版的 *Variational Analysis and Generalized Differentiation* [3].

1. 凸分析的进展

凸分析最早的素材是 W. Fenchel [4] 于 1951 年的未发表的讲义, 随着非线性优化的发展, 它在 20 世纪 60 年代中后期逐步形成了完整的理论体系. 凸分析正式成为一门数学分支是以法国的 J. J. Moreau 于 1967 年的讲义 [5]、美国的 R. T. Rockafellar 1970 年的著作 *Convex Analysis* 和 1974 年的著作 *Conjugate Duality and Optimization* [6] 的问世为标志的. 凸分析的基本研究对象是凸集合与凸函数, 基本研究内容包括凸集合的拓扑性质、凸函数的连续性质、凸集合分离定理、凸函数的共轭函数、凸集合和凸函数的相互关系、线性不等式系统与凸多面体、凸集合的变分几何 (包括切锥、法锥)、凸函数的次微分理论、凸优化的对偶理论与最优性理论、凸代数及其应用等.

为了研究凸优化问题, 凸分析中函数是增广实值函数, 其定义域为全空间且值域包括正负无穷大; 定义在凸集合上的凸函数与该函数的上图有一一对应的关系; 凸函数在其定义域中不一定处处连续或可微, 但在其定义域的内点处一定连续, 且在内点处的任何方向的左、右方向导数都存在; 凸函数在其定义域的内点处总是次可微的, 且次微分是外半连续的集值映射. 共轭与对偶理论在凸分析中起着重要的作用, 是论述与研究如凸集之间、凸函数与次微分之间的对应关系, 以及极小与极大等问题的基本工具.

凸分析包含的内容非常丰富, 无穷维空间的凸分析和有限维的凸分析又不完全相同, 有些结果在有限维空间成立, 在无限维空间不成立, 在使用时一定要区分开.

凸分析在数学的众多分支中都具有广泛应用, 在最优化理论、最优控制、数理经济学、工程科学与技术、管理科学与工程等学科中都发挥着重要作用.

凸分析建立了凸集合与凸函数的微分学, 是凸优化的理论基础. 凸函数是上图为凸集合的函数, 这类函数不一定是可微的, 微分学的核心概念是次微分. 设 f 是一凸函数, $f(x)$ 取有限值, f 在 x 处的次微分定义为

$$\partial f(x) = \{v : f(x') \geqslant f(x) + \langle v, x' - x\rangle, \forall x'\}.$$

凸优化问题是在凸集合上求一函数的极小化问题, 即

$$\min_{x\in C} f(x),$$

其中 f 是凸函数, C 是闭凸集合. 这类问题有一个很好的性质, 局部极小点即全局极小点. 这类问题的最优性条件的刻画不但需要 f 的次微分, 还需要 C 的切锥和法锥的概念. 设 $x \in C$, C 在 x 点处的切锥定义为

$$T_C(x) = \mathrm{cl} \bigcup_{\lambda\geqslant 0} \lambda(C - x);$$

C 在 x 点处的法锥定义为

$$N_C(x) = \{v : \langle v, x' - x\rangle \leqslant 0, \forall x' \in C\}.$$

当然, 法锥也可以通过切锥的极锥得到. 在一定的条件下, $x \in C$ 处的最优性条件可以刻画为

$$0 \in \partial f(x) + N_C(x).$$

2. Lipschitz 函数的微分学

Clarke 观察到最优控制问题出现的函数不都是凸函数, 是 Lipschitz 连续函数, 他就把凸函数的微分学发展到 Lipschitz 函数类中. 对局部 Lipschitz 函数 f, 定义了广义方向导数

$$f^\circ(x;w)=\limsup_{x'\to x,t\searrow 0}\frac{f(x'+tw)-f(x')}{t},$$

以及由广义方向导数导出的 Clarke 次微分

$$\partial_{\rm cl}f(x)=\{v:\langle v,w\rangle\leqslant f^\circ(x,w),\quad \forall w\}.$$

基于广义方向导数 Clarke 给出集合 C(不必是凸集合) 在 $x\in C$ 的切锥和法锥

$$T_C^{\rm Cl}(x)=\{w:d^\circ(x;w)=0\},\quad N_C^{\rm Cl}(x)=\{v:\langle v,w\rangle\leqslant 0,\forall w\in T_C^{\rm Cl}(x)\}.$$

基于 Clarke 次微分和切锥/法锥的概念, Clarke 建立了 Lipschitz 函数在一集合上极小化问题的最优性条件, 对由等式和不等式表示的约束集合的情况, 又利用 Ekland 变分原理得到拉格朗日乘子原理.

3. 变分分析的进展

相当长的一段时间, 提到 “变分”, 往往与处理函数空间在某些简单限制条件下某一泛函的极小化问题的 “变分法” 或 “变分原理” 相联系. Rockafellar 和 Wets 于 1998 年出版了专著 *Variational Analysis*, 将 “变分” 的含义扩展, 他们归纳、发展、建立了与最优化、均衡、控制、线性系统和非线性系统稳定性的研究密切相关的分析学, 命名为变分分析, 从而使变分分析成为一个新的数学分支. 变分分析不但包含了 Rockafellar 和 Wets 的理论成果, 书中相当一部分内容总结归纳了他人的成果, 使之成为理论体系.

在变分分析众多理论成果中, 一些奠基性的概念和工作是由 B. S. Mordukhovich 完成的, 比如他于 1976 年在无穷维情况下定义的 “极限法锥”, 于 1980 年提出集值映射伴同导数 (coderivative) 的概念等等. Mordukhovich 在 2006 年出版的 *Variational Analysis and Generalized Differentiation* 的两卷专著 [3] 已经成为无穷维优化和最优控制研究的基础性参考书.

变分分析以集值分析与上图分析为基础, 研究下半连续函数的微分和集值映射的微分及其应用, 它是一门关于非凸集合、非凸函数、集值映射的分析学, 是最优化和最优控制的分析基础. 变分分析的研究内容包括非凸集合的变分几何、增广实值函数与集值映射的广义微分、函数的二阶微分理论、优化问题的对偶性、约束系统和变分系统的灵敏性分析、非光滑优化的最优性条件等.

变分分析与很多领域中的问题研究密切相关, 这些领域不仅包括最优化、最优控制, 还包括线性与非线性系统、均衡系统、偏微分方程、动力系统、经济与工程应用等.

变分分析推广了凸分析的切锥和法锥的概念, 建立了非凸集合的变分几何. 变分几何包括集合的切锥、正则切锥、二阶切集、(极限) 法锥、正则法锥, 以及切锥与法锥的对偶关系等. 对于约束优化问题, 其约束集合的变分几何对其最优性、稳定性等的研究是至关重要的.

作为凸分析意义的切锥/法锥的定义和 Clarke 意义的切锥/法锥的定义的推广, 在变分分析中, 集合 C 在点 $x \in C$ 处的切锥定义为

$$T_C(x) = \left\{h \in X \middle| \exists t_k \downarrow 0, \exists\{x^k\} \subset C, x^k \to \overline{x}, \text{满足 } \frac{x^k - x}{t_k} \to h\right\}.$$

集合 C 在点 $x \in C$ 处的法锥是在正则切锥的概念的基础上定义的. 集合 C 在点 $x \in C$ 处的正则切锥定义为

$$\widehat{N}_C(x) := \{v \in X |\, \langle v, x' - x\rangle \leqslant o(\|x' - x\|), \forall x' \in C\}.$$

集合 $C \subset X$ 在点 $x \in C$ 处的 (极限) 法锥定义为

$$N_C(\overline{x}) = \{v : \exists\{x^k\} \subset C, x^k \to x,\ v^k \to v,\ \text{ 满足 } v^k \in \widehat{N}_C(x^k)\}.$$

变分分析还定义了正则切锥和二阶切集等变分几何的概念, 在这些概念的帮助下, 建立了下半连续函数的微分学, 比如定义 (极限) 次微分

$$\partial f(x) = \{v : (v, -1) \in N_{\mathrm{epi} f}(x, f(x))\},$$

同样可以得到下半连续函数极小化问题的最优性必要条件.

变分分析的一个重要的内容是集值分析, 通过集值映射的微分可以刻画优化问题最优解映射或稳定点映射的稳定性.

8.1.2 非光滑优化算法的综述

非光滑优化算法的发展可概括为以下几点.

(1) 凸函数极小化问题的次梯度方法: 最早由 Shor Naum 在 20 世纪 60 年代提出, 由苏联学者在 20 世纪 70 年代发展并完善. 设 $f: \mathbb{R}^n \to \mathbb{R}$ 是一凸函数, 次梯度方法是经典的最速下降方法的推广, 其迭代格式如下

$$x^{k+1} = x^k - \alpha_k g^k, \quad g^k \in \partial f(x^k).$$

除非 g^k 选取得特殊, 一般来说, 次梯度的迭代是不能保证函数值下降的. 步长的选取原则要非常特殊才能保证收敛性, 比如, 如果 $\alpha_k(k=0,1,\cdots)$ 满足

$$\lim_{k\to\infty}\alpha_k,\quad \sum_{k=0}^{\infty}\alpha_k=\infty,$$

那么在 $\{g^k\}$ 是有界的前提下, $f(x^k)$ 收敛到 $\inf f$. 进一步, 如果还有

$$\sum_{k=0}^{\infty}\alpha_k^2<\infty,$$

那么 $\{x^k\}$ 收敛到 f 的最小值点.

(2) Rockafellar 在 1973 年发表的论文中建立了求解凸优化问题的增广拉格朗日方法的收敛性理论, 见文献 [7].

(3) Rockafellar 在 1976 年发表的两篇论文中建立了求解极大算子包含问题的邻近点算法与凸规划的邻近点算法理论, 见文献 [8] 与 [9]. Rockafellar 考虑极大单调算子的包含问题

$$0\in T(x),$$

其中 T 是 H 到 H 的极大单调的集值映射, H 是一 Hilbert 空间. 邻近点方法采用的迭代格式为

$$x^{k+1}\approx P_k(x^k),\qquad 其中\quad P_k=(I+c_kT)^{-1}.$$

Rockafellar 给出两个近似求解的准则 (A) 与 (B), 证明了按准则 (A) 的算法生成的点列弱收敛到一解; 在某一误差界的前提下, 证明了按准则 (B) 的算法生成的点列强收敛到一解, 且收敛速度是渐近超线性的. 这一方法对凸优化方法的影响是巨大的, 后来的交替乘子方向方法就是利用邻近点方法的思想设计出来的.

(4) 束方法: 20 世纪 70 年代, Lemaréchal 与 Wolfe 提出求解凸极小化问题的束方法. 现在的束方法形式与完整的收敛性分析由 Kiwiel 给出, 见文献 [10]. 现在被大家广泛接受的束方法有: 邻近束方法、束信赖域方法与二阶束牛顿方法.

(5) 信赖域方法: 袁亚湘在 1983 年的剑桥大学研究报告 [11] 与 [12] 中系统地研究了一类复合非光滑优化问题的信赖域方法. 祁力群和孙捷在 1994 年提出了求解 Lipschitz 连续函数优化问题的信赖域方法[13].

(6) 半光滑牛顿方法: 祁力群和孙捷在 1993 年发表的论文把 Mifflin 半光滑函数的概念推广到半光滑向量值函数, 提出半光滑牛顿方法, 并证明超线性收敛

速度, 见文献 [14]. 从这一工作之后, 有很多的成果发表, 包括光滑化牛顿方法、求解互补问题和变分不等式的半光滑牛顿方法等等, 这一方面比较权威的专著当属文献 [15].

近 20 年非光滑分析方面有很多重要的进展, 比如在变分分析方面, Rockafellar、Mordukhovich、Lewis、Dontchev 有很多重要的工作发表; 孙德锋、孙捷和他们的合作者发展了非光滑矩阵分析; 罗智泉、Tseng P、彭仲熙关于误差界理论有很多重要的研究工作; 罗智泉和彭仲熙等建立了均衡约束数学规划的系统理论; 叶娟娟在双层规划的算法研究方面取得进展.

8.1.3 目前的研究热点和思考

非光滑分析和优化的研究热点包括二阶变分分析、非光滑矩阵分析、随机次梯度方法、DC 规划、MPEC、双层规划、广义纳什均衡、邻近点方法、误差界理论等等.

我们如下的观察和思考希望可以对非光滑优化的研究起到帮助.

(1) 随着大数据时代的到来, 越来越多的问题都是矩阵为变量或函数的问题, 非光滑矩阵分析起着关键性的作用. 因而非光滑矩阵分析的发展、普及是应该得到足够重视的. 在这方面, 孙德锋、孙捷及其研究组的工作 [16] 与 [17] 提供了一个范例.

(2) 因为在机器学习等领域中出现了很多带结构的非光滑优化问题, 复合非光滑优化的理论和算法是重要的研究课题, 目前也有很多学者给予关注. 但目前的研究用到的非光滑分析的工具还不充足, 如何以非光滑分析为基础建立复合优化的系统的理论, 包括最优性理论和稳定性分析, 以及借鉴非光滑优化的有效算法、设计求解复合优化问题的有效算法, 都是值得重视的.

(3) 二阶变分分析可用于设计快速算法, 值得关注. 近 10 年, 孙德锋和卓金全的研究组提出了大量的有效的凸优化算法, 他们用二阶变分分析设计的牛顿型方法是目前求解某些带结构的凸优化问题最优化的方法. 这些经验提示我们要关注二阶变分分析以及二阶变分分析在有效算法设计方面的应用.

(4) DC 规划的理论与算法应该得到更多的重视. 这里 DC 规划是 DC 函数的优化问题, DC 函数即凸函数之差 (difference of convex function), DC 函数 f 可以表示为

$$f(x) = f_1(x) - f_2(x),$$

其中 $f_i(i = 1,\ 2)$ 是凸函数. DC 规划涵盖了很多的非凸优化问题, 尤其涵盖了目前大家关注的有重要应用背景的优化问题. 比如人们发现 DC 函数可以用于表述概率函数, 可以把随机规划中的机会约束优化问题用 DC 规划来近似, 还可

以用 DC 函数表达矩阵优化的秩约束. 近几年, 著名优化专家彭仲熙与合作者研究机器学习中出现的带结构的优化问题的理论和算法. 这些都说明 DC 规划的重要性, 应该得到关注.

(5) 邻近点方法的扩展和应用也是值得关注的方向. 凸优化的有效算法都与邻近点方法密切相关, 比如增广拉格朗日方法, 还有求解带可分结构的凸优化问题的交替乘子方向方法, 都和邻近点方法关系密切. 近几年, Rockafellar、Wets 和孙捷 [18-20] 都与合作者研究随机变分不等式及源于邻近点算法的逐步分解算法等. 因此邻近点方法的扩展和应用应该得到重视.

8.2 扰动分析

8.2.1 概述

优化问题的扰动分析理论不仅是优化理论中的重要内容, 还与算法研究密切相关, 比如凸优化的邻近点方法、带结构的凸优化的交替乘子方向方法、非线性方程组的 LM 方法的收敛速度均和误差界条件 (或解映射的稳健性、次正则性等) 密切相关, 而误差界等性质的刻画是扰动性分析的重点内容.

优化问题的扰动分析主要研究问题的参数发生扰动时最优值和最优解对参数变化的依赖性, 或问题的 Karush-Kuhn-Tucker(KKT) 点对集合对参数变化的依赖性. 扰动分析的结果往往是由解集映射的各种形式连续性来刻画以及各种形式的 Lipschitz 性质来刻画的. 解集映射的连续性包括上半连续性、下半连续性、闭性、外半连续性、内半连续性等等; 集值映射的 Lipschitz 性质包括度量正则性、次度量正则性、平稳性、孤立平稳性、Aubin 性质、强正则性等, 可参看文献 [21].

最早的扰动分析是关于线性规划的灵敏度分析, 由 Manne 在 1953 年发表的文献 [22] 开启. 早前的工作可以概述如下:

(1) 关于最优值函数的连续性质、可微性质与最优解映射的半连续性质是早期学者们关注的扰动性质, 这一方面很多早前重要的成果都被收录在专著 [23] 中.

(2) 经典专著 [24] 将经典的隐函数定理用于表示为方程组形式的一阶最优性条件得到最优解的可微性性质. 这一方法在文献 [25] 中得到充分的发展.

(3) 关于最优值方向可微性和方向导数计算的工作可追溯到经典著作 [26].

扰动分析方面的开创性工作当属 Robinson 在 20 世纪 70 年代末到 80 年代中期的工作, 他提出了广义方程强正则性的概念, 将隐函数定理拓广到广义方程的框架. 他得到了非线性规划最优解映射的误差界性质或上 Lipschitz 性质、KKT 解映射的强正则性的充分性条件. 随后 KKT 解映射的 Aubin 性质, 孤立平稳性也被学者们研究, 尤其把研究的问题拓展到二阶锥约束优化和非线性半定规划. 具体综述为下述几点:

(1) Robinson 的文献 [27]: 如果集值映射 $F:\mathcal{X}\rightrightarrows\mathcal{Y}$ 是分片多面体的, 则 F 在 $x^0\in\mathrm{dom}F$ 处是平稳的 (calm). 集值映射 $F:\mathcal{X}\rightrightarrows\mathcal{Y}$ 被称为在 x^0 处关于 y^0 是平稳的, 如果 $y^0\in F(x^0)$, 存在一常数 $\kappa_0>0$, x_0 的一邻域 V 和 y^0 的一邻域 W 满足

$$F(x)\cap W\subseteq F(x^0)+\kappa_0\|x-x^0\|,\quad \forall x\in V.$$

(2) 孙捷于 1986 在他的博士学位论文[17] 证明, 当且仅当函数为分片二次凸函数时, 函数的次微分映射是分片多面体的. 这一结果与 Robinson 上述结果的结合, 成为许多新型锥优化算法收敛性的理论基础.

(3) Robinson 的文献[28]: 证明强二阶充分条件和线性无关约束规范一起可以推出 KKT 系统的强正则性. 有趣的是, 这一结果的反方向也是正确的, 见 Jongen 等的文献[29]. 对广义方程

$$0\in f(x,p)+F(x),$$

其中 $F:\mathcal{X}\rightrightarrows\mathcal{Y}$ 是一集值映射, 定义

$$G(x)=f(\overline{x},\overline{p})+D_xf(\overline{x},\overline{p})(x-\overline{x})+F(x).$$

如果 G^{-1} 是从 $0\in\mathcal{Y}$ 的一个邻域到 $\overline{x}$ 的一邻域的 Lipschitz 连续映射, 则称广义方程在 $(\overline{x},\overline{p})$ 处是强正则的.

(4) Robinson 的文献 [30]: 证明二阶充分条件与 MFCQ 可以推出 KKT 解映射的上 Lipschitz 连续性.

(5) 如果考虑下述解映射

$$S(z,w)=\{x:0\in z+f(w,x)+N_C(x)\},$$

其中 C 多面凸集合. Dontchev 和 Rockafellar 的文献 [31] 证明了 S 的强正则性等价于 S 在点 $(z_0,w_0,z_0)\in\mathrm{ghp}\,S$ 处的 Aubin 性质. 这一结论表明非线性规划 KKT 系统的强正则性与 Aubin 性质是等价的. 称映射 $S:\mathbb{R}^n\rightrightarrows\mathbb{R}^m$ 相对于 X 在 $\bar{x}$ 点关于 $\bar{u}$ 具有 Aubin 性质, 其中 $\bar{x}\in X$, $\bar{u}\in S(\bar{x})$, 若 $\mathrm{gph}S$ 在 $(\bar{x},\bar{u})$ 点处是局部闭的, 且存在邻域 $V\in\mathcal{N}(\bar{x})$, $W\in\mathcal{N}(\bar{u})$ 和常数 $\kappa\in\mathbb{R}_+$, 满足

$$S(x')\cap W\subset S(x)+\kappa\|x'-x\|\mathbf{B},\quad \forall x,x'\in X\cap V. \tag{8.2.1}$$

(6) Bonnans 和 Ramírez 的文献 [32]: 二阶锥约束优化的约束非退化条件与强二阶充分最优性条件等价了 KKT 系统的强正则性.

(7) 张艺等[33]: 证明二阶锥优化的 KKT 系统的孤立平稳性等价于二阶充分条件和严格 Robinson 约束规范. 集值映射 $F:\mathcal{X}\rightrightarrows\mathcal{Y}$ 被称为在 x^0 处关于 y^0 是孤立平稳的 (isolated calm), 如果 $y^0\in F(x^0)$, 存在一常数 $\kappa_0>0$, x_0 的一邻域 V 和 y^0 的一邻域 W 满足

$$F(x)\cap W\subseteq\{y^0\}+\kappa_0\|x-x^0\|\mathbf{B}_{\mathcal{Y}},\quad \forall x\in V.$$

(8) Sun[34]: 建立了与半定规划 KKT 系统的强正则性等价的 9 个条件, 包括约束非退化条件与强二阶充分最优性条件.

(9) Chan 和 Sun[35]: 证明对线性 SDP, 对偶问题的约束非退化条件等价于原始问题的强二阶充分最优性条件.

(10) 丁超、孙德锋和张立卫 [36]: 刻画了一大类锥约束优化问题 (包括非线性 SDP 问题) KKT 系统的孤立平稳性, 即等价于二阶充分条件和严格 Robinson 约束规范.

8.2.2　目前的研究热点和思考

目前的研究热点包括: 基于非光滑函数广义微分的误差界、锥优化问题 KKT 解映射的平稳性、最优解映射的 Aubin 性质、随机规划的以概率测度为参数的稳定性、广义方程解映射的平稳性、在均衡约束优化与双层规划中的应用等等.

我们认为在上述的研究专题中, 下述具体的问题值得关注, 意义重要.

(1) 多面体约束的优化问题 (非线性规划问题), KKT 系统的强正则性和 Aubin 性质是等价的, 这是 Dontchev 和 Rockafellar [31] 的贡献. 一个重要的理论问题是, 对什么样的光滑优化问题, 它的 KKT 系统的强正则性与 Aubin 性质是等价的.

(2) KKT 解映射的孤立平稳性研究取得了很好的进展, 但孤立平稳性问题的解集合是单点集, 这一条件是非常严格的, 对一般的问题不见得成立. 因此 KKT 解映射的平稳性 (即误差界) 的刻画意义更大, 这方面的进展还不大, 值得深入探讨.

(3) 随机规划的稳定性还局限在最优解集映射, 定量的刻画用到概率测度的各种伪度量, 只是概念性的, 无法计算, 如何得到可计算的全局解的定量稳定性刻画是值得研究的. 当然, KKT 系统的稳定性的研究值得关注.

(4) 机器学习的主要任务是利用已有的信息做未来的预测, 往往涉及随机因素的经验分布用于近似真实分布时决策问题的解的估计, 应该利用经验值做什么样的决策, 可以得到一个未来决策问题解的好的预测, 这涉及分布集合间的距

离的刻画. 基于分布集合扰动的各类 (包括多阶段) 决策问题的扰动性分析, 既具有理论研究的意义又有实际价值, 值得研究.

参 考 文 献

[1] Rockafellar R T. Convex Analysis. Princeton: Princeton University Press, 1970.

[2] Clarke F H. Optimization and Nonsmooth Analysis. New York: John Wiley and Sons, 1983.

[3] Mordukhovich B S. Variational Analysis and Generalized Differentiation, I: Basic Theory, II: Applications. Berlin: Springer, 2006.

[4] Fenchel W. Convex Cones, Sets and Functions, Lecture Notes. Princeton: Princeton University Press, 1951.

[5] Moreau J J. Fonctionelles Convexes. Lecture Notes, College de France, 1967.

[6] Rockafellar R T. Conjugate Duality and Optimization. Philadephia: SIAM Publication, 1974.

[7] Rockafellar R T. The multiplier method of Hestenes and Powell applied to convex programming. J. Optim. Theory Appl., 1973, 12: 555-562.

[8] Rockafellar R T. Monotone operators and the proximal point algorithm. SIAM J. Control Optim., 1976, 14: 877-898.

[9] Rockafellar R T. Augmented Lagrangians and applications of the proximal point algorithm in convex programming. Math. Oper. Res., 1976, 1: 97-116.

[10] Kiwiel K. Methods of Descent for Nondifferentiable Optimization. Berlin: Springer Verlag, 1985.

[11] Yuan Y X. Some properties of trust region algorithms for nonsmooth optimization, Report DAMTP 1983/NA4. Cambridge: University of Cambridge, 1983.

[12] Yuan Y X. Global convergence of trust region algorithms for nonsmooth optimization. Report DAMTP 1983/NA13. Cambridge: University of Cambridge, 1983.

[13] Qi L, Sun J. A trust region algorithm for minimization of locally Lipschitzian functions. Mathematical Programming, 1994, 66: 25-43.

[14] Qi L, Sun J. A nonsmooth version of Newton's method. Mathematical Programming, 1993, 58: 353-367.

[15] Facchinei F, Pang J S. Finite-Dimensional Variational Inequalities and Complementarity Problem. Berlin: Springer, 2003.

[16] Sun D F, Sun J. Lowner's operator and spectral functions in Euclidean Jordan algebras. Mathematics of Operations Research, 2008, 33: 421-445.

[17] Sun J. On Monotropic Piecewise Quadratic Programming. PHD Dissertation. Seattle: University of Washington, 1986.

[18] Rockafellar R T. Progressive decoupling of linkages in optimization and variational inequalities with elicitable convexity or monotonicity. Set-valued and Variational Analysis, 2019, 27: 863-893.

[19] Rockafellar R T, Sun J. Solving monotone stochastic variational inequalities and complementarity problems by progressive hedging. Mathematical Programming, 2019, 174: 453-471.

[20] Rockafellar R T, Wets R J B. Stochastic variational inequalities: Single-stage to multistage. Mathematical Programming, 2017, 165: 331-360.

[21] Rockafellar R T, Wets R J B. Variational Analysis. Berlin: Springer-Verlag, 1998.

[22] Manne A S. Note on parametrio linear programming. RRAND-Corp Rev. 1953: 468.

[23] Bank B, Guddat J, Klatte D, et al. Nonlinear Parametric Optimization. Berlin: Springer, 1982.

[24] Fiacco A V, McCormick G P. Nonlinear Programming: Sequential Unconstrained Minimization Techniques. New York: Wiley, 1968.

[25] Fiacco A V. Introduction to Sensitivity and Stability Analysis in Nonlinear Programming. New York: Academic Press, 1983.

[26] Danskin J M. The Theory of Max-Min and Its Applications to Weapons Allocation Problems. Berlin: Springer, 1967.

[27] Robinson S M. Some continuity properties of polyhedral multifunctions. Mathematical Programming Study, 1981, 14: 206-214.

[28] Robinson S M. Strongly regular generalized equations. Mathematics of Operations Research, 1980, 5: 43-62.

[29] Jongen H T, Klatte D, Tammer K. Implicit functions and sensitivity of stationary points. Mathematical Programming, 1990, 49: 123-138.

[30] Robinson S M. Generalized equations and their solutions, part II: Applications to nonlinear Programming. Mathematical Programming Study, 1982, 19: 200-221.

[31] Dontchev A L, Rockafellar R T. Characterizations of strong regularity for variational inequalities over polyhedral convex sets. SIAM J. Optim., 1996, 6: 1087-1105.

[32] Bonnans J F, Ramírez C H. Perturbation analysis of second order cone programming problems. Mathematical Programming, 2005, 104: 205-227.

[33] Zhang Y, Zhang L W, Wu J, et al. Characterizations of local upper Lipschitz property of perturbed solutions to nonlinear second-order cone programs. Optimization, 2017, 66: 1079-1103.

[34] Sun D F. The strong second order sufficient condition and constraint nondegen-

eracy in nonlinear semidefinite programming and their implications. Math. Oper. Res., 2006, 31: 761-776.

[35] Chan Z X, Sun D F. Constraint nondegeneracy, strong regularity and nonsingularity in semidefinite programming. SIAM Journal on Optimization, 2008, 19: 370-396.

[36] Ding C, Sun D F, Zhang L W. Characterization of the robust isolated calmness for a class of conic programming problems. SIAM Journal on Optimization, 2017, 27: 67-90.

第9章 变分不等式与互补问题

9.1 问题概述

这里的变分不等式与互补问题, 若不特加说明, 指的是有限维变分不等式与互补问题. 给定 n 维欧氏空间 $\mathbb{R}^n$ 中的非空集合 K 和映射 $F: K \to \mathbb{R}^n$, 变分不等式就是寻找一个向量 $x \in K$ 使得

$$(y-x)^{\mathrm{T}}F(x) \geqslant 0, \quad \forall y \in K$$

成立, 一般记为 $\mathrm{VI}(K,F)$. 当 $K := \mathbb{R}^n_+ = \{x \in \mathbb{R}^n : x \geqslant 0\}$ 时, 则变分不等式变为互补问题, 即寻找一个向量 $x \in \mathbb{R}^n$ 使得

$$x \geqslant 0, \quad F(x) \geqslant 0, \quad x^{\mathrm{T}}F(x) = 0$$

成立, 一般记为 $\mathrm{CP}(F)$. 当 F 是一个线性函数时, $\mathrm{VI}(K,F)$ 和 $\mathrm{CP}(F)$ 分别归结为仿射变分不等式和线性互补问题. 因此, 数学上, 变分不等式是互补问题的一个推广.

互补问题最早出现在文献 [1] 中, 这里主要考察寻找线性不等式组的极小元, 但这一工作并没有引起人们的重视. 互补问题真正成为一个受关注的问题, 则起始于 20 世纪 60 年代初 “线性规划之父” G. B. Dantzig 和他的学生 R. W. Cottle 的研究. 1964 年, Cottle 在其博士学位论文 [2] 中第一次提出了求解互补问题的非线性规划算法.

变分不等式的系统研究起始于意大利数学家 Stampacchia 及其合作者关于偏微分方程的研究, 他们使用无限维变分不等式作为一个解析工具来研究自由边界问题. 1966 年, Hartman 和 Stampacchia 在文献 [3] 中建立了自反巴拿赫空间中变分不等式解的存在性定理, 并具体到有限维变分不等式. 后来发现, 变分不等式是互补问题的一个推广, 而且它们在数学性质以及应用等方面有惊人的相似之处, 所以, 它们经常在文献中成对出现.

自 20 世纪 60 年代中期起, 变分不等式与互补问题引起了运筹学界和应用数学界的广泛关注与浓厚兴趣, 各种应用不断涌现, 很多学者加入这一领域的研究之中, 使得这一领域得到了很好的发展. 基于 $\mathrm{VI}(K,F)$ 和 $\mathrm{CP}(F)$, 提出了很多变分不等式和互补问题的延伸形式, 以互补问题为例, 还有混合互补问题、水平互补问题、竖直互补问题、二阶锥互补问题、半定互补问题、对称锥互补问题、广义互补问题等.

变分不等式与互补问题都和最优化问题密切相连. 一些变分不等式和互补问题可由约束优化问题导出. 例如, 可行域为 K 的可微约束优化问题的 KKT 一阶必要条件是一个形式如 $\mathrm{VI}(K,F)$ 的变分不等式问题, 其中涉及的函数 F 是优化问题目标函数的梯度函数; 标准的等式与不等式约束的可微数学规划问题的 KKT 一阶必要条件是一个混合互补问题. 借助于这一联系, 近年来变分不等式的理论与方法在研究约束优化问题的一阶算法方面得到了成功的应用. 当然, 并不是所有的变分不等式和互补问题都能由约束优化问题导出.

变分不等式与互补问题是一类具有普遍意义的数学模型, 它不仅为非线性约束优化、极大极小问题、非线性方程组等提供了一个统一的理论框架, 而且在博弈论、交通运输、管理科学、经济学、工程设计、最优控制等众多领域有着广泛的应用. 例如, 双矩阵博弈是两个局中人在混合策略下的非零和博弈, 其纳什均衡点分别是两个优化问题的最优解, 经过一系列数学变换可以转化为一个线性互补问题; 静态交通流均衡问题是要预测一个拥挤的交通网络中平衡状态下的交通流量, 利用 Wardrop 用户均衡原理, 可以转化为一个非线性互补问题; 供应链问题也可表述为一种互补模型; 等等. 因此, 变分不等式与互补问题在运筹学学科占有重要的地位. 美国工业与应用数学学会会士 J. S. Pang 教授在这一领域做出了突出的贡献, 于 1994 年获得了由运筹学与管理学研究协会颁发的 Frederick W. Lanchester 奖; 于 2003 年获得了由美国数学规划学会和美国工业与应用数学学会共同颁发的 Dantzig 奖.

9.2 发展与现状

经过五十余年的发展, 变分不等式与互补问题的研究成果丰硕, 很多漂亮的理论被建立, 众多有效的算法被提出, 一些新的方向不断出现. 20 世纪 90 年代初的专著 [4] 极大地推动了线性互补问题的普及与发展, 21 世纪初的专著 [5], [6] 对当时已获得的变分不等式与非线性互补问题的研究成果给出了很好的总结, 极大地推动了变分不等式与互补问题这一领域的发展. 现归纳如下.

线性互补问题的理论研究密切相关于所涉及矩阵的性质, 不同类型矩阵的性质是线性互补问题理论研究的基石, 主要的矩阵类包括半正定矩阵、正定矩阵、$P(P_0)$ 矩阵、$Q(Q_0)$ 矩阵、Sufficient 矩阵、Z-矩阵等. 借助于矩阵性质的分析, 建立了线性互补问题的理论, 包括解的存在性、唯一性、解集的凸性、误差界理论、极小元素解的存在性等. 另外, 通过讨论线性互补问题与很多不同问题间的等价转化, 一方面可为线性互补问题的理论与算法研究提供途径; 另一方面也可将线性互补问题在理论与算法方面的研究成果应用于其他问题.

线性互补问题的算法研究成果丰富, 已趋向于成熟. 早期的主要算法包括转轴算法 (直接法, 具有有限终止性) 以及矩阵分裂等迭代算法 (间接法, 产生无穷迭代序列). 目前较流行的算法有内点算法、重构算法等迭代算法. 20 世纪 80 年代, 内点算法被成功地用于线性互补问题, 不但获得理论上的多项式复杂性, 而且得到了很好的数值计算结果. 90 年代初, 线性互补问题被成功地重构成一个 (半光滑) 方程组, 并且基于此, 提出了非内部连续化算法、光滑牛顿法、广义 (半光滑) 牛顿法、效用函数法等重构算法, 这类算法具有快速收敛性质, 数值计算结果好且实施方便.

变分不等式与非线性互补问题的理论研究主要包括解的存在性、唯一性; 解集的非空有界性、连通性、灵敏度分析与稳定性分析; 误差界理论; 极小模解; 极小元素解等, 其中, 解的存在性得到了更多的关注. 早期的存在性结果密切相关于所涉及映射的性质, 包括单调性、$P(P_0, R_0)$ 性质、伪单调与拟单调性质、强单调性、一致 P 性质、强制性条件等. 1984 年, 文献 [7] 中首次提出了连续映射的例外序列的概念, 并用以研究互补问题解的存在性. 20 世纪 90 年代后期起, 利用拓扑度作为工具, 很多学者对连续映射提出了更广的例外簇概念并应用于研究变分不等式与互补问题解的存在性和解集的有界性等, 得到了很多新的理论结果.

变分不等式与非线性互补问题的算法研究一直是这一领域备受关注的核心内容. 主要的算法包括投影法、邻近点算法、交替方向法、增广拉格朗日法、内点算法、重构算法等. 投影法是求解互补问题的一类基本而重要的计算方法, 它源于求解凸约束优化问题的投影梯度法. 各种投影法被成功地应用于求解变分不等式问题, 成为求解变分不等式的主要方法之一. 对于求解变分不等式, 投影收缩法、邻近点算法、交替方向法和增广拉格朗日法等方法均取得了很好的计算效果, 成为求解变分不等式的主要方法, 备受青睐. 20 世纪 80 年代, 内点算法被成功地应用于求解线性类优化与互补问题, 后被延伸到求解变分不等式与非线性互补问题, 一些算法在尺度 Lipschitz 条件等假设下具有多项式复杂性. 20 世纪 90 年代, 求解线性互补问题的重构算法被延伸到求解变分不等式与非线性互补问题, 包括非内部连续化算法、光滑牛顿算法、广义 (半光滑) 牛顿法、效用函数法等, 算法具有快速收敛性质和有效的数值计算, 且实施方便, 因而受到广大研究者的青睐.

以下重点介绍几个经典理论与核心算法.

(1) Hartman-Stampacchia 基本定理: 1966 年, P. Hartman 和 G. Stampacchia 在文献 [3] 中建立了自反巴拿赫空间中变分不等式解的一个存在性定理, 并具体到有限维空间, 即如果 K 是一个非空凸紧集且 F 是一个连续映射, 那么 $\text{VI}(K,F)$ 至少有一个解. 这是有限维变分不等式解存在的一个重要结论, 称之为 Hartman-Stampacchia 基本定理. 自此以后, 变分不等式解的存在性研究主要集中在去掉 K 的有界性这一强的假设, 即假设 K 是一个非空闭凸集时, 探讨 F 满足什么条件时问题的解存在. 相关的方法在研究互补问题解的存在性时有一定的相通性. 主要的方法有以下四种: 不动点方法、度理论方法、例外簇方法、优化方法. 除解的存在性之外, 解的唯一性与解集的凸性、紧性、连通性等都是变分不等式与互补问题中非常重要的研究内容.

(2) 自然映射与法映射: 给定 $\mathbb{R}^n$ 中的非空闭凸集 K, 那么对于 $\mathbb{R}^n$ 中的任意向量 x, 存在唯一的向量 $\bar{x} \in K$ 使得它在欧氏范数下最靠近 x, 称 $\bar{x}$ 为 x 在 K 上的投影, 记为 $\Pi_K(x)$, 且称 $\Pi_K\colon x \mapsto \Pi_K(x)$ 为 K 上的投影算子. 已被证明, 投影算子具有很多好的性质, 特别地, $\text{VI}(K,F)$ 等价于如下两个方程

$$F_K^{\text{nat}}(u) := u - \Pi_K(u - F(u)) = 0$$

和

$$F_K^{\text{nor}}(u) := F(\Pi_K(u)) + u - \Pi_K(u) = 0, \quad \forall u \in \mathbb{R}^n,$$

分别称 $F_K^{\text{nat}}(\cdot)$ 和 $F_K^{\text{nor}}(\cdot)$ 为自然映射 (natural map) 和法映射 (normal map). 这两个映射在变分不等式与互补问题中占有重要的地位, 不仅是理论的基石, 而且以此设计算法.

(3) 误差界: 给定 n 维欧氏空间 $\mathbb{R}^n$ 中的两个集合 $\mathcal{S}$ 和 $\mathcal{T}$, 以及函数 $r: \mathcal{S} \cup \mathcal{T} \to \mathbb{R}_+$ 且 $r(x) = 0$ 当且仅当 $x \in \mathcal{S}$. 若

$$\text{dist}(x, \mathcal{S}) \leqslant c \cdot r(x)^\gamma, \quad \forall x \in \mathcal{T}.$$

其中 c, γ 为正数, $\text{dist}(x, \mathcal{S})$ 为欧氏距离, 则称 $(\mathcal{S}, \mathcal{T})$ 关于函数 r 具有误差界. 若 $\mathcal{S}$ 为一个优化问题的最优解集, 则上式度量了点 x 距离最优解集的近似程度. 进一步, 若上式成立且集合 $\mathcal{T}$ 是大范围的, 则称该问题具有大范围误差界; 给定 $\varepsilon > 0$, 若上式成立且集合 $\mathcal{T} = \{x \in \mathbb{R}^n | r(x) \leqslant \varepsilon\}$, 则称该问题具有局部误差界; 若上式成立且集合 $\mathcal{T} = \mathbb{R}^n$, 称该问题具有整体误差界.

在变分不等式问题 $\text{VI}(K,F)$ 和互补问题 $\text{CP}(X,F)$ 中, 误差界理论不仅在解的近似程度和扰动分析中扮演重要角色, 而且在数值计算中有非常重要的作用, 如作为算法的终止规则和收敛性分析. 直到现在, 误差界仍然是 $\text{VI}(K,F)$ 和 $\text{CP}(X,F)$ 的重要研究方向之一.

(4) Lemke 算法: 它是一种常用的求解线性互补问题的转轴算法, 由 C. E. Lemke 和 J. T. Howson [8] 于 1964 年为解决双矩阵博弈问题而提出, 随即被推广到求解线性互补问题. 50 多年来, 虽然 Lemke 算法并非多项式算法, 但由于它具有容易实现的优点而得到广泛应用, 特别是处理中小型规模的线性互补问题. 通过二次规划问题的 KKT 系统, Lemke 算法也可以用于求解二次规划问题. 文献 [4] 对 Lemke 算法及其应用作了详尽的阐述. 近年来, Lemke 算法也应用到带有 l_0 约束的二次规划问题、仿射约束的纳什均衡问题等.

(5) 投影方法: 它是求解变分不等式问题 $\mathrm{VI}(K,F)$ 的一类简单而又重要的计算方法, 特别对互补问题的求解非常有效, 其迭代格式为

$$x^{k+1}=\Pi_K(x^k-\alpha F(x^k)),\quad k=0,1,2,\cdots,$$

其中 K 是 $\mathbb{R}^n$ 中非空闭凸集, $\Pi_K(\cdot)$ 是从 $\mathbb{R}^n$ 到 K 的正交投影算子, $\alpha>0$ 是迭代步长. 通过对迭代步长 α 的调整, 它能在每次迭代中增加或删去多个积极约束, 计算过程存储量少, 且保稀疏, 但收敛性结果需要很强的条件.

投影方法还包括隐式投影方法, 如逐点逼近法、算子分裂法等. 逐点逼近法首次在文献 [9] 中提出, 后经 R.T. Rockafellar 加以精炼并推广到一般情况, 能求解凸规划、凸–凹鞍点问题、变分不等式问题、互补问题等, 其迭代格式为

$$x^{k+1}=\Pi_K(x^k-\alpha_k F(x^{k+1})),\quad k=0,1,2,\cdots,$$

其中 α_k 是由某种规则确定的步长. 逐点逼近法能克服梯度投影法的不足, 当 α_k 随指标 k 趋向于 $+\infty$ 时, 具有超线性收敛速率. 近年来, 逐点逼近法得到了快速发展, 如广义逐点逼近法、不精确的广义逐点逼近法, 以及与外梯度法结合产生一个具有局部超线性收敛的改进算法等. 算子分裂法就是将 F 分解成若干个子函数, 保证相应的子问题可解、易计算. 在一定条件下, 它具有超线性收敛性.

(6) 内点算法: 它的思想源于求解非线性规划的内罚函数法, 由印度数学家 N. Karmarkar[10] 在 1984 年提出, 且是一个实用的求解线性规划的内点算法. 该算法不仅从计算复杂性理论上证明是多项式的, 而且在实际计算中十分有效. 考虑线性互补问题

$$x\geqslant 0,\quad Mx+q\geqslant 0,\quad x^{\mathrm{T}}(Mx+q)=0,$$

其中 $M\in\mathbb{R}^{n\times n}$(未必对称), $q\in\mathbb{R}^n$. 令 $y=Mx+q$, 则上式可转化为求 $(x,y)\in\mathbb{R}^{2n}$ 满足

$$H(x,y):=\begin{pmatrix} x\circ y\\ y-(Mx+q)\end{pmatrix}=0,\quad x\geqslant 0,\quad y\geqslant 0,$$

这里, $x \circ y = (x_1y_1, x_2y_2, \cdots, x_ny_n)^{\mathrm{T}}$. 显然, 上述线性互补问题转化为一个带有非负约束的 $2n$ 阶非线性方程组, 且有特殊形式的非线性表达式 $x \circ y$. 正是这种特殊结构, 才导致了内点算法成功地应用到线性互补问题中. 内点算法包括仿射尺度法、路径跟踪法、势函数下降法三大类; 从迭代点的可行性来划分, 分为可行内点算法和不可行内点算法, 其中不可行原对偶路径跟踪算法的有效性尤为突出.

(7) 非光滑牛顿法: 它是求解非光滑方程组的一类重要方法. 该方法始于 20 世纪 90 年代早期, 随着人们对非光滑研究的不断深入, 该方法得到快速发展, 并成为最优化领域中最为活跃的研究课题之一. 给定标准非线性互补问题 $\mathrm{CP}(F)$

$$x \geqslant 0, \quad F(x) \geqslant 0, \quad x^{\mathrm{T}}F(x) = 0,$$

这里 $F: \mathbb{R}^n \to \mathbb{R}^n$ 是一连续函数. 设函数 $\phi: \mathbb{R}^2 \to \mathbb{R}$, 如果它具有

$$\phi(a,b) = 0 \Leftrightarrow a \geqslant 0, \quad b \geqslant 0, \quad ab = 0,$$

则称 ϕ 为 C-函数. 通过构造不同形式的 C-函数 ϕ, 可产生不同的非光滑再生方程组

$$\Phi(x) = \begin{bmatrix} \phi(x_1, F_1(x)) \\ \vdots \\ \phi(x_n, F_n(x)) \end{bmatrix} = 0.$$

由此, 可设计出相应的非光滑牛顿算法. 近年来, 非光滑牛顿算法在求解半定规划、半定互补问题、矩阵回归问题中也有很好的表现. 特别地, 经过多位海外华人学者的一系列工作, 非光滑牛顿算法 (确切地说应该是半光滑牛顿算法) 已发展成为求解大规模凸优化问题最为有效的计算工具之一.

(8) 光滑化牛顿法: 它是求解非光滑方程组的一类有效方法. 因为变分不等式与互补问题均可转化为等价的非光滑方程组, 光滑化牛顿法在求解这类问题尤其是非线性互补问题时得到了广泛关注, 其基本思想是: 首先, 将非线性互补问题转化为一个与之等价的方程组

$$\Phi(x) = 0,$$

其中 $\Phi: \mathbb{R}^n \to \mathbb{R}^n$ 是一个非光滑函数. 其次, 构造一个 Φ 的光滑逼近函数 $\Phi_\mu: \mathbb{R}^n \to \mathbb{R}^n$, 使得对任意的 $\mu > 0$, Φ_μ 在 $\mathbb{R}^n$ 上连续可微, 且对任意 $x \in \mathbb{R}^n$ 满足 $\lim\limits_{\mu \downarrow 0} \Phi_\mu(x) = \Phi(x)$, 并通过牛顿型方法求解光滑方程组

$$\Phi_\mu(x) = 0$$

的解来逼近原方程组的解. 于是可得到下述迭代格式:

$$x^{k+1} = x^k + \lambda_k d^k, \quad d^k = -(\Phi'_{\mu_k}(x^k))^{-1}\Phi(x^k), \ k = 0, 1, 2, \cdots,$$

这里 $\lambda_k > 0$ 是待定步长, 方向 d_k 通常称为光滑牛顿方向.

在文献 [5], [6] 中, 作者介绍了几种求解非线性互补问题的光滑化牛顿法, 如雅可比光滑化方法、修正雅可比光滑化方法、完全光滑化牛顿法等. 作者也介绍了一类非内点光滑化算法, 与前述的光滑化算法相比较, 它增加了线性调节 μ 的程序及保证迭代点在解通道邻域内. 这些方法均享有全局收敛性, 且它们在数值表现上都有一定的稳定性和有效性. 此外, 这些方法的局部超线性收敛性 (二次收敛性) 依赖于方程组在解点的半光滑性 (强半光滑性) 及其广义雅可比在解点处的非奇异性.

近年来, 人们对非光滑性研究的不断深入, 更多的光滑化牛顿法被设计出来, 并且从求解向量非光滑方程组推广到了矩阵非光滑方程组. 而求解非线性规划与互补问题的光滑化牛顿法被推广到求解二阶锥规划与互补问题、半定规划与互补问题、对称锥规划与互补问题等, 详细的进展参见综述文献 [11].

9.3 展望与挑战

当今, 人们面临的问题越来越复杂, 描述很多问题的数据量急剧增加, 大数据时代已经来临, 使得变分不等式与互补问题极为复杂, 其研究面临极大挑战.

(1) 非凸锥互补问题: 经典互补问题的约束条件是非负锥, 它描述两组决策变量之间满足一种 “0-1 互补” 关系. 21 世纪初, 人们考虑对称锥互补问题, 它描述两组决策变量之间满足一种 “均衡互补” 关系, 包含非负锥互补问题、二阶锥互补问题、半定互补问题作为重要特例, 且为很多问题提供了统一框架. 至 2011 年, 有关对称锥互补问题的研究详见综述文献 [12]. 此外, 更广义的凸锥互补问题, 如齐次锥互补问题、双曲锥互补问题等, 目前的成果较少, 尚待进一步研究. 特别地, 关于带有某些结构特征的非凸锥 (如双凸锥、多凸锥) 互补问题, 是一个需要面对且充满挑战性的方向, 对非凸优化研究具有十分重要的推动作用. 同样, 关于非凸约束特别是带有一定结构的非凸约束的变分不等式研究, 也有重要的学术意义和应用价值.

(2) 高维变分不等式与互补问题的稀疏解: 近年来, 压缩传感的思想是以少量的采样来获取高维的稀疏信息, 由于很多实际问题的刻画具有稀疏性特征, 所以压缩传感的思想已被广泛地应用于解决很多重要的实际问题, 其核心体现在数学上就是找某个模型的稀疏解. 很多实际问题, 例如交通数据优化、机器学习,可模型化为高维变分不等式与互补问题. 因此, 探讨高维变分不等式与互补问题的稀疏解的理论与算法, 具有重要的意义.

(3) 随机变分不等式与随机互补问题: 现实世界中很多问题会涉及随机因素, 漠视这些随机因素将会导致决策失误. 基于此, 学者们近年来开始关注随机变分不等式与随机互补问题. 需要说明的是, 随机变分不等式与随机互补问题的刻画形式并不具有唯一性. 最早的刻画形式是由 Gürkan、Özge 和 Robinson 于 1999 年在文献 [13] 中提出的, 是基于带期望目标的约束优化问题的一阶最优性条件而提出来的. 2005 年, 文献 [14] 中提出了一种新的单阶段随机变分不等式与随机互补问题的刻画形式, 关于此种形式随机变分不等式与随机互补问题的研究受到了很多的关注, 可参见综述文献 [15]. Rockafellar 和 Wets 在文献 [16] 又提出了一种多阶段的刻画形式, 并引起了比较大的反响. 实际上, 由于实际问题的复杂多样性, 对不确定性问题 (包括随机优化问题) 的处理手法和刻画形式, 常常会受到所处环境、观察角度、决策者个性等因素的影响, 一般并没有明确而统一的刻画形式, 这也是随机变分不等式问题的魅力所在.

与确定性变分不等式与互补问题相比, 现有几种关于随机变分不等式与随机互补问题的数学模型都要复杂得多, 其相关性质如何, 在什么条件下有解以及有唯一解, 解的稳定性如何, 都是值得研究者去探索的重要课题. 此外, 还需要针对各种模型的结构特点, 设计开发高效的数值算法. 设计算法的一个关键步骤是如何对数学期望进行数值逼近, 目前流行的处理方法包括样本均值近似 (sample average approximation) 和随机逼近 (stochastic approximation) 等, 详细可参见 *Mathematical Programming* 第 265 卷 "随机变分不等式专辑". 总之, 该方向已经引起部分学者的极大兴趣, 参与研究的人员越来越多, 值得学者们进一步关注. 在这里提醒读者, 如开展这个方面的深入研究, 需要随机分析、变分分析、扰动分析等相当深厚的基础数学知识.

(4) 张量空间中的变分不等式与互补问题: 张量是刻画大规模复杂数据的有效工具, 因此, 张量及其相关问题在目前的大数据时代显示出越来越重要的作用. 如果涉及的函数是由张量定义的多项式, 则对应的变分不等式与互补问题被称为张量变分不等式与张量互补问题, 其理论与算法研究强烈地依赖于所涉及张量的性质与结构. 很多实际问题可以模型化为张量变分不等式与张量互补问题, 例如, 使用纯策略的多人非合作博弈可以模型化为一个张量变分不等式、使用混合策略的多人非合作博弈可以模型化为一个张量互补问题. 众所周知, 刻画实际问题的张量通常都具有特殊的结构. 如何利用张量 (特别是来源于实际问题的张量) 的性质和特有结构来研究对应张量变分不等式与张量互补问题的理论、设计高效的大规模求解算法已经引起一些国内外学者的关注, 并取得了初步研究成果.

如果变分不等式与互补问题涉及的空间是由张量构成的有限维空间, 相应的函数是这个空间上的连续函数, 约束集合是张量空间中的一个非空闭凸集, 那么, 这样的变分不等式与互补问题是一个新的问题. 最近, 一个市场平衡问题被模型化为这样的变分不等式问题. 这类变分不等式与互补问题的理论性质、数值求解方法以及实际应用均有待进一步研究.

参考文献

[1] Val P D. The unloading problem for plane curves. American Journal of Mathematics, 1940, 62: 307-311.

[2] Cottle R W. Nonlinear Programs with Positively Bounded Jacobians. Berkeley: University of California, 1964.

[3] Hartman P, Stampacchia G. On some nonlinear elliptic differential functional equations. Acta Mathematica, 1966, 115: 153-188.

[4] Cottle R W, Pang J S, Stone R E. The Linear Complementarity Problem. Boston: Academic Press, 1992.

[5] Facchinei F, Pang J S. Finite-Dimensional Variational Inequalities and Complementarity Problems. Berlin: Springer, 2003.

[6] 韩继业, 修乃华, 戚厚铎. 非线性互补理论与算法. 上海: 上海科学技术出版社, 2006.

[7] Smith T E. A solution condition for complementarity problems: With an application to spatial price equilibrium. Applied Mathematics and Computation, 1984, 15(1): 61-69.

[8] Lemke C E, Howson J T. Equilibrium points of bimatrix games. SIAM Journal on Applied Mathematics, 1964, 12: 413-423.

[9] Martinet B. Regularisation d'in equations variationelles par approximations successives. Revue Francaise Informatique Recherche Operationelle, 1970, 4: 154-158.

[10] Karmarkar N. A new polynomial-time algorithm for linear programming. Combinatorica, 1984, 4: 373-395.

[11] Chen X. Smoothing methods for nonsmooth, nonconvex minimization. Mathematical Programming, 2012, 134: 71-99.

[12] Yoshise A. Complementarity problems over symmetric cones: A survey of recent developments in several aspects//Lasserre J B. Handbook of Semidefinite, Cone and Polynomial Optimization. Berlin: Springer-Verlag, 2011: 339-376.

[13] Gürkan G, Özge A Y, Robinson S M. Sample-path solution of stochastic variational inequalities. Mathematical Programming, 1999, 84: 313-333.

[14] Chen X, Fukushima M. Expected residual minimization method for stochastic linear complementarity problems. Mathematics of Operations Research, 2005, 30:

1022-1038.
[15] Lin G H, Fukushima M. Stochastic equilibrium problems and stochastic mathematical programs with equilibrium constraints: A survey. Pacific Journal of Optimization, 2010, 6: 455-482.
[16] Rockafellar R T, Wets R J B. Stochastic variational inequalities: Single-stage to multistage. Mathematical Programming, 2017, 165: 331-360.

第 10 章 鲁棒优化

10.1 概　　述

鲁棒优化通过最大化目标函数在一定参数范围内的最差收益，保证了决策的稳健 (强壮) 程度. 在传统的优化决策模型中，一般直接采用随机参数的期望值或不确定参数的估计值直接代入模型求解. 而随机优化决策模型一般需要对随机变量的分布作出假设. 但是在实际的应用问题中，随机变量的分布参数及分布形式往往无法确定. 鲁棒优化是为了解决此类问题所需要的一套可以解决参数不确定及分布不确定的优化决策问题的工具. 例如在工程和金融等应用领域，“在某些条件范围不允许失败” 或 “失败的风险必须低于某个范围” 的风险控制要求极为普遍，而鲁棒决策模型可以很好地刻画此类需求并保证问题的可解性. 最经典的线性优化问题所对应的鲁棒优化具有如下形式：

$$
\begin{aligned}
\min_{x} \quad & c^{\mathrm{T}}x, \\
\text{s.t.} \quad & a_i^{\mathrm{T}}x \leqslant b_i, \quad \forall a_i \in A_i,\ i=1,2,\cdots,m,
\end{aligned}
$$

其中不确定性集合 A_i 具有一些特殊结构如椭球 $A_i=\{\bar{a}_i+u_i \mid \|u_i\|_2 \leqslant d_i\}$，多面体 $A_i=\{\bar{a}_i+u_i \mid B_i u_i \leqslant d_i\}$ 等. 随着互联网及大数据概念的兴起，企业普遍开始引入海量的数据负责决策. 但是由于激烈竞争环境中的商务数据、天气预测数据等大多质量较差，数据普遍存在偏差并有大量缺失. 特别是存在很多无意/恶意干扰数据. 在收益管理、库存管理、航空调度管理等领域中，结合鲁棒决策模型的量化管理决策取得了显著的实践成效.

10.2 研 究 历 史

此方法的雏形最早被线性规划的奠基人 Dantzig 于 1955 年提出 [1]，并发表在 *Management Science* 上. 其后在统计学、运筹学、控制论等多个领域中被改进及推广. 自 20 世纪 90 年代开始, Ben-Tal、Nemirovskii 和 El Ghaoui 等的奠基性工作 [2-7] 逐步发现多个决策模型的鲁棒形式可以转化为易于求解的凸问题进行求解. 具体来说, El Ghaoui 等在文献 [3]中考虑对经典最小二乘问题中的系数矩阵和观测向量引入有界的不确定扰动, 并证明极小化最坏情况的残差可以化为一个二阶锥优化或者是半正定优化问题, 此外, 他们在文献 [5] 中进一步地将此类结果推广到了鲁棒半正定优化问题中; Ben-Tal 和 Nemirovski 在文献 [4] 中进一步研究了对一般凸优化问题 (包括线性规划、二次约束规划、半定规划) 的系数引入椭球不确定性集, 并证明对应的鲁棒版本问题可以精确或近似地用多项式时间的内点法进行求解; 他们在文献 [6] 中进一步阐述了鲁棒优化模型在天线设计、桁架拓扑设计中的应用, 并在随机扰动下对鲁棒模型作了稳定度分析; Nemirovski 等进一步考虑了一类特殊的 NP- 难的鲁棒优化模型: 带二次约束的鲁棒优化问题, 对这类问题提供了一种近似的凸问题并从理论上证明了其近似效果.

此后, 相关理论结果被广泛应用到多个管理决策领域. 例如, Goldfarb 教授在文献 [8] 中将鲁棒模型应用到投资组合模型中, 并证明了针对均值和协方差矩阵的不确定性, 对应的鲁棒决策问题普遍可以转化为半正定规划问题. 叶荫宇教授和 Bertsimas 教授等在一系列工作中将鲁棒模型应用到管理决策模型中 [9–13]. 具体来说, Bertsimas 等在文献 [9], [11], [13] 中分别研究了网络流问题、库存管理问题以及生产运输问题中的鲁棒优化模型. 并证明在一定的结构下, 这些问题都是多项式时间可解的. 叶荫宇等在文献 [12] 中提出鲁棒优化模型与数据驱动问题的紧密联系, 并研究了其在投资组合问题中的应用. 近期 Farias 等在发表在 *Management Science* 上的最新成果 [14] 中考虑了在 Amazon 等购物网站上的顾客行为习惯. 对消费者行为进行分析, 从而得出如何在网页的有限空间内针对消费者进行最适合的物品展示. Mak 等 [15] 在门诊预约排程中考虑了病人到达时间的不确定性, 在较弱了条件下给出了对应鲁棒优化模型的显示表达. Wang 和 Zhang[16] 考虑了供应链管理中的柔性供应链问题, 他们用鲁棒优化的技术说明了 2-链的系统效率几乎能达到 k-链的系统效率. 新加坡国立大学 Chung-Piaw Teo 教授的团队[17, 18] 考虑对效用模型中的随机项引入鲁棒性, 并导出选择模型的一类新框架. 在某些特殊情况下, 这类框架复现了一些经典的选材模型如 Multinomial Logit (MNL) 模型、混合的 MNL 模型等. Ahipasaoglu 等 [19] 将这类选择模型应用到了交通均衡问题中.

10.3 研究现状及发展趋势

鲁棒模型经过多年的发展, 已有一套丰富的理论系统, 并产生了诸多理论分支以应对不同的决策场景. 下面将从鲁棒优化的基础模型谈起, 延伸到一些主流的模型, 最后介绍近年来流行的数据驱动的模型以及鲁棒优化在其他领域的应用.

10.3.1　鲁棒优化的基础模型

鲁棒优化的基础模型考虑如何在模型参数的可能区间内保证决策的可行性, 并最大化参数范围内最差的可能/期望收益. 模型的难点主要在于决策参数需要对一定范围内的任意参数满足约束条件. 而解决此难点的核心思路在于通过对偶表达, 将在参数范围内均满足某个条件的子问题转换为等价的存在性问题. 从而将原问题转化为决策参数和 (关于不确定参数的) 对偶变量的确定性优化决策问题. 此问题一般被称为 Robust Counterpart. 此外, 参数范围为多边形时, 问题一般可以转化为一个线性规划问题. 参数范围为椭球形时, 问题一般可以转化为一个二次锥规划或半正定规划问题.

1. 基本模型

假定决策变量为 x, 随机或外部模型参数为 y, 目标收益函数为 $f(x,y)$. 鲁棒决策的目标是最大化参数 y 在可能范围 Y 内的最差可能收益

$$\max_{x\in X} F(x) := \min_{y\in Y} f(x,y).$$

此问题等价于 $\max\{t \mid \forall\ y\in Y,\ t-f(x,y)\leqslant 0\}$. 当原问题存在约束条件 $g(x,y)\leqslant 0$ 时, 可以将这个条件直接加入转化问题的约束部分: $\max\{t \mid \forall\ y\in Y,\ t-f(x,y)\leqslant 0,\ g(x,y)\leqslant 0\}$.

2. 核心思路

约束: $t-f(x,y)\leqslant 0, \forall y\in Y$ 等价于 $\max\{t-f(x,y)\mid y\in Y\}\leqslant 0$, 优化问题 $\max\{t-f(x,y)\mid y\in Y\}$ 可以通过对偶转换为对偶变量 z 的最小化问题 $\min\{a(z)\mid z\in Z\}$, 并消去不确定参数 y. 注意到最小化的目标函数 $a(z)\leqslant 0$ 等价于存在 $z\in Z$, 使得 $a(z)\leqslant 0$. 因此可以将 $a(z)\leqslant 0$ 和对偶问题的约束 $z\in Z$ 直接嵌入原问题, 即可将原问题转换为一个单纯的最大化问题求解. 我们可以用类似方法处理约束: $g(x,y)\leqslant 0, \forall\, y\in Y$.

10.3.2　概率约束条件及目标

在一些应用领域经常会出现概率约束条件, 即违反某种边际条件的概率不可以超过某个上限. 例如, 大量采用风电、太阳能等可再生但不稳定能源的电力系统中, 一个基本需求是以大概率保证电力供应. 针对概率约束条件, Calafiore

等 [20] 指出很多分布函数, 特别是以正态分布为代表的椭球分布 (radial distribution) 对应的概率约束条件可以被转化为二次锥规划, 因此带此类概率约束条件的线性规划问题可以被快速求解. 对于更加复杂的随机分布所产生的概率约束, Nemirovski 等指出多个随机变量所导致的多重联合概率条件约束是 NP- 难的 [21]. 针对这些问题, 人们采用近似抽样的方法, 将概率约束转化为离散表达及带 0/1 变量的线性约束条件. Anthony So 等的系列工作中 [22,23] 给出了多种近似方法处理此类概率约束, 并确定了鲁棒子问题的对偶形式.

10.3.3 概率分布本身的不确定性

在很多实际应用场景, 随机变量的概率分布很难用某个参数分布模型拟合. 为了应对概率分布本身的不确定性, 研究者们希望利用通过观测得到的随机变量的信息, 例如不同函数期望值 (特别是变量的各阶矩), 做出准确的保守决策. 针对此问题, Bertsimas 等 [24] 注意到如果将分布的概率密度函数看作变量, 任何函数的期望值都可以表达为密度函数变量的线性函数. 因此他们将此类问题表达为无穷维线性规划问题, 并建立了强对偶条件. 此外, 他们利用互补松弛条件证明了给定随机变量的 m 个函数期望值 (例如各阶矩), 那么某个最多 $m+1$ 个点的离散分布一定可以使目标函数期望值最大化.

基于此结果, Bertsimas 等 [24] 利用优化方法复现并推广了很多传统的概率不等式, 例如利用三阶矩加强了切比雪夫不等式. 何斯迈等 [25] 由此方法利用四阶矩加强切比雪夫不等式, 首次得出了分布偏离均值的非平凡结论. 此外, 这些不等式被应用到不同的管理决策问题上, 例如, 韩乔民等 [26] 利用此思路改善了库存管理中的 Scarf 最大最小订货量, 在不损害决策的鲁棒性的同时大幅提高了决策的精度.

由于这些工作中对应的极端概率分布都是离散分布, 而实际场景中的分布大多是连续分布, 并满足单峰等分布形状假设条件. 进一步地在分布信息中加入分布形状假设, 往往可以大幅提升决策的精度. 例如 Bertsimas 等 [27] 的工作中讨论了单峰分布及星状分布. Calafiore 等 [20] 讨论了对称分布. 近期, 针对经济学及库存管理中普遍接受的单增/单减失败率分布 (increasing/decreasing failure rate) 假设及对数凹分布假设, 陈溪等 [28] 分析了最优分布的结构, 将原问题转化为多项式优化问题.

10.3.4 直接从数据出发的鲁棒决策模型

传统的鲁棒模型的关键点在于如何构造合适的参数或分布不确定集合. 适当的不确定集合往往可以很好地平衡决策的最优性与稳定性, 但是不恰当的不确定集合往往使得模型存在求解困难、过于保守或错失关键参数范围等各种问题. 而在大数据研究中, 很多模型的稳定性近期也被大量挑战: 微小的参数或者数据的变化可能会造成模型输出结果的严重不稳定. 近年来, 如何直接从数据集合出发, 特别是如何与大数据方法结合, 构建鲁棒决策模型成为一个研究的热点.

Delage 等 [12] 通过数据集构建了分布的均值 - 协方差不确定集, 并通过半正定规划求解相关问题的思路被广泛应用. 近年来, 采用不同的分布距离 (例如 KL-divergence, ϕ-divergence 及 Wasserstein 距离) 构建分布的不确定集合引起了众多学者的注意. 具体地, 例如 Hu 等 [29] 采用 KL-divergence; Ben-Tal 等 [30] 首先提出利用分布的 ϕ-divergence 构建不确定集合, 并将不确定集合与假设检验关联起来; Gao[31] 等采用 Wasserstein 距离. Bertsimas 等 [13,32] 通过统计假设检验构建相关的分布不确定集合, 并在最新论文中 [33] 给出了系统性流程及方法.

10.3.5 鲁棒优化在其他领域的应用

近来, 鲁棒优化的核心思路被其他领域的学者所借鉴, 大放异彩. 例如 Namkoong 和 Duchi 把分布式鲁棒优化的想法用到机器学习中来平衡近似误差和估计误差, 他们的工作 [34,35] 得到了极大的肯定并获得了机器学习的顶级会议 “2017 年神经信息处理系统进展大会 (NIPS)” 最佳论文奖. 另外 Lu 和 Gravin[35] 在机制设计中考虑了这样一种情形: 卖家有每个人或者每个物品价值的边际分布信息但没有联合分布信息. 根据这些边际分布, 卖家设计出一个拍卖机制. 但是对于这个机制的性能评价是基于满足这些边际分布的联合分布中最坏的那个来衡量. 这其实跟带边际约束的分布式鲁棒优化非常相似. Lu 和 Gravin 最后证明了物品单独定价的简单机制是在鲁棒最优机制模型中最好的机制.

10.4 求解器的开发及应用

鲁棒优化模型通常可以化为半正定规划问题进行求解, 当今主流的半正定规划问题求解器有:

(1) Mosek：www.mosek.com;

(2) SDPT3-4：www.math.nus.edu.sg/ mattohkc/sdpt3.html;

(3) SeDuMi-1.32：github.com/sqlp/sedumi;

(4) SDPNAL：www.math.nus.edu.sg/ mattohkc/SDPNAL.html.

其中 Mosek 是商业软件, SeDuMi–1.32 因为其作者 Jos F. Sturm 的早逝

已经很久没有更新过. 另外新加坡国立大学的 Melvyn SIM 教授开发了工具包 ROME (http://www.robustopt.com/) 专用于求解一类鲁棒优化问题. 斯坦福大学
Stephen P. Boyd 的团队, 开发了基于 MATLAB 的 CVX 工具包可以调用上述提到的多个半正定规划求解器, 对鲁棒优化问题进行求解. 但是上述求解器都是由国外高校或公司开发的, 类似的求解器在国内还是空白. 值得一提的是, 叶荫宇带领上海财经大学团队正在开发 Leaves 算法平台 (http://leaves.shufe.edu.cn/), 发布了多个数学规划问题的求解源代码, 有望在近期发布针对半正定规划问题的源代码.

工业界的研发人员已经应用鲁棒优化的模型或思想去解决他们的实际问题. 例如在金融行业, 鲁棒投资组合模型已经被广泛使用去降低投资风险. 北美的许多基金公司雇有专门的研究员来开发鲁棒优化相关的投资策略. 对于行业内的一些主流软件如 AXIOMA(www.axioma.com), 也引入了鲁棒投资组合模型. 这些软件的解决方案比较简单, 要求可解释性强, 利于公司研发人员的理解. 一些研发能力较弱的国内的金融机构也购买了 AXIOMA 等产品来帮助制定自己的策略.

参考文献

[1] Dantzig G. Linear programming under uncertainty. Management Science, 1955, 1(3-4): 197-204.

[2] Nemirovskii A. Several NP-hard problems arising in robust stability analysis. Math. Control Signals Systems, 1993, 6: 99-105.

[3] El Ghaoui L E, Lebret H. Robust solutions to least squares problems with uncertain data. SIAM Journal on Matrix Analysis and Applications, 1997, 18(4): 1035-1064.

[4] Ben-Tal A, Nemirovski A. Robust convex optimization. Mathematics of Operations Research, 1998, 23(4): 769-805.

[5] Ghaoui L E, Oustry F, Lebret H. Robust solutions to uncertain semidefinite programs. SIAM Journal on Optimization, 1998, 9(1): 33-52.

[6] Ben-Tal A, Nemirovski A. Robust optimization-methodology and applications. Mathematical Programming, 2002, 92(3): 453-480.

[7] Ben-Tal A, Nemirovski A, Roos C. Robust solutions of uncertain quadratic and conic-quadratic problems. SIAM Journal on Optimization, 2002, 13(2): 535-560.

[8] Goldfarb D, Iyengar G. Robust portfolio selection problems. Mathematics of Operations Research, 2003, 28: 1-38.

[9] Bertsimas D, Sim M. Robust discrete optimization and network flows. Mathematical Programming, 2003, 98: 49-71.

[10] Bertsimas D, Sim M. Tractable approximation approach to supply chain management. Operations Research, 2006, 54(1): 150-168.

[11] Bertsimas D, Doan X V, Natarajan K, et al. Models for minimax stochastic linear optimization problems with risk aversion. Mathematics of Operations Research, 2010, 35(3): 580-602.

[12] Delage E, Ye Y. Distributionally robust optimization under moment uncertainty with application to data-driven problems. Operations Research, 2010, 58(3): 595-612.

[13] Bertsimas D, Natarajan K, Teo C P. Persistence in discrete optimization under data uncertainty. Math. Program., 2006, 108: 251-274.

[14] Farias V, Jagabathula S, Shah D. A nonparametric approach to modeling choice with limited data. Management Science, 2013, 59(2): 305-322.

[15] Mak H Y, Rong Y, Zhang J W. Appointment scheduling with limited distributional information. Management Science, 2014, 61(2): 316-334.

[16] Wang X, Zhang J W. Process flexibility: A distribution-free bound on the performance of k-chain. Operations Research, 2015, 63(3): 555-571.

[17] Mishra V K, Natarajan K, Padmanabhan D, et al. On theoretical and empirical aspects of marginal distribution choice models. Management Science, 2014, 60(6): 1511-1531.

[18] Natarajan K, Song M, Teo C P. Persistency model and its applications in choice modeling. Management Science, 2009, 55(3): 453-469.

[19] Ahipasaoglu D S, Arikan U, Natarajan K. On the flexibility of using marginal distribution choice models in traffic equilibrium. Transportation Research Part B, 2016, 91: 130-158.

[20] Calafiore G C, El Ghaoui L. On distributionally robust chance-constrained linear programs. Journal of Optimization Theory and Applications, 2006, 130(1): 1-22.

[21] Nemirovski A, Shapiro A. Convex approximations of chance constrained programs. SIAM Journal on Optimization, 2006, 17(4): 969-996.

[22] Man-Cho So A, Zhang J, Ye Y. Stochastic combinatorial optimization with controllable risk aversion level. Mathematics of Operations Research, 2009, 34(3): 522-537.

[23] Cheung S S, Man-Cho So A, Wang K C. Linear matrix inequalities with stochastically dependent perturbations and applications to chance-constrained semidefinite optimization. SIAM Journal on Optimization, 2012, 22(4): 1394-1430.

[24] Bertsimas D, Popescu I. Optimal Inequalities in probability theory: A convex optimization approach. SIAM Journal on Optimization, 2005, 15(3): 780-804.

[25] He S, Zhang J, Zhang S. Bounding probability of small deviation: A fourth moment approach. Mathematics of Operations Research, 2010, 35(1): 208-232.

[26] Han Q, Du D, Zuluaga L F. Technical Note: A risk-and Ambiguity-Averse extension of the max-min newsvendor order formula. Operations Research, 2014, 62(3): 535-542.

[27] Bertsimas D, Thiele A. A robust optimization approach to inventory theory? Operations Research, 2006, 54(1): 150-168.

[28] Chen X, He S, Jiang B, et al. The discrete moment problem with nonconvex shape constraints. 2017, arXiv: 1708.02079.

[29] Hu Z, Hong L J. Kullback-Leibler Divergence Constrained Stochastic Programming. Optimization on Line, 2013.

[30] Ben-Tal A, Den Hertog D, De Waegenaere A, et al. Robust solutions of optimization problems affected by uncertain probabilities. Management Science, 2013, 59(2): 341-357.

[31] Gao R, Chen X, Kleywegt A J. Wasserstein distributional robustness and regularization in statistical learning. 2017, arXiv: 1712.06050v2.

[32] Bertsimas D, Natarajan K, Teo C P. Probabilistic combinatorial optimization: moments, semidefinite programming and asymptotic bounds. SIAM Journal on Optimization, 2004, 15(1): 185-209.

[33] Bertsimas D, Gupta V, Kallus N. Data driven robust optimization. Mathematical Programming Series A, 2018, 167(2): 235-292.

[34] Namkoong H, Duchi J. Variance-based regularization with convex objectives. Neural Information Processing Systems (NIPS), 2017.

[35] Gravin N, Lu P. Separation in correlation-Robust monopolist problem with budget. SODA, 2018: 2069-2080.

第 11 章 向量优化

11.1 简　　介

在一定约束条件下极大化或极小化一个向量值函数的优化问题就是向量优化问题, 它是通常数值优化问题的推广. 向量优化问题的数学模型通常包含决策空间 (决策集或可行集)、向量值函数 (目标函数和约束函数) 和目标空间及定义在目标空间上的偏序.

设 X 为线性空间, Y 为局部凸豪斯多夫 (Hausdorff) 实拓扑线性空间, 非平凡凸锥 $C \subset Y$ 诱导出空间 Y 的序关系且使之称为序拓扑线性空间. 一般称 X 为决策空间, Y 为目标空间. 向量优化问题的一般数学模型可表达为

$$
\text{(VOP)} \quad \begin{cases} C - \min f(x), \\ \text{s.t. } x \in S, \end{cases}
$$

其中 $S \subset X$ 为非空子集, $f: S \to Y$ 为向量值函数. 集合 S 为 (VOP) 的可行集. 当 $X = \mathbb{R}^n$, $Y = \mathbb{R}^m$, $C = \mathbb{R}^m_+$ 时, (VOP) 就是通常的多目标优化问题 (MOP); 当 $X = \mathbb{R}^n$, $Y = \mathbb{R}$, $C = \mathbb{R}_+$ 时, (VOP) 退化为通常的数值优化问题.

在向量优化中, 首要的问题是如何定义"最优解"概念. 不同于实数空间中的全序关系, 序线性空间中的序关系是非完全的偏序关系. 因此, 向量优化中的"最优解"的概念不再是目标值的"最大"或"最小", 而是一种均衡或"非劣"的概念. 对于 Y 中的向量 x 和 y, 由锥 $C \subset Y$ 诱导的二元关系"$\leqq$"定义为

$$
x \leqq y \Leftrightarrow y - x \in C.
$$

当 C 为包含零元的点凸锥时, 该二元关系为偏序关系, 称 $(Y, \leqq)$ 为序线性空间. 为了方便, 也通常使用记号"$\leqslant$"和"$<$", 其数学含义为

$$
x \leqslant y \Leftrightarrow y - x \in C \setminus \{0\};
$$
$$
x < y \Leftrightarrow y - x \in \operatorname{int} C.
$$

多目标优化问题最优解概念可追溯到 19 世纪 90 年代, Pareto (帕累托)[1] 在对经济平衡问题的研究中提出了有限个评价指标的多目标优化问题, 把很多不好比较的目标归纳成多目标优化, 并给出了后来称之为帕累托有效解的思想. 帕累托最优的思想在向量优化中发挥了非常重要的作用. 经典的帕累托最优表达的是“找不到比之更好就是最好”的思想. 称 $\overline{x} \in S$ 为 (MOP) 的有效解, 若不存在 $x \in S$ 使得 $f(x) \leqslant f(\overline{x})$, 或者等价地表示为

$$(f(S) - f(\overline{x})) \cap \left(-\mathbb{R}^m_+\right) = \{0\}.$$

称 $\overline{x} \in S$ 为 (MOP) 的弱有效解, 若不存在 $x \in S$ 使得 $f(x) < f(\overline{x})$, 或者

$$(f(S) - f(\overline{x})) \cap \left(-\text{int }\ \mathbb{R}^m_+\right) = \varnothing.$$

近年来, 向量优化研究已逐步形成比较完整的理论体系, 算法研究也有一定的进展, 数学模型与算法也已在很多领域中取得重要应用. 向量优化的主要研究内容一般包括: 向量优化问题各类解的定义 (包括锥弱有效解、锥有效解、真有效解及其各种对应的近似解) 及其性质、解的最优性条件、解集的拓扑性质 (包括解集的连通性、稠密性和稳定性等)、对偶与鞍点理论、求解算法设计、与向量变分不等式和向量互补问题之间的关系以及向量优化模型与算法在国防军事、工程设计、交通管理、物流运输和经济金融等实际问题中的应用. 向量优化是一个处在深入发展阶段的多学科分支交叉融合的研究领域, 对向量优化问题的研究不仅将促进凸分析、变分分析和非线性分析等数学分支学科的进一步发展, 也将为国民经济和社会发展中大量实际问题的解决提供理论与方法支撑.

11.2 概　　述

向量优化问题的起源最早可以追溯到早期对经济学问题的研究中, 例如, Franklin (1772 年) 提出多个目标的矛盾如何协调的问题, Smith (1776 年) 提出经济均衡问题, 大约 100 年后 Edgeworth (1874 年) 对均衡竞争的研究等. 但国际上一般认为多目标优化问题最早是由法国经济学家帕累托 (V. Pareto) 在 1896 年提出的. 当时他从政治经济学的角度, 把很多不好比较的目标归纳成多目标优化问题. 1906 年, 他在关于福利经济理论的著作中, 不仅提出了多目标最优化问题, 并且还引进了帕累托最优的概念. 这对向量优化理论体系的形成起着十分重要的作用, 具有深远影响. 此外, 有序集理论和有关序型研究取得的结果为促使向量优化的发展提供了基本的理论工具和条件. 现代向量优化研究始于 20 世纪 50 年代. 1951 年, Koopmans[2] 从生产与分配的活动分析中提出了

多目标优化问题; 同年 Kuhn 和 Tucker[3] 从数学规划的角度, 给出了向量优化问题帕累托最优解的数学定义, 研究了解的一些充分必要条件. 1953 年, 美国经济学家 Arrow 等[4] 提出了凸集的有效点概念; 1954 年, 诺贝尔经济学奖获得者 Debreu[5] 研究价值理论和帕累托最优性条件; 1968 年, Johnsen[6] 出版了第一部关于多目标决策模型的专著. 这些都为向量优化的发展奠定了重要基础. 在各国运筹学家、数学家、数量经济学家和系统科学家们的共同努力下, 对向量优化问题的研究取得了丰硕成果, 在国际上得到了快速发展. 20 世纪 70 年代, 国际上关于向量优化问题的研究进入了活跃时期, 并且正式作为一个数学分支进行系统性研究, 成立了国际多目标决策学会, 每两年召开一次国际会议, 会议规模持续壮大. 经过几十年的努力, 在向量优化的基础理论与方法研究方面取得了一系列重要的基础性成果, 越来越多的成果发表在国际一流优化期刊上, 从 20 世纪 80 年代以来也已有大量向量优化方面的专著正式出版.

向量优化理论与方法的应用研究也已引起很多学者的高度关注. 例如, 多目标优化在化学工程中的应用; 多目标优化在工程设计中的应用; 基于对流层卫星遥感的大气质量监测系统多目标优化方法, 该方法在提高城市和区域尺度空气质量监测网络的成本效益方面有巨大潜力; 在磁共振图像诊断医学、放射性治疗等各类医学领域以及无线电通信、飞机维修等领域, 向量优化都有很多比较深刻的应用. 因此, 可以说在经济、决策、管理、工程设计、环境保护、医疗卫生、交通运输、国家安全等诸多领域中所出现的很多问题本质上都可归结为向量优化问题.

随着经济社会的不断发展, 特别是近年来大数据与人工智能等核心技术的不断发展, 众多实际问题的解决都迫切需要数学优化理论与方法支撑, 向量优化问题的研究作为数学优化中非常重要的内容也必将引起更多学者的关注, 很有可能在很多分支领域取得新的突破性进展. 正是因为向量优化理论与方法研究的重要性及其在实践应用中的广泛性, 许多国际著名优化专家都将向量优化作为其主要研究方向之一. 美国著名学者 Rockefeller 和法国著名学者 Auslander 就曾指出: “在向量 (多目标) 优化问题的研究中有很多基础的、重要的和有趣的课题.”

11.3 研究现状与未来研究方向

11.3.1 向量优化问题的解定义及其性质研究

如何定义解概念是向量优化问题研究中的首要问题. 向量优化中经典的解概念包括有效解、弱有效解以及各类真有效解. 真有效解的引进是为了克服有效解的一些不足. 具有代表意义的真有效解包括: 1951 年, Kuhn 和 Tucker 针对可微多目标优化问题提出的 Kuhn-Tucker 真有效解[3]; 1968 年, Geoffrion 基于有限权衡提出的 Geoffrion 真有效解[7]; 1977 年, Borwein[8] 利用切锥提出的局部真有效解; 1979 年, Benson[9] 利用生成锥提出的 Benson 真有效解; 1982 年, Henig 基于严格分离思想提出的 Henig 真有效解[10]; 1993 年, Borwein 和 Zhuang 提出的超有效解[11] 以及 2005 年一些学者利用对偶空间中的邻近法锥在有限维空间中针对多目标优化问题提出的邻近真有效解. 在此基础上一些学者也研究了巴拿赫空间中邻近法锥的性质及其在优化中的应用. 这些结果为巴拿赫空间中向量优化问题新的真有效解的研究提供了思路. 目前, 关于向量优化问题的有效解、弱有效解和各类真有效解的研究已取得大量具有重要意义的研究成果, 主要包括: 对各类解定义之间的关系的研究; 一定假设条件下 (弱) 有效解与各类真有效解的存在性研究; 基于线性标量化和非线性标量化方法的各类解性质的刻画, 向量优化问题解集的连通性、稳定性和稠密性研究等.

近年来, 关于向量优化问题的近似解及其性质研究也受到很多学者的关注. 近似解的早期研究可追溯到 20 世纪八九十年代. 2006 年, 西班牙学者利用伪锥提出向量优化问题新的近似有效解和弱有效解; 2012 年, 一些学者利用改进集提出了向量优化问题的统一解定义. 在此基础上, 关于近似解的一系列重要基础性结果被建立. 此外, 国内外学者也对向量变分不等式问题的近似解及其最优性条件和向量平衡问题的近似解及其性质开展了研究. 此外, 针对序锥的拓扑内部可能为空的情形, Borwein 等[12, 13] 提出几类广义内部概念并研究了它们之间的关系. Bao 和 Mordukhovich[14] 提出了基于广义内部的向量优化问题的最优解定义, 并利用变分分析方法研究了解的存在性. 在此基础上, 国内外诸多学者也开始研究广义内部意义下向量优化问题近似解的标量化性质.

向量优化问题解的定义及其性质研究是向量优化中非常基础的研究内容, 很多问题都还有待进一步研究, 例如向量优化问题统一解的性质研究才刚刚起步, 未来可能引起很多学者重点关注的研究方向包括:

(1) 在新的框架下提出向量优化问题新的统一解定义, 在更广泛的条件下研究向量优化问题统一解的性质及其在经济学等领域中的应用.

(2) 向量优化中各类精确解, 特别是真有效解的稠密性研究已有丰富的结果. 进一步开展向量优化问题各类近似真有效解集, 特别是统一框架下所提出的各类真有效解集的稠密性研究可能具有非常重要的理论意义.

(3) 利用集合列的各种收敛性或其他数学工具研究向量优化问题各类近似有效解和近似真有效解 (集) 的稳定性理论, 特别是研究统一框架下向量优化问题各类统一解的稳定性.

(4) 研究具有特殊结构的多目标优化问题的解性质和求解算法设计及其在

实际问题中的应用, 如具有范数结构的多目标优化问题的结构性质和应用等.

(5) 研究大规模多目标优化问题的结构特征、各类解的性质和求解算法及其在实际问题中的典型应用.

(6) 向量优化问题各类解集中包含的解的个数一般较多, 在实际应用中又涉及在众多解中 (各种类型的最优解集) 选择最优方案的问题. 因此如何在向量优化问题各类最优解集 (各种最优解集一般具有非凸性特征) 上对目标函数进行再次优化可能是非常值得研究的问题.

11.3.2 向量优化问题的标量化方法

如何将向量优化问题转化为单目标优化问题是研究向量优化问题解性质和求解向量优化问题的一个重要途径, 通常将这种转化统称为向量优化问题的标量化方法. 向量优化问题的标量化方法研究中很核心的内容就是如何在适当的假设条件下建立原问题有效解、弱有效解和真有效解等与标量化问题最优解之间的关系. 向量优化问题的标量化方法一般分为线性标量化与非线性标量化. 线性标量化的基本理论基础和重要数学工具是凸集分离定理及其重要推论 "择一定理". 值得注意的是, 线性标量化方法一般需要适当的广义凸性假设条件. 例如, D-类凸、D-次类凸、广义 D-次类凸和邻近 D-次类凸等.

由于很多复杂的向量优化问题在目标空间中的像集不一定是凸集, 往往不能利用凸集分离定理进行线性标量化. 因此, 许多学者利用一些特殊的方法刻画向量优化问题的解, 主要包括极大极小方法、Benson 方法和 ε- 约束方法. 随后, 许多学者对这些方法也进行了改进, 建立了向量优化问题各类解的非线性标量化结果, 并利用标量化结果给出了相应的求解算法. 与此同时, 一些学者也引进了一些其他类型的非线性标量化函数, 研究这些标量化函数本身的性质并用于对向量优化问题进行非线性标量化. 例如, Chebyshev 模函数、参数逼近函数、Δ 函数和 ξ_e 函数等. Chebyshev 模函数主要利用范数自身的性质建立标量化. 国内一些学者利用 Chebyshev 模函数对向量优化问题进行标量化, 建立了真有效解的非线性标量化结果. 目前关注度很高的非线性标量化函数还有 Δ 函数和 ξ_e 函数. 主要原因是这两种函数在一定条件下, 可以建立相应的非凸分离定理, 并且这两类非线性标量化函数本身还具备连续性、次可微性和次线性性等漂亮性质. 近年来, 基于这两种函数的非线性标量化刻画非常丰富. 此外, 一些学者也开始将序锥的拓扑内部非空条件下建立的非凸分离定理推广到广义内部情形, 建立了一般 (拓扑) 线性空间中 ξ_e 函数的非凸分离定理. 尽管目前关于向量优化问题的标量化方法研究已有不少成果, 但还有大量基础性的问题有待进一步研究. 未来可能进一步深入开展的研究工作主要包括:

(1) 提出新的更广的广义凸性, 研究其基本性质, 建立相应的择一性定理, 进而在更一般的条件下研究向量优化问题各类解的线性标量化性质，进一步减弱目前已有研究结果中的广义凸性条件.

(2) 提出新的非线性标量化函数，研究其性质并建立新的非凸分离定理，使其包含经典的凸集分离定理作为其特例，进而利用相应结果研究向量优化问题各类解，包括各类近似解和各类近似真有效解以及统一框架下提出的各类统一解的非线性标量化性质.

(3) 提出新的具有可微性的向量优化问题的非线性标量化函数，研究其性质，建立向量优化问题各类解相应的非线性标量化结果，进而设计新的求解向量优化问题的有效算法.

(4) 目前已有的向量优化问题的各类标量化方法均还存在一定的不足，例如，不能同时实现对有效解、弱有效解和真有效解的完全等价刻画等. 如何基于已有的各种标量化方法提出组合形式的标量化模型，进而实现对多目标优化问题的各类解的完全等价刻画可能是未来关注的研究课题之一.

(5) 通过松弛或添加正则项等数学技巧与方法重构多目标优化问题新的标量化模型，进而用于研究多目标优化问题各类解的完全等价刻画.

(6) 多目标优化问题的各类标量化模型中一般含有一些待定参数，这些参数的确定对设计求解多目标优化问题的更有效算法以及多目标优化模型在实际问题中的应用具有非常重要的意义. 因此，如何利用机器学习中的一些方法，如深度学习方法和强化学习方法等对各类标量化模型中的参数进行学习，特别是对大数据环境下或大规模多目标优化问题标量化模型参数的学习，并应用于解决实际问题可能也是未来的研究重点之一.

(7) 提出其他新的标量化方法对向量优化问题的各类近似解，特别是各类近似真有效解进行等价刻画.

11.3.3 向量变分不等式及向量均衡问题研究

Giannessi[15] 首次提出向量变分不等式. 陈光亚等[16,17] 将其推广到无限维空间，开启了国内向量变分不等式问题研究的热潮. 目前国内外学者已对向量变分不等式问题开展了一系列基础性研究. 但是，这些工作的绝大部分都集中在抽象形式的映射下讨论其解的存在性. 对具有重要应用背景的具体向量变分不等式模型解的存在性及其性质研究和求解算法设计却很少. 引入向量变分不等式是为了刻画诸如向量优化、网络均衡以及抽象经济等问题的解特征. 换言之，是为解决实际问题提供一种新的工具. 近年来对向量变分不等式问题的研究也引起了很多学者的关注，特别是基于广义变分原理的向量变分不等式问题近似解的存在性研究具有重要的理论意义.

均衡问题在交通运输、通信、电力网络、经济网络中有广泛应用. 目前, 国际上研究的兴趣是带多目标支付函数的网络均衡问题. 对多目标网络均衡问题, 国际上提出了几种类型的网络均衡原理. 例如, Wardrop 均衡原理和 Dafermos 均衡原理等. 国内在向量均衡问题解的定义、对称向量均衡问题、向量均衡问题解集的连续性、拓扑结构、稳定性、最优性条件等方面取得了一些有影响力的成果. 国内一些学者通过引进向量均衡问题的 f-有效解和 Henig 有效解概念, 给出了向量均衡问题的弱有效解集与 Henig 有效解集的连续线性标量化结果, 进而研究了无限维空间中向量值 Hartman-Stampacchia 变分不等式的弱有效解集与 Henig 有效解集的连通性. 在此基础上, 向量均衡问题解集的连续线性标量化结果、各种解集的连通性与弧连通性结果被建立. 关于含参向量均衡问题解的稳定性研究, 国内学者提出了向量均衡问题模型, 给出了对称向量均衡问题弱有效解的存在性定理, 为国际上对称向量均衡问题的研究奠定了重要基础. 此外, 一些学者也将向量均衡问题各类解的存在性、连通性、标量化和稳定性等问题进行推广, 获得了一系列具有重要影响的研究成果. 关于向量变分不等式和向量均衡问题未来可能的研究方向主要包括:

(1) 具有变动偏序结构的向量优化问题具有非常重要的经济背景. 研究具有变动偏序结构的向量优化问题新的解定义及其性质和求解算法可能成为未来的研究方向之一.

(2) 在统一的框架下提出向量变分不等式和向量均衡问题的统一解定义并研究其性质, 包括标量化性质、解集的稠密性、稳定性和连通性等.

(3) 研究具有特殊结构的向量变分不等式问题的结构性质及其在实际问题中的一些具体应用, 如具有范数结构的向量变分不等式问题等.

(4) 研究大数据环境下或大规模向量变分不等式问题的结构特征、解的性质和求解算法等.

(5) 提出更加符合实际的针对带多目标支付函数、带多个变动的需求函数的网络均衡问题的多目标均衡原理.

11.3.4　向量优化问题的算法研究

向量优化问题的求解方法可分为间接解法和直接解法两大类. 间接解法是通过标量化思想等将向量优化问题转化为数值优化问题进行处理. 直接解法是一种直接求解整个最优解的算法. 近年来, 一些学者研究向量优化问题的近似算法. 特别地, 利用巴拿赫空间中的一些基础性质提出的向量值近似广义逼近算法等. 该算法通过求解正则化凸多目标优化问题的近似弱帕累托最优解产生迭代点列, 进而对该算法进行了收敛性分析, 证明了由该算法产生的迭代点列在一定条件下弱收敛于原问题的弱帕累托最优解. 此外, 在有限维空间中运用渐近锥和渐近函数等工具对非紧凸多目标最优化问题的弱帕累托最优解集进行渐近分析，通过不同的方式正则化原多目标最优化问题，提出了向量值 Tykhonov 型正则化算法和向量值广义黏性算法，对所提出的算法进行收敛性分析，证明了由这类算法产生的点列在一定条件下收敛于原问题的弱帕累托最优解. 这类优化问题的解集特征和准则正好可以用这类优化问题的广义弱尖极小集来刻画. 此外，多目标基因算法近年来也受到许多学者的关注，提出了各种基因算法的改进形式. 向量优化问题的求解算法研究未来可能的重点研究方向包括：

(1) 非凸多目标优化问题的逼近算法研究，如非凸多目标优化问题的凸逼近、二次逼近等；

(2) 多目标优化问题的基因算法的进一步改进，特别是非凸多目标优化问题的基因算法的进一步改进；

(3) 在向量优化问题的有效解集、弱有效解集或真有效解集上对目标函数的二次最优决策问题的有效求解算法；

(4) 逐段线性向量优化问题的理论及算法设计；

(5) 基于机器学习方法，如深度学习方法、强化学习方法和神经网络模型的向量优化问题新的求解算法设计与研究.

11.3.5 随机与不确定多目标优化问题研究

随机优化是数学优化的重要分支. 随机优化在投资组合、通信、工程管理以及交通物流等领域有着广泛应用. 1952 年，Markowitz[18] 提出均值–方差模型，并将其应用于投资组合问题. Ferguson 和 Dantzig[19] 在 1956 年采用随机优化问题讨论了飞机航班调度问题. Charnes 等[20] 在 1958 年提出机会约束问题并将其应用于燃油生产问题. 通过近几十年的发展，随机优化问题研究无论是理论方面还是算法设计方面都取得了重要进展.

随机多目标优化在 2000 年以前的研究非常少，而且正如近期的一些综述性文献所指出的，随机 (单目标) 优化有了比较深入研究，但随机多目标优化直到今天所开展的研究还非常有限. 而在实际问题中，如经济领域中的风险投资管理、电子商务，在技术领域中跟踪移动目标的雷达信号正向频率分割区的设计等，需要处理大量随机多目标优化问题或带有不确定性的多目标优化问题. 因此，对随机多目标优化问题的理论及方法研究就显得非常重要. 目前对于随机变量有确定的分布函数的随机多目标优化问题的主要处理方法有两种：一种是先求期望将问题转化为一个确定性问题，用通常的多目标优化方法处理；另一种是标量化随机多目标优化问题使之成为随机单目标优化问题，然后按照普通的随机优化问题进行处理. 如果问题中的随机变量无法确定其分布函数的具体形式，这类问题称为不确定性的多目标优化问题. 对这类问题，一般通过模拟或进化算法进行处理. 但是这种处理方法很难对求得的结果和算法的优劣进行定量分析. 即使已知随机变量明确的分布表达式, 通过数学期望转化为一个确定性的多目标优化问题, 也有可能丧失问题本身具有的随机性特征, 如方差、期望、标准偏差和概率等. 基于此, 未来对随机优化, 特别是随机多目标优化问题的研究应是数学优化研究的热点之一, 未来可能的研究方向和热点包括:

(1) 随机优化问题的基础理论、方法及其应用的进一步深入研究;

(2) 随机多目标优化中各种解定义, 特别是随机多目标优化问题各种真有效解的定义及其性质研究;

(3) 随机多目标优化问题的标量化方法研究, 特别是对分布函数为非凸情形的随机多目标优化问题的标量化研究很可能是未来的研究热点之一;

(4) 随机多目标优化问题的求解算法设计;

(5) 随机多目标优化模型的应用研究, 特别是大数据环境或大规模条件下的随机多目标优化问题的性质、求解算法及其应用研究.

11.3.6 非线性标量化函数与机器学习研究

基于数据的机器学习研究内容是从观测样本出发寻求某种规律, 利用这些规律对未来的数据或无法预测的数据进行预测. 分类是按照分析个体的属性状态分别加以区分, 建立类别的分组. 例如, 考虑两类样本集合 $A, B \subset \mathbb{R}^n$(由一些离散点构成的集合), $A \cap B = \varnothing$, 则希望找一个分类函数 $g : \mathbb{R}^n \to \{0,1\}$ 满足

$$g(x) = \begin{cases} 1, & x \in A, \\ 0, & x \in B. \end{cases}$$

分类问题可分为线性分类问题和非线性分类问题[21]. 在分类问题中, 一般将问题转化为建立线性规划或二次规划模型, 并通过相应的算法进行求解.

1992~1995 年, 在统计学理论的基础上发展出了一种新的模式识别方法, 即支持向量机 (SVM)[22]. 它不同于神经网络等传统的方法, 以训练误差最小作为优化目标, 而是以训练误差作为优化问题的约束条件, 以置信范围值最小化作为优化目标. 对于 SVM 而言, 函数可以描述为求解一个凸优化问题. 它在解决小样本、非线性及高维模式识别问题中表现出了许多特有的优势, 并且能够推广应用到函数拟合、密度估计等其他机器学习问题中.

支持向量机方法是从线性可分情况下的最优分类面发展而来的, 其基本思想是: 平面上有两类样本点 (离散的), H 为分类线 (超平面), H_1 和 H_2 分别为过各类中离分类线最近的样本且平行于分类线的直线, 之间的距离称为分类间隔或分类间隙. 最优分类面要求: 分类面不但能将两类正确分开, 而且使分类间隔最大, 从而保证风险最小.

对于线性不可分情况，可通过引入松弛变量将其转换为近似线性可分问题. 但是有些问题不管怎样修改松弛变量都不能用近似线性来解决. 为了解决完全线性不可分问题，支持向量引入了核函数. 对于非线性分类问题，支持向量机方法通过非线性变换将输入空间变换到一个高维空间，使样本线性可分，然后求取最优分类面，而这种非线性变换是通过定义适当的核函数实现的. 对于非线性分类问题来说，寻求合适的核函数是非常困难的. 因此，非线性分类问题的处理方法可能是未来的研究重点和热点方向. 具体可能的研究方向包括：

(1) 基于多目标优化问题的各种非线性标量化方法，尤其是利用可建立非凸分离定理的非线性标量化函数，将机器学习中线性不可分的训练集通过非线性标量化函数进行分离；

(2) 通过建立凸优化问题，利用已有的非线性标量化函数的连续性、微分性质或广义微分性质等对问题进行处理等；

(3) 基于多目标优化问题的标量化思想提出新的机器学习方法，如非线性分类方法等；

(4) 利用多目标优化方法和思想对机器学习中的最优化模型进行重构，如对带正则项的损失函数极小化模型的重构等，设计相应的求解算法并应用于解决实际问题.

参考文献

[1] Pareto V. Cours d' Economie Politique. Rouge: Lausanne, 1896.

[2] Koopmans T C. Analysis of production as an efficient combination of activities//Koopmans T C . Activity Analysis of Production and Allocation. New York: Wiley, 1951.

[3] Kuhn H W, Tucker A W. Nonlinear programming//Proceeding of The Second Berkeley Symposium on Mathematical Statistics and Probability. Berkeley: University of California Press, 1951: 481-492.

[4] Arrow K J, Barankin E W, Blackwell D. Admissible Points of Convex Sets, Contributions to the Theory of Games. Princeton: Princeton University Press, 1953: 87-91.

[5] Debreu G. Valuation equilibrium and Pareto optimum. Proc. Natl. Acad. Sci. U. S. A., 1954, 40(7): 588-592.

[6] Johnsen E. Studies in Multiobjective Decision Models. Lund Sweden: Economic Research, 1968.

[7] Geoffrion A M. Proper efficiency and the theory of vector maximization. J. Math. Anal. Appl., 1968, 22(3): 618-630.

[8] Borwein J. Proper efficient points for maximizations with respect to cones. SIAM J. Control Optim., 1977, 15(1): 57-63.

[9] Benson H P. An improved definition of proper efficiency for vector maximization with respect to cones. J. Math. Anal. Appl., 1979, 71(1): 232-241.

[10] Henig M I. Proper efficiency with respect to cones. J. Optim. Theory Appl., 1982, 36(3): 387-407.

[11] Borwein J M, Zhuang D M. Super efficiency in vector optimization. Trans. Amer. Math. Soc., 1993, 338(1): 105-122.

[12] Borwein J M, Lewis A S. Partially finite convex programming, part I: Quasi relative interiors and duality theory. Math. Program., 1992, 57(1): 15-48.

[13] Bot R I, Csetnek E R. Regularity conditions via generalized interiority notions in convex optimization: New achievements and their relation to some classical statements. Optimization, 2012, 61(1): 35-65.

[14] Bao T Q, Mordukhovich B S. Relative Pareto minimizers for multiobjective problems: Existence and optimality conditions. Math. Program., 2010, 122(2): 301-347.

[15] Giannessi F. Theorems of the alternative, quadratic programming and complementarity problems//Cottle R W, Giannessi V, Lions J L. Variational Inequalities and Complementarity Problems. New York: Wiley, 1980.

[16] Chen G Y. Existence of solutions for a vector variational inequality: An extension of Hartmann-Stampacchia theorem. J. Optim. Theory Appl., 1992, 74(3): 445-456.

[17] Chen G Y, Yang X Q. The vector complementary problem and its equivalences with the weak minimal element in ordered spaces. J. Math. Anal. Appl., 1990, 153(1): 136-158.

[18] Markowitz H. Portfolio selection. Journal of Finance, 1952, 7(1): 77-91.

[19] Ferguson A R, Dantzig G B. The allocation of aircraft to routes: An example of linear programming under uncertain demand. Manage. Sci., 1956, 3(1): 45-73.

[20] Charnes A, Cooper W W, Symonds G H. Cost horizons and certainty equivalents: An approach to stochastic programming of heating oil. Manage. Sci., 1958, 4(3): 235-263.

[21] Mangasarian O L. Linear and nonlinear separation of patterns by linear programming. Operations Research, 1965, 13(3): 444-452.

[22] Cristianini N, Shawe-Taylor J. An Introduction to Support Vector Machines. Cambridge: Cambridge University Press, 2000.

第 12 章 多项式优化

12.1 概　　述

设 $f(x)$ 是 n 维多项式, 无约束多项式优化与非负多项式密切相关:

$$\min f(x) = \max_{f(x)-s\text{是非负多项式}} s.$$

非负多项式的研究起源可追溯至 Hilbert. 1888 年 Hilbert 研究了 n 维实空间 $2d$ 度非负多项式与 d 度多项式平方和 (SOS) 之间的关系, 证明了有且只有在 $(n=1)$, $(d=1)$, $(n=3, d=2)$ 这三种情形下两者是等价的. 在 1900 年巴黎召开的第二届国际数学家大会上, Hilbert 作了 23 个问题的著名演讲, 其中第 17 个问题是非负多项式能否写成若干有理多项式 (即多项式之比) 的平方和. 1927 年 Artin 证明该猜想成立, 但证明是非构造性的. Hilbert 关于存在不能表述为 SOS 的非负多项式的证明是非构造性的, 1967 年 Motzkin 给出第一个反例 $(n=3, d=3)$. 1984 年 Delzell 首次构造出一个实的非负多项式的有理多项式的平方和的表达式. 关于 Hilbert 第 17 个问题的历史进展详见 Reznick 在 2000 年的综述 [1].

多项式优化是一类特殊的数学优化问题. 在理论上与代数几何、交换代数和矩理论等纯数学领域一脉相连, 问题上则融会贯通了连续优化与离散优化, 学科应用上涉及图论、数值分析、张量分析等. 多项式优化的特殊性还体现在基本的线性规划、双线性规划、二次规划、整数规划、互补问题、二次约束二次规划等. 1998 年 Shor 通过引入新变量进行降幂 (如 $y_{ij} = x_i x_j$), 多项式优化又可以等价转化为二次约束二次规划 [2].

多项式优化的应用十分广泛. 本书另辟章节介绍的线性规划、线性整数规划等都是特殊的多项式优化, 关于它们的广泛应用不再赘述. 二次规划也是一类特殊的多项式优化, 凸二次规划著名的应用是 1952 年 Markowitz 基于期望和方差信息建立的投资组合选择模型[3], 正是基于该工作 Markowitz 于 1990 年被授予诺贝尔经济学奖. 经典的 Markowitz 模型进一步被推广到基于峰度及更高阶矩, 多项式优化模型应运而出, 比如 Maillard 等于 2010 年研究的风险平价投资组合选择问题是一个非凸四次多项式优化问题. 本书在非线性规划章节中介绍过信赖域算法, 其迭代求解的信赖域子问题是一个二次约束非凸二次优化问题. 非线性规划算法中更新迭代的 Nesterov-Polyak 三正则子问题本质上等价于带一个二次约束的三次多项式优化. 多项式优化早期的应用包括生产计划、定位与分布、水资源分配与管理、信号处理、化工设计等. 近十年的应用还包括了航天器脉冲交汇最优燃料问题、GPS 定位问题、传感器定位问题、可再生能源问题、模拟电路设计、稳定性分析与控制、实时决策、电力系统中的最优潮流、水网络中的阀门设置问题以及张量分解和特征值等等.

多项式优化近二十年发展迅速, 以多项式优化为主题的专著以及相关论文集近年来陆续密集出版[4–8]. 2013 年牛顿数学科学研究所举办了为期四周的关于多项式优化的夏令营和专题研讨, 并由 *Mathematical Programming Series B* 出版专辑. 2016 年 Tuy 再版其全局优化专著 *Convex Analysis and Global Optimization*[9] 时特别新增加一章"Polynomial Optimization" (第 12 章). 国内 2014 年《运筹学学报》发表了多项式优化的专题综述[10]. 多项式优化作为国际数学界研究热点之一, 代表性的事件还包括多项式优化专家 Laurent 和 Lasserre 分别在 2014 年和 2018 年作国际数学家大会邀请报告[11,12].

12.2 多项式优化理论

SOS 多项式是多项式优化理论与算法的基础. 迄今为止 SOS 表示函数的度的上界估计还是研究前沿. Blekherman 在 2006 年和 2012 年先后证明了 SOS 多项式的相对于非负多项式的稀疏性, 即 SOS 多项式集合与非负多项式集合的体积之比随着维数增加到无穷大极限为 0. 另一方面, 1987 年 Berg 证明了稠密性, 即任何固定的非负多项式可以由一系列度数单调递增的 SOS 多项式充分逼近. 2007 年 Lasserre 和 Netzer 给出显式构造公式, 这样的显示公式中存在一个充分小的靠近 ε 会造成数值不稳定性. 为了克服这个困难, 2006 年 Nie 等巧妙地通过将多项式的非负性限制在稳定点的集合上实现了不需要 ε 的 (在商环上的) SOS 分解. 2012 年 Ghasemi 等关于非负多项式是 SOS 多项式充分性条件的研究也打开了后继研究空间.

对于无约束单变量多项式优化, 2000 年 Nesterov 给出了精确的半定规划表达式, 从而说明它的多项式时间可解性. 这并不奇怪, Hilbert 很早就证明了单变量非负多项式一定是 SOS 多项式, 证明 SOS 多项式等价于半定规划这一简单事实最早追溯到 1998 年 Powers 的经典工作[13]. 此外, 早在 1987 年, Shor 在其专著[2] 中就证明了单变量多项式优化是凸规划问题, 使用的技术是将单变量多项式优化通过添加中间变量等价转化成二次约束二次规划, 并证明了二次约束二次规划的强对偶性.

众所周知, 凸优化通常多项式时间内可解, 人们关注一般的非凸多项式优化. 除了上述非凸单变量多项式优化具有隐藏凸性从而多项式可解之外, 也有一些其他简单的非凸可解特例, 比如信赖域子问题 (单球约束的二次规划问题) 以及 1967 年 Duffin 等提出的几何规划问题 (典型的多项式优化问题可参考 2007 年 Boyd 等的综述[14]) 等这类具有隐藏凸性的问题, 通常几何规划可以通过引入对数变换等价转化为凸优化. 非凸多项式优化多数情况下是 NP- 难的, 尽管它可以等价改写成一个无穷维线性规划. 离散情形甚至连 0-1 线性背包问题也是 NP-难的. 连续情形如目标黑塞矩阵仅有一个负特征值的非凸二次规划问题也是 NP-难的, 这是 Pardalos 等于 1991 年证明的经典结论[15]. 2003 年 Nesterov 证明了单位球面约束下的齐次二次函数平方和以及三次多项式优化是 NP-难的. 甚至, 连判断四次多项式的凸性也是 NP-难的, Ahmadi 等在 2013 年首次给予了这个问题的证明, 值得指出的是, 该公开问题由 Shor 于 1992 年提出.

与多项式优化密切相连的是张量优化, 这是近十年的热点研究课题. 完全正张量是完全正矩阵的推广. 2013 年和 2014 年 Qi 等证明了完全正张量锥和协正张量锥均为真锥, 且互为对偶锥. 2015 年 Pena 等讨论了如何将一般多项式优化问题转化为完全正张量锥约束的线性规划问题, 推广了矩阵时的情形. 关于完全正张量的判定与分解, 2014 年 Qi 等证明强对称等级占优非负张量是完全正张量, 并且提出了一个等级消元算法来检验该结论. 2016 年人们又进一步证明了正 Cauchy 张量、对称 Pascal 张量、Lehmer 张量、幂平均值张量等均为完全正张量. 特别地, 基于 2015 年 Nie 的半定松弛层级思想[16], 人们陆续解决了完全正填充问题、完全正矩阵锥内点的判定问题、完全正最佳逼近问题、完全正张量的判定与分解问题, 以及完全正张量最小 CP 核值填充问题等完全正优化中的一系列问题. 同时, 多项式优化理论和方法被广泛应用到一般张量优化问题、张量分解和张量低秩逼近, 以及张量特征值计算.

与多项式优化相关的技术还有针对非凸连续优化的 p-次幂方法, 它将全正的约束左右两端同时 p 次方, 在一定假定下, 当 p 趋于无限大时可以填补对偶间隙. 该方法及其在整数规划上的推广详见 2006 年出版的 *Nonlinear Integer Programming* 专著[17]. 人们发现, 通过对约束引入恰当的平移变换 $p = 3$ 足以保证强对偶.

12.3　多项式优化算法

对于一般的无约束多变量多项式优化, 受 1984 年 Cassier 的工作的启发 (圆盘内非负多项式的 SOS 多项式近似表示), 2001 年 Lasserre 提出了现在被称为 Lasserre 层级 (Lasserre's hierarchies) 的 SOS 松弛方法[18], 其中 SOS 通过半定规划等价求解. 给定 SOS 松弛的度数, Lasserre 层级方法给出多项式优化的下界, 随着 SOS 次数无限增加, 该下界收敛到多项式优化的最优值. 为了克服逼近公式中充分小的 ε 造成的数值不稳定性, 2006 年 Nie 等[19] 基于限制多项式非负性到稳定点集合上的 SOS 分解 (前文提及), 构造了新的 SOS 松弛逼近方法, 并在多项式最优值可以取到的假设下证明了新的下界的收敛性. 特别地, Nie 等证明了如果进一步假设梯度理想是根理想, 那么该算法有限步终止, 这是该领域突破性的代表工作. 进一步, 人们放松多项式最优值可以取到这个假设, 尝试定义一些新的集合, 只要满足在该集合上的最优值和原问题等价, 同时限制在该集合上 SOS 容易验证. 2001 年 Lasserre 首次指出 SOS 松弛方法也可以从对偶角度推导, 基于这样一个事实: 多项式优化是一种特殊的矩 (momenet) 问题 (无穷维), 等价于一个无限维的线性规划, 也等价于一个有限维的凸规划 (建立在一个 NP- 难的凸锥上). 所以该方法也称为 Lasserre 层级矩-SOS 松弛方法. 受限于半定规划求解问题的规模, 2004 年 Lasserre 还基于线性规划松弛设计层级算法.

对于一般的多项式约束多变量多项式优化, Lasserre 层级 SOS 松弛方法基于的是 1993 年 Putinar 建立的 Putinar's Positivstellensatz(多项式在半代数集上恒正的 SOS 型必要条件的深刻刻画). 2007 年 Nie 等分析了该松弛等级算法的收敛速率. 2013 年 Nie 证明了当原多项式优化问题的等式约束多项式构成的实数簇是有限集时, 该半定松弛等级算法具有有限收敛性. 为了分析算法的有限收敛性, 2006 年、2009 年 Marshall 先后提出了一些黑塞有界条件, 2014 年 Nie[20] 创造性地将非线性规划中通用的假设条件: 梯度线性无关这样经典的约束规格、严格互补、二阶充分性条件引入分析, 证明了它们足以保证 Marshall 的条件成立. Nie 同时证明了这些假设条件在多项式优化中一般都成立. 这是将非线性规划的最优性条件引入多项式优化的经典之作.

几乎与 Lasserre 同一时期, 2000 年 Parrilo 在他的博士学位论文 [21] 首次提出用层级 SOS 松弛来逼近协正锥的方法. 2003 年 Berman 等指出完全正锥和协正锥互为对偶锥, 且均为真锥. 很多 NP-难问题, 例如, 混合 0-1 二次规划问题、图的近似稳定数、最大团问题, 以及一般的二次规划问题等都可以等价转化为完全正规划问题. 由于直接处理完全正矩阵锥和协正矩阵锥很困难, 典型的办法是用简单易处理的锥来逼近它们. 例如, 2000 年 Parrilo, Bomze 和 2002 年 de Klerk, 2007 年 Pena 等, 以及 2015 年 Nie 提出了从协正矩阵锥内部逼近的松弛等级. 相应的松弛等级的对偶锥就是完全正矩阵锥的外部逼近. 与上述松弛等级不同, 2014 年 Lasserre 给出了协正矩阵锥的外部逼近且渐近收敛的凸锥松弛等级, 其相应的对偶锥构成了完全正矩阵锥的内部逼近的收敛等级. 2012 年 Bomze 等, 2012 年 Burer, 以及 2015 年 Berman 等关于完全正规划和协正规划撰写了相关综述性文献. 对于 0-1 离散优化问题, 更早的层级半定规划松弛逼近追溯到 1991 年 Lovász 和 Schrijver 的经典工作, 他们证明了近似的有限终止性. 此外还有一些与之不同的层级逼近方法, 2015 年针对 $\{-1,1\}$ 二次规划问题基于 Zonotope 提出一种最多 n(问题维数) 层终止的半定规划松弛逼近方法.

多项式优化诸多算法建立在最优性条件之上. 前文提及的 2014 年 Nie 的著名工作正是运用了非线性规划的最优性条件. 2015 年 Nie 基于最优性条件设计了有限终止的层级算法寻找所有的局部最优解. 2007 年 Demmel 等用原多项式优化问题的 KKT 条件构造了一种新的半定松弛等级算法, 在不要求可行集为紧集的条件下, 证明了算法的全局收敛性. 并在 KKT 理想为根理想的条件下, 证明了算法的有限收敛性. 但该半定松弛问题中含有额外的乘子变量, 增加了半定松弛问题的规模和实际求解难度. 为了避免增加乘子变量, 2013 年 Nie 提出了一个精确雅可比半定松弛算法, 在可行集非奇异的条件下, 证明了算法的有限收敛性. 通过将拉格朗日乘子表示为关键点集上关于决策变量的多项式函数, 2017 年 Nie 提出了求解多项式优化问题的一个更紧的半定松弛等级算法. 即使是在可行集非紧或最优性条件不成立的条件下, 该算法始终具有有限收敛性. 非线性规划著名的 Celis-Dennis-Tapia(CDT) 子问题 (两个二次约束的二次规划) 的多项式可解性于 2016 年由 Bienstock、2016 年由 Sakaue 等、2017 年由 Consolini 等分别得到解决, 其中 Sakaue 等的算法在这三种多项式方法中数值效率最高, 它基于穷举 (CDT) 子问题的所有 KKT 点, 将 KKT 系统这样一个多项式方程组巧妙转化为 Bezout 矩阵特征值. Jeyakumar 等陆续针对一些盒子约束多项式优化、四次多项式设计了必要条件相应的全局算法. 对一些特殊的多项式优化问题, 比如带一个一般二次约束的二次规划问题 (广义信赖域子问题) 存在着刻画最优解的充分必要条件, 基于最优性条件 Martínez 证明了信赖域子问题最多只有一个局部非全局最优解. 该结论被进一步推广到 p 正则化子问题, 当 $p>2$ 时, 人们建立了充分必要条件并证明了最多只有一个局部非全局最优解. Nesterov 利用二阶必要条件针对带一个 p 范数单位球和若干线性等式约束的齐次二次优化最大化问题设计了半定规划松弛, 并建立了 $(1-2/p)$ 最坏近似比, 推广到目标非齐次时近似比为 $(1-1/2p)$.

寻求多项式优化问题的近似算法也是一个研究热点. 1995 年针对最大割 Max-Cut 问题, Goemans 和 Williamson[22] 使用半定规划松弛方法得到原问题的 0.878 近似比算法, 首次改进了 1976 年的 0.5 近似比算法, 掀起了半定规划应用的热潮, 1998 年 Nesterov 推广到一般的 $\{-1,1\}$ 二次规划建立了 $2/\pi \approx 0.636$ 近似比算法, 1999 年 Ye 进一步推广到盒子约束以及可分二次约束问题. 推广到 m 个椭球的交集上的齐次二次规划问题时, 1999 年 Nemirovski 等提出了一个 $O(1/\log(m))$ 近似比算法, 2003 年 Tseng、2007 年 Luo 等及 2015 年 Hsia 等人进一步推广到非齐次情形. Goemans 和 Williamson 的方法还被推广到一些组合优化问题, 由于对半定规划解如何舍入的算法设计比较困难, 研究集中在图划分问题、染色问题和可满足问题等简单约束问题上. 在其中的最大等割问题上, Frieze 和 Jerrum 得到了 0.651 近似比算法, 2001 年 Ye 改进到 0.699, 2002 年通过添加三角不等式 Halperin 等进一步改进到 0.701. 有趣的是, Lasserre 层级 SOS 松弛方法被 Raghavendra 和 Tan 在 2012 年应用来针对最大等割问题设计 0.85 近似比算法, 2013 年 Austrin 等运用 Lasserre 层级松弛舍入技巧进一步将近似比改进到 0.8776. 这是目前最好的结果.

对于次数较高的多项式优化问题, 目前也仅能针对一些具有简单约束的特殊形式高次多项式设计近似比算法. 作为标准二次规划 PTAS 算法的推广, 2002 年 Bomze 等, 2006 年和 2015 年 de Klerk 等针对单纯形约束上固定次数的多项式优化问题给出了首个多项式时间近似算法 (PTAS), 2007 年 Barvinok 等推广到单位球面上的多项式优化问题. 对定义在多个椭球的交集上的四次多项式优化问题, 2010 年 Luo 和 Zhang 将其松弛成二次半定规划问题, 并进一步通过线性化方法建立了有效算法. 2009 年 Ling 等提出了双二次齐次函数在两个球面约束下的最优化模型, 通过将其松弛为双线性半定规划模型给出了近似算法, 由 Yang 等于 2012 年进一步推广. 针对标准四次规划, 2017 年 Ling 等改进了 2006 年 Klerk 等的近似界并推广到标准双齐次多项式优化. 2011 年 Zhang 等研究了二次约束的双二次多项式优化问题的近似算法, 2012 年 Zhang 等还针对单位球面上的三次齐次多项式优化问题给出了近似度估计, 并于 2017 年进一步推广到非负多项式. 2011 年 So 等采取计算几何与张量松弛相结合的方法, 对球面约束下齐次多项式优化问题提出了新的改进的近似算法. 2014 年 He 等对于带多个二次约束的任意次齐次多项式优化基于张量松弛的方法建立了近似算法, 并对定义在最一般的闭凸集上的非齐次多项式优化问题, 建立了多项式时间的近似算法. 2012 年出版的专著 [5] 中介绍了有关多项式优化问题近似算法的一些更详细的进展和分析.

有一些求解多项式优化问题较为成熟的软件包. 最著名的是 2003 年 Henrion 开发的 MATLAB 工具箱 GloptiPoly, 现在已更新到 GloptiPoly 3 [23], 并拓展到求解更一般的矩问题. 此外, 还有 Prajna 等在 2004 年开发的 MATLAB 工具箱 SOSTOOLS 和 Waki 等在 2008 年基于稀疏结构多项式优化问题开发的软件 SparsePOP 等. 2013 年 Sicleru 等针对多项式优化预处理建模开发了软件 POS3POLY 以及 2015 年 Wittek 为求解非交换变量的多项式开发了优化软件包 Ncpol2sdpa. 这些软件包大多都基于 Lasserre 层级矩-SOS 松弛方法, 目前除了稀疏结构外一般只能解决较小规模多项式优化问题.

12.4 发展趋势和展望

12.4.1 多项式优化中的凸性

凸性是多项式优化中一个重要的理论课题. 2013 年 Ahmadi 证明了判断四次多项式的凸性是 NP-难的. 作为充分性, Lasserre 层级 SOS 松弛方法可以识别一类容易的问题. 作为凸多项式优化中重要的一个子类, 2010 年 Helton 和 Nie 首次引入 SOS-凸的概念, 引发了学术界关注. 关于 SOS-凸的推广以及 SOS-凸在凸多项式中的稠密性等还不清楚. 凸集合中可用线性矩阵不等式表示的集合称为半定规划可表示集合 (SDr). 另外 Helton-Nie 猜想: 每一个紧的凸的基本半代数集都有 SDr, 现在仍然还是公开问题.

12.4.2 Lasserre 层级 SOS 松弛方法的分析

对于标准的 Lasserre 层级 SOS 松弛方法的误差界的深入估计, 2007 年 Nie 等分析了该松弛等级算法的收敛速率. 2012 年、2013 年 Nie 还给出了 Lasserre 层级 SOS 松弛方法在不同情况下的逼近界估计. 对于 Lasserre 上界松弛层级方法 2011 年 Lasserre、2017 年 de Klerk 等分析了其收敛率不差于 $O\left(\frac{1}{\sqrt{r}}\right)$, 其中 $2r$ 是密度函数的次数界. 对于箱式约束的多项式优化问题, 2017 年 de Klerk 等证明了上述 Lasserre 上界松弛层级方法会有更好的收敛率. 更细致的分析以及更一般的问题值得深入探讨.

12.4.3 多项式优化近似算法设计与分析

基于 Lasserre 层级 SOS 松弛方法对结构约束的组合优化问题的近似算法设计以及进一步改进, 这是近几年研究的热点之一.

对一些特殊约束 (单纯形、单位球) 设计更高近似比的算法. 对其他结构, 比如正交约束、双随机矩阵约束等设计可能的近似算法.

12.4.4 大规模多项式优化数值算法

Lasserre 层级 SOS 松弛方法是依赖于问题的变量规模迅速增长的 SDP 序列, 这就使得再卓越的 SDP 求解器也无法对其求解, 从而限制了该算法只适用于中小规模的多项式优化问题, 这是该算法的瓶颈. 2012 年 Nie 提出了求解大规模多项式优化问题的 SDP 松弛问题的正则化方法. 2017 年 Lasserre 等结合 LP 松弛和 SOS 松弛层级提出了一个有界度 SOS 松弛 (BSOS) 等级算法, 对于每个松弛问题, 其约束中的所有半定矩阵的规模均相同且可事先确定, 并且算法对一类重要的凸多项式优化问题, 具有有限收敛性, 即其第一个松弛问题为精确. 实际应用中的很多大规模多项式优化问题都具有稀疏性或对称性, 这样就可以进一步开发问题本身或半定松弛问题的对称性或稀疏性来设计更高效的计算方法. 当然, 如何更有效地开发问题的其他特殊结构, 进一步设计其他高效新型全局优化算法仍然是个重要研究课题.

12.4.5 分式多项式优化

对于分式多项式优化, 2006 年 Jibetean 和 de Klerk 讨论了用 SOS 方法来最小化分式函数, 通过利用 SOS 松弛得到了原分式函数的下界, 并没有讨论如何求得原问题的全局最优解. 2008 年 Nie 等进一步讨论 SOS 松弛问题的结构和对偶问题, 求得了原问题的全局最优解. 2003 年 Schaible 等以及 2008 年 Wu 等关于更一般的多项式比式和优化问题设计求解算法. 2016 年 Bugarin 等推广了 Jibetean 等在 2006 年的算法, 将多项式比式和问题转化为广义矩问题, 并提出一个凸半定松弛层级算法. 在一定条件下, 证明了算法产生的最优值序列收敛于原问题的全局最优值. Lasserre 层级 SOS 松弛方法如何更有效地移植都是值得思考的问题.

12.4.6 基于二阶锥松弛的松弛层级

目前 Lasserre 层级 SOS 松弛方法均基于 SDP 或者 LP, 基于二阶锥技术 (SOCP) 的松弛层级方法未尝一见.

参 考 文 献

[1] Reznick B. Some concrete aspects of Hilbert's 17th problem//Delzell C N, Madden J J. Real Algebraic Geometry and Ordered Structures. Contemporary Mathematics, vol. 253. Providence, RI: American Mathematical Society, 2000.

[2] Shor N Z. Nondiferentiable Optimization and Polynomial Problems. New York: Kluwer Academic Publishers, 1998.
[3] Markowitz H. Portfolio selection. Journal of Finance, 1952, 7(1): 77-91.
[4] Lasserre J B. Moments, Positive Polynomials and Their Applications. London: Imperial College Press, 2010.
[5] Li Z, He S, Zhang S. Approximation Methods for Polynomial Optimization: Models, Algorithms and Applications. Berlin: Springer, 2012.
[6] Lasserre J B. An Introduction to Polynomial and Semi-Algebraic Optimization. Cambridge: Cambridge University Press, 2015.
[7] Vui H H, Pham T S. Genericity In Polynomial Optimization. London: World Scientific Publishing, 2017.
[8] Anjos M F, Lasserre J B. Handbook on Semidefinite, Conic and Polynomial Optimization. Berlin: Springer Science and Bussiness Media, 2012: 166.
[9] Tuy H. Convex Analysis and Global Optimization. 2nd ed. Berlin: Springer-Verlag, 2016: 110.
[10] 李浙宁, 凌晨, 王宜举, 等. 张量分析和多项式优化的若干进展. 运筹学学报, 2014, 18(1): 134-148.
[11] Laurent M. Optimization over polynomials: Selected topics. Proceedings of the International Congress of Mathematicians, 2014: 843-869.
[12] Lasserre J B. The Moment-SOS hierarchy. 2018, arXiv preprint arXiv: 1808.03446.
[13] Powers V, Wormann T. An algorithm for sums of squares of real polynomials. J. Pure Appl. Algebra, 1998, 127 (1): 99-104.
[14] Boyd S, Kim S J, Vandenberghe L, et al. A tutorial on geometric programming. Optim. Eng., 2007, 8: 67-127.
[15] Pardalos P M, Vavasis S A. Quadratic programming with one negative eigenvalue is NP-hard. J. Glob. Optim., 1991, 1(1): 15-22.
[16] Nie J W. The hierarchy of local minimums in polynomial optimization. Math. Program., 2015, 151(2): 555-583.
[17] Li D, Sun X L. Nonlinear Integer Programming. Berlin: Springer, 2006.
[18] Lasserre J B. Global optimization with polynomials and the problem of moments. SIAM J. Optim., 2001, 11: 796-817.
[19] Nie J W, Demmel J, Sturmfels B. Minimizing polynomials via sum of squares over the gradient ideal. Math. Prog. Ser. A, 2006, 106: 587-606.
[20] Nie J W. Optimality conditions and finite convergence of Lasserre's hierarchy. Math. Prog. Ser. A, 2014, 146: 97-121.
[21] Parrilo P A. Structured Semidefinite Programs and Semialgebraic Geometry Methods in Robustness and Optimization. Pasadena: California Institute of Technology, 2000.

[22] Goemans M X, Williamson D P. Improved approximation algorithms for maximum cut and satisfiability problems using semidefinite programming. Journal of the ACM(JACM), 1995, 42(6): 1115-1145.

[23] Henrion D, Lasserre J B, Loefberg J. GloptiPoly 3: Moments, optimization and semidefinite programming. Optim. Meth. Software, 2009, 24(4-5): 761-779.

第 13 章 张量优化

13.1 概　　述

张量一词在微分几何、广义相对论、弹性力学、固体力学等不同领域中都用到, 本章中的张量是指高维数据的一种排列方式, 是向量和矩阵的推广, 也称为超矩阵. 它也是广义相对论、弹性力学、固体力学等物理学科中所使用的张量在特定坐标系下的具体表现形式. 一个 m 阶 $n_1 \times n_2 \times \cdots \times n_m$ 维张量表示为

$$\mathcal{A} = (a_{i_1 i_2 \cdots i_m}), \quad \forall i_j \in \{1, 2, \cdots, n_j\}, \ \forall j \in \{1, 2, \cdots, m\}.$$

当 $n_1 = n_2 = \cdots = n_m = n$ 时, $\mathcal{A}$ 被称为一个 m 阶 n 维张量. 早在 19 世纪 40 年代, Cayley 就讨论过一个 3 阶 2 维张量的行列式 [1]. 平行于矩阵理论与分析方法的发展, 张量的各种理论性质与分析方法逐渐发展, 形成了被称为张量分析的学科, 在微分几何等数学领域, 以及广义相对论、弹性力学、固体力学等物理学科的发展中起到了重要的作用. 张量是刻画大规模复杂数据的有效工具, 在当今大数据时代, 张量的理论与分析方法在数据科学中显示出越来越重要的地位, 受到了越来越多的关注和研究.

张量优化是指以张量分析为基本研究工具的优化问题, 狭义地讲, 它是以张量为变量的优化问题, 即张量空间上的优化问题, 包括张量最佳低秩逼近、张量低秩恢复、张量回归问题、张量锥规划等; 广义地讲, 它是涉及张量与张量运算的优化问题, 包括张量特征值优化、张量特征值互补问题、张量变分不等式与张量互补问题等. 张量优化在信号处理、图像处理、数据挖掘、化学计量、交通平衡、博弈论等工程技术和科学领域中有着广泛的应用. 张量优化是矩阵优化的一个推广, 矩阵优化的理论与方法不能直接地推广到张量优化, 由于高阶张量远比矩阵复杂, 所以张量优化的研究比矩阵优化要困难得多. 另外, 张量优化是最优化的一个分支学科, 所以经典最优化中的理论与方法原则上适用于张量优化.

然而, 张量具有很好的结构特性, 其对应的函数有很多特有的性质, 因此经典最优化的理论与方法照搬到张量优化难以有效, 需要有效地利用张量的结构加以研究.

随着大数据时代的到来, 高维复杂数据的张量表示相关模型的有效建立成为一个重要问题, 以张量分析为基础的张量优化正在得到快速的发展, 越来越多不同领域的专家学者加入进来研究其中的理论、算法和应用, 一些张量计算和张量优化算法的软件包也被开发出来[2-4]. 近年来, 张量分析与张量优化领域的各种学术活动在欧美和中国等地陆续开展, 多个学术期刊组织了张量优化和张量分析方面的专刊, 例如, *Numerical Linear Algebra with Applications* 在 2013 年出版了一期专辑[5]; *Pacific Journal of Optimization* 在 2015 年出版了一期专辑[6]; *Journal of the Operations Research Society of China* 在 2017 年出版了一期专辑[7]; *Frontiers of Mathematics in China* 在 2013 年、2017 年各出版了一期专辑[8,9]; 近年来出版了多本张量分析或张量优化方面的著作[10-16], 这些专辑和著作的出版, 以及各种学术交流活动, 对张量分析和张量优化的发展起到了很大的促进作用. 可以预见: 以张量分析为基础的张量优化的实际应用正在迎来它的黄金时期.

13.2 发展与现状

张量最佳低秩逼近是传统张量优化的核心内容, 它涉及张量分析中的两个基本概念, 一个是张量分解, 另一个是张量的秩. 张量分解最初由 Hitchcock 在 1927 年提出 [17]; 多路 (multi-way) 模型的思想在 1944 年由 Cattell 提出 [18]. 但当时他们的工作都没有受到重视. 20 世纪 60 年代, Tucker 提出了现在被称为 "Tucker 分解" 的概念 [19], 其他几位学者也从不同角度提出了其他的张量分解概念, 主要的一种是矩阵奇异值分解在张量情形的推广. 2009 年, Kolda 和 Bader 在 *SIAM Review* 上就张量分解的发展历史、理论与方法及其应用作了详细的介绍 [20]. 目前使用较多的张量分解是 CANDECOMP/PARAFAC(CP) 分解和 Tucker 分解. 基于张量分解, 定义了张量的秩, 它是矩阵的秩的推广. 基于 CP 分解定义的秩被称为 CP 秩; 基于 Tucker 分解定义的秩被称为 Tucker 秩, 这两种秩广为使用. 张量最佳低秩逼近有多种不同的形式, 下面介绍两种流行的形式.

基于 CP 分解的最佳秩-r 逼近是最流行的方法之一. 秩-1 张量定义为几个向量的外积, 一个张量的 CP 分解是指它被分解成若干个秩-1 张量的和; 在它的所有 CP 分解中, 分解中秩-1 张量的最小个数被称为这个张量的 CP 秩. 当一个张量被给出其 CP 分解后, 可以用分解的秩-1 张量来研究与原来张量相关的问题. 秩-1 张量结构简洁, 便于理论分析和相关计算, 特别是用于计算时, 对于节省数据存储量和传输量以及数据的分析都是十分重要的. 对任意给定的张量 $\mathcal{X} \in \mathbb{R}^{n_1\times n_2\times\cdots\times n_m}$, $\mathcal{X}$ 的最佳秩 -r 逼近是指: 寻找一个张量 $\hat{\mathcal{X}} = \sum_{i=1}^{r} x_i^1 \circ x_i^2 \circ \cdots \circ x_i^m$ 使得

$$\min \|\mathcal{X} - \hat{\mathcal{X}}\|,$$

其中对任意的 $i \in \{1, 2, \cdots, r\}$ 和 $j \in \{1, 2, \cdots, m\}$, $x_i^j \in \mathbb{R}^{n_j}$, 且 $\|\cdot\|$ 表示某种张量范数. 当 $m = 2$ 时, 问题为矩阵的最佳秩-r 逼近, 通过使用矩阵的奇异值分解已经得到很好的解决. 然而, 当 $m > 2$ 时, 最佳秩-r 逼近为病态的. 当 $r = 1$ 时, 问题归结为最佳秩-1 逼近, 是最简单但非常重要的一类最佳逼近问题[21]. 最佳低秩逼近问题已经得到了大量的研究, 各种求解算法已经被提出, 其中主要的方法之一是高阶幂方法[22], 具有很好的数值效果, 其理论上的收敛性等问题还在不断地发展中. 也存在很多其他的求解方法, 包括牛顿法[21]、交替极小化算法[23] 等.

基于 Tucker 分解的最佳秩-$(r_1, r_2, \cdots, r_m)$ 逼近是另一个流行的方法. 对任意给定的张量 $\mathcal{A} \in \mathbb{R}^{n_1\times n_2\times\cdots\times n_m}$, 这一逼近问题就是寻找一个张量 $\bar{\mathcal{A}} \in \mathbb{R}^{n_1\times n_2\times\cdots\times n_m}$ 使得

$$\min \|\mathcal{A} - \bar{\mathcal{A}}\|^2,$$

这里, $\bar{\mathcal{A}}$ 能分解为 $\bar{\mathcal{A}} = \mathcal{G} \times_1 B^1 \times_2 \cdots \times_m B^m$, 其中, $\mathcal{G} \in \mathbb{R}^{r_1\times r_2\times\cdots\times r_m}$, 符号 $\times_i$ 表示模式-i 乘积, 且对任意的 $i \in \{1, 2, \cdots, m\}$ 有 $B^i \in \mathbb{R}^{n_i\times r_i}$ 并且每个 B^i 的列正交. 所以, 最佳秩-$(r_1, r_2, \cdots, r_m)$ 逼近经常使用以下的形式:

$$\min \|\mathcal{A} - \mathcal{G} \times_1 B^1 \times_2 \cdots \times_m B^m\|^2.$$

高阶幂方法是求解这类问题常用的方法之一 [24]. 张量最佳逼近能够使大规模问题的维数有效降低, 已经广泛地应用于求解很多实际的大规模问题.

21 世纪初, 随着能有效地应用于众多实际应用问题的压缩感知技术的快速发展, 矩阵低秩 (稀疏) 恢复等问题的研究受到广泛关注并取得许多重要进展, 这些理论方面的研究反过来也促进了压缩感知等实际技术的发展. 这些与矩阵优化有关的课题在 2009 年自然地拓展到张量情形 [25], 并被称为张量低秩恢复问题, 其基本的数学模型为

$$\min \Phi(\mathcal{X}), \quad \text{s.t.} \quad \mathcal{A}(\mathcal{X}) = b,$$

其中 $\mathcal{X} \in \mathbb{R}^{n_1\times n_2\times\cdots\times n_m}$, $\Phi(\mathcal{X})$ 是张量 $\mathcal{X}$ 的某种秩, $\mathcal{A} : \mathbb{R}^{n_1\times n_2\times\cdots\times n_m} \to \mathbb{R}^p$ 且 $b \in \mathbb{R}^p$. 目前这方面的研究工作主要集中在 $\Phi(\mathcal{X})$ 是张量 $\mathcal{X}$ 的 Tucker 秩的情

况. 这种张量低秩恢复 (包括张量完整化) 问题在模型、算法、应用等方面出现了很多研究工作. 人们提出了各种有效的算法, 包括软阈值算法、硬阈值算法、不动点算法等, 并有效地应用于图像修复等一些实际问题之中, 取得了很好的实际效果. 对使用其他秩的张量低秩恢复问题, 文献中也有部分研究 [26–28]. 目前这领域的研究还在进一步发展中.

线性回归问题是统计学中的一类重要模型, 其数学模型是最优化中一类比较简单的二次规划问题. 矩阵回归模型是线性回归模型的推广, 起始于 20 世纪 60 年代 [29], 然而, 矩阵回归的概念首次被命名是在 2014 年 [30,31]. 矩阵回归模型是一类特殊的二次矩阵优化问题. 线性回归和矩阵回归已经得到了很好的研究. 近年来, 矩阵回归模型已经成功地推广到张量情形, 如 Zhou 等提出了张量回归模型 [32]. 早期提出的张量回归的基本模型之一如下

$$\min_{x^{(i)},\ i=1,2,\cdots,m} \frac{1}{2}\sum_{j=1}^{r}\left(y_j - \mathcal{X}_j \times_1 x^{(1)} \times_2 x^{(2)} \times_3 \cdots \times_m x^{(m)}\right)^2,$$

其中 $\{\mathcal{X}_j : j=1,2,\cdots,r\}$ 表示 r 个 m 阶张量数据的样本, $\{y_j : j=1,2,\cdots,r\}$ 表示样本的标签, $\{x^{(i)} \in \mathbb{R}^{n_i} : i=1,2,\cdots,m\}$ 是学习出的权重向量. 在更一般的模型中, 以张量为待估回归系数, 响应变量和预测变量都是张量, 为经典线性回归、矩阵回归等提供了统一的框架, 且具有更为广泛的实际应用背景, 包括为多通道信号处理、结构成像机器学习中多线性多任务学习等问题提供了一个合适的表示. 另外, 正如在线性回归和矩阵回归等问题中一样, 经常会要求所涉及的变量满足一定的条件, 这样回归模型就需要加上这些条件, 成为带约束的回归问题, 这样的问题也就成为一类约束张量优化问题.

半定规划由于有众多的应用而得到了广泛的研究, 是矩阵优化的核心内容. 用半正定张量锥取代半正定矩阵锥, 半定规划可以延伸到张量空间中, 对应的模型被称为张量锥线性规划 [33]. 令 $S^{[m,n]}$ 表示所有 m 阶 n 维实对称张量的集合, 对任意的 $\mathcal{C},\mathcal{D} \in S^{[m,n]}$, 定义它们的内积为 $\mathcal{C}\cdot\mathcal{D} = \sum_{i_1,\cdots,i_m=1}^{n} c_{i_1\cdots i_m} d_{i_1\cdots i_m}$; 记

$$T^{[m,n]} := \left\{\mathcal{C} \in S^{[m,n]} : \sum_{i_1,\cdots,i_m=1}^{n} c_{i_1\cdots i_m} x_{i_1}\cdots x_{i_m} \geqslant 0,\ \ \forall x \in \mathbb{R}^n\right\},$$

那么 $T^{[m,n]}$ 可导入一个偏序, 记为 $\succeq$, 即 $\mathcal{C} \succeq \mathcal{D}$ 当且仅当 $\mathcal{C} - \mathcal{D} \in T^{[m,n]}$. 张量锥线性规划的基本数学模型为

$$\begin{aligned}
\min\ \ & \mathcal{A}_0 \cdot \mathcal{X}, \\
\text{s.t.}\ \ & \mathcal{A}_i \cdot \mathcal{X} = b_i, \quad i=1,2,\cdots,p, \\
& \mathcal{X} \succeq 0,
\end{aligned}$$

其中 p 是一个正整数, $\mathcal{A}_0, \mathcal{A}_1, \cdots, \mathcal{A}_p \in S^{[m,n]}$ 且 $b_1, b_2, \cdots, b_m \in \mathbb{R}$. 显然, 当 $m=2$ 时, 以上的张量锥线性规划模型退化为标准形式的半定规划问题. 已经发现张量锥线性规划有重要的实际应用, 例如, 涉及弥散峰度张量的磁共振问题的数学模型是一个张量锥线性规划. 基于锥规划的理论, 张量锥线性规划的对偶理论与最优性条件容易得到, 但由于半正定张量锥非常复杂, 张量锥线性规划的求解非常困难. 文献 [33] 中提出了一个求解张量锥线性规划的序列半定规划方法, 并应用于核磁共振的成像问题, 获得了较好的数值实验结果.

矩阵的特征值优化问题已经得到了大量的研究, 包括最大 (小) 特征值问题、特征值互补问题等, 这些问题已经推广到张量情况. 2005 年, Qi 和 Lim 各自独立提出了张量特征值的概念并研究了一些有关的性质 [34, 35]. 给定 m 阶 n 维实张量 $\mathcal{A}$ 和 n 维向量 x, 定义一个 n 维向量, 记为 $\mathcal{A}x^{m-1}$, 其分量为

$$(\mathcal{A}x^{m-1})_i := \sum_{i_2,\cdots,i_m=1}^{n} a_{i_2\cdots i_m} x_{i_2}\cdots x_{i_m}, \quad \forall i \in \{1,2,\cdots,n\}.$$

给定 m 阶 n 维实张量 $\mathcal{A}$, 若存在实数 λ 和 n 维实向量 x 使得

$$\mathcal{A}x^{m-1} = \lambda x^{[m-1]}, \quad \text{其中} \quad x^{[m-1]} := (x_1^{m-1}, \cdots, x_n^{m-1})^{\mathrm{T}},$$

那么称 λ 为 $\mathcal{A}$ 的 H- 特征值且 x 为对应的 H-特征向量; 若存在实数 λ 和 n 维实向量 x 使得

$$\mathcal{A}x^{m-1} = \lambda x \quad \text{且} \quad x^{\mathrm{T}}x = 1,$$

那么称 λ 为 $\mathcal{A}$ 的 Z-特征值且 x 为对应的 Z-特征向量. 在过去的 10 多年里, 张量特征值的理论、算法和应用得到了快速发展, 多本专著相继出版[13-16], 其中非负张量相关问题得到了很好的研究, 见综述论文文献 [36]. 在这些张量特征值相关研究中, 包含了求解非负对称张量的最大 H-特征值的系列研究、求解非负对称张量的最大 Z-特征值的系列研究、特征值互补问题的系列研究等特征值优化问题, 从理论到算法以及应用. 例如, 对于求解非负对称张量的最大 H-特征值问题, 首先建立了非负张量的 Perron-Frobenius 定理, 基于此设计了求解该问题的高阶幂方法等算法, 并应用于高阶马尔可夫链等应用问题 [36, 37]. 进一步, 求解张量所有特征值的方法已经被提出, 包括半定松弛方法 [38]、同伦方法 [39] 等. 另外, 针对超图的邻接张量、拉格朗日张量和无迹拉格朗日张量, 结合张量的稀疏结构, 文献 [40] 中发展了求解大规模稀疏张量特征值的方法.

变分不等式与互补问题是最优化的一个重要分支, 其研究起始于 20 世纪 60 年代, 由于有众多的应用而得到了广泛的研究, 获得了丰富的成果. 给定一个 m 阶 n 维实张量 $\mathcal{A}$, 一个 n 维实向量 q 和一个非空闭凸集 $\Omega \subseteq \mathbb{R}^n$, 张量变分

不等式是指: 寻找 $x \in \Omega$ 使得

$$(\mathcal{A}x^{m-1}+q)^{\mathrm{T}}(y-x) \geqslant 0, \quad \forall y \in \Omega.$$

当 Ω 为第一卦限时, 张量变分不等式退化为张量互补问题, 即寻找 $x \in \mathbb{R}^n$ 使得

$$x \geqslant 0, \quad \mathcal{A}x^{m-1}+q \geqslant 0, \quad x^{\mathrm{T}}(\mathcal{A}x^{m-1}+q) = 0.$$

近年来, 已经发现张量互补问题和张量变分不等式问题在博弈论、交通平衡等领域有重要的应用 [41,42]. 对于张量互补问题, 在解的存在性与唯一性、解集的紧性、误差界理论、解的稳定性与解映射的连续性等理论方面均得到了研究, 多个求解该问题的数值方法已经被提出; 而对于张量变分不等式问题, 目前的研究还很有限. 不同于传统互补问题和变分不等式问题的研究, 在张量互补问题和张量变分不等式问题的研究中, 张量的结构扮演了重要的角色.

总之, 张量分析以及以张量分析为研究工具的张量优化, 内容广泛, 近年来得到了快速的发展, 成为最优化领域中一个年轻而富有活力的分支.

13.3 展望与挑战

本节从以下几个方面对张量优化和张量分析中目前面临的一些问题, 作进一步分析和讨论.

(1) (张量分析与张量优化) 不像成熟的矩阵理论, 张量分析正在发展之中, 很多矩阵分析中的概念、理论与方法在张量空间中没有对应的部分. 因此, 有些张量优化问题被转化为使用矩阵的工具来求解的问题, 例如, 低 Tucker 秩张量恢复问题等. 在实际应用中, 这样会破坏问题中数据原有的空间结构, 相应发展出的各种算法, 是否一定会优于已有的各种不使用张量来建模所采用的算法. 不同于在矩阵优化中的研究, 其研究工具成熟, 在张量优化的研究中, 发展合适的张量分析的理论与方法占有重要地位. 张量优化将伴随着张量分析的发展而发展. 各种张量模型本来是为了处理高维复杂数据及模型而建立起来的, 最后也必须通过真正的大规模高维复杂数据和模型来检验其效果和价值.

(2) (张量优化的模型选择) 矩阵的很多概念可以从不同的方向延伸到张量情况, 通常矩阵的一个概念延伸到张量情况会有各种不同的版本, 例如, 张量的秩、张量的特征值、张量的乘积等等. 显然, 在建立实际问题的张量优化模型时, 采用相关概念不同的定义来建模, 无论是在反映问题的特性, 还是在相应问题的计算有效性等很多方面都会有很大的差别. 针对实际问题, 用相关概念的何种定义来建模, 如张量低秩问题中到底使用哪种张量秩的定义、张量特征值优化中

到底使用哪种张量特征值的定义等, 能更好地刻画问题的特性; 若不同的模型都适用, 什么样的模型能更有效地求解, 等等, 都是值得研究的问题.

(3) (张量优化与多项式优化) 张量可以定义多项式, 反过来多项式可以借助于张量来表示, 因此, 一些张量优化问题实际上是多项式优化问题或者可以转化为多项式优化问题. 近二十年来, 多项式优化问题得到了很好的发展, 半定松弛算法是求解它的有效方法之一. 这一方法虽然在理论上非常完美, 但是在实际的计算中只对小规模的问题有效, 因为随着所涉及张量的阶数或者维数的增加, 问题的规模爆炸式增长. 如何利用张量的结构以及相应多项式的性质, 设计求解大规模张量优化问题的有效算法是目前备受关注的问题之一. 很多张量优化问题有可分的结构, 或许交替极小化算法 (或交替方向法) 是求解这类问题的候选的算法之一, 值得深入地研究.

(4) (张量规划) 以向量为变量的约束非线性规划问题是最优化中最重要的模型之一, 延伸其到张量空间, 可得到以张量为变量的规划问题, 称之为张量规划问题, 为很多张量优化问题提供统一的框架, 例如, 包括张量最佳低秩逼近、张量低秩恢复、张量回归问题、张量锥线性规划等作为特例. 对这种问题的理论研究, 包括解的存在性、唯一性、最优性条件、对偶理论等方面的研究很有必要, 基于理论性质的研究, 设计有效的解法, 并对大规模问题进行数值模拟, 这些都是需要研究的问题. 同时, 张量规划问题的最优性条件可导致以张量为变量的变分不等式与互补问题, 是目前已经研究的张量变分不等式与张量互补问题的推广, 其理论与算法及其应用有待进一步研究.

(5) (大规模稀疏张量优化) 实际问题中所涉及的张量, 通常规模大且具有稀疏的结构. 如果使用经典的优化方法来求解所建立的相应优化问题, 可能由于规模大而不能求解, 或者即使能够求解, 也难以有效. 如何利用张量的稀疏结构, 采用 (或引入新的) 张量运算以降低计算量; 如何利用降维等技术, 将大规模问题转化为低维问题, 以设计求解大规模稀疏张量优化问题的有效算法, 并应用于求解相应的实际问题, 是目前面临的亟待解决的问题.

(6) (结构张量优化) 各种矩阵类在线性优化问题的理论分析与数值方法中起到了重要的作用. 作为各种结构矩阵的推广, 结构张量近几年得到了大量的研究. 目前, 结构张量的研究主要用于相应的张量优化问题的理论分析, 例如, 基于不同的结构张量, 张量互补问题的诸多理论性质得到研究. 有些结构张量的研究已经用于相应张量优化问题的算法设计, 例如, 对涉及强 M 张量的张量互补问题, 利用张量的特有性质, 已经提出了求解相应张量互补问题的算法 [43]. 目前, 特别是在数值方法方面, 相关研究很少. 如何结合结构张量的特有性质, 发展求解相应张量优化问题的高效率、低费用的数值算法值得进一步研究.

(7) (软件研发) 开发出适用于不同张量模型的算法和软件包是十分重要的

工作. 目前这方面的工作正在不断地发展之中, 已有几个张量计算方面的软件包, 如文献 [44] 提供了很好的张量相关问题的计算平台. 但目前的张量计算软件包还远不如矩阵模型的算法软件包丰富. 特别地, 大规模矩阵优化问题的计算已经得到了很好的发展[45], 而目前张量优化问题的计算难以有效地应用于求解大规模问题. 随着机器学习、人工智能等应用课题的进一步研究, 开发大规模张量优化问题求解的软件包势在必行, 因为只有这方面的工作充分开展, 张量优化在实际中的作用才能更好地发挥出来.

参 考 文 献

[1] Cayley A. On the theory of determinants. Cambridge Math. J., 1845, 4: 193-209.

[2] Vervliet N, Debals O, Sorber L, et al. Tensorlab 3.0. 2016. https://www.tensorlab.net/.

[3] Prajna S, Papachristodoulou A, Anderson J, et al. SOSTOOLS version 3.00 Sum of squares optimization toolbox for MATLAB. 2013. http://www.cds.caltech.edu/sostools.

[4] Zass R. HUJI tensor library. 2006. http://www.cs.huji.ac.il/zass/htl/.

[5] Lim L H, Ng M K, Qi L Q. The spectral theory of tensors and its applications. Numer. Linear Algebra Appl., 2013, 20(6): 889-890.

[6] Zhang S, Li Z, Ma S. Special issue on polynomial and tensor optimization. Pac. J. Optim., 2015, 11(2): 223-224.

[7] Qi L, Xu Z, Yang Q. The theory and applications of tensor optimization. J. Oper. Res. Soc. China, 2017, 5(1): 1-129.

[8] Yang Q, Zhang L, Zhang T, et al. Spectral theory of nonnegative tensors. Front. Math. China, 2013, 8(1): 1.

[9] Friedland S, Qi L, Wei Y, et al. Tensor and hypergraph. Front. Math. China, 2017, 12(6): 1277.

[10] Smilde A, Bro R, Geladi P. Multi-way Analysis: Applications in the Chemical Sciences. New York: Wiley, 2004.

[11] Kroonenberg P M. Applied Multiway Data Analysis. New York: Wiley, 2008.

[12] Cichocki A, Amari S, Phan A H, et al. Nonnegative Matrix and Tensor Factorizations: Applications to Exploratory Multi-Way Data Analysis and Blind Source Separation. New York: John Wiley & Sons, 2009.

[13] Yang Y, Yang Q. A Study on Eigenvalues of Higher-order Tensors and Related Polynomial Optimization Problems. Beijing: Science Press, 2015.

[14] Wei Y, Ding W. Theory and Computation of Tensors: Multi-Dimensional Arrays. New York: Elsevier, 2016.

[15] Qi L, Luo Z. Tensor Analysis: Spectral Theory and Special Tensors. Philadelphia: SIAM, 2017.

[16] Qi L, Chen H, Chen Y. Tensor Eigenvalues and Their Applications. Berlin: Springer, 2018.

[17] Hitchcock F L. The expression of a tensor or a polyadic as a sum of products. J. Math. Phys., 1927, 6: 164-189.

[18] Cattell R B. Parallel proportional profiles and other principles for determining the choice of factors by rotation. Psychometrika, 1944, 9: 267-283.

[19] Tucker L R. Some mathematical notes on three-mode factor analysis. Psychometrika, 1966, 31: 279-311.

[20] Kolda T G, Bader B W. Tensor decompositions and applications. SIAM Review, 2009, 51(3): 455-500.

[21] Zhang T, Golub G H. Rank-one approximation to high order tensors. SIAM J. Matrix Anal. Appl., 2001, 23(2): 534-550.

[22] Hu S L, Li G Y. Convergence rate analysis for the higher order power method in best rank one approximations of tensors. Numer. Math., 2018, 140: 993-1031.

[23] Comon P, Luciani X, De Almeida A L F. Tensor decompositions, alternating least squares and other tales. J. Chemometr., 2010, 23(7-8): 393-405.

[24] de Lathauwer L, de Moor B, Vandewalle J. On the best rank-1 and rank-(R_1, $R_2, \cdots, R_N$) approximation of higher-order tensors. SIAM J. Matrix Anal. Appl., 2000, 21(4): 1324-1342.

[25] Liu J, Musialski P, Wonka P, et al. Tensor completion for estimating missing values in visual data. IEEE Trans. Pattern Anal. Mach. Intell., 2013, 35(1): 208-220.

[26] Xie Q, Zhao Q, Meng D Y, et al. Kronecker-basis-representation based tensor sparsity and its applications to tensor recovery. IEEE Transactions on Pattern Analysis and Machine Intelligence, 2018, 40(8): 1888-1902.

[27] Zhang Z, Ely G, Aeron S, et al. Novel methods for multilinear data completion and de-noising based on tensor-SVD. IEEE Conference on Computer Vision and Pattern Recognition, 2014: 3842-3849.

[28] Jiang B, Ma S, Zhang S. Low-M-rank tensor completion and robust tensor PCA. IEEE Journal of Selected Topics in Signal Processing, 2018, 12(6): 1390-1404.

[29] Mantel N. The detection of disease clustering and a generalized regression approach. Cancer Research, 1967, 27: 209-220.

[30] Zhou H, Li L. Regularized matrix regression. Journal of the Royal Statistical Society, 2014, 76: 463-483.

[31] Wainwright M J. Structured regularizers for high-dimensional problems: statistical

and computational issues. Annual Review of Statistics and Its Application, 2014, 1: 233-253.

[32] Zhou H, Li L X, Zhu H T. Tensor regression with applications in neuroimaging data analysis. J. Amer. Stat. Assoc., 2013, 108(502): 540-552.

[33] Hu S, Huang Z H, Qi L. Finding the extreme Z-eigenvalues of tensors via a sequential semidefinite programming method. Numer. Linear Algebra Appl., 2013, 20(6): 972-984.

[34] Qi L. Eigenvalues of a real supersymmetric tensor. J. Symbolic Comput., 2005, 40: 1302-1324.

[35] Lim L H. Singular values and eigenvalues of tensors: A variational approach //Proceedings of the IEEE International Workshop on Computational Advances in MultiSensor Adaptive Processing, Vol.1. Piscataway: IEEE Computer Society Press, 2005: 129-132.

[36] Chang K, Qi L, Zhang T. A survey on the spectral theory of nonnegative tensors. Numer. Linear Algebra Appl., 2013, 20(6): 891-912.

[37] Ng M, Qi L, Zhou G. Finding the largest eigenvalue of a nonnegative tensor. SIAM J. Matrix Anal. Appl., 2010, 31: 1090-1099.

[38] Cui C, Dai Y H, Nie J. All real eigenvalues of symmetric tensors. SIAM J. Matrix Anal. Appl., 2014, 35: 1582-1601.

[39] Chen L, Han L, Zhou L. Computing tensor eigenvalues via homotopy methods. SIAM J. Matrix Anal. Appl., 2016, 37: 290-319.

[40] Chang J, Chen Y, Qi L. Computing eigenvalues of large scale sparse tensors arising from a hypergraph. SIAM J. Sci. Comput., 2016, 38: A3618-A3643.

[41] Huang Z H, Qi L. Formulating an n-person noncooperative game as a tensor complementarity problem. Comput. Optim. Appl., 2017, 66: 557-576.

[42] Wang Y, Huang Z H, Qi L. Global uniqueness and solvability of tensor variational inequalities. J. Optim. Theory Appl., 2018, 177: 137-152.

[43] Xie S L, Li D H, Xu H R. An iterative method for finding the least solution to the tensor complementarity problem. J. Optim. Theory Appl., 2017, 175: 119-136.

[44] Bader B W, Kolda T, et al. MATLAB Tensor Toolbox Version 2.6. 2015. http://www.sandia.gov/ tgkolda/TensorToolbox/.

[45] Yang L Q, Sun D F, Toh K C. SDPNAL+: A majorized semismooth Newton-CG augmented Lagrangian method for semidefinite programming with nonnegative constraints. Math. Program. Comput., 2015, 7: 331-366.

第14章 矩阵优化

矩阵优化是在过去 20 多年发展起来的一类变量含有矩阵的优化问题. 对于给定 (对称/非对称)(实/复) 矩阵空间 $\mathbb{V}$, 在矩阵优化问题中, 我们往往考虑极小化一个定义在矩阵空间上的目标函数, 同时还要求自变量满足特定约束条件. 具体而言, 大多数矩阵优化问题可以表示成以下抽象形式:

$$\begin{aligned} \min_{x\in\mathbb{X}} \quad & f(x)+\theta(g(x)), \\ \text{s.t.} \quad & h(x)\in\mathcal{Q}, \end{aligned}$$

其中 $\mathbb{X}$ 为一有限维欧氏空间, $f:\mathbb{X}\to(-\infty,\infty)$ 为给定的光滑函数 (例如, 数据拟合项), 而 $\theta:\mathbb{V}\to(-\infty,\infty]$ 为定义在矩阵空间 $\mathbb{V}$ 上的一般正常 (proper) 闭凸函数 (例如, 特定数据集合的指示函数、数据正则项等), $g:\mathbb{X}\to\mathbb{V}$ 和 $h:\mathbb{X}\to\mathbb{R}^p$ 为给定的两个光滑函数 (其中 $\mathbb{R}^p$ 为 p-维向量空间, $p>0$ 为一给定正整数), $\mathcal{Q}$ 为给定的凸多面体集.

矩阵优化的发展是从研究半正定规划 (semidefinite programming) 问题 [1] 开始的. 半正定规划问题考虑极小化给定线性函数, 同时要求矩阵变量满足半正定锥约束 (即为半正定矩阵) 并满足线性等式和不等式约束. 半正定规划被认为是自 20 世纪 50 年代著名的线性规划 (linear programming) 以后的另一个数学规划领域革命性的研究进展. 众所周知, 尽管作为特例的半正定规划包含经典的线性规划问题, 然而半正定规划作为一类特殊的矩阵优化问题具有不同于经典线性与非线性优化问题的特点 —— 非多面体性. 在实际应用方面, 半正定规划和线性规划一样, 作为重要的量化建模工具被应用于工程、经济学等领域. 时至今日, 半正定规划乃至更一般的矩阵优化问题, 频繁地出现在诸如组合数学、量子信息学、机器学习、信号处理等更具挑战性的应用中. 例如, 大家熟知的低秩稀疏矩阵优化问题就是一个具体的矩阵优化应用. 过去十余年, 通过国内外许多知名学者包括 E. Candès, B. Recht (拉格朗日奖获得者) 和 T. Tao(菲尔兹奖获得者) 等研究者的努力, 我们知道在适当的理论假设下, 通过求解一个凸矩阵优化问题 (矩阵核范数极小问题), 可以在很大的概率意义下从小规模的不完全的随机样本观测中完全恢复一个未知的低秩目标矩阵, 详见文献 [2]~ [4]. 我们将在第二部分中详细讨论低秩稀疏矩阵优化问题. 这里需要指出的是矩阵优化绝不局限于低秩稀疏矩阵优化问题, 还包括完全正矩阵优化在内的许多重要优化问题. 应该说从某种程度上, 正是由于诸如低秩稀疏矩阵优化问题等大数据科学问题的不断涌现, 进而孕育了矩阵优化问题, 促进了数学规划向前发展.

以下我们将分两部分简要介绍矩阵优化的研究进展. 第一部分介绍一般矩阵优化问题在算法设计理论研究方面的总体进展. 第二部分重点针对低秩稀疏优化问题这一具体的矩阵优化问题详细介绍相关研究进展与发展展望.

14.1　矩阵优化概述

14.1.1　国内外研究发展现状

矩阵优化的研究无论是最初的半正定规划, 还是近来的矩阵完成问题的研究都是围绕设计求解大规模问题的高效算法这一核心问题展开的. 作为一类特殊的矩阵优化问题, 半正定规划问题是一类求解极小化线性目标函数以同时满足线性等式约束和半正定约束的自变量为矩阵的凸规划问题. 半正定规划问题可以表示为以下标准形式:

$$
\begin{aligned}
\min_{X\in\mathbb{S}^n} \quad & \langle C, X\rangle, \\
\text{s.t.} \quad & \mathcal{A}X = b, \\
& X \in \mathbb{S}^n_+,
\end{aligned}
$$

这里, $\mathbb{S}^n$ 表示实对称/复自共轭矩阵空间, $\mathbb{S}^n_+$ 表示半正定矩阵锥, $\mathcal{A}:\mathbb{S}^n\to\mathbb{R}^p$ 表示一给定的线性映射, $C\in\mathbb{S}^n$ 与 $b\in\mathbb{R}^p$ 表示给定的数据.

1995 年, Goemans 和 Williamson [5] 开创性地运用半正定规划提出了一个求解 NP- 难的最大割问题 (maximum-cut problem) 的 0.8789-近似算法. 时至今日, 半正定规划已经在许多领域成为有效的建模工具, 越来越受到人们的重视. 然而, 早在半正定规划被广泛应用之前, 人们就意识到可以通过推广求解线性规划的内点算法来设计有效求解半正定规划问题的内点算法. 基于 self-concordant 的障碍函数, Nesterov 和 Nemirovskii [6] 标志性地提出并发展了一套深刻的求解凸规划问题的内点算法的统一理论. 随后, 许多求解半正定规划问题的内点算法被学者们提出, 并被理论证明了相应的算法具有多项式时间复杂度. 另外, 在实际应用内点算法的过程中, 研究人员还不断地通过发掘和利用问题的结构特点, 加速算法速度以及克服内存瓶颈限制, 设计实际有效的算法包. 如今, 基于内点算法的软件包, 例如 SDPT3 [7], SeDuMi [8] 已经可以高效稳定地求解中小规模的半正定规划问题. 这些基于直接法的内点法的局限性体现在每一步迭代都需要计算、储存、分解一个 m 维的 Schur 互补矩阵, 进而得到搜索方向, 其中 m 表示约束个数. 然而, 随着新的应用, 诸如金融风险管理中协方差矩阵的估计问题, 量子化学中电子结构计算问题以及分子构象问题的不断涌现 (图 14.1), 相应的半正定规划问题的规模往往超出了基于直接法的内点算法的求解能力 (在这些应用中约束个数 m 可以轻易地达到百万量级甚至更大).

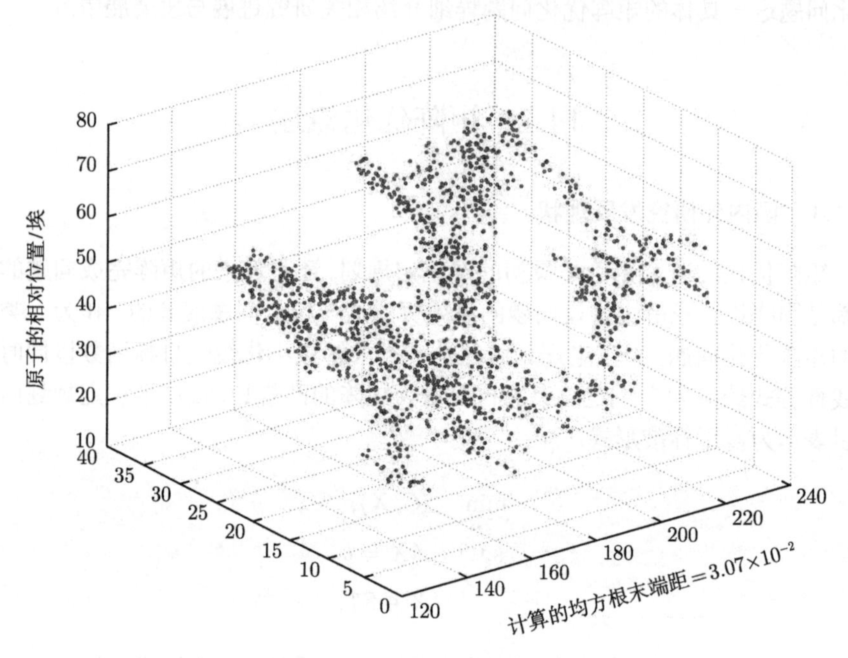

图 14.1 基于矩阵优化的 1534 个原子的蛋白质分子构象 (1F39)

为了努力克服上述困难, Kojima 和 Toh [9], Toh [10] 提出了基于迭代法的非精确内点法, 这类方法可以在一个小时内求解一个稀疏半正定规划问题 (其中 m 不超过 125000). 这类算法的求解能力有了进步, 但对于更具挑战的矩阵优化问题还是不够的. Zhao 等 [11] 设计了结合半光滑牛顿法和共轭梯度法的增广拉格朗日算法 (SDPNAL), 并通过大量的数值实验结果 (矩阵维数可达 4110, 约束条件的数目高达 2156544 的半正定规划问题) 证明了算法的稳定性和快速收敛性. 更进一步, Yang 等 [12] 在此基础上, 设计发布了其加强版本, 即求解带额外上下界约束的大规模半正定规划的算法包 SDPNAL+(可以有效地求解维数不超过 5000, 约束条件的数目高达千万的半正定规划问题). SDPNAL+ 也凭借求解大规模甚至是超大规模半定规划问题的高效性与稳定性, 获得了数学

优化协会 (Mathematical Optimization Society) 颁发的 2018 年度国际数学规划 Beale-Orchard-Hays 奖的肯定.

如前所述, 矩阵优化不局限于半正定规划问题, 还包括低秩稀疏矩阵优化问题在内的许多重要应用问题. 这里需要指出的是, 包括矩阵核范数极小在内的许多矩阵优化问题都是半正定可表示的 (semidefinite representable), 即可以表示成半正定锥约束. 因而, 传统的求解这类问题的方法是通过引进松弛变量和相应约束, 将这类问题转化为规模更大的半正定规划, 再利用相应的算法包 (诸如 SDPT3、SeDuMi 以及 SDPNAL+) 来求解 (例如, 矩阵核范数函数的上图可以通过引进额外 $m+n$ 维对称矩阵, 表示为两个 $m+n$ 维的半正定约束加上不等式约束). 传统方法对于求解规模较小的矩阵优化问题是有效的 (例如, $m+n$ 不超过 1000), 然而对于大规模问题, 如上所述半正定转化的办法往往变得不再有效. 这里除了转化带来的维数显著增大求解困难以外, 在许多应用问题中, 我们还会遇到由于转化引进相应变量和约束, 得到的半正定规划问题不再满足相应的正则性条件 (或者粗略地讲往往得到条件数较差的半正定规划问题), 进而为设计算法带来不必要的困难. 因此, 许多学者针对特定的矩阵优化问题直接设计相应求解算法. 这里我们必须强调的是, 大多数的算法都只能求解特定的矩阵核范数极小问题. 换言之, 一旦实际应用中的问题发生改变, 哪怕只是一些很小的改动, 例如加入一些自变量矩阵的结构性的约束 (矩阵元素非负), 这些算法都不再适用.

与矩阵优化算法设计紧密相关的一个重要理论研究方向是矩阵优化扰动分析. 优化问题扰动分析就是研究解 (最优解或者稳定点) 随扰动变量改变的变化规律. 这里, 我们想强调的是当优化问题是多面体时 (即一般非线性优化问题), 例如, 一般矩阵优化中的非光滑函数 θ 是凸多面体函数 (即其上图为凸多面体), 相应的扰动性分析在过去 30 年中, 已经研究的相当完备了. 然而, 随着实际应用的发展, 特别是近年来, 诸如统计优化在内的大数据科学相关应用的不断涌现, 人们发现要求解的优化问题往往是非多面体的. 然而, 针对非多面体的优化扰动分析理论研究并不像非线性规划问题如此完备. 现有的扰动分析理论大都集中在 $\mathcal{C}^2$- 锥可约的锥优化问题上, 即约束集为 $\mathcal{C}^2$- 锥可约的 (例如, 半正定锥、二阶锥等). 特别地, 对于一类特殊的 $\mathcal{C}^2$- 锥可约的矩阵优化问题－非线性半正定规划问题, Sun[13] 第一次刻画了局部最优解一个重要的扰动分析性质 —— 强正则性 (strong regularity), 证明了在 Robinson 约束品性假设下, 强二阶充分最优性条件 (strong second-order sufficient optimality condition) 和约束非退化 (constraint non-degeneracy) 与 KKT 解集映射的强正则性以及非光滑 KKT 方程的 Clarke 的广义次微分非奇异性之间的等价性. 在此基础上, 对于线性的半正定规划问题, Chan 和 Sun[14] 证明了 KKT 解集映射的强正则性与原始、对偶问题的约束非退化性 (constraint non-degeneracy)、非光滑 KKT 方程的 Clarke 的广义次微分非奇异性间的等价性. 此外, 对于一般 (非凸) 含非多面体约束的矩阵优化问题, Ding 等[15] 刻画了 KKT 系统解映射在最优解处的鲁棒孤立平稳性 (robustly isolated calmness), 证明了这一性质等价于二阶最优充分性条件 (second-order sufficient optimality condition) 和严格鲁棒约束品性 (strict Robinson constraint qualification) 同时成立. 针对一般凸矩阵优化问题, Cui 等[16] 给出了扰动问题的最优解集合映射在最优解处的平稳性 (calmness) 成立的充分条件.

研究优化问题的扰动分析理论, 不仅是因为它本身的重要数学理论价值, 还因为它能为我们设计求解大规模矩阵优化问题高效算法提供理论保障. 例如, Sun 等[17] 利用强正则性的相关结果, 在强二阶最优充分性条件和约束非退化的假设下, 证明了增广拉格朗日法 (augmented Lagrangian method) 对于一般非线性半正定规划问题具有局部线性收敛. 这一收敛性结果也是基于半光滑牛顿法和共轭梯度法的增广拉格朗日算法 (SDPNAL/SDPNAL+) 能够有效求解大规模半正定规划问题背后重要的理论基础. Kanzow 和 Steck [18] 利用鲁棒孤立平稳性的扰动性结果, 将上述增广拉格朗日乘子法收敛性结论进一步推广到二阶最优充分性条件和严格鲁棒约束品性假设下. 众所周知, 对于凸优化问题, 增广拉格朗日法是非精确的对偶邻近点算法 (inexact dual proximal point algorithm) 的一个特殊应用. 在经典文献 [19] 中, Rockafellar 证明了在最优解集映射 Lipschitz 连续假设下 (即最优解集映射 (鲁棒) 孤立平稳性), 非精确邻近点算法的任意阶快速线性和渐近超线性收敛率. 这一假设自然要求原问题的最优解是唯一的, 因而对于一些实际应用, 这一收敛性结果是有局限性的. 因而, Luque [20] 将最优解集映射的 Lipschitz 连续假设放松为一个误差界型的条件. 这里需要指出的是, 如果最优解集映射是多面体映射 (即一般非线性优化问题), Luque 的条件被证明是成立的 [20]. 但是, 对于矩阵优化问题, 最优解集映射往往是非多面体的, 验证 Luque 的条件可能是非常困难的. Cui 等 [16] 证明了保证非精确临近点算法的线性收敛率成立的假设条件可以被进一步放松为最优解集映射在某个最优点处的平稳性. 基于这一扰动分析性质, 文献 [16] 在证明了其全局收敛性的同时, 也证明了在最优解集映射平稳性假设下, 增广拉格朗日法求解凸矩阵优化问题时具有 Powell [21] 提出的局部任意阶快速线性收敛率. 优化问题扰动分析理论与求解大规模问题算法设计紧密联系的例子还有很多, 例如, 鲁棒孤立平稳性, 在证明求解凸矩阵优化问题交替方向法局部线性收敛率中也起到了重要的作用.

14.1.2　发展趋势和展望

矩阵优化的研究目前可以说还处于起步阶段, 随着实际应用, 特别是和大数据科学相关的问题不断涌现, 我们相信相关研究还将继续不断发展, 也必将吸引更多的学者和研究人员投身相关的研究中去.

矩阵优化不是凭空产生的, 而是随着实际应用不断发展的. 首先是出现了数据科学相关的实际应用问题, 通过统计、工程、经济学、管理学、组合数学等领域的专家学者, 将实际问题抽象建模出矩阵优化相关模型, 再需要设计相关算法求解, 最终回到实际问题. 通过这一过程, 我们可以看到矩阵优化作为一个建模工具, 它的研究是从实际问题出发, 与其他学科深度交叉融合, 逐步发展深化. 特别地, 我们要重视应用统计包括机器学习相关领域实际问题的发展, 而不能仅局限于时下比较热门的 “深度学习”. 事实上, 这些 “深度学习” 类似的研究课题也是来源于相关实际问题, 也是求解相应问题的一个手段, 它在具有处理特定问题长处的同时, 也必然具有其不可避免的局限. 因此, 我们应该关注实际问题本身, 而不是跟风陷于具体方法. 另外, 在立足数学规划的同时, 要全面与其他相关领域交叉融合, 从实际问题出发, 真正满足实际需求, 要深入其他领域的理论难点, 用矩阵规划的手段来解决实际问题, 而不是简单的 “拿来算算”. 这就要求矩阵优化不管是算法设计还是理论研究, 都要与诸如高维统计推断、无监督学习统计误差分析、贝叶斯统计等理论相结合. 总之, 矩阵优化的研究从实际问题中来最后还需要回到求解实际问题中去.

在矩阵优化的算法研究方面, 设计求解大规模问题的高效可靠算法一直是重要的主题. 不管是基于牛顿法的二阶方法, 还是目前十分流行的一阶梯度法、交替方向乘子法, 都是我们需要关注研究的. 需要指出的是, 一阶方法和二阶方法各有自身的优点以及缺陷. 一般而言, 一阶方法往往每一迭代步只需要较小的计算代价 (如 $O(n)$ 的工作量), 被认为更适合用在大规模问题上, 而二阶方法往往每一步求解线性方程组就需要远超 $O(n)$ 的工作量, 被认为不适合大数据时代. 这可能也是传统内点法研究进入新世纪以来突然变得不再活跃的重要原因. 这里要强调的是, 一阶、二阶方法本身并没有优劣之分, 一阶方法每一个迭代步工作量少于二阶方法, 也不是绝对的定律. 事实上有许多例子表明, “更聪明实现” 的二阶方法每一步只需要与一阶方法相同或者更少的工作量, 再加上本身具有的 (局部) 二阶收敛性, 使得二阶方法可能具有比一阶方法更好的数值表现. 求解大规模半正定规划问题的 SDPNAL 就具有这样的特点. 非光滑牛顿方程自身的稀疏性 (二阶稀疏性), 使得每一步迭代的计算工作量并不比一阶方法多. 与此同时, 由于二阶收敛性 SDPNAL 总的迭代步数远小于一阶方法 [11, 12]. 此外, 不同方法的表现还与问题本身的扰动性质有关, 同样是线性收敛的一阶方法, 如果线性收敛率越靠近于 1, 算法的数值效果就越差. 需要结合矩阵优化问题的扰动分析, 综合研究算法设计. 总之, 我们需要采用适当的方法设计适合大规模矩阵优化是算法研究的重点.

矩阵优化的扰动分析方面, 相关研究依然处于起步阶段, 许多重要的理论问题还没有很好地解决. 例如, 在矩阵优化, 特别是非多面体优化解集映射类 Lipschitz 性方面, 诸如平稳性、全稳定性、倾斜稳定性的刻画都是可以进一步研究的课题. 其中, 对于一般非凸非多面体优化问题, 一个重要的扰动分析研究课题是 KKT 稳定点强正则性与 Aubin 性之间的关系. 首先对于一般非线性规划问题, 这两者被证明是等价的 [22], 而对于凸优化问题, 我们也知道这两种扰动分析性质是等价的. 一个自然的问题就是对于一般非线性非多面体优化问题 (例如一般矩阵优化问题), 它们是不是也等价? 对于一类特殊的非多面体, 即二阶锥 (second-order cone), 在文献 [23] 中, 作者证明了 KKT 稳定点强正则性与 Aubin 性, 对于非线性二阶锥优化问题是等价的. 除此之外, 对于其他一般非线性非多面体优化问题, 我们并不知道两者的等价关系是否成立.

最后我们做一个简单的总结. 矩阵优化的研究是从实际应用, 特别是大数据科学背景的问题中发展出来的一类约束优化问题, 它是相关交叉科学领域的应用问题的重要模型, 地位重要. 矩阵优化相关的算法、理论以及实际应用都是十分重要的研究领域. 随着实际应用问题的不断发展, 需要我们深入系统地研究矩阵优化问题, 都对相应研究提出了更高的要求. 这都需要我们不断努力地在矩阵优化的相关研究方面寻求新层次的重大突破, 这是一个充满前景的研究领域.

14.2 低秩稀疏矩阵优化问题

矩阵的秩与稀疏度是刻画数据线性关系及可解释性的基本度量. 低秩稀疏矩阵优化问题是应大数据时代需求而产生的一类新型优化问题, 其主旨是寻求满足一定约束条件且使某损失函数值尽可能小的低秩和/或稀疏矩阵, 其中低秩是要求拟寻求的矩阵 (简称目标矩阵) 具有很少的非零奇异值, 而稀疏是要求目标矩阵具有很少的非零元素.

矩阵的秩除了用于刻画数据中的线性关系外, 也常用于表达某些代数与几何关系, 例如, 代数中寻求几个多项式的最大公约数问题 [24] 以及几何中检测平面上的点是否属于某锥部问题 [25] 都需借助矩阵的秩来建模. 另外, 矩阵的秩在实际应用中还常用于表达某些模型或设计的阶数、复杂度或维数等, 例如, 一个低秩矩阵可以对应某系统的低阶控制器、某拟合随机过程的低阶统计模型、某种可以嵌入低维空间的形状或者某种含有少量元件的设计[26]. 鉴于矩阵秩的重要性以及大数据中普遍呈现的低秩和/或稀疏性, 低秩稀疏矩阵优化问题在统计、机器学习、信号与图像处理、控制与系统辨识、量子计算、金融、计算化学等诸多领域中具有十分广泛的应用也就不足为奇了[27,28].

低秩稀疏矩阵优化本质是一个多目标规划, 即目标矩阵一方面要有尽可能小的秩和/或很高的稀疏度, 另一方面要使损失函数值尽可能小. 由于秩函数与零模函数的组合性, 这类问题一般都是 NP- 难的非凸非光滑优化问题; 而源于实际应用的低秩稀疏矩阵优化通常具有较大规模, 采用全局优化方法寻求其全局最优解的思路几乎不可行. 如何根据这类优化问题的特点设计快速有效的求解算法是优化领域面临的新挑战. 可见, 开展低秩稀疏矩阵优化的研究既有广阔的应用前景又有重要的理论价值, 它不仅为数据处理提供快速有效的计算方法, 还为其他类组合优化问题的求解提供新的思路.

14.2.1 国内外研究发展现状

根据目标矩阵关注的是稀疏、低秩、稀疏与低秩的复合, 还是低秩与非负的复合, 低秩稀疏矩阵优化问题可大致分为如下几类: 稀疏矩阵优化问题、低秩矩阵优化问题、低秩加稀疏矩阵优化问题、非负低秩矩阵优化问题, 它们的各自典例是稀疏逆协方差估计问题、低秩矩阵感知和填充问题、矩阵分离 (又称鲁棒主成分分析) 问题、非负矩阵分解问题. 下面先来介绍这四类低秩稀疏矩阵优化问题的模型及算法的研究现状.

1. *稀疏逆协方差估计的模型与算法*

稀疏逆协方差估计问题是在假设多元正态分布的协方差矩阵逆为稀疏的条件下将其估计出来. 由于协方差矩阵的逆代表着高斯–马尔可夫随机域的图, 该问题在机器学习、信号处理、计算生物等领域中有着十分重要的应用 [29]. 设随机向量 $x\in\mathbb{R}^p$ 服从多元正态分布 $N(\mu,\Sigma)$, S 代表其样本协方差矩阵, Yuan 和 Lin[30] 通过求解如下矩阵 ℓ_1-正则化的对数似然估计模型来得到逆协方差阵 Σ^{-1} 的稀疏估计:

$$\min_{\Theta\in\mathbb{S}^p_{++}}\Big\{-\log(\det\Theta)+\langle S,\Theta\rangle+\lambda\|\Theta\|_1\Big\}. \tag{14.2.1}$$

由于该模型最优解的非零元表征了图模型变量的相关性, 它也常被称为高斯图模型. 另一类常见的模型是基于关系式 $\Sigma\Sigma^{-1}=I$ 以及 S 是 Σ 的无偏估计事实, 通过在矩阵集 $\{\Theta\in\mathbb{S}^{p\times p}\colon\|S\Theta-I\|_\infty\leqslant\sigma\}$ 中寻求具有最小 ℓ_1-范数的矩阵来得到 Σ^{-1} 的稀疏估计.

鉴于稀疏逆协方差矩阵的重要性, 许多求解问题 (14.2.1) 的算法被提出来, 如对偶一阶算法和牛顿法、原一阶算法和牛顿法, 这里介绍较为流行的对偶块坐标下降法和原块坐标牛顿法. 根据凸规划的强对偶定理, 问题 (14.2.1) 的最优解可以通过解其对偶问题得到. 基于此, Banerjee 等 [31] 通过每步解 p 个凸二次规划对对偶变量的每行/列进行优化. 由于每个凸二次规划恰好是标准 Lasso 问题的对偶, 该对偶块坐标下降法方法实质是将复杂的凸规划 (14.2.1) 分解为一系列简单 Lasso 问题来求解, 因此也常被称为图 Lasso 算法. 值得强调的是, 该对偶块坐标下降法是通过估计协方差矩阵来得到其逆的稀疏估计. 当采用牛顿法求解复合凸规划 (14.2.1) 时, 需利用目标函数在当前迭代点处的二次近似来产生牛顿方向, 其中二次近似是借助目标函数光滑部分的二次近似和其非光滑部分形成的. 有趣的是, 此时的牛顿方向恰好是由标准 Lasso 定义. 文献 [32] 中的块坐标牛顿法就是每步使用块坐标下降法求解牛顿方向子问题而提出的二阶方法, 由于它将块坐标下降法的优点与 Lasso 问题的结构巧妙结合起来, 特别适于求解大规模问题.

2. 低秩矩阵优化问题的模型与算法

低秩矩阵优化问题一般可以模型化为秩 (正则) 极小化模型和因子分解优化模型. 设 $f\colon \mathbb{R}^{n_1\times n_2}\to\mathbb{R}_+$ 是损失函数 (也称经验风险度量函数), Ω 是矩阵空间 $\mathbb{R}^{n_1\times n_2}$ 中的简单闭凸集, 秩极小化模型是寻求使损失函数低于某个噪声水平的秩最小目标矩阵:

$$\min_{X\in\mathbb{R}^{n_1\times n_2}}\Big\{\mathrm{rank}(X)\ \ \mathrm{s.t.}\ f(X)\leqslant\delta,\ X\in\Omega\Big\},\tag{14.2.2}$$

而秩正则极小化模型是通过控制正则参数在损失函数与秩最小之间寻求权衡目标矩阵:

$$\min_{X\in\Omega}\Big\{f(X)+\lambda\,\mathrm{rank}(X)\Big\}.\tag{14.2.3}$$

因子分解模型不是直接优化矩阵变量 $X\in\mathbb{R}^{n_1\times n_2}$, 而是利用目标矩阵是低秩的信息, 将矩阵变量 X 用其低秩双因子分解形式 UV^{T} 代替而得到的非凸优化模型:

$$\min_{U\in\mathbb{R}^{n_1\times\kappa},V\in\mathbb{R}^{n_2\times\kappa}}\Big\{f(UV^{\mathrm{T}})\ \ \ \mathrm{s.t.}\ \ U\in\Omega_1,V\in\Omega_2\Big\},\tag{14.2.4}$$

其中正整数 κ 是目标矩阵秩的估计, $\Omega_1\subseteq\mathbb{R}^{n_1\times\kappa}$ 和 $\Omega_2\subseteq\mathbb{R}^{n_2\times\kappa}$ 是简单闭凸集.

由于秩函数的组合性, 处理非凸优化问题 (14.2.2), (14.2.3) 的关键是寻求秩函数的有效代理, 然后通过求解相应的代理模型或其凸松弛模型来得到秩 (正则) 极小化问题的满意解, 比较流行的代理方法有核范数代理法、Schatten-p 拟范数代理法、基于等价 Lipschitz 代理的凸松弛法. 虽然因子分解模型 (14.2.4) 的目标函数非凸, 但当损失函数 f 是连续可微时, 可直接应用经典的非线性规划方法来求解. 由于因子分解模型本身会促进低秩解且每步迭代因不需要奇异值分解而工作量较少, 被许多大规模推荐系统采用.

核范数代理法, 作为控制领域中迹范数启发式法的推广, 是由 Fazel 在其博士学位论文中提出的 [26]. 受向量稀疏优化 ℓ_1- 范数凸代理法的良好性能启发, Fazel 证明核范数是秩函数在算子范数单位球上的最紧凸代理, 并提出用核范数代替秩函数 Fazel 通过解单个核范数凸优化问题来得到低秩解的核范数代理法. 就仿射约束的秩极小化问题, Recht 等 [4] 率先在线性映射的限制同构条件下, 证明了仿射约束核范数极小化问题具有唯一最优解且等于真实矩阵, 从而提供了该凸松弛方法的精确恢复保证. 几乎同时, Candes 和 Recht [2] 注意到源于矩阵填充的仿射约束秩极小化问题的线性映射并不满足限制同构性, 它们在真实矩阵的行和列空间满足一定良好条件下, 证明当无噪声均匀采样的采样数达到一定界限时, 仿射约束核范数极小化问题以高概率有唯一最优解. 之后, 针对噪声矩阵感知和填充问题, Candes 和 Plan [33] 以及 Negahban 和 Wainwright[34] 分别在采样算子的限制同构条件和限制强凸条件下, 建立了核范数正则化问题的最优解到真实解的误差界. 在核范数代理法的理论保证激发下, 许多求解核范数优化问题的有效算法被相继提出, 如核范数极小化问题的奇异值阈值算法、增广和线性化增广拉格朗日函数、核范数正则化问题的不动点延拓算法、加速邻近梯度法和线性化交替方向法.

虽然核范数是秩函数在谱范数单位球上的最紧凸包络, 但两者之间存在很大差别, 因而对一般的尤其是某些结构的低秩矩阵恢复问题, 该方法将面临挑战甚至失效, 例如, 当用此方法解金融领域中的低秩相关矩阵填充问题时, 由于核范数在可行域上恒为常数, 求解核范数凸松弛问题并不能产生低秩解. 鉴于此, 一些研究者通过寻求秩函数的有效非凸代理来设计启发式法, 如 Schatten-p 拟范数代理法. 该方法是用 Schatten-p 拟范数或其光滑形式代替秩函数, 通过解相应的代理问题来得到秩 (正则) 极小化问题的满意解. 特别地, 文献 [35], [36] 和 [37] 分别在线性映射的适当限制同构条件或 Schatten-p 拟范数诱导的零空间条件下, 证明仿射约束的 Schatten-p 拟范数极小化问题具有唯一全局最优解, 从而建立此类非凸代理法的精确恢复保证. 此外, Rohde 和 Tsybakov[38] 在线性映射的适当限制同构条件下建立了 Schatten-p 拟范数正则最小二乘问题的预测误差界以及全局最优解的 Schatten-q ($p \leqslant q \leqslant 2$) 误差界. 这些结果在一定程度上都证明了此类非凸代理模型是好的, 但因代理问题的非凸性, 求解它们仍需采用启发式法, 故这些结果与计算满意解的启发式法的理论之间还存在着差距. 目前, 求解拟范数代理问题的主要方法有迭代重加权最小二乘法 [39] 和利用特殊的拟范数的邻近算子具有闭式表达而设计的梯度型算法 [39]. 例如, 针对光滑化的 Schatten-p 拟范数正则最小二乘问题, Lai 等 [40] 提出了迭代重加权最小二乘法, 并在线性映射的限制同构条件下建立了迭代点列的任意极限点到真实解的误差界.

上面提到的凸代理模型和非凸代理模型都只是低秩优化问题的近似, 它们与低秩矩阵优化问题一般具有不同的全局最优解集, 因而基于这些代理模型的启发式法的有效性在很大程度上取决于它们与低秩优化模型的逼近程度. 根据秩函数的变分刻画, 低秩矩阵优化问题本质是带有平衡约束的矩阵规划 (简称矩阵 MPEC). 文献 [41], [42] 从低秩矩阵优化的等价 MPEC 入手, 通过研究 MPEC 的全局精确罚提供一种构造低秩矩阵优化等价 Lipschitz 代理的机制, 并借助等价 Lipschitz 代理或 MPEC 的全局精确罚提出一类多阶段凸松弛法. 特别地, 针对秩正则最小二乘问题, 文献 [41] 在仿射映射的适当限制特征值条件下, 刻画了该方法每阶段最优解到真实解的误差界、量化了第一阶段最优解的误差界在之后各阶段的下降量, 并建立统计意义下误差界序列的几何收敛速率.

对于因子分解模型 (14.2.4), 当 f 是凸函数时, 只要因子矩阵 U 和 V 之一固定, 它就变成可解的凸规划, 从而适于采用交替极小化方法来求解. 针对仿射约束秩极小化问题, Jain 等 [43] 通过限制初始点的选取, 在仿射映射的限制同构条件下证明了交替极小化方法几何收敛到矩阵感知问题的真实解; 在真实矩阵的行和列空间满足一定良好条件下, 证明该方法在一定采样数下会以高概率几何收敛到矩阵填充问题的真实解. 另一类流行的方法是局部搜索的梯度下降法, 以仿射约束的秩极小化问题为例, 该方法首先运行有限个低秩投影梯度步寻求满意的初始解, 然后以其为初始点采用梯度下降算法求解带有平衡项 $\|U^{\mathrm{T}}U-V^{\mathrm{T}}V\|_F^2$ 的最小二乘因子分解模型. Tu 等 [44] 在线性映射的适当限制同构条件下, 证明该算法产生的迭代点列几何收敛到真实矩阵. 此外, 针对矩阵填充问题, 文献 [45] 通过巧妙地缩减最小二乘子问题中的矩阵乘积工作量, 提出非线性过松弛算法 ——LMaFit. 虽然该算法目前尚缺乏恢复性保证, 但在实际计算中展示出良好性能.

3. 低秩加稀疏矩阵优化的模型和算法

低秩加稀疏矩阵优化问题的典例是矩阵分离问题, 即已知数据矩阵 M 是低秩矩阵 L_0 与稀疏型矩阵 S_0 (如元素稀疏或列稀疏) 的叠加, 能否将 M 的低秩部分与稀疏部分精确恢复出来? 从主成分分析角度看, 就是如何从 M 的高噪声观测中恢复出其主成分, 从而提供一种鲁棒的主成分分析. 矩阵分离或鲁棒主成分分析问题在计算机视觉、多任务学习、潜在语义索引、视频监控等领域中有着重要的应用. 用 $\psi(S)$ 表示矩阵 S 的元素零模 $\|S\|_0$ 或列零模 $\|S\|_{2,0}$, 矩阵分离问题可模型化为秩加零模极小化问题

$$\min_{L,S\in\mathbb{R}^{n_1\times n_2}}\Big\{\mathrm{rank}(L)+\mu\,\psi(S)\quad \text{s.t.}\ \ \|\mathcal{A}(L+S-M)\|_F\leqslant\delta\Big\}, \tag{14.2.5}$$

其中 $\mathcal{A}\colon\mathbb{R}^{n_1\times n_2}\times\mathbb{R}^{n_1\times n_2}\to\mathbb{R}^{n_1\times n_2}$ 是采样算子, $\delta\geqslant 0$ 表示噪声水平. 当 $\delta>0$

时, 即带噪声的情形, 矩阵分离问题也常被模型化为如下秩加零模正则化问题

$$\min_{L,S\in\mathbb{R}^{n_1\times n_2}}\left\{\frac{1}{2}\|\mathcal{A}(L+S-M)\|_F^2+\lambda\big(\mathrm{rank}(X)+\mu\,\psi(S)\big)\right\}. \tag{14.2.6}$$

利用目标矩阵 L_0 是低秩的信息, 将变量 L 用其低秩因子分解代替可得因子分解模型

$$\min_{U\in\mathbb{R}^{n_1\times\kappa},V\in\mathbb{R}^{n_2\times\kappa},S\in\mathbb{R}^{n_1\times n_2}}\left\{\frac{1}{2}\|\mathcal{A}(UV^{\mathrm{T}}+S-M)\|_F\quad \text{s.t. } U\in\Omega_1,V\in\Omega_2,S\in\mathcal{F}\right\}, \tag{14.2.7}$$

其中 $\mathcal{F}=\{S\in\mathbb{R}^{n_1\times n_2}\mid \|S\|_0\leqslant s\}$, $\Omega_1\subseteq\mathbb{R}^{n_1\times\kappa}$ 和 $\Omega_2\subseteq\mathbb{R}^{n_2\times\kappa}$ 是简单闭凸集.

鉴于矩阵分离问题的重要性, 提出许多求解秩加零模问题 (14.2.5),(14.2.6) 的凸松弛方法, 如主成分追踪法. 该方法是用核范数和矩阵 ℓ_1-范数 (或列 $\ell_{2,1}$-范数) 分别代替秩函数与矩阵元素零模 $\|S\|_0$ (或列零模 $\|S\|_{2,0}$), 然后通过解相应的凸代理问题来得到满意解. 其中, Chandrasekaran 等 [46] 针对确定稀疏部分, 在秩稀疏良好条件下建立了无噪声全采环境下核范数加矩阵 ℓ_1-范数极小化问题的精确恢复保证, 而 Candès 等 [47] 针对随机稀疏部分, 在真实低秩矩阵的良好条件下建立其精确恢复保证; Zhou 等 [48] 在真实低秩矩阵的良好条件下建立了噪声全采环境下核范数加矩阵 ℓ_1- 范数极小化问题的最优解到真实解的误差界; 而 Agarwal 等 [49] 在较弱的尖性条件条件下建立了核范数加矩阵 ℓ_1- 范数正则化问题的最优解到真实解的误差界. 这些结果为秩加零模 (正则) 极小化问题的主成分追踪法提供了理论保证. 由于相应的核范数加矩阵 ℓ_1- 范数 (或列 $\ell_{2,1}$- 范数) 问题本质是线性约束的两块非光滑凸优化问题, 乘子交替方向法是有效的求解方法之一. 当仿射映射的谱范数较小时, 采用加速邻近梯度法也是一个不错的选择.

对于因子分解模型 (14.2.7), 当一些变量固定时, 它就变成可解凸规划, 结合稀疏约束集上的投影算子有显式表达的特点, 因此可以采用块坐标下降法求解. 对于此算法, Gu 等 [50] 通过限制初始点的选取, 在真实低秩矩阵的良好条件以及线性映射的限制同构条件下, 建立了其局部线性收敛速率.

4. 非负矩阵分解问题的模型与算法

非负矩阵分解源于 20 世纪 80 年代线性代数领域的研究, 后来因 Lee 和 Seung 的工作 [51] 而受到广泛关注, 作为数据降维的一种重要方法, 它在文本挖掘、计算机视觉、光谱数据分析、盲源分离等领域中具有广泛的应用. 非负矩阵分解的主旨是对已知高维数据矩阵 $A\in\mathbb{R}^{n_1\times n_2}$, 在给定低维空间维数 κ 下, 寻求非负低秩矩阵 $W\in\mathbb{R}^{n_1\times\kappa}$ 和 $H\in\mathbb{R}^{n_2\times\kappa}$ 使得它们的积矩阵 WH^{T} 能够逼近

数据矩阵 A, 其标准优化模型为

$$\min_{W\in\mathbb{R}^{n_1\times\kappa},H\in\mathbb{R}^{n_2\times\kappa}}\left\{\|A-WH^{\mathrm{T}}\|_F^2\quad \text{s.t. } W\geqslant 0, H\geqslant 0\right\}. \tag{14.2.8}$$

虽然寻找非负矩阵分解问题的全局最优解是 NP-难的, 但是计算上有很多算法能有效产生局部最优解, 比如交替非负最小二乘法和分层交替最小二乘法, 其中前者是两矩阵块的坐标下降法, 后者是基于问题 (14.2.8) 向量形式的 2κ 个向量块的坐标下降法. 可以证明这两个算法所产生点列的极限点在适当的条件下是非凸优化问题 (14.2.8) 的稳定点.

5. 低秩张量优化问题的模型与算法

前面介绍的低秩稀疏矩阵优化问题的有效算法为二维数据的降维处理提供了满意的解决办法. 然而, 随着计算机技术的迅速发展, 多维数据在许多领域流行起来, 张量因其捕获多元线性结构的能力而成为建模的自然选择. 虽然张量频繁出现在高维数据空间中, 但大多应用关注的是低秩或近似低秩张量. 低秩张量优化问题虽然是低秩矩阵优化问题的推广, 但将后者的许多结果推广到前者并不是显然的, 困难在于张量的数值代数中很多是 NP-难问题. 例如, 张量的核范数计算一般都是 NP-难的, 从而低秩张量的核范数优化模型并不能像低秩矩阵优化那样是可解的凸优化问题.

低秩张量优化模型主要包括低 Tucker 秩优化模型和 CP 因子分解模型. 一个 n-阶张量 $\mathcal{X}\in\mathbb{R}^{m_1\times m_2\times\cdots\times m_n}$ 的 Tucker 秩是张量沿每个模态展开矩阵的秩而形成的向量. 由于低 Tucker 秩张量沿每个模态展开的矩阵都是低秩的, 低 Tucker 秩张量优化问题的本质是矩阵的向量优化问题. 受向量优化问题的常用标量化形式的启发, 模态展开矩阵的加权核范数凸松弛模型在过去几年得到研究者的关注, 其中 Tomioka 等 [52] 和 Raskutti 等 [53] 分别针对低 Tucker 秩张量恢复问题和多响应张量回归问题, 在一定限制强凸条件下建立了模态展开矩阵的加权核范数正则化模型的理论保证. 由于这些凸松弛模型都具有一定的分离结构, 特别适合于采用乘子交替方向法进行求解. CP 因子分解模型是基于张量 CP 分解而提出的, 设 $\mathcal{A}$ 是 n- 阶低 CP 秩张量 $\mathcal{M}\in\mathbb{R}^{m_1\times m_2\times\cdots\times m_n}$ 的噪声观测, CP 因子分解模型利用目标张量具有低 CP 秩的信息, 通过解如下非凸优化问题

$$\min_{b_1^{(1)},\cdots,b_1^{(n)},\cdots,b_R^{(1)},\cdots,b_R^{(n)}}\left\|\mathcal{A}-\sum_{r=1}^{R}b_r^{(1)}\circ b_r^{(2)}\circ\cdots\circ b_r^{(n)}\right\|_F^2$$

来得到 $\mathcal{M}$ 的满意低 CP 秩张量估计, 其中 “$\circ$” 表示向量外积, 正整数 R 是目标张量 CP 秩的估计. 目前, 比较流行的求解该因子分解模型的方法是块坐标下降法.

6. 低秩矩阵恢复问题的全局最优性分析

低秩矩阵恢复问题的全局最优性分析包括: ① 针对矩阵感知问题, 借助采样算子的适当限制强凸条件, 在无噪声环境下证明凸或非凸代理模型具有唯一全局最优解 [4], 在噪声环境下刻画凸代理模型的全局最优解到真实解的误差界 [33,34]; ② 针对矩阵填充问题, 借助真实矩阵的行和列空间的良好条件, 在无噪声环境下证明凸代理模型以很高概率具有唯一的全局最优解 [2], 在噪声环境下刻画凸代理模型的全局最优解到真实解的误差界[38]; ③ 针对矩阵感知的因子分解模型, 在采样算子的适当限制强凸条件下, 刻画其稳定点的几何蓝图或证明没有虚假的局部最优解 [54,55].

真实矩阵的行和列空间的良好条件本质是要求真实矩阵不包含在采样算子的零空间中, 而采样算子的限制强凸条件本质是要求其具有满意的条件数. 采样算子的限制强凸条件主要包括限制同构性质和方向集的限制强凸性. 虽然文献 [4] 中提供了一些几乎同构随机线性映射的例子 (如 $\mathcal{A}$ 的相应矩阵具有独立同分布元素且元素都来自高斯分布或对称伯努利分布), 但映射 $\mathcal{A}$ 的限制同构性是非常强的. 正如文献 [2] 中提到的, 矩阵填充问题的采样算子一般不满足限制同构性. 此外, 文献 [34] 中也通过例子说明映射 $\mathcal{A}$ 虽然不满足限制同构性, 但会以很高概率满足某个方向集 $\mathcal{C}$ 上的限制强凸性. 对这类限制强凸性与秩 r 的限制同构性, 目前尚不能明确知道孰强孰弱.

14.2.2 关键问题和挑战

低秩稀疏矩阵优化的模型研究在于根据问题的应用背景, 借助适当的数据“稀疏”表示来建立合理的优化模型; 而其算法研究在于为所提出的低秩稀疏矩阵优化模型提供既实际有效又有理论保证的计算方法. 目前, 单一结构和精确型的数据“稀疏”表示在低秩稀疏优化的建模中得到广泛使用, 但许多问题通常呈现复合结构的“稀疏”特性, 而且数据的精确“稀疏”表示对基于噪声数据的模型未必合理. 对低秩稀疏矩阵优化的算法研究, 虽然凸松弛算法在过去十几年中取得了长足发展, 但现有的保证凸松弛模型可以求解原非凸非光滑问题的条件仍局限于几类, 而且这些条件与现有的优化理论之间的关系尚未清楚. 实际应用中的求解低秩矩阵优化的算法大多是基于因子分解的非凸优化模型设计的, 但这些算法的理论分析非常困难, 目前对它们的研究投入还明显不足. 此外, 如何有效运用特征值/奇异值分解提高低秩矩阵优化的计算也是关键的.

1. 数据的“稀疏”表示

合理的数据“稀疏”表示是低秩稀疏矩阵优化模型研究的关键, 但是目前对“稀疏”表示的研究还不够充分, 涉及的主要问题有如下两方面: ① 复合结构“稀疏”性探索不足. 许多问题借助单一的低秩、元素稀疏或者列稀疏结构并不能建立具有很好泛化能力的低秩稀疏优化模型, 通常需借助像同时低秩稀疏、非负低秩、对角低秩等复合结构“稀疏”来建模, 如多任务机器学习、二次压缩感知、稀疏相位恢复以及社交网络图的刻画等; 此外, 还有些问题的“稀疏”性需借助决策矩阵的适当变换的低秩或元素稀疏来表示, 如低 Tucker 秩张量优化模型的有效标量化形式. ② 缺乏对近似“稀疏”的探讨. 实际中的数据都会带有噪声, 近似“稀疏”的目标矩阵可能比精确“稀疏”更接近实际要求, 这就提出如何度量近似低秩和近似稀疏的问题.

2. “稀疏”度量的性质刻画

零模与秩函数的非光滑性在某种程度上体现了其组合性, 因它们的各类广义微分之间并无明显差别, 直接对其进行非光滑分析并不能为低秩稀疏矩阵优化的理论研究带来帮助. 然而, 目前尚未发现有研究工作从它们的参变量 MPEC 变分刻画入手, 通过研究参变量优化问题的解映射稳定性来挖掘低秩稀疏矩阵优化的理论以及探索现有的凸与非凸代理模型的有效性. 此外, 虽然零模与秩函数的许多近似代理被提出来, 但对这些代理函数 (包括核范数) 的优化性质研究大多只停留在一阶刻画上, 而对其二阶优化性质的刻画却很少, 这也是导致非凸代理模型理论分析滞后的原因之一.

3. 凸松弛模型的理论保证

低秩稀疏矩阵优化的凸松弛理论主要关注如下两方面: ① 无噪声环境下, 什么条件可以保证凸松弛问题有唯一且等于真实矩阵的最优解; ② 噪声环境下, 全局最优解到真实低秩矩阵的误差界. 对于前者, 现有的精确恢复条件大多是从凸松弛问题及其对偶的最优性刻画出来的, 注意到凸松弛问题具有唯一最优解本质是要求其解映射具有孤立平稳性, 但目前尚未有工作从凸优化解映射的稳定性角度来刻画精确恢复条件. 后者主要说明凸松弛的任意全局最优解到真实解的距离是可控的, 但目前大多集中于单个凸松弛问题的误差界研究, 对序列凸松弛问题的误差界刻画, 尤其是序列凸松弛问题最优解的误差界序列的下降性研究还不足. 此外, 虽然凸优化算法的迭代复杂性在最近十几年取得长足发展, 但研究凸松弛算法到真实解的迭代复杂性的工作还十分有限.

4. 非凸代理问题的理论保证

低秩稀疏矩阵优化的非凸代理模型比其核范数和/或 ℓ_1- 范数凸代理模型更接近原来的非凸非光滑模型, 但是寻求这些非凸代理模型的全局最优解几乎是不可能的, 一般的求解算法只能产生它们的稳定点. 这样, 就需要从模型角度分析什么条件能 (以高概率) 保证这些非凸代理模型的稳定点是好的, 而达到此目标的关键是刻画非凸代理模型的全局最优解集或者刻画稳定点到真实低秩稀疏解的误差界. 对一般非凸优化问题的算法, 往往容易得到子列的收敛性而不是整个序列的收敛性, 因此从优化算法角度需研究算法的全局收敛性以及在稳定点处的局部快速收敛速率, 实现此目标的关键是建立目标函数的适当正则性质, 如限制强凸性、指数为 $[0, 1/2]$ 的 Kurdyka-Lojasiewicz 性质等.

5. 因子分解模型的理论保证

因子分解模型会有很多局部最优和非局部最优的鞍点, 一个重要的研究方向是刻画非凸目标函数的几何蓝图, 即通过识别稳定点将因子空间划分为严格鞍点区域、全局最优解区域以及它们的补区域, 由此提供此类模型无虚假局部最优的条件, 从而保证局部搜索算法可以收敛到全局最优解. 目前几何蓝图的刻画仅限于对光滑损失函数或带有平衡正则项的光滑复合目标函数, 而对降秩的正则损失函数的刻画还很少. 因子分解模型的算法研究主要关注梯度型下降算法的局部收敛速率, 即无噪声环境下能否线性收敛到因子分解模型的全局最优解以及噪声环境下能否在统计意义下线性收敛到真实低秩矩阵. 前者的重点是建立目标函数在全局最优解处的正则性质, 全局最优解集的刻画是实现此目标的关键, 目前的研究还局限于全采样的带有平衡正则项或双 F-范数因子正则项的分解模型; 后者的重点是刻画迭代点到真实低秩矩阵的误差界, 目前的研究还局限于光滑损失函数或带有平衡正则项的光滑复合目标函数上.

6. 低秩稀疏优化问题的有效计算

凸代理或非凸代理优化模型的每步计算工作量主要是特征值/奇异值分解. 对于无约束或简单约束的凸或非凸代理模型, 利用最优解是低秩的特点, 每步迭代可以采用前 κ 个最大特征值/奇异值分解来缩减计算工作量, 目前面临的挑战是对于复杂尤其是硬约束型约束的凸与非凸代理模型, 如何有效运用特征值/奇异值分解来降低计算量. 因子分解模型的每步迭代工作量集中在矩阵乘积的计算上, 如何利用因子分解模型的结构特点缩减矩阵乘积的个数是提高这类优化模型计算的关键.

14.2.3 未来发展建议

低秩稀疏矩阵优化问题是一类与数据处理密切相关的新型优化问题, 只有与其他应用学科 (如生物、物理、化学、工程) 紧密结合才能从具体应用中发展新的 "稀疏" 性, 只有与其他的数据处理学科 (如统计、机器学习) 交叉融合才能提出新的低秩稀疏矩阵优化模型以及新的求解算法, 从而发展新的低秩稀疏矩阵优化理论.

1. 从深度学习中发掘低秩矩阵优化问题

为了学习大数据中的特征, 一些大规模的深度学习和深度计算模型被相继提出来. 深度学习和计算模型中的参数与特征映射的冗余是导致其高计算量和高内存消耗的关键因素, 而这些冗余主要反映在加权矩阵和特征映射的结构性质上, 如何利用 “稀疏” 矩阵和张量建立适宜的学习模型除去这些冗余是大规模神经网络压缩的关键. 这意味着, 整个神经网络结构的压缩蕴藏了许多新型低秩稀疏矩阵/张量优化问题, 而如何有效地训练压缩后的神经网络又对低秩矩阵/张量优化问题的求解算法提出新的挑战.

2. 基于数据类型的低秩稀疏矩阵优化研究

基于图的数据分析, 如搜索引擎查询、社交网络的检测和垃圾邮件过滤; 实时数据流分析: 如在线广告、推荐系统和电子商务中的点击和查询记录. 这些 “新” 问题的出现同时带来机遇和挑战. 针对快速 MRI 成像、低剂量 CT 成像、优质 PET 成像、高维多模态图像分析、医学图像检索、相位恢复以及低温电子显微镜和三维重构中的若干反问题, 建立合适的模型, 分析和研究模型的性态, 发展有效的快速算法.

3. 正则化因子分解的模型及理论研究

为了建立满意的因子分解模型, 关键是能得到目标矩阵秩的较紧估计. 由于目标矩阵秩的未知性, 通常只能得到其粗略估计. 显然, 直接求解这样的因子模型只能提供一个启发式的低秩解. 当问题对目标矩阵的秩的精度要求较高时, 则需引入能自适应降秩的正则项. 鉴于核范数的变分刻画, 目前文献中考虑的降秩正则化模型主要是 Sebro 提出的双 F-范数正则化因子分解模型. 鉴于核范数降秩能力的不足, 有必要研究其他类型的降秩正则化因子分解模型, 而实现此目标的关键是从因子分解角度来表达秩函数并构造适宜的 “稀疏” 度量. 此外, 现有的因子分解模型的理论保证大多是在秩估计等于目标矩阵秩的假设下建立的, 这些分析技术并不适于自适应降秩的正则化因子分解模型, 因此对其尚需开展相应的理论研究.

4. 随机优化算法的研究

源于许多应用 (如网页搜索、感知网络、卷积神经网络) 的大规模低秩稀疏矩阵预测模型的损失函数是大量训练样本损失的和, 而且样本之间通常存在大量的冗余. 为了节省优化算法学习此类预测模型时的计算量和内存开销, 采用随机近似 (或随机优化) 算法是十分必要的, 这类算法可以成功地利用损失函数的结构, 每步通过少量训练样本数据来更新预测模型. 目前随机优化算法的研究主要针对极小化凸 (正则) 损失问题, 而低秩稀疏矩阵优化的非凸代理模型或因子分解模型要比凸正则化模型更有效, 因此建议开展这些非凸优化模型的随机优化算法研究. 另外, 当前的随机优化算法研究侧重于随机梯度算法的迭代复杂界刻画, 建议开展随机拟牛顿法或牛顿法的迭代复杂界研究.

5. 随机分析方法

近几年, 许多随机分析的工具被引入优化领域, 解决了许多难的理论问题, 主要体现在: ①通过凸松弛技术解决非凸优化问题, 即在某些随机性条件下, 证明原始解和对偶解满足凸松弛问题的最优性条件, 由此建立原始非凸问题和凸松弛问题等价的充分条件; ②分析如何获得非凸问题的全局最优解, 即构造一个初始解在全局最优解的某邻域里, 然后根据一些随机性条件证明模型在该邻域里有很好的性质, 算法迭代过程不会跑出该邻域, 具有线性或二次收敛性速度. 这些分析工具主要适用于一些具有明显结构的模型, 比如相位恢复、社区检测和矩阵填充等, 其分析往往是具体问题具体分析. 如何将这些方法推广到一般的问题, 建立一般的分析框架, 尚需进一步研究.

6. 低秩张量分解的模型与算法研究

低 Tucker 秩张量优化问题的本质是矩阵秩向量优化问题, 但现有的模态矩阵加权核范数或单模态矩阵核范数的凸标量化形式的恢复能力有限, 因此十分有必要研究矩阵秩向量的其他有效标量化形式. 对张量的 CP 因子分解模型, 其非凸性的几何蓝图尚未挖掘; 虽然提出了一些求解算法, 但对这些算法的统计意义下的收敛保证尚缺乏充分研究. 另外, 作为处理大规模多维数据的一种工具, 张量网络具有很多潜在的优势, 但目前在此方向的研究还刚起步, 相关的算法研究还很少.

参 考 文 献

[1] Todd M. Semidefinite optimization. Acta Numerica, 2001, 10: 515-560.

[2] Candes E J, Recht B. Exact matrix completion via convex optimization. Foundations of Computational Mathematics, 2009, 9: 717-772.

[3] Candes E J, Tao T. The power of convex relaxation: near-optimal matrix completion. IEEE Transactions on Information Theory, 2010, 56: 2053-2080.

[4] Recht B, Fazel M, Parrilo P A. Guaranteed minimum-rank solutions of linear matrix equations via nuclear norm minimization. SIAM Review, 2010, 52: 471-501.

[5] Goemans M X, Williamson D P. Improved approximation algorithms for maximum cut and satisfiability problems using semidefinite programming. Journal of the ACM (JACM), 1995, 42(6): 1115-1145.

[6] Nesterov Y, Nemirovskii A. Interior Point Polynomial Algorithms in Convex Programming: Theory and Applications. Philadelphia: Society for Industrial and Applied Mathematics, 1994.

[7] Toh K, Todd M, Tutuncu R. SDPT3-a Matlab software package for semidefi-nite programming. Optimization Methods and Software, 1999, 11: 545-581.

[8] Sturm J. Using SeDuMi 1.02, a MATLAB Toolbox for optimization over symmetric cones. Optimization Methods and Software, 1999, 11: 625-653.

[9] Kojima M, Toh K. Solving some large scale semidefinite programs via the conjugate residual method. SIAM Journal on Optimization, 2002, 12: 669-691.

[10] Toh K. An inexact primal-dual path-following algorithm for convex quadratic SDP. Mathematical Programming, 2007, 112: 221-254.

[11] Zhao X, Sun D, Toh K. A Newton-CG augmented Lagrangian method for semidefinite programming. SIAM Journal on Optimization, 2010, 20: 1737-1765.

[12] Yang L Q, Sun D F, Toh K C. SDPNAL+: A majorized semismooth Newton-CG augmented Lagrangian method for semidefinite programming with nonnegative constraints. Mathematical Programming Computation, 2015, 7: 331-366.

[13] Sun D. The strong second-order sufficient condition and constraint nondegeneracy. Mathematics of Operations Research, 2006, 31: 761-776.

[14] Chan Z, Sun D. Constraint nondegeneracy, strong regularity, and nonsingularity in semidefinite programming. SIAM Journal on Optimization, 2008, 19: 370-396.

[15] Ding C, Sun D, Zhang L. Characterization of the robust isolated calmness for a class of conic programming problems. SIAM Journal on Optimization, 2017, 27: 67-90.

[16] Cui Y, Ding C, Zhao X. Quadratic growth conditions for convex matrix optimization problems associated with spectral functions. SIAM Journal on Optimization, 2017, 27: 2332-2355.

[17] Sun D, Sun J, Zhang L. The rate of convergence of the augmented Lagrangian method for nonlinear semidefinite programming. Mathematical Programming, 2008, 114: 349-391.

[18] Kanzow C, Steck D. Improved local convergence results for augmented Lagrangian methods in C2-cone reducible constrained optimization. Mathematical Programming, 2019, 177(1-2): 425-438.

[19] Rockafellar R. Monotone operators and the proximal point algorithm. SIAM Journal on Control and Optimization, 1976, 14: 877-898.

[20] Luque F. Asymptotic convergence analysis of the proximal point algorithm. SIAM

Journal on Control and Optimization, 1982, 22: 277-293.

[21] Powell M J D. A Method for nonlinear constraints in minimization problems// Fletcher R. Optimization. New York: Academic Press, 1969: 283-298.

[22] Dontchev A, Rockafellar R. Characterizations of strong regularity for variational inequalities over polyhedral convex sets. SIAM Journal on Optimization, 1996, 6: 1087-1105.

[23] Outrata J, Ramírez C J. On the Aubin property of critical points to perturbed second-order cone programs. SIAM Journal on Optimization, 2011, 21: 798-823.

[24] Corless R M, Gianni P M, Trager B M, et al. The singular value decomposition for polynomial systems. Proceedings of the 1995 International Symposium on Symbolic and Algebraic Computation(ACM), 1995: 195-207.

[25] Markovsky I. Recent progress on variable projection methods for structured low-rank approximation. Signal Processing, 2014, 96: 406-419.

[26] Fazel M. Matrix Rank Minimization With Applications. Palo Alto: Stanford University, 2002.

[27] Davenport M A, Romberg J. An overview of low-rank matrix recovery from incomplete observations. IEEE Journal of Selected Topics in Signal Processing, 2016, 10: 608-622.

[28] Udell M, Horn C, Zadeh R, et al. Generalized low rank models. Foundations and Trends in Machine Learning, 2016, 9: 1-118.

[29] Friedman J, Hastie T, Tibshirani R. Sparse inverse covariance estimation with the graphical lasso. Biostatistics, 2007, 9: 432-441.

[30] Yuan M, Lin Y. Model selection and estimation in the Gaussian graphical model. Biometrika, 2007, 94: 19-35.

[31] Banerjee O, Ghaoui L E, daspremont A. Model selection through sparse maximum likelihood estimation for multivariate Gaussian or binary data. Journal of Ma-chine Learning Research, 2008, 9: 485-516.

[32] Hsieh C J, Sustik M A, Dhillon I S, et al. QUIC: Quadratic approximation for sparse inverse covariance estimation. Journal of Machine Learning Research, 2014, 15: 2911-2947.

[33] Candes E J, Plan Y. Tight oracle inequalities for low-rank matrix recovery from a minimal number of noisy random measurements. IEEE Transactions on Information Theory, 2011, 57: 2342-2359.

[34] Negahban S, Wainwright M J. Estimation of (near) low-rank matrices with noise and high-dimensional scaling. The Annals of Statistics, 2011, 39: 1069-1097.

[35] Kong LC, Xiu N H. Exact low-rank matrix recovery via nonconvex schatten p-minimization. Asia-Pacific Journal of Operational Research, 2013, 30: 134.

[36] Zhang M, Huang Z H, Zhang Y. Restricted p-isometry properties of nonconvex

matrix recovery. IEEE Transactions on Information Theory, 2013, 59: 4316-4323.

[37] Yue M C, So A M C. A perturbation inequality for concave functions of singular values and its applications in low-rank matrix recovery. Applied and Computational Harmonic Analysis, 2016, 40: 396-416.

[38] Rohde A, Tsybakov A B. Estimation of high-dimensional low-rank matrices. The Annals of Statistics, 2011, 39: 887-930.

[39] Xu Z B, Chang X Y, Xu F M, et al. L-1/2 regularization: A thresholding representation theory and a fast solver. IEEE Transactions on Neural Networks and Learning Systems, 2012, 23: 1013-1027.

[40] Lai M J, Xu Y Y, Yin W T. Improved iteratively reweighted least squares for unconstrained smoothed minimization. SIAM Journal on Numerical Analysis, 2013, 51: 927-957.

[41] Bi S J, Pan S H. Multistage convex relaxation approach to rank regularized minimization problems based on equivalent mathematical program with a generalized complementarity constraint. SIAM Journal on Control and Optimization, 2017, 55: 2493-2518.

[42] Liu Y L, Bi S J, Pan S H. Equivalent Lipschitz surrogates for zero-norm and rank optimization problems. Journal of Global Optimization, 2018, 72(4): 679-704.

[43] Jain P, Netrapalli P, Sanghavi S. Low-rank matrix completion using alternating minimization. ACM Symposium on Theory of Computing, 2013: 665-674.

[44] Tu S, Boczar R, Soltanolkotabi M, et al. Low-rank solutions of linear matrix equations via procrustes flow. 2015, ICML′16: Proceedings of the 33rd International Conference on Machine Learning-Volume, 2016: 964-973.

[45] Wen Z W, Yin W T, Zhang Y. Solving a low-rank factorization model for matrix completion by a nonlinear successive over-relaxation algorithm. Mathematical Programming Computation, 2012, 4: 333-361.

[46] Chandrasekaran V, Sanghavi S, Parrilo P A, et al. Rank-sparsity incoherence for matrix decomposition. SIAM Journal on Optimization, 2009, 21: 572-596.

[47] Candès E J, Li X D, Ma Y, et al. Robust principal component analysis. Journal of the ACM, 2011, 58: 1-37.

[48] Zhou Z H, Li X D, Wright J, et al. Stable principal component pursuit. IEEE International Symposium on Information Theory, Austin, Texas, U.S.A., 2010: 1518-1522.

[49] Agarwal A, Negahban S, Wainwright M J. Noisy matrix decomposition via convex relaxation: Optimal rates in high dimensions. The Annals of Statistics, 2012, 40: 1171-1197.

[50] Gu Q Q, Wang Z R, Liu H. Low-rank and sparse structure pursuit via alternating minimization. International Conference on Artificial Intelligence and Statistics,

2016: 600-609.

[51] Lee D D, Seung H S. Learning the parts of objects by non-negative matrix factorization. Nature, 1999, 401: 788-791.

[52] Tomioka R, Suzuki T, Hayashi K, et al. Statistical performance of convex tensor decomposition. Advances in Neural Information Processing Systems, 2011: 972-980.

[53] Raskutti G, Yuan M, Chen H. Convex regularization for high-dimensional multiresponse tensor regression.The Annals of Statistics, 2019, 47(3): 1554-1584.

[54] Bhojanapalli S, Neyshabur B, Srebro N. Global optimality of local search for low rank matrix recovery. Advances in Neural Information Processing Systems, 2016: 3873-3881.

[55] Sun R, Luo Z Q. Guaranteed matrix completion via non-convex factorization.IEEE Transactions on Information Theory, 2016, 62: 6535-6579.

第 15 章 流形约束优化

15.1 流形约束优化简介

流形优化是一类带有流形约束的约束优化问题

$$
\begin{aligned}
\min \quad & f(x), \\
\text{s.t.} \quad & x \in \mathcal{M},
\end{aligned} \tag{15.1.1}
$$

其中 f 是目标函数, $\mathcal{M}$ 是某种黎曼流形. 一个 d 维黎曼流形是一个 Hausdorff 以及第二可数的拓扑空间, 其局部同胚于一个 d 维欧氏空间. 一个常见的矩阵流形是正交矩阵组成的 Stiefel 流形或 Grassmann 流形. 流形优化描述了计算和应用数学、统计学、机器学习、数据科学和材料科学等很多领域中的重要科学问题. 这些问题的研究曾获多项诺贝尔物理学奖和化学奖. 流形约束的存在是这些非凸优化问题的算法设计和理论分析的主要困难之一.

这个领域研究的主要目标有: 以科学和工程中涌现的重大国家和社会需求为驱动, 从发展基础数学模型和高效共性基础最优化算法入手, 深入研究流形约束问题的理论和方法, 发展数据的有效表达格式, 针对问题特殊结构设计计算量小且行之有效的保流形约束算法, 分析算法的收敛性质和算法复杂度, 研究流形约束模型的局部极小点的性质和全局最优可达条件等理论性质, 发展高效算法软件包, 支持并行和分布式的数学优化软件平台, 并将这些模型和算法应用于一些重大问题的求解. 流形约束优化由于多个学科的交叉, 挑战性强, 能推动和加强最优化领域的重要基础科学问题研究和纵深发展, 提高利用最优化理论和算法解决实际问题的能力, 为解决前沿科学研究和社会需要的瓶颈问题提供关键的理论和计算支撑, 有力地促进产业、模型、理论和算法的协调发展.

15.2 流形约束优化应用

首先介绍流形约束优化在如下典型问题中的应用：p-调和流理论、最大割问题、相位恢复、特征值问题、电子结构计算、玻色–爱因斯坦凝聚、低温电子显微镜 (冷冻电镜)、组合优化问题的松弛解、深度学习中批量标准化等.

15.2.1 球约束模型

球约束优化问题是指具有如下形式的问题

$$\begin{aligned} \min_{x^i \in \mathbb{R}^n} \quad & f(x^1, \cdots, x^p), \\ \text{s.t.} \quad & \|x^i\|_2 = 1, \ i = 1, \cdots, p, \end{aligned}$$

其中 $f : \mathbb{R}^{n\times p} \to \mathbb{R}$ 为可微函数. 在玻色–爱因斯坦凝聚问题中, 利用合适的离散化, 例如, 有限差分、正弦基离散或者傅里叶离散, 可以得到一个单球约束优化问题. 对称张量最佳秩 -1 逼近问题可以写成单球约束下的齐次多项式优化问题. 调和流理论的重要来源包括彩色图像恢复和球面共形映射. 球面共形映射在医学图像分析以及计算物理中有着重要应用. 例如, 在医学图像分析中, 人类大脑经常被共形映射到一个单位球, 见图 15.1. 建立不规则表面与球面间的共形映射, 进而通过参数化非常简单的球面操作, 处理复杂且不规则的表面. 对于亏格为 0 的闭曲面与球面之间的共形映射, 我们可以通过离散化将其表示成一个多球约束优化问题 [1]. 给定一个图 $G = (V, E)$, 其中 V 为顶点集合, E 为边的集合. 最大割问题是把顶点集合 V 分成两个非空集合 $(S, V\backslash S)$, 使得连接两个集合顶点边的权重之和在所有割中最大化. 这个问题是 NP-难的, 其对应的半正定规划松弛问题可以进一步分解成多球约束优化问题 [2]. 给定对称矩阵 C 和非负对称权重矩阵 H, 低秩约束相关系数矩阵估计问题求解一个秩小于等于 p 的矩阵, 使得它和 C 的误差在结合权重矩阵 H 的某种度量下最小化 [3]. 给定一些关于复信号 $x \in \mathbb{C}^n$ 在线性观测上的模, 相位恢复的一个典型形式是根据这些模长恢复出复信号. 这个问题在 X 射线、衍射成像和显微镜中有着重要应用. 它的变形也可以转化成多球约束优化问题.

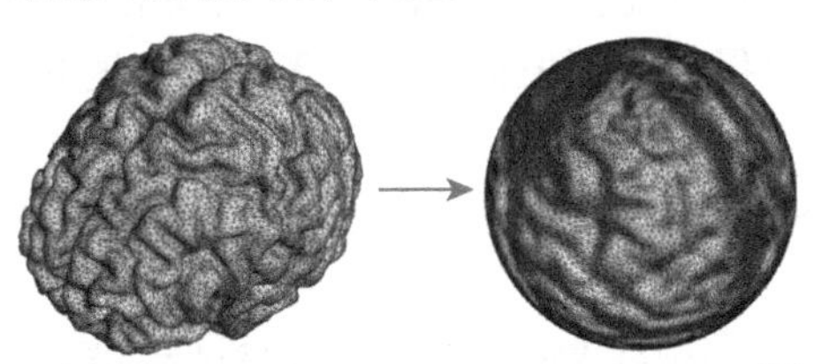

图 15.1 人类大脑到球的一个共形变化 [1]

15.2.2 线性特征值计算

特征值分解是正交约束优化问题的特例, 其数学形式为

$$
\begin{aligned}
\min_{X\in\mathbb{R}^{n\times k}} \quad & \mathrm{tr}(X^{\mathrm{T}}AX), \\
\text{s.t.} \quad & X^{\mathrm{T}}X = I,
\end{aligned}
\tag{15.2.1}
$$

其中 $A \in \mathbb{R}^{n\times n}$ 是给定的对称矩阵. 奇异值分解的计算本质上也可以写成 (15.2.1) 的形式. 低秩矩阵优化、数据挖掘、主成分分析和数据降维技术等新型问题经常要求处理大规模稠密或带某些特殊结构的矩阵, 其快速计算需要大力发展. 虽然现代计算机发展迅速, 但当前大部分特征值和奇异值分解软件受制于传统的设计和实现, 在算法效率方面改进缓慢, 甚至当增加到几千个 CPU 核以后就不能明显改善. 从最优化算法角度, 文献 [4]~ [7] 提出了一系列特征值分解和奇异值分解的快速算法. 事实上, 当前大部分迭代算法的核心部分可以分成近似特征向量空间的子空间更新和提取特征向量信息的 Rayleigh-Ritz(RR) 过程. 子空间更新的主流数值代数算法通常基于 Krylov 子空间, 它的特征是以串行形式一块一块地构造正交基. 为了更好地实现并行化, 文献 [4]~ [7] 等中研究了能同步并行的块计算方法, 通过发展能完全避免正交化步骤的模型, 算法完全基于并行效率高的矩阵乘法等运算, 同时也改进了当前使用广泛的子空间方法, 对一些大规模无结构稠密矩阵的奇异值分解计算效果优势很明显 [4]. 文献 [6] 提出了等价的无约束的罚函数模型, 其通过选取合适的有限大的罚参数, 建立了其与原始问题的等价性; 同时从理论上指出当罚因子选取合适时, 这个模型的鞍点要少很多. 更重要的是, 该模型使得人们能设计只使用矩阵一矩阵乘法的算法. 文献 [5] 发展了计算低秩分解的高斯–牛顿算法, 该算法形式很简单, 计算方便. 其复杂度跟梯度法类似但具有 Q 线性收敛性. 当要分解的矩阵比较低秩时, 该算法的优势更加明显. 观察到很多迭代算法求解特征值的瓶颈是低维稠密矩阵特征值分解的 RR 过程, 文献 [7] 发展了统一的增广子空间算法框架. 每一步构造子空间并在该子空间中求解投影的线性特征值问题. 虽然该子空间与 Krylov 子空间类似, 但是所需要的块数可以远远小于 Krylov 子空间算法所需要的块数. 该算法通过尽可能多地用矩阵–矩阵之间的乘法运算而尽量减少 RR 过程, 同时也通过结合经典特征值计算里的多项式加速和 deflation 等技术, 理论上只需使用 1 次 RR 过程就能达到高精度. 作者开发了软件包 Arrabit, 目前已经分别有 C 语言和 MATLAB 语言版本, 其中 C 语言版本能够进行 OpenMP 多核并行和多节点 MPI 并行.

当问题维数达到 $O(10^{42})$ 量级时, 数据存储的规模远远超出了传统算法能处理的程度. 文献 [8] 中考虑使用低秩张量格式对数据矩阵和特征向量进行表

达, 通过引入张量的张量列 (tensor train, TT) 表示, 见图 15.2, 该特征值问题可以在子空间算法的基础上进行合适的截断, 运用交替方向法进行精炼, 使得算法性能得到了进一步改进.

在线的奇异值/特征值分解出现在主成分分析 (PCA) 中. 传统的 PCA 读取数据后直接对样本协方差矩阵进行特征值分解操作, 如果发生数据更新，那么所有的主成分向量都要重新计算. 和传统 PCA 不同, 在线 PCA [9] 逐条读入样本, 并通过迭代更新主成分向量, 它本质上是极大迹优化问题的一个随机近似迭代. 随着样本的不断增多, 在线 PCA 算法给出的主成分也越来越精确. 近年来人们对在线 PCA 的分析有了很大进展. 文献 [10] 对迭代格式进行分析, 证明了在高概率下期望收敛的速度为 $O(1/n)$. 文献 [11] 证明了在 Sub-Gaussian 的随机模型假设下, 该算法的收敛速度可以达到信息极小极大下界, 并且该收敛速度是近乎全局的, 即使初值和真解偏差较大, 算法最终也会收敛. 文献 [12] 提出了另一个算法 VR-PCA 并对其收敛速度进行了理论分析, 得到了线性收敛的结果.

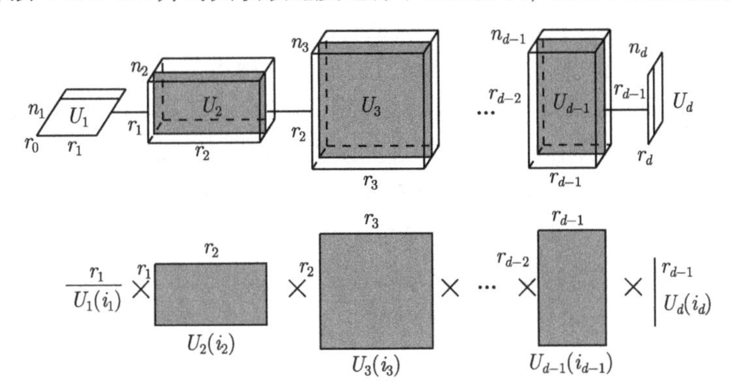

图 15.2　张量的 TT 表示, 图片来自文献 [8]

15.2.3　非线性特征值计算

来自电子结构计算的非线性特征值问题是另一类重要的正交约束问题来源, 如 Kohn-Sham (KS) 和 Hartree-Fock (HF) 能量极小化问题. 通过适当地离散, KS 能量极小问题可以表示成

$$\min_{X^*X=I} E_{\text{ks}}(X) := \frac{1}{4}\text{Tr}(X^*LX) + \frac{1}{2}\text{Tr}(X^*V_{\text{ion}}X) + \frac{1}{2}\sum_l \sum_i \zeta_l |x_i^* w_l|^2 + \frac{1}{4}\rho^{\text{T}} L^{\text{T}} \rho + \frac{1}{2} e^{\text{T}} \epsilon_{\text{xc}}(\rho),$$

其中 $X \in \mathbb{C}^{n\times p}$, $\rho = \text{diag}(XX^*)$ 是电荷密度, L 是拉普拉斯算子的有限维表示, V_{ion} 是恒定例子赝势, w_l 是离散的赝势参考投影函数, ζ_l 是取值 ± 1 的常数, ϵ_{xc} 用来表征交换关联能量, e 是分量全为 1 的 n 维向量. 问题 (15.2.2) 所对应的一

阶最优性条件可以导出 KS 方程, 即非线性特征值问题. HF 理论则引入与电荷密度矩阵相关的四阶张量来表达交换关联能量, 得到更精确的模型. 由于该能量的计算复杂性, HF 理论模型的快速求解具有非常重要的意义. 非线性特征值问题寻找相互正交的特征向量满足非线性特征方程, 而带正交约束优化问题则在相同约束下极小化目标函数. 两者之间以最优性条件为桥梁相互连接, 共同描述物理系统的稳定状态. 求解 KS 方程使用最广的算法是所谓的自洽场迭代, 即反复求解相关线性特征值问题. 实际上自洽场迭代可以理解为极小化 KS 能量泛函的近似牛顿算法, 没有考虑黑塞矩阵复杂的部分. 因此如果没有使用保证全局收敛的策略, 算法很可能不收敛.

有不少研究者重点发展了能保证收敛的电子结构计算的优化算法. 在文献 [13] 中, 作者将流形上梯度法直接推广求解 KS 极小问题, 其算法复杂度主要来自总能量及其梯度计算, 以及 Stiefel 流形上投影, 其复杂度比线性特征值低很多, 而且容易并行化. 大量基于软件包 Octopus 和 RealSPACES 的数值实验表明该算法经常比自洽场迭代算法更有效. 考虑到进一步提升算法的并行化效果, 文献 [14] 基于增广拉格朗日函数提出了一种不依赖收缩算子的算法并在并行环境下展示了其有效性. 文献 [15] 提出了求解该问题的一种共轭梯度方法, 利用黎曼–黑塞矩阵给出了一种更精确的步长选取方式. 为保证快速得到更高精度的解, 在文献 [3] 中推导了黑塞矩阵复杂部分的具体形式. 虽然该部分不适合显式存储, 但其与向量乘法的运算简单可行. 该方法使用完整的黑塞矩阵提高牛顿法的可靠性, 并且添加正则化项保证牛顿法的收敛性. 因此该方法不仅在效率上经常能优于自洽场迭代, 而且能在自洽场迭代失败的算例中也保证较快的收敛速度.

当哈密顿矩阵的谱没有明显的间隙的时候, 基于带温度的密度泛函理论尤其重要[16]. 通过允许电荷密度包含更多的波函数, 来修正 KS 能量极小模型, 这个方法经常被称作集合 (ensemble) 能量极小化模型. 尽管自洽场迭代算法能够推广到这一模型, 但其收敛性并没有保证. 文献 [16] 建立了一个等价的只有单球约束的简单模型, 除了熵函数项, 其他项都线性化, 从而发展了近似点梯度算法, 并给出了子问题的显式解和算法的收敛性.

15.2.4 低秩矩阵优化

低秩矩阵优化问题可以表示为

$$\begin{aligned} \min_{X\in\mathbb{R}^{n\times p}} \quad & f(X), \\ \text{s.t.} \quad & \operatorname{rank}(X) \leqslant r, \end{aligned}$$

其中 $r \leqslant \min\{n,p\}$ 是正整数, $f:\mathbb{R}^{n\times p}\to\mathbb{R}$ 是一个光滑函数. 低秩矩阵优化在

低秩矩阵完备、低秩矩阵恢复、传感器定位等问题中有着广泛应用. 对于低秩约束的处理, 一种常用的方法是添加核范数正则项, 求解凸优化问题; 另一种方法是对 X 作低秩分解, 求解相应的无约束优化问题. 文献 [17] 给出了低秩矩阵完备的一种流形优化算法.

15.2.5 在整数规划中的应用

数据分析有很多优化问题是 NP-难的整数规划, 球约束和正交约束经常用来得到质量更高的松弛解. 对于置换矩阵优化问题, 由于置换矩阵可以表达为非负正交矩阵, 因此可以在罚函数基础上使用流形优化求解. 也可以证明它与加 L^p 范数正则化的双随机矩阵问题的等价性, 发展结合割平面法和带负近似点项的梯度类算法求解. 对于社交网络中的社区检测问题, 原始目标是在随机分块模型下极大化模块函数寻找分割矩阵. 可以使用稀疏和低秩完全正规划松弛技术[18], 将模型化成非负多球约束问题, 发展逐行求解的分块坐标下降法, 构造快速近似策略并建立非渐近高概率误差估计. 为了能快速地求解千万量级以上的网络问题, 可以进一步发展异步并行算法.

15.2.6 冷冻电镜

近年来, 随着电子显微镜、数据采集相机、高效算法和程序、高性能计算机等的发展, 冷冻电镜技术在结构生物学研究领域正发挥着越来越重要的作用, 大有引领未来结构生物学研究的趋势, 2017 年获得诺贝尔化学奖. 随着硬件的日趋成熟, 冷冻电镜技术的难题已经从高分辨图像数据的获取转变为图像数据处理手段的改进, 在此过程中, 基础算法的努力和发展起了十分关键的作用. *Nature* 杂志评论: 数学正驱动结构生物学领域的一场革命, 这一曾经被 X 射线晶体学统治的领域如今已经属于冷冻电镜技术. 当前冷冻电镜图像处理所面临的突出难点在于: ① 低信噪比; ② 信息的随机性; ③ 信号的混合叠加; ④ 海量图像数据的选择和处理问题. 冷冻电镜基于三维目标物体的一系列二维投影图片来重构三维结构. 一种比较典型的模型是由傅里叶投影切片定理构造多正交约束优化问题 [19], 恢复每张二维图片在三维空间所对应的方向. 文献 [19] 发展了特征向量方法和半定规划松弛方法.

15.2.7 在深度学习中的应用

批量标准化是深度神经网络中非常流行的一个技巧. 它通过标准化每个神经元的输入避免内部协方差平移. 其对应的系数矩阵构成的空间可以看成一个黎曼流形. 对于一个深度神经网络, 批量标准化通常会在非线性激活函数之前对输入进行处理. 记 x 和 w 分别为上一层的输出和当前神经元的参数向量, 对

$z := w^{\mathrm{T}}x$ 的批量标准化可以写成

$$\mathrm{BN}(z) = \frac{z - E(z)}{\mathrm{Var}(z)} = \frac{w^{\mathrm{T}}(x - E(x))}{\sqrt{w^{\mathrm{T}}R_{xx}w}} = \frac{u^{\mathrm{T}}(x - E(x))}{\sqrt{u^{\mathrm{T}}R_{xx}u}},$$

其中 $u := w/|w|$ 以及 R_{xx} 是 x 的协方差矩阵. 从定义可以知道, 使用批量标准化可以保证模型在使用大的学习率情况下不会爆炸或者消失, 并且梯度在传播过程中对于线性收缩具有不变性. 由于 $\mathrm{BN}(cw^{\mathrm{T}}x) = \mathrm{BN}(w^{\mathrm{T}}x)$ 对于任意的常数 c 成立, 因此可以将用了批量标准化的深度神经网络的优化问题看成 Grassmann 流形上的优化问题 [20].

15.3 流形约束优化算法

本节简要介绍流形优化的相关概念. 直观上来说, 流形 $\mathcal{M}$ 上一个点 x 处的切空间 $T_x\mathcal{M}$ 是由通过该点的所有曲线在该点的切向量构成的集合. 如果 $\mathcal{M}$ 配备了一个随 x 连续变化的定义在切空间上的内积, 则称 $\mathcal{M}$ 是一个黎曼流形. 一个常见的矩阵流形是正交矩阵组成的 Stiefel 流形. 类似于欧氏空间的无约束优化, 流形优化问题 (15.1.1) 的最优性条件可以根据目标函数的黎曼梯度和黎曼–黑塞矩阵来确定. 具体地, 对于流形 $\mathcal{M}$ 上的光滑函数 f, 如果 x 是一阶稳定点, 那么黎曼梯度等于零. 如果 x 是二阶稳定点, 那么黎曼梯度等于零且黎曼–黑塞矩阵半正定.

从一般的约束优化问题角度来看, 有很多标准的算法可以求解流形优化问题. 但因没有考虑流形的内蕴结构, 这些算法都是在维数更高的欧氏空间中更新迭代. 相对地, 流形上的优化算法保证每一步的迭代点都是在维数较低的流形上, 因而在实际中往往更有效. 具体地, 流形优化算法是将欧氏空间的约束优化问题 (15.1.1) 看成流形上的无约束优化问题. 类似于欧氏无约束优化算法, 我们在当前迭代点的切空间中找一个合适的下降方向, 比如负流形梯度方向、黎曼牛顿方向、拟牛顿方向和共轭梯度方向等. 这里需要指出的是, 在拟牛顿方向和共轭梯度方向的构造中, 我们往往需要比较两个或者多个不同切空间的切向量, 其做法是使用流形上的平行移动算子先将不同切空间的切向量移动到同一个切空间中, 然后按照欧氏空间的做法得到想要的拟牛顿或者共轭梯度方向. 在当前点沿下降方向, 可以局部定义测地线. 沿测地线作曲线搜索使得迭代点列的函数值具有充分的下降量, 可以得到全局收敛的梯度法 [21]、牛顿法 [22]、拟牛顿法 [23] 和共轭梯度方法 [24] 等等. 考虑到测地线 (指数映射) 的计算复杂度, 文献 [25] 将文献 [26] 中收缩算子的概念应用到算法设计中, 其可以看成指数映射的逼近. 收缩算子相对于指数映射代价往往低很多, 同时又会保留算法快速收敛所必要的性质, 因此在实际中有广泛的研究以及应用价值 [27]. 同样地, 由于平行移动算子计算复杂度一般较高, 文献 [25] 中也提出了向量移动算子的概念, 这个算子是平行移动算子的一个逼近, 其计算代价往往较低, 对于不同向量移动算子的比较与研究可以参见文献 [28]. 将之前提到的算法中的指数映射和平行移动算子分别替换为收缩算子和向量移动算子, 相应的全局以及局部收敛性可以参见文献 [25]. 推广欧氏空间中的信赖域算法, 文献 [29] 提出了流形上的信赖域算法, 数值实例表明对于低计算复杂度的黑塞矩阵的有效性. 但是当黑塞矩阵的计算代价较高甚至不可获取时, 发展超线性收敛的拟牛顿法尤为重要. 为了保证拟牛顿法具有更好的收敛性质, 收缩算子和向量移动通常需要满足某种配对条件. 通过提出这两个算子之间的锁定条件以及提出了一种计算有效的向量移动算子 [30], 文献 [25], [31] 提出了更为有效的共轭梯度法和拟牛顿法格式. 这些算法已经被成功运用到文献 [17] 中, 数值展示了使用流形几何结构构造的算法的有效性. 更多相关的应用以及算法的实现可以参见软件包 Manopt [32] 和 ROPTLIB [33]. 一般地, 梯度类算法的收敛速度虽然在迭代早期一般很快, 但是在迭代后期经常显著变慢甚至停滞. 为了保证高精度的解, 我们实际中往往需要有效的拟牛顿法和黎曼信赖域算法.

也可以从非线性规划角度进一步发展流形优化算法. 文献 [2] 在多球约束问题的算法推广, 利用 Cayley 变换提出了保正交约束的算法格式, 发展了流形上的线搜索算法, 其一个优点是无须传统的投影而自动保持所有点列的可行性. 跟计算测地线的算法相比, 该算法显著加快了计算速度. 并且对于一些特殊情形, 文献还得到了一些很有意义的全局最优条件. 文献 [3] 提出了结合 Barzilai-Borwein 步长的流形梯度法, 同时提出了流形上的近似点黎曼梯度方法. 具体做法是用流形上一阶泰勒展开线性化目标函数并添加一个近似项, 这样将原问题转化为一系列流形上的投影问题. 对于一般的流形, 通常不能保证投影算子的存在性以及唯一性. 但当流形满足某种比较好的性质时, 文献 [34] 证明了投影算子的局部存在性, 并且指出这样的局部投影算子也是一种收缩算子. 因此, 在这种情况下, 近似点黎曼梯度方法就是流形梯度法. 通过推广文献 [35] 中近似项, 文献 [3] 提出了一种流形上的自适应梯度法, 数值实验展示了其相对于梯度法在低秩相关系数矩阵问题上的有效性. 通过推广欧氏空间中凸函数到流形上的测地凸函数, 文献 [36] 给出了流形上的加速梯度法并从理论和数值上展示了其有效性.

目前常用的二阶算法是黎曼信赖域算法. 它通过自适应地更新信赖域半径并使用截断共轭梯度法求解信赖域子问题, 可以证明其全局收敛并且具有超线性局部收敛阶. 通过推广两项和凸优化问题的近似点牛顿法, 文献 [3] 提出了流形上的自适应正则化牛顿算法. 在子问题构造中, 使用目标函数在欧氏空间的二阶泰勒展开加上合适的正则化项但保留流形约束. 为了确保模型能够较好地逼近原问题, 文章中采用了信赖域类似的技巧更新正则项, 进而可以保证全局收敛性. 当子问题用牛顿法求解时, 该算法能有效地利用负曲率信息, 严格证明了算法的全局收敛性和局部超线性收敛性. 大量数值实验表明该类型方法比一阶算法 [2] 在相关系数矩阵估计、电子结构计算和玻色–爱因斯坦凝聚等问题上更加有效. 这种做法的另一个考虑是将黎曼–黑塞矩阵的计算分开成欧氏黑塞矩阵和相应的曲率项计算, 其一个优点是可以进一步利用欧氏黑塞矩阵的结构来构造拟牛顿法. 通过逼近欧氏黑塞矩阵, 这样的拟牛顿法可以避免使用向量移动算子. 具体地, 当目标函数的欧氏黑塞矩阵计算代价较高时, 文献 [37] 设计了正交约束问题上的一种结构拟牛顿算法, 其子问题的构造方式能灵活地使用拟牛顿近似而仍然保持好的理论性质. 在 HF 能量极小化问题以及带结构的线性特征值问题上的数值测试展示了算法的有效性. 另外, 考虑到 3 次正则化子问题在欧氏空间无约束优化的低复杂度, 文献 [38] 和 [39] 将其推广到了流形优化中, 并从理论和数值上展示了有效性.

对于机器学习中的问题, 其目标函数 f 往往都是有限个函数 f_i 的和的形式. 对于无约束优化情形, 有很多非常有效的算法, 比如方差减小的随机梯度法 (SVRG)、自适应梯度法 (Adagrad)、自适应矩法 (Adam) 等等, 参见文献 [40]. 对于带有流形约束的情形, 通过利用收缩算子以及向量移动算子, 这些算法都可以被很好地推广到流形上. 但在实现中, 出于对实际运算成本的考虑, 可能有不同的版本, 更多内容可以参考文献 [41] 和 [42].

对于流形优化算法的复杂度分析, 文献 [43] 给出了流形上梯度下降法以及信赖域方法的结果. 类似于欧氏无约束优化, 流形上梯度下降法 (使用固定步长或者 Armijo 线搜索) 收敛到流形梯度范数小于 ε 至多需要 $O(1/\varepsilon^2)$ 步. 在合适的假设条件下, 黎曼信赖域方法收敛到黎曼梯度范数小于 ε 且黎曼–黑塞矩阵在 ε 精度下半正定至多需要 $O(\max\{1/\varepsilon^{1.5}, 1/\varepsilon^{2.5}\})$ 次迭代. 对于流形上的带有多块凸但非光滑项的目标函数以及线性约束的优化问题, 文献 [44] 定义了 ε 稳定点并给出了复杂度为 $O(1/\varepsilon^4)$ 的交替方向乘子类方法. 对于流形上的三次正则化方法, 文献 [38] 和 [39] 给出了其 $O(1/\varepsilon^{1.5})$ 迭代复杂度结果.

15.4 流形约束优化分析

15.4.1 测地凸优化

流形约束优化可以看成欧氏空间无约束优化的一种推广. 通过将约束优化问题看成流形上的无约束优化问题, 并借助于流形的几何结构, 经典的无约束优化算法都可以被推广到流形上来. 其中一个很有趣的推广是函数的测地凸性, 简单来说, 流形上的测地凸函数是指其沿着任何测地线都是凸的. 一个自然的问题就是给定一个流形 $\mathcal{M}$ 和一个光滑函数 $f: \mathcal{M} \to \mathbb{R}$, 是否存在一个度量 g 使得 f 相对于 g 是测地凸的? 证明这样的度量是否存在不是一件容易的事, 但是从测地凸性的定义我们知道, 如果一个函数有非全局极小的局部极小点, 那么这个函数对于任何度量都不是测地凸的. 更多关于这部分的内容可以参考文献 [45].

15.4.2　自洽场迭代的收敛性

文献 [46] 研究了离散 KS 密度泛函的几个经典理论问题. 文中建立了 KS 能量极小化问题与 KS 方程之间解的一些等价性关系, 推导了非零电荷密度的下界; 通过将 KS 方程看成关于势函数的不动点方程, 并使用谱算子理论显式推导了其雅可比矩阵, 从而严格分析了自洽场迭代算法的理论性质. 具体地, 文中证明了如果哈密顿矩阵特征值有充分大的间隙并且交叉关联能的二阶导数一致有界, 则自洽场迭代能从任意初始点收敛并且有局部线性收敛速度. 相关内容还可参考文献 [15] 和 [47].

15.4.3　正交约束优化的全局最优解

在欧氏空间中, 一个常用的逃离局部极小点的方法是对梯度流加上白噪声, 得到下面这样的一个随机微分方程形式

$$\mathrm{d}X(t) = -\nabla f(X(t))\mathrm{d}t + \sigma(t)\mathrm{d}B(t),$$

其中 $B(t)$ 为标准的 $n \times p$ 的布朗运动. 通过调节噪声, 我们可以保证算法以一定概率跳出鞍点甚至局部最优点. 文献 [48] 针对 Stiefel 流形提出了一种推广的带噪声的流形梯度流模型，并且给出了一种布朗运动的构造并推导出了一个外蕴的格式, 进而可以有效地进行算法求解; 同时, 也从理论上证明了其可以高概率地收敛到全局极小点.

15.4.4　最大割问题

考虑最大割的半定规划松弛问题 (矩阵维数为 $n \times n$) 以及低秩约束的非凸松弛问题 (矩阵维数为 $n \times p$). 如果 $p \geqslant \sqrt{2n}$, 那么对几乎所有的矩阵 C, 非凸松弛问题有唯一局部极小点并且该点也是原最大割问题的全局极小点. 相关结果可以参考文献 [49]. 从理论可知, 取 $p = O(\sqrt{n})$ 能够保证松弛之后的多球约束问题的解的质量. 但在实际算法中, 我们发现取 $p = O(1)$, 也能够得到高质量的解. 文献 [50] 给出了对于一般的 p, 半定规划松弛问题和非凸松弛问题之间的解的关系.

15.4.5 正交约束的小 Grothendieck 问题

给定一个半正定矩阵 $C \in \mathbb{R}^{dn\times dn}$, 正交约束的小 Grothendieck 问题可以表示为

$$\max_{O_1,\cdots,O_d\in\mathcal{O}_d} \sum_{i=1}^{n}\sum_{j=1}^{n} \mathrm{tr}(C_{ij}^{\mathrm{T}} O_i O_j^{\mathrm{T}}), \tag{15.4.1}$$

其中 C_{ij} 是 C 的第 (i,j) 个 $d\times d$ 块, $\mathcal{O}_d$ 是 $d\times d$ 正交矩阵构成的群. 文献 [51] 给出了问题 (15.4.1) 的一个半定规划松弛. 它通常是计算可解的. 通过求解半定规划问题, 进一步给出了原非凸问题的一个逼近解, 并从理论上证明了其有很好的逼近性质.

15.5 关键问题和挑战

15.5.1 基础理论性质

研究包括流形约束优化的约束品质、最优性条件等在内的理论性质. 由于很多流形约束的非凸性质, 研究非凸问题局部最优解和全局最优解的性质. 近年来, 凸优化的理论和算法有很大进展, 流形优化的“凸性”是否有类似结构可以挖掘? 建立流形约束问题与其凸松弛之间联系, 发展非凸模型的理论保证. 例如, 极大割半定规划是凸优化问题, 它的理论性质更好但其有效计算受制于半定规划的算法; 其分解问题是多球约束问题, 虽然非凸但是其可计算性强. 两者之间的性质近年来得到了大量研究和进展, 也提供了流形约束可以借鉴的典范. 进一步研究算法收敛到全局最优解的性质, 刻画函数的几何蓝图、局部误差界条件, 估计 Kurdyka-Lojasiewicz 性质等等.

15.5.2 流形约束的有效表达

目前很多可以有效求解的流形约束问题形式上还相对简单, 比如可以化成球/正交约束问题. 其他复杂结构的流形约束如何更好地处理? 其切平面、流形梯度和黑塞矩阵如何有效计算? 如何构造计算简单易用的收缩算子? 牛顿方程如何有效求解? 如何发展更一般的牛顿类算法? 二次子问题如何有效求解? 如何结合流形结构和具体问题与应用的特点, 如基于图的数据分析、实时数据流分析、生物医学影像分析等等, 将建模和算法有机地结合? 发展有效的模型和数据表达格式, 研究高效的一阶和二阶相结合的随机优化算法, 发展支持并行和分布式的数学优化软件平台.

15.5.3 非标准流形约束问题的处理

标准流形约束问题泛指目标函数可微甚至二阶可微但只有流形约束的问题. 当目标函数包含非光滑项, 问题还包含一些其他约束时, 如何有效构造算法? 比如稀疏主成分分析中为了保证稀疏性需要使用非光滑目标函数, 金融中使用的最近协方差估计有些额外的假定使得模型尽可能与实际相符, 二次指派问题要求变量是非负的. 对于非光滑的目标函数, 文献 [52], [53], [54] 分别提出了收敛的次梯度方法、非光滑信赖域方法和梯度采样法. 对于目标函数为光滑函数与凸函数 (可能非光滑) 的两项和的形式, 文献 [55] 提出了一种收敛的流形上的近似点梯度法. 对于这类问题如何构造有效的二阶或者高精度的算法? 对于约束还包含流形约束以外的约束的情形, 当使用增广拉格朗日函数法或者近似点算法等技术来处理流形约束之外的约束条件时, 如何尽可能利用流形结构来改善计算效果和分析算法性质? 当问题结构特别复杂时, 如何有效处理?

15.5.4 计算驱动的模型和算法

近年来计算资源的进步大多由大量机器组成的集群、云计算平台、并行多核架构、张量甚至神经处理器等等. 大数据、复杂数据和智能数据的兴起对优化有前所未有的影响. 机器学习和信号处理领域的成功, 特别是深度学习和强化学习在工业界的广泛应用, 提供了一个非常令人兴奋的典范: "模型 + 算法 + 计算资源". 探索和利用计算资源的新发展, 改进甚至重新设计现有算法框架. 数据的有效性取决于时间、传输和存储方式等物理条件的限制. 计算复杂度不再是影响问题的求解效率的唯一因素, 大规模计算还需考虑内存访问和通信开销等等限制. 依据问题的特点和要求, 研究合适的并行/分布式/分散式计算的模型和方法. 深入考察优化如何能帮助机器学习、信号和图像处理、统计和工程等诸多学科? 对于这些领域, 优化还缺失哪些因素? 这些领域最需要从优化领域得到的是哪些? 这些本质问题的回答能帮助研究人员从已有和正在兴起领域中确定重要的研究课题.

15.5.5 优化算法的微分方程形式

由于机器学习中的优化问题规模较大, 梯度类算法是实际中应用最广泛的一类算法. 因此如何利用梯度信息构造更加快速的算法显得尤为重要. 文献 [56] 提出了加速梯度法 (也称作 Nesterov 加速梯度法) 并证明其可以达到梯度类算法的最优收敛阶, 之后被应用到凸优化、随机优化和非凸优化问题 [57–59]. 借助于微分方程与优化算法的联系 [60], 文献 [61] 给出了控制设计中的连续时间的

Nesterov 加速梯度法. 文献 [62] 通过求解非线性动力系统的模型设计算法. 文献 [63] 证明了 Nesterov 加速梯度法对应的连续时间极限是一个二阶的微分方程. 文献 [64] 从连续时间的角度提出了 Bregman 拉格朗日函数, 通过求解其对应的变分问题来极小化原问题, 以此诱导了一大类加速算法. 针对流形约束问题如何建立合适的动力系统, 是否能构造形式和效率更好的数值算法?

15.6 未来发展建议

15.6.1 特殊结构的模型和算法

结合数据和解的结构特点设计模型和算法. 主成分分析实际上是计算协方差矩阵的特征值分解, 要求特征向量稀疏发展出稀疏主成分分析. 低秩流形结构则在低秩矩阵恢复和半定规划等众多问题中得到充分发展. 发掘机器学习问题结构, 发展分类、聚类、最优传输问题、图像分割和匹配等问题的整数规划模型及其近似算法. 二元整数规划问题的半定规划松弛可以构造成多个单位向量约束, 完全正规划松弛则额外要求单位向量非负, 这些特点可以用来构造更有效的数值算法. 寻找最优排列也是常见的基本问题, 而排列矩阵可以表达成非负的正交矩阵, 可以利用正交约束算法得到质量更高的松弛解. 有些特殊整数约束有等价形式, 其投影算子有快速算法, 从而能有效地拓展连续优化算法. 统计、数据挖掘、机器学习、图像和信号处理等科学计算中涉及大量最优化问题. 根据这些问题的特征设计基础性算法, 研究算法的收敛性、复杂度等理论性质.

15.6.2 重点问题/重点应用的研究

结合重点问题和重点应用进行研究. 实际上科学工程计算、统计、机器学习、深度学习、计算物理、计算化学中大量问题都具有流形结构. 在数据和建模的源头挖掘问题结构, 真正解决行业的难点和痛点问题. 如何结合国家和社会的战略需求, 参与核心技术发展? 例如, 北京大学建立了跨尺度多模态生物医学成像大设施, 数据可以达到每天 10T $\sim$ 20T 规模, 跨越多个空间和时间分辨率. 实际上跨尺度多模态影像融合与分析是世界前沿科学问题的重要探索. 冷冻电镜在大设施中有重要地位. 如何提高数据处理的效率和精度是冷冻电镜技术面临的又一个重要的问题. 因此, 高效的模型和算法的发展已成为冷冻电镜技术发展的瓶颈之一.

15.6.3 随机算法和随机分析

设计确定性问题的随机算法, 如机器学习算法的计算复杂度经常依赖一些典型数值代数运算, 进一步考察特征值和奇异值分解的蒙特卡洛算法和随机逼近等随机算法. 深度学习中训练大规模数据和复杂神经网络需要大量的计算资源, 如何利用批量标准化等流形优化技术改进网络结构, 比如调整神经网络的层数、卷积神经网络卷积核的类型与数量等等, 发展高效算法对模型进行参数优化. 机器学习中优化问题的目标函数经常是随机变量的期望或者很多相似函数的和形式, 很多还包含非光滑正则化项. 对于带了流形约束的问题, 发展流形上随机牛顿法和随机拟牛顿算法, 提高随机梯度算法的效率, 降低高阶算法的迭代复杂度并且提升收敛速度. 深度学习和强化学习是高度非线性的典型非凸优化问题. 如何刻画和理解模型的理论性质对于设计模型和改进算法非常重要. 利用概率和随机理论分析模型解的理论性质和算法的收敛性质, 如证明梯度类算法收敛到非凸问题的全局最优解, 建立凸问题松弛与原非凸问题解的等价性, 推广压缩感知和低秩恢复的理论分析到更一般的问题. 利用求解全局优化的启发式算法和随机算法, 与相应的机器学习模型和算法相结合, 从而构造有效的全局算法. 设计逃离鞍点的启发式算法和随机算法.

15.6.4　流形学习

流形结构是许多科学领域的基础数据类型, 如计算广告学、通信、大脑科学、 计算机图形学等等. 在许多应用中, 几何形状数据庞大而复杂, 如不少社交网络有数十亿的规模. 如何根据几何结构建模, 设计合适的算法很具挑战性. 高维数据降维领域在如何近似高维空间中数据结构方面提供了很多可参考的典范, 包括 Isomap、LLE、Laplacian eigenmaps、 diffusion maps 等等. 流形结构意味着类似卷积等很多基本操作也没有明确定义. 如何将深度学习和强化学习的模型和算法推广到流形结构? 如何处理动态变化的几何结构? 如何处理有向图问题? 如何产生合适测试数据和算例?

15.6.5　软件包的发展

在基础算法方面, 发展自主的实用性强的流形优化软件包, 解决非线性规划、混合整数规划、半正定规划、稀疏优化、低秩矩阵恢复、 特征值和奇异值分解等问题中出现的流形优化; 重点发展如大数据、 人工智能、医学图像处理等应用领域的软件. 在大数据时代和异构多核计算体系结构的背景下, 如何利用多个异构计算核、GPU、多计算节点的机群架构、云计算平台等计算资源来处理大规模优化问题? 依据问题的特点和物理条件限制, 发展适合于数据分析的并行计算、分布式计算、分散式计算、异步计算的理论与算法, 有效提高深度学习算法性能. 除了已有串行算法的并行化设计, 从算法层次上设计并行和分布式算法. 发展核心基础数值代数的并行算法, 如 QR 分解、特征值和奇异值分解等. 设计基础优化算法的并行版本. 针对并行算法的通信开销和同步要求等瓶颈, 发展异步并行算法. 结合一些重要应用的特征建立适合并行的数学模型, 如随机算法的并行, 研究与原始问题等价的模型, 从而有效减少难以并行化的运算.

参考文献

[1] Lai R, Wen Z, Yin W, et al. Folding-free global conformal mapping for genus-0 surfaces by harmonic energy minimization. Journal of Scientific Computing, 2014, 58: 705-725.

[2] Wen Z, Yin W. A feasible method for optimization with orthogonality constraints. Math. Program., 2013, 142: 397-434.

[3] Hu J, Milzarek A, Wen Z, et al. Adaptive quadratically regularized Newton method for Riemannian optimization. SIAM J. Matrix Anal. Appl., 2018, 39: 1181-1207.

[4] Liu X, Wen Z, Zhang Y. Limited memory block Krylov subspace optimization for computing dominant singular value decompositions. SIAM J. Sci. Comput., 2013, 35: A1641-A1668.

[5] Liu X, Wen Z, Zhang Y. An efficient Gauss-Newton algorithm for symmetric low-rank product matrix approximations. SIAM Journal on Optimization, 2015, 25: 1571-1608.

[6] Wen Z, Yang C, Liu X, et al. Trace-penalty minimization for large-scale eigenspace computation. Journal of Scientific Computing, 2016, 66: 1175-1203.

[7] Wen Z, Zhang Y. Accelerating convergence by augmented Rayleigh-Ritz projections for large-scale eigenpair computation. SIAM Journal on Matrix Analysis and Applications, 2017, 38: 273-296.

[8] Zhang J, Wen Z, Zhang Y. Subspace methods with local refinements for eigenvalue computation using low-rank tensor-train format. Journal of Scientific Computing, 2017, 70: 478-499.

[9] Oja E, Karhunen J. On stochastic approximation of the eigenvectors and eigenvalues of the expectation of a random matrix. Journal of mathematical analysis and applications, 1985, 106: 69-84.

[10] Balsubramani A, Dasgupta S, Freund Y. The fast convergence of incremental PCA. Advances in Neural Information Processing Systems, 2013: 3174-3182.

[11] Li C J, Wang M, Liu H, et al. Near-optimal stochastic approximation for online principal component estimation. Mathematical Programming, 2018, 167: 75-97.

[12] Shamir O. A stochastic PCA and SVD algorithm with an exponential convergence rate. International Conference on Machine Learning, 2015: 144-152.

[13] Zhang X, Zhu J, Wen Z, et al. Gradient type optimization methods for electronic structure calculations. SIAM Journal on Scientific Computing, 2014, 36: C265-C289.

[14] Gao B, Liu X, Yuan Y. Parallelizable algorithms for optimization problems with orthogonality constraints. SIAM Journal on Scientific Computing, 2019, 41(3): A1949-A1983.

[15] Dai X, Liu Z, Zhang L, et al. A conjugate gradient method for electronic structure calculations. SIAM Journal on Scientific Computing, 2017, 39: A2702-A2740.

[16] Ulbrich M, Wen Z, Yang C, et al. A proximal gradient method for ensemble density functional theory. SIAM Journal on Scientific Computing, 2015, 37: A1975-A2002.

[17] Vandereycken B. Low-rank matrix completion by Riemannian optimization. SIAM Journal on Optimization, 2013, 23: 1214-1236.

[18] Zhang J, Liu H, Wen Z, et al. A sparse completely positive relaxation of the modularity maximization for community detection. SIAM J. Sci. Comput., 2018, 40: A3091-A3120.

[19] Singer A, Shkolnisky Y. Three-dimensional structure determination from common lines in cryo-em by eigenvectors and semidefinite programming. SIAM Journal on Imaging Sciences, 2011, 4(2): 543-572.

[20] Cho M, Lee J. Riemannian approach to batch normalization. Advances in Neural Information Processing Systems, 2017: 5225-5235.

[21] Gabay D. Minimizing a differentiable function over a differential manifold. J. Optim. Theory Appl., 1982, 37: 177-219.

[22] Udriste C. Convex Functions and Optimization Methods on Riemannian Manifolds. Berlin: Springer Science & Business Media, 1994.

[23] Yang Y. Globally convergent optimization algorithms on Riemannian manifolds: Uniform framework for unconstrained and constrained optimization. Journal of Optimization Theory and Applications, 2007, 132: 245-265.

[24] Smith S T. Optimization techniques on Riemannian manifolds. Fields Institute Communications, 1994, 3: 113-136.

[25] Absil P A, Mahony R, Sepulchre R. Optimization Algorithms on Matrix Manifolds. Princeton: Princeton University Press, 2008.

[26] Stuart A, Humphries A R. Dynamical Systems and Numerical Analysis. vol. 2. Cambridge: Cambridge University Press, 1998.

[27] Jiang B, Dai Y H. A framework of constraint preserving update schemes for optimization on Stiefel manifold. Mathematical Programming, 2015, 153: 535-575.

[28] Zhu X. A Riemannian conjugate gradient method for optimization on the Stiefel

manifold. Computational Optimization and Applications, 2017, 67: 73-110.

[29] Absil P A, Baker C G, Gallivan K A. Trust-region methods on Riemannian manifolds. Found. Comput. Math., 2007, 7: 303-330.

[30] Huang W, Absil P A, Gallivan K A. Intrinsic representation of tangent vectors and vector transports on matrix manifolds. Numerische Mathematik, 2017, 136: 523-543.

[31] Huang W, Gallivan K A, Absil P. A Broyden class of quasi-Newton methods for Riemannian optimization. SIAM J. Optim., 2015, 25: 1660-1685.

[32] Boumal N, Mishra B, Absil P A, et al. Manopt, a Matlab toolbox for optimization on manifolds. J. Mach. Learn. Res., 2014, 15: 1455-1459.

[33] Huang W, Absil P, Gallivan K, et al. ROPTLIB: An object-oriented C++ library for optimization on Riemannian manifolds. ACM Transaction on Matematical Software. 2018-07-13. http: ndoi.org/0.1145/3218822.

[34] Absil P, Malick J. Projection-like retractions on matrix manifolds. SIAM Journal on Optimization, 2012, 22: 135-158.

[35] Duchi J, Hazan E, Singer Y. Adaptive subgradient methods for online learning and stochastic optimization. Journal of Machine Learning Research, 2011, 12: 2121-2159.

[36] Liu Y, Shang F, Cheng J, et al. Accelerated first-order methods for geodesically convex optimization on Riemannian manifolds. Advances in Neural Information Processing Systems, 2017: 4868-4877.

[37] Hu J, Jiang B, Lin L, et al. Structured quasi-Newton methods for optimization with orthogonality constraints. SIAM J. Sci. Comput., 2019, 41(4): A2239-A2269.

[38] Agarwal N, Boumal N, Bullins B, et al. Adaptive regularization with cubics on manifolds with a first-order analysis. 2018, arXiv: 1806. 00065.

[39] Zhang J, Zhang S. A cubic regularized Newton's method over Riemannian manifolds. 2018-03-16. http://arxiv.org/pdf/1805.05565.pdf.

[40] LeCun Y, Bengio Y, Hinton G. Deep learning. Nature, 2015, 521: 436-444.

[41] Bécigneul G, Ganea O E. Riemannian adaptive optimization Methods. 2018, arXiv: 1810. 00760.

[42] Jiang B, Ma S, So A MC, et al. Vector transport-free svrg with general retraction for Riemannian optimization: Complexity analysis and practical implementation. 2017, arXiv preprint arXiv: 1705. 09059.

[43] Boumal N, Absil P A, Cartis C. Global rates of convergence for nonconvex optimization on manifolds. IMA J. Numer. Anal., 2016, arXiv: 1605. 08101.

[44] Zhang J, Ma S, Zhang S. Primal-dual optimization algorithms over Riemannian manifolds: An iteration complexity analysis. 2017-10-15. www.optimation-online.org/DB.FILE/2017/10/6247.pdf.

[45] Vishnoi N K. Geodesic convex optimization: Differentiation on manifolds, geodesics, and convexity. 2018, arXiv preprint arXiv: 1806. 06373.

[46] Liu X, Wang X, Wen Z, et al. On the convergence of the self-consistent field iteration in Kohn-Sham density functional theory. SIAM Journal on Matrix Analysis and Applications, 2014, 35: 546-558.

[47] Bai Z, Lu D, Vandereycken B. Robust Rayleigh quotient minimization and nonlinear eigenvalue problems. SIAM J. Sci. Comput., 2018, 40: A3495-A3522.

[48] Yuan H, Gu X, Lai R, et al. Global optimization with orthogonality constraints via stochastic diffusion on manifold. Journal of Scientific Computing, 2019, 80(2): 1139-1170.

[49] Boumal N, Voroninski V, Bandeira A. The non-convex burermonteiro approach works on smooth semidefinite programs. Advances in Neural Information Processing Systems, 2016: 2757-2765.

[50] Mei S, Misiakiewicz T, Montanari A, et al. Solving SDPs for synchronization and maxcut problems via the grothendieck inequality. 2017, arXiv preprint arXiv: 1703. 08729.

[51] Bandeira A S, Kennedy C, Singer A. Approximating the little Grothendieck problem over the orthogonal and unitary groups. Mathematical Programming, 2016, 160: 433-475.

[52] Grohs P, Hosseini S. Nonsmooth trust region algorithms for locally Lipschitz functions on Riemannian manifolds. IMA Journal of Numerical Analysis, 2016, 36: 1167-1192.

[53] Hosseini S. Convergence of non-smooth descent methods via Kurdyka-Lojasiewicz inequality on Riemannian manifolds. http://ins.uni-bonn.de/media/public/Pablication-media/8.INS 1523.pdf?pk=1[2019-09-30].

[54] Hosseini S, Uschmajew A. A Riemannian gradient sampling algorithm for nonsmooth optimization on manifolds. SIAM Journal on Optimization, 2017, 27: 173-189.

[55] Chen S, Ma S, Man-Cho So A, et al. Proximal gradient method for manifold optimization. 2018, arXiv preprint arXiv: 1811. 00980.

[56] Nesterov Y E. A method for solving the convex programming problem with convergence rate $o(1/k^2)$. Dokl. Akad. Nauk SSSR, 1983, 269: 543-547.

[57] Ghadimi S, Lan G. Accelerated gradient methods for nonconvex nonlinear and stochastic programming. Mathematical Programming, 2016, 156: 59-99.

[58] Hu C, Pan W, Kwok J T. Accelerated gradient methods for stochastic optimization and online learning. Advances in Neural Information Processing Systems, 2009: 781-789.

[59] Nesterov Y. Gradient methods for minimizing composite functions. Mathematical

Programming, 2013, 140: 125-161.

[60] Helmke U, Moore J B. Optimization and Dynamical Systems. Berlin: Springer, 2012.

[61] Dürr H, Ebenbauer C. On a class of smooth optimization algorithms with applications in control. IFAC Proceedings Volumes, 2012, 45: 291-298.

[62] Lessard L, Recht B, Packard A. Analysis and design of optimization algorithms via integral quadratic constraints. SIAM Journal on Optimization, 2016, 26: 57-95.

[63] Su W, Boyd S, Candes E. A differential equation for modeling nesterov's accelerated gradient method: Theory and insights. Advances in Neural Information Processing Systems, 2014: 2510-2518.

[64] Wibisono A, Wilson A C, Jordan M I. A variational perspective on accelerated methods in optimization. Proceedings of the National Academy of Sciences, 2016, 113: E7351-E7358.

第 16 章 双层优化

本章主要介绍双层优化问题以及与之密切相关的均衡约束数学规划 (MPEC) 的发展规划, 共分为四个部分: 概述、应用背景、研究现状、前景展望.

16.1 概述

双层优化问题是一类约束中包含优化问题, 亦即具有上下两层结构的系统优化问题, 其上层问题和下层问题都有各自的决策变量、约束条件和目标函数. 它的数学模型一般可以表示为

$$\begin{aligned} \min \quad & F(x,y), \\ \text{s.t.} \quad & (x,y) \in Z, \quad y \in S(x), \end{aligned} \tag{16.1.1}$$

其中 $S(x)$ 为下层优化问题

$$\begin{aligned} \min \quad & f(x,y), \\ \text{s.t.} \quad & y \in Y(x) \end{aligned} \tag{16.1.2}$$

的解集, $x \in \mathbb{R}^n$ 与 $y \in \mathbb{R}^m$ 分别为上层与下层决策变量. 根据下层问题的最优解是否唯一, 可将双层优化问题分为两大类: 适定双层优化问题与不适定双层优化问题. 如果对于任意上层决策变量 x, 下层规划的解集 $S(x)$ 都是单点集, 则称之为适定双层优化问题, 否则称之为不适定双层优化问题.

双层优化模型最早可以追溯到德国经济学家 Stackelberg 提出的主从博弈模型 [1], 有关的系统研究则始于 Bracken 与 McGill 在 20 世纪 70 年代发表的论文 [2]. 如今, 双层优化的应用范围已经涵盖了管理科学、经济学、博弈论、交通运输、工程设计、政策设计、最优定价、最优控制等众多领域, 并显示出强有力的生命力, 已成为数学优化的重要分支之一.

双层优化问题是非凸优化问题, 即使最简单的线性双层优化问题也已被证明是 NP-难问题. 双层优化问题的另一个特点是, 即使所涉及的函数都是有界的

连续函数, 也不能保证原问题存在最优解. 处理双层优化的难点在于其自身的嵌套结构, 即上层问题与下层问题都受彼此的决策变量影响. 不难理解, 与普通的单层数学优化问题相比, 双层优化问题的求解要困难得多.

均衡约束数学规划 (MPEC) 是约束中含有变分不等式或互补系统的约束优化问题, 其一般形式为

$$\begin{aligned} \min \quad & F(x,y), \\ \text{s.t.} \quad & (x,y) \in Z, \\ & (y'-y)^{\mathrm{T}} G(x,y) \geqslant 0, \ \forall y' \in Y(x). \end{aligned} \tag{16.1.3}$$

MPEC 与双层优化密切相关. 事实上, 不论是研究双层优化问题的最优性条件, 还是开发其近似算法, 一般都需要把双层优化问题转化为单层优化问题. 目前最为流行的是将下层问题用其最优性条件来替换的研究途径, 而这样得到的单层优化问题就是 MPEC. 一般情况下, 按照上述途径得到的 MPEC 与原来的双层优化问题并不等价. 从这种意义上理解, MPEC 是比双层优化应用更为广泛的一类数学优化问题. MPEC 也是典型的非凸优化问题: 从几何观点来理解, MPEC 的可行域一般都是若干个“片”的并集, 具有显著的组合特征; 在理论上, MPEC 在其每个可行解处均不满足通常的约束规范条件. 因此, 利用那些求解标准非线性优化问题行之有效的算法来求解 MPEC 时, 计算结果往往不太稳定.

经过多年来的发展, 有关双层优化以及 MPEC 的理论、算法及应用研究都已经取得了很多重要的成果[3-11]. 但是, 由于这些问题自身的结构复杂性, 无论是在最优性理论方面, 还是在数值解法方面, 都还远未到成熟的阶段. 此外, 包括高阶最优性、稳定性及灵敏度分析等理论课题以及不确定问题等方面的研究还比较欠缺. 我们相信, 在越来越多实际问题的驱动下, 关于双层优化与 MPEC 的研究必将会受到越来越多的关注, 计算机科学的进步以及最优化理论与方法的发展也必将为研究双层优化与 MPEC 等复杂问题提供新的工具.

16.2 应用背景

双层优化已被广泛应用于能源市场、交通运输、经济管理等领域的大量实际决策问题.

16.2.1 电力市场里的应用

与传统火力或水力发电机组相比, 可再生能源发电 (风力、太阳能、潮汐等)

的主要缺点在于其不确定的生产能力. 由于电能作为商品而言存储不方便的特性, 作为市场监管的 ISO 在清算时需要充分考虑有效处理这种不确定性. 为了市场的稳定, ISO 要求可再生能源生产商必须提前一天投标电力生产水平和相应价格. 由于投标时电力生产商不确定实际清算时的生产能力和市场价格, 因此在投标时 ISO 和生产商之间存在主从博弈, 故而电力市场的定价模型实际是一个双层优化问题.

风电生产商提前一天参与市场投标, 标的即为向 ISO 提交的电力生产水平和价格. 如果在清算的时候实际生产水平不足, 风电生产商需要高价从传统电商那里购买电能来满足实时市场需求. 风电生产商建立相应随机双层优化模型来确定最佳投标策略, 其上层问题旨在最大化风电生产商预期利润, 而下层问题代表实时的市场清算. 特别需要指出的是, 诸如风电生产能力、实时清算的市场价格、用户需求等不确定性往往是通过采样一系列历史数据来刻画的, 参见文献 [12].

同样基于风电生产商和监管部分的投标策略博弈, 可建立一类双层随机规划模型, 以期获得短期电力市场中战略性风电生产企业的最优报价策略. 其上层问题是最大化风电生产商的利润, 下层问题代表了日前市场和实时市场的混合市场清算, 而用户需求、风电生产水平和常规电力生产商投标策略的不确定性则由历史数据来刻画样本, 参见文献 [13].

也可以利用混合整数双层优化模型研究风电扩容投资和输电线路增强投资. 其上层目标是输电设施和风力发电厂的最佳投资策略, 以期最大限度地减少消费者支付和投资成本, 同时最大限度地提高社会福利水平, 而下层问题则代表不同负载和风力发电水平下的市场清算. 在上层问题中, 用 0-1 变量来刻画具体线路是否构建预期传输通道, 参见文献 [14].

值得注意的是, 当前大多数双层优化模型都采用线性直流最优潮流作为计算市场清算决策的下层问题. 然而, 真正的市场清算问题往往涉及非凸性, 从而充分反映发电机的发电、启动、停机和空载运行的实际成本. 此外, 发电机的最低生产限制和二元状态显然也是市场清算问题的一个组成部分. 为了刻画超出线性规划建模能力的这种离散的非凸成分, 通常采用混合整数线性或非线性规划模型. 特别地, 文献 [15] 提出了一种使用锥形交流功率流的双层传输扩展规划模型. 文献 [16] 进一步提出了一种双层传输扩展规划模型, 该模型考虑生产成本非凸性的混合整数规划市场清算问题.

16.2.2 城市道路交通中的应用

城市交通系统是城市繁荣有序和高速发展的主要支撑条件之一. 然而, 现代城市在快速发展过程中遇到了日益严重的交通问题, 严重影响着城市的经济建设和运转效率, 给人们的工作和生活带来了种种不便与损害, 已经成为制约城市可持续发展的主要瓶颈. 因此, 关于各类交通网络优化问题的建模及其求解算法受到越来越多的重视 [17,18].

传统的城市交通网络设计是一类最优投资决策问题, 即在一定的投资约束条件下, 考虑交通出行者行为选择情况的同时, 谋求改善某些路段或在交通网络中添加新的路段等, 以使整个交通网络达到某种系统指标最优 [19]. 这种通过投资的手段来拓宽路段以缓解交通拥堵, 是一种传统和最直接的方法.

城市交通网络设计通常有三种形式：离散网络设计、连续网络设计和混合网络设计. 传统的城市交通网络设计模型考虑的是扩大交通供给. 但是, 新增道路又会带来新的交通需求, 造成城市环境的进一步恶化, 况且城市里可以用来修建道路的空间总是有限的. 实践经验表明, 由于潜在交通需求的存在以及受到建设资金、城市道路网络布局、环境各方面的制约, 交通供给不可能无限制满足交通需求的增长, 道路建设只能在短期内缓解交通拥堵, 防止城市交通的继续恶化. 故缓解城市交通拥堵问题的重要途径是既要增加道路供给, 更要加强对交通需求的管理, 加强对城市道路网络规划设计的优化与控制.

城市交通网络设计问题于 1986 年首次使用双层优化模型来刻画, 但当时假定了成本函数线性增加, 这显然是不切合实际的. 后来, 很多工作论述了如何建立一个更接近实际的双层优化模型. 根据各种情况下城市交通网络的具体特点, 建立相应的双层优化模型. 比如, 上层为标准公交网络设计模型, 下层为平衡配流模型的双层优化模型. 近年来, 利用双层优化来解决在固定电子路票收取方案下, 如何进行道路能力增加, 使得交通网络总出行时间最小的城市交通连续均衡网络设计问题. 然后, 在给定电子路票收取方案下的城市交通连续均衡网络设计问题加入 OD① 出行成本和路段出行时间的公平性约束, 研究在公平性约束条件下的城市交通连续均衡网络设计问题. 这些研究表明减少分配给用户的电子路票数量会减轻路段的拥堵, 同时电子路票的交易价格会随之上升. 为了增加道路能力和满足交通需求, 有文献在固定 OD 需求情况下研究路段电子路票收取与城市交通连续均衡网络设计问题的双层优化模型, 即上层决策者同时优化路段收取电子路票的数量和能力增加以最小化交通网络的总出行时间, 下层用户根据出行成本 (包括出行时间和收取的电子路票的价值) 来选择最优路径 [18]. 研究表明该模型可以获得更小的系统总出行时间, 并比已有的 FBTP、TC 和 CNDP 等模型在缓解道路拥堵方面的效率要高.

双层优化模型不但可以用于解决城市交通连续均衡网络设计问题, 还可以用于研究带有离散道路收费水平的城市交通离散均衡网络设计问题, 是研究城

① O 即 origin, 指出行的出发点; D 即 destination, 指出行的目的地.

市交通网络设计与控制问题的重要工具, 并能对城市交通综合治理提供有效对策.

16.2.3　经济管理方面的应用

在经济管理中普遍存在只顾自身的局部利益而忽略整体利益的现象. 双层优化的优点之一就是站在统筹者的角度进行决策, 纵观全局, 以求达到整体战略的最优. 正因为如此, 双层优化在资源分配、供应链管理等经济管理领域得到了广泛的应用.

资源分配问题是一类比较复杂的经济管理问题. 上层部门将资源分给各个下层部门, 下层部门根据分配的资源和已有资源组织生产, 以使自己的效益最大化. 这里存在一个矛盾, 即上层部门的资源是有限的, 而各部门的效益不同, 如何使有限的资源产生最大的效益是上层部门面临的决策难题. 这种问题可以用双层优化模型来刻画. 水利与电力系统问题、排污权问题、碳排放交易问题等实质上都是资源分配问题. 通常, 下层部门不仅需要考虑自身效益, 还需要考虑社会效益. 例如, 在电力系统问题中, 不但要考虑电站与变压站等的选址问题, 还需要考虑发电商、售电商等的利益分配; 对于排污权问题, 根据排污者在排污权市场上的行为特征, 需要建立以排污权社会总效益和各排污者效益最大化为目标的双层优化模型, 以期得出排污权管理机构相应的最优初始排污权分配方案和排污权费率方案.

随着市场全球化的快速推进和竞争环境的急剧变化, 越来越多的企业认识到供应链管理的重要性. 以前, 生产商与销售商彼此持敌对态度, 都想从对方那里获得利润, 导致产品开发周期过长、产品质量无法提高、成本高居不下等问题. 为使生产商与销售商紧密合作以达到双赢的目的, 可以各厂商的利益最大化为下层目标, 而以供应链的综合绩效为上层目标来建立双层优化模型. 这方面的研究工作已经在京东、阿里巴巴等知名企业管理中得到了推广应用, 并为企业带来了巨大的经济效益.

生态产业园区经济模式是当前备受各国关注的产业发展新模式, 更是当前产业发展的热点, 其核心是生态产业链的运营管理. 生态产业链是指依据生态学的原理, 以恢复和扩大自然资源存量为宗旨, 以提高资源基本生产率和根据社会需要为主体, 对多种产业的链接所进行的设计或改造并开创为一种新型的产业系统的创新活动. 与传统工业发展的高投入、高消耗、高污染的粗放型发展模式不同, 该模式能解决资源浪费、生态恶化、环境污染等一系列问题. 党的十七届五中全会会议明确指出, “坚持把建设资源节约型、环境友好型社会作为加快转变经济发展方式的重要着力点”. 生态文明建设首次被写进“十三五”规划的任务目标. 发展生态产业是实现生态文明建设任务的重要途径之一, 为此, 我国已批准建设多个国家级生态产业园区来对传统工业发展模式进行改造升级. 因此构建合理的生态产业链对实现生态产业园区经济模式就显得十分重要. 如何处理生态产业园区中生态产业链的生产者企业、消费者企业与分解者企业之间的关系和园区管理部门如何制定管理策略对三者进行协调以及对园区运行的评价机制等是迫切需要解决的课题. 而这些问题都可以用双层或多层优化模型来进行定性分析与定量分析.

16.3 研究现状

伴随着时代的发展, 双层优化在诸多领域的应用日益广泛, 相关研究受到了越来越多的关注, 在理论与算法等方面都取得了很多重要的成果.

16.3.1 理论方面

双层优化问题为具有特殊结构的非凸优化问题, 单层优化问题的最优性及对偶性等理论并不能直接应用于该类优化问题. 为此, 通常需要将双层优化问题转化为单层优化问题后进行研究. 常见的转化方式有两种：一种是利用下层问题的最优性条件, 另一种是利用下层问题的最优值函数.

如果对上层的任意可行解 x, 下层问题 (16.1.2) 都是凸优化问题, 利用下层问题的一阶最优性条件, 双层优化问题 (16.1.1), (16.1.2) 可以等价地转化为如下单层优化问题：

$$\begin{aligned}
\min\quad & F(x,y),\\
\text{s.t.}\quad & (x,y)\in Z,\\
& (y'-y)^{\mathrm{T}}\nabla_y f(x,y)\geqslant 0,\ \forall y'\in Y(x).
\end{aligned}$$

这正是 MPEC(16.1.3). 如果 $Y(x)=\{y\in\mathbb{R}^m : g(x,y)\leqslant 0\}$, 在适当的约束规范条件下, 利用下层问题的 KKT 条件, 双层优化问题 (16.1.1), (16.1.2) 可以等价地转化为如下更为简单的单层优化问题：

$$\begin{aligned}
\min\quad & F(x,y),\\
\text{s.t.}\quad & (x,y)\in Z,\\
& \nabla_y f(x,y)+\nabla_y g(x,y)z=0,\\
& z\geqslant 0,\ g(x,y)\leqslant 0,\ z^{\mathrm{T}}g(x,y)=0.
\end{aligned}$$

该问题被称为互补约束数学优化问题 (MPCC), 也是一种特殊的 MPEC. 关于 MPEC 与 MPCC 的理论与算法进展, 请见下文. 这种转化方式的缺陷是, 如果下层问题不总是凸优化问题, 由此所得到的单层规划问题与原来的双层优化问题一般并不等价, 而且变分不等式约束或互补约束的出现会使得传统的约束规范条件不再成立, 从而无法直接利用传统的最优化算法来求解.

如果利用下层问题的最优值函数 $V(x)=\min_{y\in Y(x)} f(x,y)$, 则双层优化问题 (16.1.1), (16.1.2) 可以等价地转化为如下单层优化问题:

$$
\begin{aligned}
\min \quad & F(x,y),\\
\text{s.t.} \quad & (x,y)\in Z,\ y\in Y(x),\\
& f(x,y)\leqslant V(x).
\end{aligned}
$$

需要注意的是, 这种方式得到的单层规划问题虽然与原问题等价, 但由于最优值函数通常没有解析表达式, 故处理起来会非常困难.

上述两种转化方式各有优缺点, 利用它们可以研究双层优化问题的最优性、稳定性、灵敏度、对偶性等理论课题, 参见文献 [20]~ [22]. 除了上述两种方式之外, 还可以利用数据扰动正则化方法来探讨双层优化的最优性条件. 值得一提的是, 目前关于双层优化最优性理论的研究还主要集中于一阶最优性方面, 关于高阶最优性条件的研究还比较欠缺. 综合来说, 关于双层优化的最优性与对偶性等理论方面已经取得了一些重要成果, 但还远远没有成熟, 还需要进行更加深入的研究, 特别是高阶最优性、对偶理论、稳定性与灵敏度分析等方面. 此外, 相对于确定双层优化而言, 不确定信息下双层优化与实际层次决策问题更为贴切, 其研究成果十分匮乏, 这也是双层优化未来发展的重要方向之一.

16.3.2 算法方面

早期的研究主要集中于性质与结构相对简单的情形, 包括求解线性双层优化的极点搜索法、分支定界算法等以及求解凸二次双层优化的下降方向法、互补转轴方法、罚函数法等. 20 世纪 90 年代以来, 人们开始更多地关注非线性双层优化, 提出了包括直接搜索法、遗传算法、正则化方法、基于下层最优值函数或下层最优性条件的求解途径等 [3, 23, 24].

一般来说, 直接搜索法通常适用于部分导数信息未知或难于计算的情形, 其主要思想为: 给定初始解后, 首先利用某种直接搜索方法进行下层迭代, 然后再进行上层迭代, 该方法的缺陷是收敛性分析比较困难, 理论上的结果往往比较弱. 当下层问题的解不唯一时, 可以考虑利用正则化技术进行近似, 以使下层问题有唯一最优解, 进而构造出近似算法. 利用下层问题的最优值函数, 也可以设计求解某些双层优化问题的近似算法, 其思想是先利用最优值函数将双层优化转化为单层规划问题, 然后利用凝聚函数来近似最优值函数, 即可得到原问题的一种单层光滑近似, 进而可以设计出近似算法.

除了上述方法之外,目前更为流行的是利用下层问题的最优性条件将双层优化转化为 MPEC 的求解途径. 此外, 双层优化实质上是一种非零和博弈模型, 求其精确最优解是 NP-难的. 在实际应用中很多时候也无须求其精确最优解, 而是找到一个上下层决策者双赢的方案即可. 针对实际决策问题, 可以通过引入各种满意度函数与测度函数等来给出更有实际意义的双层决策规划模型的解, 结合直觉模糊等理论, 利用交互式算法进行求解双层优化模型 [25]. 交互式算法最大的优点在于其充分利用了双层优化的结构特点, 从而为应用双层优化理论求解大规模系统决策问题提供了一种途径. 正因为如此, 交互式算法受到双层优化研究者越来越多的关注. 另外, 利用交互式算法求解双层优化模型的有效性很大程度上取决于通过相应的满意度函数与测度函数引入的解是否合理. 交互式算法的缺陷在于收敛性分析比较困难, 理论上的结果往往比较弱.

以上部分主要针对的是双层优化问题 (16.1.1), (16.1.2). 一般情形下, 双层优化模型刻画的往往是主从博弈现象. 在实际建模时, 根据上层决策者的性格偏好等, 又可分为乐观双层优化模型、悲观双层优化模型和部分合作双层优化模型. 乐观双层优化模型也称为强双层优化模型, 即上层决策者按照最乐观最有利的情形进行决策, 其对应的数学模型为

$$\min_{x \in X} \min_{y \in S(x)} F(x, y),$$

其中 $S(x)$ 为下层问题 (16.1.2) 的解集, 该模型在比较弱的条件下与双层优化问题 (16.1.1)—(16.1.2) 其实是等价的. 悲观双层优化模型也称为弱双层优化模型, 即上层决策者按照最悲观最不利的情形进行决策, 其对应的数学模型为

$$\min_{x \in X} \max_{y \in S(x)} F(x, y).$$

部分合作双层优化模型反映的是既非完全乐观也非完全悲观的情形, 是介于乐观模型与悲观模型之间的一种折中或协调模型.

研究悲观模型和部分合作双层优化模型一般也需要将其转化为单层的规划问题, 这方面的技巧也可参考上述处理问题 (16.1.1), (16.1.2) 的部分. 然而, 无论是悲观双层优化模型, 还是部分合作双层优化模型, 与问题 (16.1.1), (16.1.2) 相比要更加复杂, 因此研究这些模型的最优性及对偶性理论就更富有挑战性, 目前通常的策略包括对偶方法以及罚函数法、正则化技术等. 特别地, 由于部分合作双层优化模型是乐观模型和悲观模型的折中形式, 其最优性及对偶性理论也应基于这两者的相关理论和成果.

MPEC 虽然与双层优化密切相关, 但各有特点, 研究的手法也大不相同. 双层优化由于结构上的复杂性, 讨论起来要复杂得多. MPEC 既富有挑战性, 相

对而言也比较容易处理, 目前在理论及算法方面都已经发展得相对成熟. 如前所述, 由于变分不等式或互补约束的存在, MPEC 在其每个可行解处均不满足通常的约束规范条件, 这使得常用的非线性规划理论与算法并不能直接应用于 MPEC. 基于不同的微分理论, 人们对 MPEC 的一阶最优性条件进行了广泛的研究, 常见的包括 Clarke 稳定性条件、Mordukhovich 稳定性条件、Bouligand 稳定性条件、强稳定性条件等. 其中, Bouligand 稳定性条件最为理想, 但由于形式抽象, 一般难于求解; 相比较而言, 强稳定性条件与 Mordukhovich 稳定性条件一直以来都受到了更多的关注. 人们进一步还对 MPEC 的二阶最优性条件、稳定性及灵敏度分析等进行了讨论, 这些成果为进一步开发各种数值算法以及进行相应的收敛性分析提供了可靠的理论基础. 算法方面的研究也已经相当成熟, 目前比较流行的方法包括松弛与光滑化途径、罚函数法、隐式规划方法、序列二次规划方法、识别积极集途径、转化为约束方程组的途径、非光滑途径等.

MPEC 主要集中于所研究问题数据确定的情形. 作为 MPEC 的进一步发展, 不确定性 MPEC 也开始受到关注, 特别是随机 MPEC. 由于 MPEC 处理起来已经相当困难, 随机 MPEC 就更为复杂. 对于随机 MPEC, 首要的课题是如何建立模型才能得到更合理的解. 不同的情形、不同的角度, 建立的模型可能也不同. 目前随机 MPEC 的主要模型有三个: 下层 Wait-and-See 模型, 即上层决策者需要即时做出决策, 而下层决策者可以等到随机信息比较明朗后再做决策; Here-and-now 模型, 即上层决策者与下层决策者均需即时做出决策; 多选择混合模型, 即上层决策者需要即时做出决策, 而下层决策者既可以即时做决策, 也可以等到随机信息比较明朗后再做决策.

与确定性 MPEC 相比, 随机 MPEC 模型中通常都包含数学期望, 约束中则既有互补约束, 也可能包含随机约束. 对于数学期望, 最流行的处理方法是利用 (拟) 蒙特卡罗方法进行近似逼近. 对于互补约束, 处理方法可参考前面有关确定性 MPEC 的部分. 特别值得一提的是, 对随机 MPEC 的各种近似算法进行收敛性分析时要用到概率工具, 收敛性结果往往也是概率收敛, 详情可参见综述文献 [11].

16.4　前景展望

伴随着经济全球化的发展以及大数据时代的来临, 社会问题、经济问题等变得越来越复杂, 各种不确定性显著提高, 包括双层优化在内的各类复杂优化问题的应用将会越来越广泛, 因此对这些问题的理论与算法等的需求也会越来越迫切.

16.4.1 乐观双层优化

作为高度非凸的优化问题, 最优性理论是进行收敛性分析的基础. 目前关于乐观双层优化问题的一阶最优性条件已经有了一些, 但还没有和算法进行有机结合, 而高阶最优性条件还有待研究. 再者, 关于含参双层优化问题的稳定性与灵敏度分析以及对偶理论也还缺乏较为系统的研究. 除了理论研究之外, 关于算法的研究应该是未来的主要目标. 当然, 算法方面要一步到位也不现实, 可以优先考虑某些具有特殊结构的问题. 此外, 如何结合实际问题给出更为合理的解也是一个关键问题.

16.4.2 悲观与部分合作双层优化

目前关于双层优化的主要成果大多是针对乐观双层优化问题, 对于下层决策者不采取完全合作策略的情形, 乐观模型的理论与方法并不能直接应用. 关于悲观双层优化与部分合作双层优化模型的一阶最优性条件与算法研究目前还非常有限, 值得去做进一步的探索. 这方面的研究, 除了需要借鉴乐观双层优化的研究思路和成果之外, 还需要参考鲁棒优化的处理方法和技巧.

16.4.3 多目标双层优化

目前有关双层优化的研究大都集中于单目标的情形, 而实际问题中无论是上层决策者还是下层决策者都有可能会涉及多个目标的情形. 因此, 研究多目标双层优化的理论与算法, 都具有重要意义.

16.4.4 混合整数双层优化

在实际问题中, 有非常多的情形会涉及整数变量, 因此有必要对混合整数双层优化问题进行深入研究, 特别是算法方面, 将求解单层混合整数规划的分支定界算法、割平面算法以及遗传算法等与处理双层优化问题的相关技术相结合, 进而设计出求解混合整数双层优化的近似算法.

16.4.5 不确定信息下的双层优化

不确定信息下的双层优化无疑是非常值得人们关注和研究的课题, 既有理论意义也有实际应用价值. 目前有关这一课题的研究成果还非常少, 从优化理论和算法的角度出发的研究成果更是少之又少. 不确定信息下的双层优化模型可能是随机模型或者鲁棒优化模型, 也可能是带模糊关系的模型, 这些都是非常具有挑战性的问题.

16.4.6　双层纳什均衡问题

现实社会中有很多多寡头的主从博弈现象, 其模型为多个相互关联的双层优化问题. 进一步, 各个寡头都可能有多个追随者, 而追随者之间也可能存在博弈现象. 基于此, 研究双层纳什均衡问题是很有意义的.

16.4.7　双层集值优化问题

由于科技发展日新月异, 特别是大数据时代, 有些实际问题并不能简单地刻画为单值函数, 而是集值优化问题, 而且决策者通常要从系统优化的角度来进行决策. 因此, 考虑下层或上层为集值优化的双层优化模型, 以期得到更加科学合理的决策, 也是很有意义的.

16.4.8　MPEC 及其相关课题

近年来, 带广义方程约束的规划问题受到了越来越多的关注, 该问题在本质上更加接近双层优化. 然而, 常用的 MPEC 最优性条件并不一定能够正确刻画 MPGE 的局部最优解 [26]. 受限于广义方程约束自身, 求解 MPGE 的算法研究方面尚未有重要进展. 因此, 有关 MPGE 的理论和算法等都值得进一步去研究. 再者, 带对称锥互补约束的规划问题、带均衡约束的广义纳什均衡问题、双层变分不等式与双层均衡问题等比 MPEC 应用更为广泛的问题在近年来已经开始受到人们的关注. 借助于 MPEC 方面所取得的成果, 对上述广义 MPEC 问题进行理论及算法的研究应该是前景可期的. 此外, 对于不确定信息下的 MPEC, 包括带机会约束的随机 MPEC、鲁棒 MPEC、模糊 MPEC 等, 都可以找到相应的应用背景, 非常值得人们去进一步研究和探讨.

参 考 文 献

[1] Stackelberg H V. The Theory of the Market Economy. Oxford University Press, 1952.

[2] Bracken J, McGill J. Mathematical programs with optimization problems in the constraints. Oper. Res., 1973, 21: 37-44.

[3] Colson B, Marcotte P, Savard G. An overview of bilevel optimization. Ann. Oper. Res., 2007. 153: 235-256.

[4] Dempe S. Foundations of Bilevel Programming. Nonconvex Optimization and Its Applications, Vol. 61, Bosten: Kluwer Academic Publishers, 2002.

[5] Shimizu K, Ishizuka Y, Bard J F. Nondifferentiable and Two-Level Mathematical Programming. Dordrect: Kluwer Academic Publishers, 1997.

[6] Dempe S, Dutta J. Is bilevel programming a special case of a methematical program with complementarity constraints. Math. Programming, 2012, 131: 37-48.

[7] Nie J, Wang L, Ye J J. Bilevel polynomial programs and semidefinite relaxation methods. SIAM J. Optim., 2017, 27: 1728-1757.

[8] Luo Z Q, Pang J S, Ralph D. Mathematical Programs with Equilibrium Constraints. Cambridge: Cambridge University Press, 1996.

[9] Outrata J, Kocvara M, Zowe J. Nonsmooth Approach to Optimization Problems with Equlibrium Constraints: Theory, Applications, and Numerical Results. Dordrect: Kluwer Academic Publisher, 1998.

[10] Fukushima M, Lin G H. Smoothing methods for mathematical programs with equilibrium constraints. Proceedings of the ICKS'04, IEEE Computer Society, 2004: 206-213.

[11] Lin G H, Fukushima M. Stochastic equilibrium problems and stochastic mathematical programs with equilibrium constraints: A survey. Pacific Journal of Optimization, 2010, 6: 455-482.

[12] Baringo L, Conejo A J. Strategic offering for a wind power producer. IEEE Trans. Power Sys., 2013, 28: 4645-4654.

[13] Dai T, Qiao W. Optimal bidding strategy of a strategic wind power producer in the short-term market. IEEE Trans. Sustainable Energy, 2015, 6: 707-719.

[14] Baringo L, Conejo A J. Transmission and wind power investment. IEEE Trans. Power Sys., 2012, 27: 885-893.

[15] Haghighat H, Zeng B. Bilevel mixed integer transmission planning. IEEE Trans. Power Sys., 2018, 33: 7309-7312.

[16] Haghighat H, Zeng B. Bilevel conic transmission expansion planning. IEEE Trans. Power Sys., 2018, 33: 4640-4642.

[17] 高自友, 宋一凡, 四兵峰. 城市交通连续平衡网络设计: 理论与方法. 北京: 中国铁道出版社, 2000.

[18] 滕春贤, 李智慧. 二层规划的理论与应用. 北京: 科学出版社, 2002.

[19] Yang H, Bell M G H. Transport bilevel programming problems: Recent methodological advances. Transport. Res., Part B, 2001, 35: 1-4.

[20] Scheel H S, Scholtes S. Mathematical programs with complementarity constraints: Stationarity, optimality, and sensitivity. Math. Oper. Res., 2000, 25: 1-22.

[21] Ye J J. Necessary and sufficient optimality conditions for mathematical programs with equilibrium constraints. J. Math. Anal. Appl., 2005, 307: 350-369.

[22] Ye J J, Zhu D L. New necessary optimality conditions for bilevel programs by combining MPEC and the value function approach. SIAM J. Optim., 2010, 20: 1885-1905.

[23] Mersha A G, Dempe S. Direct search algorithm for bilevel programming problems.

Comput. Optim. Appl., 2011, 49: 1-15.

[24] Lin G H, Xu M, Ye J J. On solving simple bilevel programs with a nonconvex lower level program. Math. Programming, 2014, 144: 277-305.

[25] Zheng Y, Wan Z P, Wang G M. A fuzzy interactive method for a class of bilevel multiobjective programming problem. Expert Sys. Appl., 2011, 38: 10384-10388.

[26] Gfrerer H, Ye J J. New constraint qualifications for mathematical programs with equilibrium constraints via variational analysis. SIAM J. Optim., 2017, 27: 842–865.

第 17 章 经典随机优化方法

17.1 历史进展

关于随机规划的第一篇论文是 Dantzig 在 1955 年发表在 *Management Science* 的 "Linear programming under uncertainty"[1]. 在这篇论文中 Dantzig 给出的第一个例子是最小期望费用的配餐问题, 这是第一个随机优化模型, 非常简单, 目标函数是一个线性函数的数学期望. 第二个例子是满足不确定需求的商品批发问题, 这是一个最早的两阶段模型, Dantzig 将此问题一般化, 提出一般线性结构的两阶段随机规划模型. 之后, Ferguson 和 Dantzig[2] 研究航线配航问题, 其背景是考虑航次需求为随机变量时, 航空公司的净利润达到极大这一问题, 这是一个含有随机变量的线性规划问题. 又如 Tintner[3] 研究线性规划在农业经济上的应用时, 也考虑了许多影响农业收成的随机因素, 这里引进随机因素的必要性就更加显然了, 因天气、虫害、灌溉等都有很大的随机性, 它们是影响农业生产的重要因素. 第二篇在数学规划问题中考虑随机变量的开创性文章是文献 [4]. 他们在研究炼油企业中如何建立适当规模的储油设施时发现, 某些约束条件中含有随机变量, 而实际问题并不要求这些约束条件以概率 1 得到满足, 而只要满足这些约束条件的概率大于某一指定的数值即可, 这是一个非常早的机会约束优化模型 [5].

自这些开创性的工作出现之后, 随机优化的发展非常迅速, 时至今日仍然是数学规划中最活跃的领域之一. 第 23 届国际数学规划大会 Dantzig 奖被授予两位从事随机规划研究的学者 Shapiro Alexander 和 Ruszczynski Andrzej, 也说明这一领域的活跃和重要. 随机规划的研究的专题包括: 机会约束模型、决策依赖模型、两阶段规划、多阶段规划、随机均衡、多人随机对策、随机整数规划、简单补偿、排序、软件/建模系统/语言、确定性近似、随机近似、对偶性、风险、情景生成、稳定性等等, 应用领域涵盖了: 农业、能源、工程、金融、渔业管理、林业、军事、生产控制、体育、电信、交通、水管理、人工智能等等.

随机规划的研究内容丰富, 成果丰硕, 出现了以 Dantzig 为代表的众多领军人物, 在各个专题上开展理论研究或应用研究. 突出代表性人物的工作可以概述如下.

(1) Dantzig: 从线性规划被发现的那一时刻起, Dantzig 就认识到 "真问题" 是应该带有不确定因素的. Dantzig 的远见卓识真实地反映在他的早期论文中. 他的 1955 年的论文提出了带不确定性的线性规划模型, 这篇论文完全呈现了简单的补偿模型、带补偿的两阶段随机线性规划与带补偿的多阶段随机线性规划. 他的 1961 年的论文 (与 A. Madansky 合作) 将分解原理用于求解两阶段随机线性规划问题, 认识到与 Kelley 的割平面算法的联系, 并推进了 Benders 分解与 Van Slyke 与 Wets 的著名 L-形方法的进展. 在 1956 年的工作中, 他推广了之前与 A. R. Ferguson 的关于飞机航线分配问题的工作, 模型包含了不确定的用户需求.

(2) Dempster Michael: 在过去的 40 年时间, Dempster 一直从事随机规划及其在排序、金融和其他领域的应用的研究. 在早期的随机规划的贡献中, 他研究了两阶段随机规划的可解性和相关的统计决策问题. 后来 (也是在 20 世纪 60 年代后期), 他还将区间数学引入并应用到随机规划的研究中.

(3) Dupačová Jitka: 从 20 世纪 60 年代开始, Dupačová一直是随机规划的领军人物. 她关于随机规划的极小极大解的工作是有影响力的、基础性的, 同时也是她的标志性的工作.

(4) Ermoliev Yuri: 随机拟梯度方法 (SQG) 方向上, Ermoliev 和他的学生取得了丰硕的成果, 是这一方向的研究主力军.

(5) Kall Peter: Kall 一直是随机规划中序列近似方法的主要领军人物. 他 2005 年出版的专著*Stochastic Linear Programming*[6], 不仅是这一领域比较早的专著, 还提供了这类模型的稳定性分析的新结果.

(6) Haneveld Willem K Klein: Haneveld 的早期贡献集中在 "概率中的 LP 问题", 包括边际问题、矩问题和动态规划等等. 他早年的工作收录在他 1986 年的专著 *Duality in Stochastic Linear and Dynamic Programming* 中. Haneveld 还是比较早的研究整变量随机规划的学者.

(7) Marti Kurt: Marti 主要侧重工程问题中的随机规划方法, 这些工程问题来源于结构设计、机器人和其他领域. 他早期的工作集中在随机规划的近似与稳定性以及概率函数的近似与微分方面. Kurt 还提出了半–随机近似方法和随机拟梯度方法.

(8) Prékopa Andras: 他的重要贡献是带概率约束优化模型的提出和分析. 在他的重要的论文 *Logarithmic Concave Measures with Applications to Stochastic*

Programming 中, 他发展了对数凹概率分布的理论. Prékopa 及其学生和合作者一起, 发展了求解线性概率规划问题的有效数值方法.

(9) Robinson Stephen M: 美国工程院院士, SIAM 会士, IMFORMS 会士, 1997 年获国际数学规划大会 Dantzig 奖. Robinson 关于优化问题扰动分析的结果对随机规划的研究产生了深远影响, 也推动了他和 Wets Roger 关于两阶段随机规划的工作. Robinson 还进行样本路径优化研究, 并把这些方法应用与来源于制造和军事应用的决策模型上.

(10) Rockafellar Tyrell: Rockafellar 是国际公认的优化大师, 他于 1982 年获国际数学规划大会 Dantzig 奖. Rockafellar 的早期关于随机规划的工作至今还被引用, 他研究了积分定义的函数的极小化问题，即在什么条件下极小运算和积分运算是可交换的.

(11) Wets Roger J-B: Wets 从最早的时候开始就一直是随机规划的领军人物. 最早他提出模型类型及其性质, 以及求解这些模型的基本方法, 尤其是 L- 形方法 (与 Slyke Van Richard 合作). 他将不可预见性 (nonanticipativity) 显式地表示为约束, 这导致了著名的 Progressive Hedging 算法 (和 R. T. Rockafellar 合作). Wets 还研究了随机规划问题的统计推断, 拓广了大数定律, 检验了抽样在求解随机规划中的应用, 此外他还发展了上图/下图收敛的概念. Wets 于 1994 年获国际数学规划大会 Dantzig 奖.

(12) Ziemba William T: 从一开始, Ziemba 就对随机规划的应用很感兴趣, 尤其是对金融中的投资选择感兴趣. 作为最成功的商业应用, Ziemba 将随机规划方法用于帮助一家日本保险公司 Yasuda Kasai. Russell-Yasuda Kasai 模型在 1993 年的 Edelman 比赛中获得亚军.

(13) Ruszczynski Andrzej: Ruszczynski 是在近二十年随机规划领域极其活跃的学者, 他在机会约束优化、多阶段随机规划、金融风险度量等方面取得丰富而深刻的结果. 他和 Shapiro Alexander 2003 年的工具书和 2009 年的专著对随机规划的研究起到重要的推动作用. 由于他在随机优化方面的突出成就获第 23 届国际数学规划大会 Dantzig 奖.

(14) Shapiro Alexander: Shapiro 是 2010 国际数学家大会 45 分钟报告的数学家, 于 2013 年被 INFORMS 最优化分会授予 Khachiyan 奖, 获第 23 届国际数学规划大会 Dantzig 奖. Shapiro 在数学规划方面的贡献很多, 近 20 年他一直引领着随机规划的研究, 在随机规划的统计推断、分布鲁棒优化、多阶段随机优化等方向上取得大量的成果[7,8]. 他和 Ruszczynski Andrzej 等合作的 2003 年工具书, 2009 年的随机规划专著[9] 对随机规划的研究起到重要的推动作用.

(15) Nemirovski Arkadi: Nemirovski, 美国工程院院士和美国艺术与科学院士, 是 2006 年国际数学家大会 1 小时报告的数学家, 于 1991 年获国际数学规划大会 Dantzig 奖. 他在随机优化和非参数统计方面取得系列成果. 他和 Nesterov Y(于 2000 年获国际数学规划大会 Dantzig 奖) 和 Lan Guanghui 等在 2009 年 *SIAM J. Optimization* 上发表的稳健随机近似方法的工作 [10] 成为随机近似方法方面的经典文献.

17.2　典型随机优化方法

17.2.1　经典模型

随机优化的经典模型包括数学期望定义的优化问题、机会约束优化问题、两阶段与多阶段问题和分布鲁棒优化模型等等. 下面列出这些随机优化的数学模型.

(1) 数学期望定义的函数的优化问题

$$\begin{aligned} \min\quad & \mathbb{E}_P[f(x,\xi)] = \int_\Xi f(x,\xi)\mathrm{d}P(\xi), \\ \text{s.t.}\quad & \mathbb{E}_P[g_i(x,\xi)] = \int_\Xi g_i(x,\xi)\mathrm{d}P(\xi) \leqslant 0, \quad i=1,2,\cdots,p, \\ & x\in X, \end{aligned}$$

其中 $X\subset\mathbb{R}^n$ 是非空闭集合, $\Xi\subset\mathbb{R}^s$ 是非空闭集合, $f,g_i:\mathbb{R}^n\times\Xi\to\overline{\mathbb{R}}$ 是随机下半连续函数, P 是 Ξ 上的一 Borel 概率测度.

(2) 机会约束优化问题

$$\begin{aligned} \min\quad & f(x), \\ \text{s.t.}\quad & P\{g_i(x,\xi)\leqslant 0, i=1,2,\cdots,p\} \geqslant 1-\alpha, \quad x\in X, \end{aligned}$$

其中 $\alpha\in(0,1)$ 是一常数.

(3) 两阶段与 N-阶段问题.

(a) 两阶段问题

$$\min\{f_1(x)+\mathbb{E}(Q,\xi):x\in X\}, \quad Q(x,\xi)=\min_\xi\Big\{f_2(x,\xi):g(x,\xi)\in K\Big\},$$

其中 $K\subset\mathbb{R}^m$ 是一凸的多面体, $f_1:\mathbb{R}^n\to\mathbb{R}$, $f_2:\mathbb{R}^n\times\mathbb{R}^s\to\mathbb{R}^m$.

(b) N-阶段问题

$$\begin{aligned} \min_{x_1\in\Phi_1}\Big\{ f_1(x_1) + \mathbb{E}\Big[& \inf_{x_2\in\Phi_2(x_1,\xi_2)} f_2(x_2,\xi_2) \\ & + \mathbb{E}\big[\cdots + \mathbb{E}[\inf_{x_N\in\Phi_N(x_{N-1},\xi_N)} f_N(x_N,\xi_N)]\big]\Big]\Big\}, \end{aligned}$$

其中 $\xi_1, \xi_2, \cdots, \xi_N$ 是随机数据过程, $x_t \in \mathbb{R}^{n_t}$, $t = 1, 2, \cdots, N$ 是决策变量, $f_t: \mathbb{R}^{n_t} \times \mathbb{R}^{d_t} \to \mathbb{R}$ 是连续函数, $\Phi_t: \mathbb{R}^{n_{t-1}} \times \mathbb{R}^{d_t} \rightrightarrows \mathbb{R}^{n_t}$ 是集值映射.

(4) 分布鲁棒优化模型

$$\begin{aligned} \min \quad & \max_{Q \in \mathcal{P}} \mathbb{E}_Q[f(x,\xi)], \\ \text{s.t.} \quad & x \in X, \end{aligned}$$

其中 $f: \mathbb{R}^n \times \mathbb{R}^s \to \mathbb{R}$ 是连续函数, $\xi: \Omega \to \mathbb{R}^s$ 是在可测空间 $(\Omega, \mathcal{F})$ 上的随机向量, $\mathcal{P}$ 是 ξ 的概率分布集合.

17.2.2 两类方法

求解随机规划的方法主要有两类：一类是样本均值近似方法 (sample average approximation), 另一类是随机近似方法 (stochastic approximation).

1) 样本均值近似方法

样本均值近似方法, 也称为蒙特卡罗方法. 考虑下述随机优化问题

$$\min_{x \in \Phi} \quad f(x) = \mathbb{E}[F(x,\xi)].$$

样本均值近似方法选取与 ξ 同分布的样本 $\xi_1, \xi_2, \cdots, \xi_N$, 把 $f(x)$ 用下述的均值函数来近似

$$f_N(x) = \frac{1}{N}\sum_{j=1}^{N} F(x, \xi_j).$$

通过求解近似问题

$$\min_{x \in \Phi} \quad f_N(x)$$

得到原问题的近似解.

期望近似问题的解 x_N^* 收敛到原问题的解 x^*. 样本均值近似方法只有在下述的情况下才是适用的: f_N 具有结构保证可以应用有效的确定性优化算法求解, 且极限函数 f 具有和 f_N 相类似的性质. 为了保证原问题具有好的性质, 要求 $f(x)$ 的连续性、一阶可微性, 甚至是二阶可微性. 这需要利用基础概率论、实变函数和泛函分析的相关理论, 比如控制收敛定理等.

设 X_N^* 是 SAA 问题的最优解集合, X^* 是原问题的最优解集合, ν_N^* 与 ν^* 分别是 SAA 问题的最优值与原问题的最优值.

关于 SAA 方法的收敛性, 在一定的条件下可以证明: 当 $N \to \infty$ 时, $\nu_N^* \to \nu^*$ a.s. 和 $\mathbb{D}(X_N^*, X^*) \to 0$ a.s.

关于 SAA 方法的收敛性速度, 在一定的条件下可以证明: 当 $N \to \infty$ 时,

$$\nu_N^* = \inf_{x \in X^*} f_N(x) + \mathrm{o}_p(n^{-1/2})$$

与

$$\sqrt{N}(\nu_N^* - \nu^*) \Rightarrow \inf_{x \in X^*} Z(x),$$

其中 Z 是 Φ 上的一高斯过程.

2) 随机近似方法

随机近似领域最早起源于 Robbins 和 Monro 在 1951 年发表的一篇论文[11], 这篇文章提出了基本随机近似算法. 从那时起, 这一方法被广泛应用于各个领域中, 如控制与通信工程, 信号处理, 机器人和机器学习等. Kiefer 和 Wolfowitz 在 1952 年发表了优化领域的第一篇关于随机近似算法的文章 [12]. 他们提出的算法是求解一回归函数极大值的一梯度搜索算法, 采用的是有限差分的梯度估计. Kiefer-Wolfowitz 算法在涉及单个参数的问题是有效的, 但参数不止一个或参数维数较高时, 就不适用了. 之后在 1992 年发表的一篇论文中 [13], Spall 提出一求解优化问题的随机近似方法, 这一方法在参数空间做一随机搜索, 这一搜索不管参数维数多大, 仅仅需要两次系统模拟. 这一算法 (SPSA) 由于其高效率, 计算的简单性和实现的方便性, 成为非常流行的算法. 其他有影响的工作还有 Katkovnik 和 Kulchitsky 发表在 1972 年的工作 [14], 他们提出一光滑泛函 (SF) 算法, 不管参数的维数多大, 算法仅仅需要一次的系统模拟. Katkovnik-Kulchitsky 与 Spall 的方法都涉及参数的随机扰动, 不同之处在于这些扰动随机变量的分布和梯度估计量的形式. 优化的随机近似算法可以视为带噪声的确定性的搜索算法. SPSA 算法与 SF 算法是基于梯度的算法, 然而在过去的十年左右, 关于随机优化的 Newton-型搜索方法也有很多的工作. 在 2000 年的一篇论文, Spall 提出第一个 Newton-型搜索算法 [15], 这一算法用一同时扰动的方法同时估计了梯度与黑塞矩阵. 关于 Newton-型搜索算法方面的工作还有 Bhatnagar[16,17] 及 Bhatnagar 与他的合作者发展了这些方法, 并用于约束随机优化、离散参数随机优化与强化学习等领域中 [18].

然而, 这些 SA 算法对步长的选择是非常敏感的, 在实际的数值表现上不是太好 (如文献 [19] 中的 4.5.3 节). 一个经典的 SA 算法的重要的改进基于迭代平均的思想, 由 Polyak[20] 与 Polyak 和 Juditsky[21] 发展起来. 这些方法被证明, 与经典的 SA 方法相比, 对步长的选择更加稳健, 对求解强凸随机规划问题也展现出 "渐近最优" 的收敛速度.

受凸优化复杂性理论的驱动, 关于随机算法的有限时间的收敛性质的研究取得重要进展. 比如, Nemirovski 等 [10] 提出一个修正的 SA 方法, 被称为稳健 SA 方法, 用于求解一般的非光滑凸的随机优化问题, 证明稳健 SA 算法具有 $O(1/\epsilon^2)$ 迭代复杂度, 其中 ϵ 表示估计最优值与最优值间的距离界.

以 Polyak 和 Juditsky[21] 的第 4 节为例, 考虑求解光滑函数 $f(x)$ 的极小点

x^*. 随机近似算法具有如下的迭代格式:

$$\overline{x}_t = \frac{1}{t}\sum_{i=0}^{t-1} x_i, \quad x_t = x_{t-1} - \gamma_t \phi(y_t), \quad y_t = \nabla f(x_{t-1}) + \xi_t.$$

在一定的条件下可以证明: 当 $t \to \infty$ 时, $\overline{x}_t \to x^*$ a.s. 且 $\sqrt{t}[\overline{x}_t - x^*]$ 依分布收敛到一正态分布.

17.3 目前的研究热点及其思考

目前随机规划的研究热点包括: 稳定性分析、随机方法、分布鲁棒优化、统计推断、统计优化、多阶段随机优化、非预测性 (non-anticipativity) 决策随机优化等等. 随着各个领域的交叉, 仿真优化、随机优化、统计优化、数据驱动优化的界限已经不再明确. 在大数据时代随机规划的研究尤为重要, 我们有如下的思考, 期望对随机规划的研究起到帮助作用.

(1) 随机规划的数学基础是概率与数理统计、凸分析和非光滑分析、以概率统计为基础的随机规划的统计推断理论, 揭示了样本均值 (或蒙特卡罗) 方法解的渐近性质已经发展得很完善, 见文献 [9]. 但从计算的角度, 随机规划问题, 除了带有结构的问题, 一直没有得到很好的解决. 样本均值问题的子问题是一个众多函数之和的极小化问题, 计算这种问题的目标函数值都需要很大的花费, 计算一阶信息的花费量就更巨大. 为此人们采用 SA(随机近似) 方法, 可以避免计算量巨大的问题. 因此我们认为, SA 方法的理论深入研究和算法的有效实现应该引起大家的关注.

(2) 在大数据时代, 人工智能的重要性越来越凸显, 机器学习、深度学习成为研究热点. 机器学习的理论基础之一就是随机规划, 机器学习的很多数学模型都是随机规划模型, 或者正则化模型, 也要处理众多函数之和的极小化问题, 采用的方法是随机梯度方法或随机拟牛顿方法, 它们都属于随机近似方法. 如何把随机规划的理论和算法系统地用于人工智能的各个领域是值得关注的问题.

(3) 以往的随机规划模型的约束都是用多面体约束表示的, 随着大数据时代优化模型的复杂化, 需要处理很多非多面体约束的优化问题, 比如主成分分析的问题、矩阵秩约束的问题等等. 这些复杂的随机规划问题, 比如随机矩阵优化问题、随机张量优化问题的理论还很不完善, 需要发展.

(4) 如何把仿真优化和随机优化理论与方法用于推动统计优化和数据驱动优化的研究, 解决大数据背景下的各种重要背景的实际模型是值得关注的问题.

参 考 文 献

[1] Dantzig G B. Linear programming under uncertainty. Management Science, 1955, 1(3-4): 197-206.

[2] Ferguson A R, Dantzig G B. The allocation of aircraft to routes: An example of linear programming under uncertain demand. Management Science, 1956, 3(1): 45-73.

[3] Tintner G. Stochastic linear programming with applications to agricultural economics//Autosiewicz H. Proc. of Second Symposium in Linear Programming, 1955: 197-228.

[4] Charnes A, Cooper W. Chance-constrained programming. Management Science, 1959, 6(1): 73-79.

[5] 王金德. 随机规划简介. 运筹学杂志, 1984, 3(1): 22-27.

[6] Kall P, Mayer J. Stochastic Linear Programming: Models, Theory, and Computation. New York: Springer, 2005.

[7] Shapiro A. Monte Carlo sampling methods. Handbooks in Operations Research and Management Science, 2003, 10(3): 353-425.

[8] Shapiro A. Topics in Stochastic Programming. CORE Lecture Series, Universite Catholique de Louvain, 2011.

[9] Shapiro A, Dentcheva D, Ruszczyński A. Lectures on stochastic programming: Modeling and theory. MOS/SIAM Series on Optimization, 2009.

[10] Nemirovski A S, Juditsky A, Lan G, et al. Robust stochastic approximation approach to stochastic programming. SIAM Journal on Optimization, 2009, 19(4): 1574-1609.

[11] Robbins H, Monro S. A stochastic approximation method. Ann. Math. Statist., 1951, 22(3): 400-407.

[12] Kiefer J, Wolfowitz J. Stochastic estimation of the maximum of a regression function. Ann. Math. Statist., 1952, 23(3): 462-466.

[13] Spall J C. Multivariate stochastic approximation using a simultaneous perturbation gradient approximation. IEEE Trans. Auto. Cont., 1992, 37(3): 332-341.

[14] Katkovnik V Y, Kulchitsky Y. Convergence of a class of random search algorithms. Automation Remote Control, 1972, 8: 1321-1326.

[15] Spall J C. Adaptive stochastic approximation by the simultaneous perturbation Method. IEEE Trans. Autom. Contr., 2000, 45(10): 1839-1853.

[16] Bhatnagar S. Adaptive multivariate three-timescale stochastic approximation algorithms for simulation based optimization. ACM Transactions on Modeling and Computer Simulation, 2005, 15(1): 74-107.

[17] Bhatnagar S. Adaptive Newton-based multivariate smoothed functional algorithms for simulation optimization. ACM Transactions on Modeling and Computer Simulation, 2007, 18(1): 1-35.

[18] Bhatnagar S, Prasad H L, Prashanth L A. Stochastic Recursive Algorithms for Optimization: Simultaneous Perturbation Methods. London: Springer-Verlag, 2013.

[19] Spall J C. Introduction to Stochastic Search and Optimization: Estimation, Simulation, and Control. Hoboken: John Wiley & Sons, Inc., 2003.

[20] Polyak B T. New stochastic approximation type procedures. Avtomat Telemekh., 1990, 7: 98-107.

[21] Polyak B T, Juditsky A B. Acceleration of stochastic approximation by averaging. SIAM J. Control and Optimization, 1992, 30: 838-855.

[22] Fu M C. Handbook of Simulation Optimization. New York: Springer, 2015.

[23] Pflug G C, Roemisch W. Modeling, Measuring and Managing Risk. Singapore: World Scientific, 2007.

第 18 章

梯度法

梯度法是最简单而容易实现的一种优化方法, 最早可以追溯到柯西在 1847 年提出的最速下降法. 然而, 由于它的收敛速度受问题条件数影响很大, 并且容易出现锯齿现象, 因此往往只在教材中提到, 在实际计算中较少采用. 这一现象直到 Borwein 教授和其同事 Barzilai 将拟牛顿的思想用于梯度法, 得到了计算速度远快于柯西的最速下降法的 BB 方法, 才有很大的改观. 通过结合投影等技巧, BB 方法目前已经被用于无线通信、材料科学、金融优化等许多领域, 还吸引了英国皇家学会会员 Fletcher、曾任国际数学优化协会主席的 Wright、中国科学院袁亚湘院士等著名学者的关注. Nesterov 分析了梯度法对一般凸优化问题的复杂性结果, 随后提出了加速的梯度法, 同时使得梯度法在大数据和人工智能中成为焦点方法之一. 本章对光滑梯度法、确定型梯度法、随机梯度法研究现状以及需要进一步研究的问题与挑战做一个较全面的总结.

18.1 光滑梯度法

梯度法是以负梯度方向为搜索方向的方法, 是无约束优化算法中最简单、最常用的方法. 根据目标函数值是否单调下降, 可粗略地将梯度法分为单调梯度法和非单调梯度法两大类.

18.1.1 单调梯度法

梯度法的历史可以追溯到 1847 年, 柯西指出函数值沿负梯度方向下降最快[1]. 经典的最速下降 (steepest descent, SD) 法每次迭代通过精确线搜索确定步长 (柯西步长), 可保证目标函数值单调下降. Akaike 证明 SD 产生的函数值序列是 Q-线性收敛的, 并且 Q-线性因子是 $\dfrac{\kappa-1}{\kappa+1}$, 其中 κ 是黑塞矩阵 H 的条件数[2]. Akaike 的分析表明 SD 的搜索方向会渐近地落入由 H 的最大特征值 λ_n 和最小特征值 λ_1 对应的特征向量张成的 2 维子空间, 并在两个方向交替, 因此出现锯齿现象. Greenstadt (1967) 分析 SD 的收敛速度, 指出 H 的条件数越大, SD 的收敛速度越慢. Forsythe (1968) 将 Akaike 的结论推广到一类更广的梯度法, 并得到类似的渐近收敛结果. Nocedal 等研究 SD 产生的梯度序列的渐近特性, 给出其渐近收敛结果, 并指出在合适的条件下, 梯度范数震荡越大, 函数值收敛速度越快[3]. 不难发现, 在矩阵 H 定义的椭球范数意义下, SD 产生的迭代点列收敛到最优解的速度是 Q-线性收敛的, 并且 Q-线性因子也是 $\frac{\kappa-1}{\kappa+1}$. Yuan (2010) 研究 L_2-范数意义下迭代点列收敛到最优解的速度, 得到其 Q-线性因子为 $\frac{\kappa-1}{1/\sqrt{2\kappa}+1}$, 并给出反例说明该结果不可能改进到 $\frac{\kappa-1}{\kappa+1}$. Gonzaga (2016) 研究梯度法的迭代复杂度, 他借助 Chebyshev 多项式近似, 提出一种新的梯度法, 其复杂度与共轭梯度法相近.

Curry (1944) 以目标函数沿负梯度方向的第一个稳定点为步长, 得到新的梯度法. 需要指出的是, 对于严格凸函数, Curry 的方法与 SD 方法相同. Elman 和 Golub (1994) 提出以 $\frac{2}{\lambda_1+\lambda_n}$ 为步长, 该步长使得 $\|I-\alpha H\|_2$ 取极小值, 所以是一种最优步长策略. 但是, 实际计算时无法预先知道 H 的特征值. Dai 和 Yang (2006) 提出一种渐近最优步长, 该步长可以收敛到上述最优步长. 众所周知, 当步长不超过柯西步长的 2 倍时, 梯度法都能保证目标函数值下降. 基于该性质, Raydan 和 Svaiter (2002) 提出松弛的 SD 方法, 其步长是柯西步长的某个倍数, 而该倍数因子在区间 [0, 2] 上随机选择.

Dai 和 Yuan 考虑交替使用不同的步长, 提出交替极小化 (alternate minimization, AM) 方法[4]. AM 在奇数步和偶数步分别使用柯西步长和 MG (minimal gradient) 步长, 这两个步长分别使得目标函数值和梯度范数沿负梯度方向取得最小值. AM 是 Q-线性收敛的, 并且其计算效率明显优于 SD. 一般地, MG 步长比柯西步长短. 所以 AM 是一种长、短步长交替策略. 基于类似的思想, 他们进一步提出收缩的柯西步长与柯西步长交替的方法. 文献 [5] 考虑 2 维严格凸二次函数, 他要求梯度法第一步和第三步使用柯西步长, 并且在三步得到最优解, 由此推导出一种新的步长, 即 Yuan 步长. Dai 和 Yuan (2005) 提出一种 Yuan 步长的变形, 并基于类似的交替策略, 发展出 Dai-Yuan 梯度法. 该方法是目前最有效的梯度法之一.

根据 Akaike 的分析, 影响 SD 效率的主要原因是其搜索方向渐近在两个正交方向交替, 而这两个方向是 λ_n 和 λ_1 对应的特征向量. 所以可通过消去 λ_n 或 λ_1 对应的元素, 打破这一交替现象, 进而提高梯度法的效率. De Asmundis 等 (2013) 发现 SD 迭代过程中, 连续两个柯西步长的倒数之和渐近收敛到 $\frac{1}{\lambda_1+\lambda_n}$.

当条件数 κ 较大时, 该值很接近 $\frac{1}{\lambda_n}$. 故可用这一渐近性质消去 λ_n 对应的元素, 从而避免 SD 的锯齿现象. 他们提出 SDA (SD with Alignment) 算法, 数值结果表明其步长有助于消去 λ_n 对应的元素, 使最终的搜索方向与 λ_1 对应的特征向量平行. De Asmundis 等 (2014) 进一步研究 Yuan 步长, 发现随着 SD 迭代 Yuan 步长收敛到 $\frac{1}{\lambda_n}$, 所以 Yuan 步长也有利于消去 λ_n 对应的元素. 这在一定程度上解释了 Dai-Yuan 法的有效性. 基于类似的思想, Gonzaga 和 Schneider (2016) 提出一种新的近似 $\frac{1}{\lambda_n}$ 的步长, 他们指出周期性地使用短步长能明显提高梯度法的效率.

18.1.2　非单调梯度法

虽然单调梯度法能保证目标函数值下降, 但是大多数方法都要借助精确线搜索确定步长, 实际计算代价比较高, 所以很难推广到一般的优化问题.

Barzilai 和 Borwein 提出一种两点步长梯度法, 即 BB 法, 其步长 (BB 步长) 根据前后两个迭代点及其梯度的信息计算, 并且在最小二乘意义下满足拟牛顿方程, 根据两种不同的拟牛顿方程可得到两个 BB 步长: BB1 和 BB2[6]. 他们证明对于 2 维严格凸二次函数, BB 法是 R-超线性收敛的, 这一结果明显优于 SD 的线性收敛. 对一般的 n 维严格凸二次函数, 文献 [7] 建立了 BB 法的全局收敛证明框架, Dai 和 Liao 进一步证明 BB 法的收敛速度是 R-线性的[8]. Dai (2013) 指出 BB 法在最多三次连续迭代中就有一个超线性收敛步.

尽管 BB 法不能保证目标函数值单调下降, 对一般函数的收敛速度仅是 R-线性的, 但是其数值表现远好于 SD. 这吸引了众多学者研究 BB 法及其他非单调梯度法. 对二次函数, 步长 BB1 恰好等于上一步的柯西步长, 而步长 BB2 等于上一步的 MG 步长, 所以 BB 法可看作一种步长延迟策略. 基于延迟步长的思想, Friedlander 等 (1998) 将柯西步长延迟若干步使用, 提出广义延迟梯度法. Dai 等 (2002) 基于目标函数的二次和三次差值模型, 构造出新的两点步长. Xiao 等 (2010) 详细分析 Dai 等 (2002) 中的步长, 指出其步长可由不同的拟牛顿方程导出, 并由此给出新的两点步长. 类似 Xiao 等的思想, Kafaki 和 Fatemi (2013) 用修正的拟牛顿方程推导出新的两点步长. Biglari 和 Solimanpur (2013) 借鉴 Dai 等 (2002) 和 Xiao 等 (2010) 构造步长的方法, 利用目标函数的四次差值模型和修正的拟牛顿方程, 导出四种新的两点步长, 并提出尺度化谱梯度法.

Raydan 和 Svaiter (2002) 考虑每次迭代使用两次柯西步长, 提出柯西 BB 法, 在合适的椭球范数意义下建立了算法的 Q-线性收敛. 柯西 BB 法可看作先使用一次柯西步长, 再使用一次 BB 步长, 因此它既是一种循环步长法也是一种交替步长法. Dai (2003) 考虑更广义的交替使用柯西步长和 BB 步长的策略, 提出交替步长法. 根据不同的交替策略衍生出多种梯度法, 如奇数步使用柯西步长, 偶数步使用 BB 步长; m 步柯西步长后使用一次 BB 步长等. 他给出步长的一类性质, 在此基础上建立了梯度法 R-线性收敛的一般框架. Zhou 等 (2006) 分析梯度法的性质, 指出在一定条件下, 与柯西步长相比, MG 步长使得新的梯度更接近黑塞矩阵的特征向量, 并提出自适应选择 MG 步长和柯西步长的梯度法以及自适应 BB 法. Lai (1981) 的研究表明, 如果每次迭代的步长是某个特征值的倒数, 那么梯度法可以在 n 步终止迭代. 欲使梯度法具有 R-超线性收敛性, 必须有步长的某个无穷子列收敛于某个特征值的倒数. Dai 和 Fletcher (2005) 深入分析了几类梯度法的渐近收敛特性, 他们的结果表明 BB 法对 3 维问题也具有 R-超线性收敛速度; 对 n 维问题, 当 $m \geqslant \frac{n+1}{2}$ 时, 循环 m 步柯西步长的梯度法在合适的假定下也是超线性收敛的[9]. Dai 等研究循环 BB 步长的梯度法, 观察到与循环柯西步长的梯度法类似的收敛性质[10]. Dai 等 (2015) 利用两个 BB 步长的几何平均得到新的步长, 该步长值为非负并且可看作梯度 Lipschitz 常数倒数的近似, Androulakis 和 Vrahatis (2000) 也对类似的步长进行了研究. Frassoldati 等 (2008) 分析对比不同的步长选择策略, 指出步长接近 $\frac{1}{\lambda_1}$ 能极大提高算法效率, 并结合 BB 步长提出近似 $\frac{1}{\lambda_1}$ 的步长策略. De Asmundis 等 (2014) 在分析 Yuan 步长渐近收敛性质的基础上, 提出基于柯西步长与循环 Yuan 步长的 SDC 算法. Dai 和 Kou (2016) 结合 BB 法和共轭梯度法, 提出 BB 共轭梯度法. 文献 [11] 的综述文章给出关于 BB 法很多有趣的洞察.

大多非单调梯度法无须精确线搜索, 所以借助合适的线搜索即可推广到更一般的问题. Raydan 利用 Grippo 等 (1986) 提出的 GLL 非单调线搜索, 提出全局收敛的 BB 法, 将 BB 法推广到一般的无约束优化问题[12]. 该方法不仅保留了 BB 法非单调的本性, 并且在数值效果上能媲美共轭梯度法. Birgin 等结合投影梯度法, 将 Raydan 的全局 BB 法进一步推广用于求解光滑凸约束优化问题, 提出所谓的谱投影梯度法[13]. Dai 和 Fletcher(2005) 考虑带有一个线性约束与盒子约束的二次规划问题, 提出交替使用两个 BB 步长的交替投影 BB 法. Hager 等 (2009) 提出求解盒子约束问题的仿射尺度循环 BB 算法. Huang 和 Liu (2016) 利用光滑化技巧, 将交替投影 BB 法推广到非 Lipschitz 约束优化问题. Curtis 和 Guo (2015) 为解决负曲率问题, 基于目标函数的二次和三次模型, 提出新的两点步长, 并将其用于有限内存梯度法.

GLL 非单调线搜索条件以最近 M 次迭代中最大的函数值为参考, 尽管该条件对大多数问题表现很好, 但可能会丢弃较好的目标值, 并且数值效果非常依赖 M 的值. Dai (2002) 给出一个反例表明无论 M 取多大的值, GLL 条件都不可能满足. Zhang 和 Hager (2004) 提出一种新的非单调线搜索, 其参考值是所有迭代点目标值的凸组合, 可避免 GLL 非单调线搜索的问题. Dai 和 Zhang (2001) 针对 BB 法提出自适应的非单调线搜索, 可更好地保留好的函数值.

由于梯度法具有简单、易于实现、内存占用少等优点, 现已广泛应用于机器学习、信号处理、非负矩阵分解、特征值问题、Stiefel 流形上的优化、压缩感知与稀疏优化、支持向量机等. 更多关于梯度法及其变形可参考综述文献 [14] 和 [15].

值得注意的是, 近年来有学者研究根据某种概率分布确定步长的梯度法. 特别地, 步长在 $\left[\dfrac{1}{\lambda_n}, \dfrac{1}{\lambda_1}\right]$ 上随机选择, 在合适的概率分布条件下, 算法以高概率 R-线性收敛, 甚至可达到 R-超线性收敛[16].

18.2 确定型梯度法

18.2.1 由问题的显式结构驱动的梯度型方法设计

优化问题表达式中的函数求和与复合等操作所展现的结构称为问题的显式结构, 而显式结构所蕴含的性质称为问题的隐式结构. 通常梯度型方法的设计基于前者, 其分析则基于后者. 在压缩感知与机器学习等领域, 大量非光滑优化问题的目标函数具备光滑函数与非光滑函数求和的显式结构. 邻近梯度法 (proximal gradient method) 正是基于这种结构而设计的 (Bauschke et al., 2017). 在此基础上, 特定的应用将赋予附加的结构进而启发新的设计. 例如, 分块坐标邻近梯度法的设计由变量分块结构所驱动 (Bolte 等 (2014)); 基于 Bergman 距离的邻近梯度法由优化目标的非 Lipschitz 梯度连续性或约束区域的几何特性所驱动 (Bauschke 等 (2016)); 拟牛顿邻近梯度法则进一步地开发了光滑函数项的二阶信息 (Becker 等 (2018)); 在异步并行中, 光滑函数项包含大量的成分函数, 并且其梯度计算一般会出现信息延迟, 该情形导致了邻近累积梯度算法 (proximal incremental aggregated gradient, PIAG) 的出现 (Vanli et al., 2016). Zhang 等 (2017) 提出的 PLIAG 的算法框架融合了 PIAG 算法的设计思路与 Bergman 距离的概念, 但新框架尚未考虑分块结构与拟牛顿的思想, 值得进一步研究.

当优化问题的表达式变得更复杂时, 研究问题结构对快速算法设计显得尤为重要. 针对复合结构的目标函数, Lewis 和 Wright 深入研究了邻近线性化算

法 (也称为高斯-牛顿法), 该方法首先对内层的向量值函数作线性化近似, 然后与外层函数复合得到凸函数, 最后用邻近点算法作极小化[17]. Bolte 等 (2017) 进一步开发了内层向量值函数的几何结构, 通过利用内层向量值函数每个分量的梯度 Lipschitz 连续性作二次函数逼近, 提出了多邻近线性化方法. 在此之前, Goldfarb 和 Ma (2012) 也基于类似的想法设计了快速多分裂算法, 但处理的问题相对简单. 在上述方法的基础上, 能否设计加速的邻近线性化方法值得深入探讨.

在加速技术方面, Nesterov 加速[18] 是近年来的研究热点. 早期的推广主要针对光滑与非光滑函数求和的显式结构, 例如: 基于估计序列的方法, Nesterov (2004) 在其专著以及 2007 年的技术报告 (Nesterov 等 (2007)) 中提出了加速的邻近梯度算法; 著名的 FISTA 算法是 Nesterov 在 1983 年的格式中直接用邻近梯度代替梯度得到的[19]; Tseng (2008) 提出了邻近梯度算法多种加速变体. 近年来, Nesterov 加速得到了广泛关注. 下面阐述三类相关方法:

(1) 基于半定规划的方法. Drori 和 Teboulle 率先将黑盒优化方法在最差情形下的表现归结为一个优化问题, 称为表现估计问题 (PED), 然后利用凸型半定松弛方法数值地分析 PED 从而得到梯度型方法 (包括原始的梯度法、重球方法、Nesterov 加速方法) 的运算复杂性[20]; Kim 和 Fessler (2016) 为了克服 Drori-Teboulle 法在数值上的运算成本高的缺陷, 提出了优化的梯度型加速变体并基于分析的方法推导了相应的收敛界, 新的算法和理论改进了 Nesterov 加速的梯度法; Taylor 等 (2017) 则基于光滑强凸函数的插值公式作了进一步发展, 并推导了邻近梯度法在最坏情形下的精确收敛率, 其中函数值和次梯度范数的相关结果在其他文献中少见. 该方向最新的进展可参看文献 [21].

(2) 基于常微分方程 (OED) 的方法. 该方法最早可追溯到 Polyak 关于重球法的原创工作[22], 他率先将梯度法加速与重球在曲线上的运动联系起来, 赋予惯性加速的梯度法以物理直观. Su 等基于 ODE 研究 Nesterov 加速, 吸引了 Attouch, Bolte, Jordan, Recht, Wright 等著名学者的关注[23]. Lyapunov 能量函数法是分析 ODE 的基本方法, 使得其也成为分析梯度型方法的强有力工具. 基于此, Attouch 和 Peypouquet (2016) 改进了 Nesterov 加速邻近梯度法的渐近收敛率; Wilson 等 (2016) 推导了函数值序列和迭代点序列求和的最优渐近收敛率; Zhang (2016) 得到了非强凸情形下广义 Nesterov 加速邻近梯度法的 Q-线性收敛; Yang 等 (2016) 分析了优化算法背后的物理机制, 并首次尝试将 ODE 方法与优化问题的几何条件联系起来, 但更深层次的分析则需要进一步的研究.

(3) 基于几何的方法. 受椭球法启发, Bubeck 等率先开展了基于几何方法的加速技术研究, 提出了 Nesterov 加速的新变体[24]; Drusvyatskiy 等提出了最优二次平均算法, 该算法继承了前者的几何直观, 同时具备自然的停止准则[25];

Chen 等解决了 Drusvyatskiy 等[25] 提出的公开问题, 将最优二次平均算法进行了推广, 但推广方法需要复杂的内部循环来确定必要的算法参数; Ma 等 (2017) 发展了 Nesterov 的估计序列方法与文献 [25] 的二次平均方法, 提出了一组新的加速算法来克服推广方法 (Chen 等 2017) 中的计算困难.

18.2.2　由问题的隐式结构驱动的梯度型方法分析

传统的隐式结构包括目标函数的 (强) 凸性与光滑函数的梯度 Lipschitz 连续性, 它们是研究梯度型方法的基本假设. 梯度 Lipschitz 连续性保证目标函数值迭代地下降, 而 (强) 凸性则能界定当前函数值与最优函数值的距离, 从而保证梯度法的收敛. 传统理论表明: 强凸性是保证线性收敛的基本假设, 而最近的研究发现该假设并非必要. 相关工作可以追溯到 1952 年 Hoffman 关于不等式系统稳定性的研究[26], 他率先将条件数的概念从线性系统推广到线性不等式系统, 提出了误差界 (error bound) 的概念. Luo 和 Tseng 将该概念延伸到优化问题中, 并建立了早期的基于误差界条件的下降算法收敛理论[27]. 近几年, 误差界的概念得到了许多著名学者的广泛关注. 另一条思路可以追溯到 1963 年 Polyak 和 Lojasiewicz 的工作[28, 29], 他们提出了一类比强凸性更弱的不等式 (现通常称为 Polyak-Lojasiewicz 不等式), 并证明了该性质可替代强凸性以保证梯度法线性收敛. Karimi 和 Schmidt (2015) 推广了 Polyak-Lojasiewicz 不等式并将其应用到 (随机) 梯度型算法的分析中. 第三条思路是 Zhang 和 Yin 发展起来的 RSC 概念[30], 该概念得到了 Schöpfer (2016) 和 Necoara 等 (2016) 的推广和发展. 第四条思路是二次增长性质, 早在 1976 年, 文献 [31] 研究了该性质并利用它分析了邻近算法的线性收敛性. 2018 年, Drusvyatskiy 和 Lewis 发现了误差界条件与二次增长性质的某些等价性, 并通过研究邻近梯度算法与邻近点算法的联系分析了邻近梯度法的线性收敛性[25]. 独立于 Bolte 等 (2017) 关于 Lojasiewicz 类型不等式与二次增长性质之间等价性的工作, Zhang (2017) 通过应用 Ekeland 变分原理发现了凸优化问题中 RSC 性质、误差界条件以及二次增长性质三类几何条件之间的等价性. 随后, Karimi 和 Schmidt (2015) 将 Polyak-Lojasiewicz 不等式也加入这种等价性中. 2017 年上半年, Garrigos 等 (2017) 研究了推广形式的误差界条件、二次增长性质以及 Lojasiewicz 不等式之间的关系, 但未考虑相应的 RSC 条件的推广形式. Zhang(2016) 通过定义剩余测度算子, 将这些概念之间的关系以及梯度型方法的线性收敛性分析统一起来. 除去一些很特殊的情形 (比如强凸性和线性算子复合的情形), 这些几何条件的验证非常困难. 为此, Li 和 Pong (2017) 建立了 Lojasiewicz 指数的演算法则; Zhou 和 So (2017) 利用变分分析中 Calmness 概念确立了满足误差界条件的充分条件; Schöpfer (2016) 基于 Calmness 的概念证明了一类对偶目标函数满足

RSC 性质, 并在 RSC 条件下全面地分析了各类线搜索梯度法、共轭梯度法以及拟牛顿法中的 BFGS 算法等经典方法的 (超) 线性收敛. 2018 年伊始, Yue 等 (2018) 已将误差界条件用于立方正则化方法的二次收敛性研究. 不难预见, 深入研究问题的几何条件以及相应的快速算法设计与分析是未来几年的重要研究方向.

最后, 需要指出的是, 还有许多相关文献未能在此提及. 比如说, 问题结构驱动的次梯度型方法、原对偶梯度型方法、非精确的梯度型方法、算子分裂方法以及随机梯度型方法的设计与分析, 问题结构中的函数最优值的先验信息、相对 Lipschitz 连续性以及目标函数的部分光滑性 (partial smoothness), 问题结构驱动的张量分解以及深度学习中的深层网络学习, 等等.

18.3 随机梯度法

机器学习是一个多交叉学科, 涉及概率论、统计、计算机、优化等多个领域. 该领域目前问题规模激增, 传统方法已不能满足高效性需求. 设计高效优化算法是求解机器学习问题中非常关键的步骤. 随机梯度型算法作为一类高效算法, 在机器学习中取得巨大成功, 引起了学者们的广泛关注.

机器学习中最常见的问题是极小化经验风险函数, 即极小化规模为 n 的总体样本损失的平均值. 我们可以利用传统的梯度下降算法[1] 来求解. 但是此算法每次迭代需要 $O(nd)$ 的计算量. 对大规模问题, 这个计算量是巨大的. 早在 20 世纪中叶, 就有了随机梯度型算法的原型, Robbins 和 Monro 提出了一种随机梯度下降算法 (stochastic gradient descent, SGD), 成为机器学习中最典型的优化算法[32]. 每次迭代中, 该算法仅随机抽取 m 个样本, 并将这些样本的负梯度方向的平均值作为下降方向. 故每次迭代只需要 $O(md)$ ①的计算量. 但是随之而来的一个问题是带来了梯度方差 (variance), 并且此方差会逐渐累积. 所以当靠近解附近, 算法容易出现振荡现象. 为了克服振荡现象, 并且保证算法收敛, 学习率 (迭代步长 η) 需要衰减到零, 而这会直接导致 SGD 算法收敛慢, 也容易陷入局部极小或者鞍点. 采用较大的随机采样规模更容易调节学习率和实现并行计算, 但是会降低 SGD 的收敛率. 近年, 围绕解决 SGD 带来的问题, 得到更高效稳定的算法, 研究人员大致提出了以下三大类方法.

---

① d 是问题的维数.

18.3.1 自适应学习率的随机梯度型方法

对于训练过程, 学习率是一个非常重要的参数. 学习率太高, 算法容易振荡. 如果太小, 收敛速度又会很慢. 在实际学习训练过程, 很难人为地调节. 基于此, 许多自适应学习率算法应运而生. AdaGrad [33] 通过累积计算所有梯度的 L_2 范数, 来调节学习率的变化. 但是随着梯度的逐渐累积, 最终会导致学习率衰减到零, 并且该算法对最初设置的全局学习率比较敏感. Zeiler (2012) 为了克服 AdaGrad 的缺陷, 提出了 AdaDelta 算法. 此算法累积指数衰减的梯度范数平方的平均值, 同时累积了变量的更新来调整学习率. 数值实验表明该算法对参数具有鲁棒性, 适合更复杂的问题. 类似的算法还有 RMSProp (Tieleman 和 Hinton (2012)). Adam (Kingma 和 Ba (2014)) 是一种低阶矩估计方法, 基于梯度的一阶矩 (均值) 和二阶矩 (方差) 估计, 能适应性地调节学习率. 算法保留了 AdaGrad 和 AdaDelta 算法在稀疏数据上的优势, 易于实现, 计算效率高, 适合处理数据量大或参数比较多的问题. 目前该算法在深度学习中处理非凸优化问题发挥了重要作用.

18.3.2 梯度方差缩减的随机梯度型方法

经典的 SGD 算法, 虽然能在一定程度上减少计算代价, 但是梯度的高方差振荡, 使得训练过程很难稳定收敛. 如何保持低代价, 同时提高算法的收敛率就成为学者们关注的焦点. Byrd 等 (2012), Friedlander 和 Schmidt (2012), 通过动态调节采样样本集大小, 减少梯度方差, 从而提高收敛率. 但是最终采样集合都会趋近于总体样本. 最早在 2012 年, Schmidt 等提出 Stochastic Average Gradient (SAG) 算法[34]. 该算法使用梯度平均策略, 每次迭代只需要随机计算一个 (或者部分) 梯度来替换总体估计梯度中的对应分量, 从而实现一次随机梯度更新. 该算法不需要减少步长, 随着迭代梯度方差会趋于零. SAG 算法对于光滑强凸问题, 可以达到线性收敛的结果, 但该算法存储开销较大. 随后 Johnson 和 Zhang 提出了 SVRG (stochastic variance reduction gradient) 算法[35]. 该算法有内外两层循环, 在外层计算全梯度, 在内层用全梯度修正随机梯度. 相比 SAG, SVRG 算法最明显的优势在于其存储量更小. SVRG 算法在提出后引起了广泛的关注. Reddi 等 (2016) 给出 SVRG 算法处理非凸问题理论分析和数值表现. 目前方差下降类方法已经延伸出很多变体算法, 包括 SDCA[36]、SAGA[37]、SARAH[38], 邻近 SVRG (Xiao 和 Zhang (2014)) 等. 它们不仅在处理光滑或者非光滑强凸问题时表现优异, 而且对复杂的非凸的神经网络问题也有不错的表现.

另一个可行方向是采用 Momentum[22] 和 Nesterov[18] 两种常用加速技术. 虽然采用这两种技术的随机梯度型方法很难得到经典加速的 $O(1/k^2)$ 收敛速

率, 但也可在一定程度上减少振荡, 增加算法稳定性, 同时也加快了更新过程. Gadat 等 (2016) 分析了随机情形下的 momentum 算法的收敛性和算法表现. Yang 等 (2016) 提出一个框架分别分析了这两种加速方法. 这两种加速方法有时可以为训练神经网络带来明显的加速效果 (Ghadimi 和 Lan (2015), Sutskever 等 (2013)). 也有一些工作考虑 momentum 加速处理非光滑问题 (Li 和 Zhou (2017)).

18.3.3 高阶随机梯度型方法

在传统优化中, 相比一阶方法, 二阶方法表现出自己独特的优越性, 特别是处理高度非线性病态的问题. 但是这些方法中出现的矩阵 (例如黑塞) 或者与矩阵向量乘 (黑塞- 向量) 有关的计算成本, 使得许多经典的二阶算法的应用变得令人望而却步. 设计更加适合大规模问题的二阶算法, 就是一个值得探索的方向. 考虑机器学习问题的特殊结构, 很自然的想法是采用随机部分采样 (subsampling), 计算部分梯度和部分黑塞矩阵信息来构造二次模型 (subsampled Newton, SSN) (Bollapragada 和 Byrd (2016), Khorasani 和 Mahoney (2016)). 精确求解二次模型的计算量和存储需求很大, 而常见非精确求解两种方式有 Stochastic Gradient Iteration (SGI) 和 Conjugate Gradient(CG)(详情参见 Bollapragada 和 Byrd (2016)). 目前 SSN 在某些条件下, 可达到全局线性收敛 (Khorasani 和 Mahoney (2016)) 以及局部超线性收敛 (Khorasani 和 Mahoney (2016)). Berahas 等[39] 提出的 Newton Sketch 方法是经典牛顿法的一种随机近似方法. 它并不显式计算黑塞矩阵, 而是利用矩阵的分解, 并通过较低维度的随机投影逼近黑塞矩阵. 另外, 利用已计算信息构造拟牛顿矩阵 (quasi-Newton), 可有效地近似真实的黑塞矩阵, 比如 oLBFGS [40]、SQN [41]、SC-BFGS [42] 等. 目前拟牛顿方法和梯度方差下降的混合算法, 比如 SLBFGS (Moritz 等 (2016)), SdLBFGS [43], 也取得了较好的数值表现. 特别指出两种 Damped 方法即 SC-BFGS 和 SdLBFGS, 可以处理非凸问题. 另一个引人注意的二阶算法是 IQN [44], 该算法对光滑强凸问题可达到局部超线性收敛, 并且可证明该算法构造的拟牛顿矩阵能够很大概率地逼近真实的黑塞矩阵, 但是需要付出较大存储代价.

当然除了上面提到的三大类算法, 还有其他许多高效随机梯度型算法未曾提及. 比如对于非凸问题, O'Neill 和 Wright 设计算法可逃离鞍点[45]; 分布式 (distributed) 随机梯度型算法 (Dekel 等 (2012)), 可实现快速并行计算; 如果样本集是流动式, 设计在线学习 (Online) 的随机梯度型算法等.

18.4 问题与挑战

梯度法自提出以来, 特别是近几十年来, 得到了快速发展, 无论是在理论还是在算法方面都有很多优秀的成果. 但是我们对梯度法的认识还远远不够, 仍有许多问题没有解决, 梯度法的研究还存在诸多挑战, 例如:

(1) 对一般 n 维二次目标函数, 如何建立 BB 法优于 SD 的理论证据;

(2) 对梯度法来说, 哪种步长是最优的;

(3) 非单调梯度法是否隐含某种单调性质;

(4) 如何设计复杂度能与共轭梯度法媲美的实用梯度法;

(5) 发展高效的随机步长选择机制;

(6) 如何设计数值表现优于非单调方法的单调梯度法;

(7) 针对特定的非凸优化问题, 梯度法的收敛速度和复杂度能否与凸优化问题的方法媲美;

(8) 发展适合机器学习等应用问题的高效 (随机) 梯度法.

另外, 梯度法也正被用于人工智能领域衍生出来的博弈与优化问题, 例如: Balduzzi 等针对对抗生成网络提出的辛调节梯度法[46] 以及 Betancourt 等从辛积分角度研究梯度的辛优化方法[47]. 这些领域值得引起更多的关注.

参 考 文 献

[1] Cauchy A. Méthode générale pour la résolution des systemes d'équations simultanées. Comp. Rend. Sci. Paris, 1847, 25: 536-538.

[2] Akaike H. On a successive transformation of probability distribution and its application to the analysis of the optimum gradient method. Ann. Inst. Stat. Math., 1959, 11(1): 1-16.

[3] Nocedal J, Sartenaer A, Zhu C. On the behavior of the gradient norm in the steepest descent method. Comp. Optim. Appl., 2002, 22(1): 5-35.

[4] Dai Y H, Yuan Y X. Alternate minimization gradient method. IMA J. Numer. Anal., 2003, 23(3): 377-393.

[5] Yuan Y X. A new stepsize for the steepest descent method. J. Comput. Math., 2006, 24(2): 149-156.

[6] Barzilai J, Borwein J M. Two-point step size gradient methods. IMA J. Numer. Anal., 1988, 8(1): 141-148.

[7] Raydan M. On the Barzilai and Borwein choice of steplength for the gradient method. IMA J. Numer. Anal., 1993, 13(3): 321-326.

[8] Dai Y H, Liao L Z. R-linear convergence of the Barzilai and Borwein gradient method. IMA J. Numer. Anal., 2002, 22(1): 1-10.

[9] Dai Y H, Fletcher R. On the asymptotic behaviour of some new gradient methods. Math. Program., 2005, 103(3): 541-559.

[10] Dai Y H, Hager W W, Schittkowski K, et al. The cyclic Barzilai-Borwein method for unconstrained optimization. IMA J. Numer. Anal., 2006, 26(3): 604-627.

[11] Fletcher R. On the Barzilai-Borwein method. Optimization and control with applications, 2005: 235-256.

[12] Raydan M. The Barzilai and Borwein gradient method for the large scale unconstrained minimization problem. SIAM J. Optim., 1997, 7(1): 26-33.

[13] Birgin E G, Martínez J M, Raydan M. Nonmonotone spectral projected gradient methods on convex sets[J]. SIAM Journal on Optimization, 2000, 10(4): 1196-1211.

[14] Birgin E G, Mart í nez J M, Raydan M. Spectral projected gradient methods: Review and perspectives. J. Stat. Softw., 2014, 60(3): 539-559.

[15] Yuan Y X. Step-sizes for the gradient method. AMS/IP Stud. Adv. Math., 2008, 42(2): 785-796.

[16] Kalousek Z. Steepest descent method with random step lengths. Found. Computat. Math., 2017, 17(2): 359-422.

[17] Lewis A S, Wright S J. A proximal method for composite minimization. Math. Prog., 2016, 158(1-2): 501-546.

[18] Nesterov Y. A method of solving a convex programming problem with convergence rate $O(1/k^2)$. In Soviet Mathematics Doklady, 1983, 27: 372-376.

[19] Beck A, Teboulle M. A fast iterative shrinkage-thresholding algorithm for linear inverse problems. SIAM J. Imaging Sci., 2009, 2(1): 183-202.

[20] Drori Y, Teboulle M. Performance of first-order methods for smooth convex minimization: A novel approach. Math. Prog., 2014, 145(1-2): 451-482.

[21] Drori Y, Taylor A B. Efficient first-order methods for convex minimization: A constructive approach. arXiv preprint arXiv: 1803.05676, 2018.

[22] Polyak B T. Some methods of speeding up the convergence of iteration methods. USSR Comput. Math. & Math. Phys., 1964, 4(5): 1-17.

[23] Su W, Boyd S, Candes E J. A differential equation for modeling Nesterov's accelerated gradient method: Theory and insights. J. Mach. Learn. Res., 2016, 17(1): 5312-5354.

[24] Bubeck S, Lee Y T, Singh M. A geometric alternative to Nesterov's accelerated gradient descent. arXiv preprint arXiv: 1506.08187, 2015.

[25] Drusvyatskiy D, Lewis A S. Error bounds, quadratic growth, and linear convergence

of proximal methods. Math. Oper. Res., 2018, 43(3): 919-948.

[26] Hoffman A J. On approximate solutions of systems of linear inequalities//Micchelli C A. Selected Papers of Alan J Hoffman: With Commentary. Singapore: World Scientific, 2003: 174-176.

[27] Luo Z Q, Tseng P. On the linear convergence of descent methods for convex essentially smooth minimization. SIAM J. Control Optim., 1992, 30(2): 408-425.

[28] Polyak B T. Gradient methods for minimizing functionals. Zhurnal Vychislitel'noi Matematiki i Matematicheskoi Fiziki, 1963, 3(4): 643-653.

[29] Lojasiewicz S. Une propriété topologique des sous-ensembles analytiques réels. Leséquations aux dérivées partielles, 1963, 117: 87-89.

[30] Zhang H, Yin W. Gradient methods for convex minimization: Better rates under weaker conditions. arXiv preprint arXiv: 1303.4645, 2013.

[31] Rockafellar R T. Monotone operators and the proximal point algorithm. SIAM J. Control Optim., 1976, 14(5): 877-898.

[32] Robbins H, Monro S. A stochastic approximation method.Ann. Stat., 1951, 22(3): 400-407.

[33] Duchi J, Hazan E, Singer Y. Adaptive subgradient methods for online learning and stochastic optimization. JMLR.org, 2011, 12: 2121-2159.

[34] Schmidt M, Roux N L, Bach F. Minimizing finite sums with the stochastic average gradient. Math. Prog., 2017, 160(1-2): 83-112.

[35] Johnson R, Zhang T. Accelerating stochastic gradient descent using predictive variance reduction. In Advances in Neural Information Processing Systems, 2013, 1(3): 315-323.

[36] Shalev-Shwartz S, Zhang T. Stochastic dual coordinate ascent methods for regularized loss. J. Mach. Learn. Res., 2017, 14(1): 567-599.

[37] Defazio A, Bach F, Lacoste-Julien S. Saga: A fast incremental gradient method with support for non-strongly convex composite objectives. In Advances in Neural Information Processing Systems, 2014: 1646-1654.

[38] Nguyen L M, Liu J, Scheinberg K, et al. Sarah: A novel method for machine learning problems using stochastic recursive gradient. In International Conference on Machine Learning, 2017, 70: 2613-2621.

[39] Berahas A S, Bollapragada R, Nocedal J. An investigation of Newton-sketch and subsampled Newton methods. arXiv preprint arXiv: 1705.06211, 2017.

[40] Schraudolph N N, Yu J, Günter S. A stochastic quasi-Newton method for online convex optimization. In Arti-ficial Intelligence and Statistics, 2007: 436-443.

[41] Byrd R H, Hansen S L, Nocedal J, et al. A stochastic quasi-Newton method for large-scale optimization. SIAM J. Optim., 2016, 26(2): 1008-1031.

[42] Curtis F E. A self-correcting variable-metric algorithm for stochastic optimization.

In International Conference on Machine Learning, 2016: 632-641.
[43] Wang X, Ma S, Goldfarb D, et al. Stochastic quasi-Newton methods for nonconvex stochastic optimization. SIAM J. Optim., 2017, 27(2): 927-956.
[44] Mokhtari A, Eisen M, Ribeiro A. Iqn: An incremental quasi-Newton method with local superlinear convergence rate. arXiv preprint arXiv: 1702.00709, 2017.
[45] O'Neill M, Wright S J. Behavior of accelerated gradient methods near critical points of nonconvex functions. arXiv preprint arXiv: 1706.07993, 2017.
[46] Balduzzi D, Racaniere S, Martens J, et al. The mechanics of n-player differentiable games. International Conference on Machine Learning, 2018, 80: 354-363.
[47] Betancourt M, Jordan M, Wilson A. On Symplectic Optimization. arXiv preprint arXiv: 1802.03653, 2018.

第 19 章 算子分裂法与交替方向法

19.1 概　　述

交替方向法是目前求解大规模结构型凸优化问题的流行与高效算法之一，与算子分裂法，特别是 Douglas-Rachford 分裂法有紧密的联系. 本章简短介绍相关算法的最新进展与前沿热点，并讨论未来值得研究的问题.

凸优化问题的一般形式可以写成

$$\begin{aligned} \min\ \ & f(x), \\ \text{s.t.}\ \ & x \in \Omega, \end{aligned} \tag{19.1.1}$$

其中 Ω 是 Hilbert 空间 $\mathcal{H}$ 的一个非空闭凸集，$f: \mathcal{H} \to \mathbb{R} \cup \{\infty\}$ 是一个正常闭凸广义实值函数. 若 f 的有效域 $\operatorname{dom} f := \{x \mid f(x) < \infty\}$ 与约束集 Ω 有非空的公共相对内部，则凸优化问题 (19.1.1) 的最优性条件可以表示成单调算子的零点问题：

$$\text{找 } x \in \mathcal{H} \quad \text{使得} \ \ 0 \in T(x), \tag{19.1.2}$$

其中 $T := \partial f + N_\Omega$，$\partial f$ 表示 f 的次微分，N_Ω 表示 Ω 的法锥算子. 除了最优性条件，最优化领域中许多算法及其相应的收敛性结果可通过单调算子理论以统一的观点来理解[1−5].

问题 (19.1.2) 等价于确定 T 的预解算子 $J_T := (I+T)^{-1}$ 的不动点. 若 T 是极大单调算子，则 J_T 是单值且稳定非扩张的①，进而迭代格式 $x_{k+1} := J_T(x_k)$ 产生的点列弱收敛于②该问题的不动点，从而可以用来求解问题 (19.1.2). 这就

① 设 $\alpha \in (0,1)$，称算子 $S: \mathcal{H} \to \mathcal{H}$ 是非扩张的，如果对任意的 $x, y \in \mathcal{H}$ 有 $\|Sx - Sy\| \leqslant \|x - y\|$. 称非扩张算子 S 为 α-均值算子，如果存在非扩张算子 $R: \mathcal{H} \to \mathcal{H}$ 使得 $S = (1-\alpha)I + \alpha R$. 特别地，当 $\alpha = 1/2$ 时，均值算子也称为稳定非扩张算子.

② 设 $\mathcal{H}$ 为赋范线性空间，$\mathcal{H}^*$ 为其对偶空间，$x_n, x \in \mathcal{H}$，若对任意 $f \in \mathcal{H}^*$ 都有 $\lim_{n\to\infty} f(x_n) = f(x)$，则称 $\{x_n\}$ 弱收敛于 x.

是著名的邻近点算法[6,7] (proximal point algorithm, PPA). 在实际应用中, 算子 T 通常可以分解为两个或多个极大单调算子 T_i 的和, 从而得到如下问题:

$$\text{找 } x \in \mathcal{H} \quad \text{使得 } 0 \in \sum_{i=1}^{m} T_i(x). \tag{19.1.3}$$

特别地, 很多应用问题可以归结为 (19.1.3) 中 $m=2$ 的情形, 即

$$\text{找 } x \in \mathcal{H} \quad \text{使得 } 0 \in T_1(x) + T_2(x). \tag{19.1.4}$$

这些问题的一个重要特征是 J_{T_1} 和 J_{T_2} 的计算复杂度较 $J_{T_1+T_2}$ 低得多. 算子分裂法充分利用这一特点, 成为求解 (19.1.4) 的流行算法. 经典的算子分裂法包括 Douglas-Rachford[8] 算法、Peaceman-Rachford[9] 算法、Forward-Backward [10] 算法、Forward-Backward-Forward[11] 算法以及 Double-Backward 算法等. 其中 Double-Backward 算法仅适用于求解集合交点问题, 体现为交替投影; Peaceman-Rachford 算法一般不收敛, 而 Douglas-Rachford 算法的收敛性理论所需条件最弱. 另外, 受大数据分析与应用蓬勃发展的影响, 近年来又提出许多新的算子分裂算法, 例如 Forward-Douglas-Rachford 分裂算法、三算子分裂算法、广义 Forward-Backward 算法等. 下面分别简要介绍 Douglas-Rachford 分裂算法和 Forward-Backward 分裂算法, 两种具有广泛应用的分裂算法的迭代格式与经典收敛结果, 并提出一些值得进一步研究的问题.

19.2 Forward-Backward 分裂算法

Forward-Backward 分裂算法被公认为是求解结构型单调包含问题与凸优化问题的有效算法, 易于实现并行计算, 特别适合于求解大规模优化问题. 该算法在信号和图像处理领域, 特别是在处理稀疏优化问题中有重要的应用.

设 $T_1 : \mathcal{H} \rightrightarrows \mathcal{H}$ 为极大单调算子, $T_2 : \mathcal{H} \to \mathcal{H}$ 为 β-余强制算子①. 考虑 Forward-Backward 分裂算法 $x_{k+1} := J_{\lambda T_1}(I - \lambda T_2)(x_k)$. 若 $(T_1 + T_2)^{-1}(0) \neq \varnothing$, 并且 $0 < \lambda < 2\beta$, 则由该算法产生的迭代序列 $\{x_k\}_{k \geqslant 0}$ 弱收敛于问题 (19.1.4) 的解[12]. 经典的 Forward-Backward 分裂算法每一步迭代中邻近参数 λ 固定不变, 文献 [13] 中研究了动态选取 λ 的情形.

考虑如下结构优化问题

$$\min_{x} f(x) + g(x), \tag{19.2.1}$$

① 称算子 $T : \mathcal{H} \rightrightarrows \mathcal{H}$ 是 $\beta > 0$ 余强制的, 若 $\langle x - y, T(x) - T(y) \rangle \geqslant \beta \|T(x) - T(y)\|^2$, $\forall x, y \in \mathcal{H}$.

其中 $f:\mathbb{R}^n\to\mathbb{R}\cup\{+\infty\}$ 为适定的下半连续凸函数, $g:\mathbb{R}^n\to\mathbb{R}$ 为凸函数且梯度 ∇g 为 β-Lipschitz 连续. x^* 是最优解当且仅当

$$0\in\partial f(x^*)+\nabla g(x^*). \tag{19.2.2}$$

令 $T_1:=\partial f$, $T_2:=\nabla g$, 则 (19.2.2) 可以看作 (19.1.4) 的特殊情况. 由于 f 为适定的下半连续凸函数, ∂f 极大单调. 而 g 为凸函数且 ∇g 为 Lipschitz 连续, 则由著名的 Baillon-Haddad 定理[14] 可知 ∇g 为 $1/\beta$ 余强制. 鉴于此, 可以利用 Forward-Backward 分裂算法来求解 (19.2.2), 即

$$x_{k+1}:=\mathrm{prox}_f(x_k-\lambda\nabla g(x_k)), \tag{19.2.3}$$

其中 prox_f 为邻近点算子, 定义为

$$\mathrm{prox}_f(x):=\arg\min_y f(y)+\frac{1}{2}\|y-x\|^2.$$

应用于特定的模型, 算法 (19.2.3) 就是著名的迭代阈值缩减算法 (iterative shrinkage-thresholding algorithm, ISTA). 若解集非空并且 $0<\lambda<2/\beta$, 则算法 (19.2.3) 产生的序列 $\{x_k\}_{k\geqslant 0}$ 收敛于问题 (19.2.1) 的解[4].

通常, 算法 (19.2.3) 又称为邻近梯度法, 它可以看作是经典的投影梯度法[15,16] 的推广. 事实上, 当 $f(x):=\delta_\Omega(x)$ 时算法 (19.2.3) 退化为经典的投影梯度法 $x_{k+1}:=P_\Omega(x_k-\lambda\nabla g(x_k))$, 其中

$$\delta_\Omega(x):=\begin{cases}0, & x\in\Omega,\\ +\infty, & x\notin\Omega.\end{cases}$$

19.3　Douglas-Rachford 分裂算法

经典的 Douglas-Rachford 分裂算法迭代格式如下

$$z_{k+1}=T_{\mathrm{DR}}(z_k):=\frac{1}{2}z_k+\frac{1}{2}R_{\beta T_1}R_{\beta T_2}(z_k), \tag{19.3.1}$$

其中 $R_{\beta T_i}:=2J_{\beta T_i}-I$, $i=1,2$. 与 Forward-Backward 分裂算法的区别在于, 该算法仅假定 T_1 与 T_2 为极大单调算子. 此时, 只要解集非空, 则由算法 (19.3.1) 产生的序列 $\{z_k\}_{k\geqslant 0}$ 弱收敛到 T_{DR} 的不动点, $\{J_{\beta T_2}(z_k)\}_{k\geqslant 0}$ 弱收敛于问题 (19.1.4) 的解, 并且其收敛速度为 $O(1/k)$, 见文献 [2]. 将 Douglas-Rachford 分裂算法 (19.3.1) 应用于 (19.2.1), 可以得到如下算法

$$z_{k+1}=\frac{1}{2}z_k+\frac{1}{2}(2\mathrm{prox}_{\beta f}-I)(2\mathrm{prox}_{\beta g}-I)(z_k), \tag{19.3.2}$$

在 f 和 g 均为适定的下半连续凸函数的情形下, ∂f 与 ∂g 均为极大单调算子. 因此, 只要问题 (19.2.1) 有解, 则 (19.3.2) 产生的序列 $\{z_k\}_{k\geqslant 0}$ 收敛到某 z^* 使得 $\operatorname{prox}_{\beta g}(z^*)$ 为 (19.2.1) 的解.

考虑如下优化问题

$$\begin{aligned} \min_{x,\ y} \quad & f(x)+g(y), \\ \text{s.t.} \quad & Ax+By=b, \end{aligned} \tag{19.3.3}$$

其中 $f:\mathbb{R}^n\to\mathbb{R}\cup\{+\infty\}$, $g:\mathbb{R}^m\to\mathbb{R}\cup\{+\infty\}$ 为适定的下半连续凸函数, $A\in\mathbb{R}^{p\times n}$, $B\in\mathbb{R}^{p\times m}$ 为矩阵, $b\in\mathbb{R}^p$ 为向量. 对线性约束 $Ax+By=b$ 引入拉格朗日乘子 λ, 上述问题的对偶问题为

$$\max_{\lambda} -f^*(-A^{\mathrm{T}}\lambda)-g^*(-B^{\mathrm{T}}\lambda)-\langle b,\lambda\rangle, \tag{19.3.4}$$

其中 f^* 和 g^* 分别表示 f 和 g 的共轭函数. Gabay[13] 指出将 Douglas-Rachford 分裂算法 (19.3.1) 应用到算子 $T_1:=\partial(f^*\circ(-A^{\mathrm{T}}))$ 和 $T_2:=\partial(g^*\circ(-B^{\mathrm{T}}))+b$, 则可以得到著名的乘子交替方向法[5, 12, 17] (ADMM):

$$\begin{cases} y_{k+1}:=\arg\min\limits_{y}\mathcal{L}_\beta(x_k,y,\lambda_k), \\ x_{k+1}:=\arg\min\limits_{x}\mathcal{L}_\beta(x,y_{k+1},\lambda_k), \\ \lambda_{k+1}:=\lambda_k-\beta(Ax_{k+1}+By_{k+1}-b), \end{cases} \tag{19.3.5}$$

其中 $\mathcal{L}_\beta(x,y,\lambda)$ 为问题 (19.3.3) 的增广拉格朗日函数

$$\mathcal{L}_\beta(x,y,\lambda):=f(x)+g(y)+\langle\lambda,Ax+By-b\rangle+\frac{\beta}{2}\|Ax+By-b\|^2.$$

从形式上看, ADMM 类似于求解问题 (19.3.3) 的增广拉格朗日乘子方法[18, 19]

$$\begin{cases} (x_{k+1},y_{k+1}):=\arg\min\limits_{x,y}\mathcal{L}_\beta(x,y,\lambda_k), \\ \lambda_{k+1}:=\lambda_k-\beta(Ax_{k+1}+By_{k+1}-b). \end{cases} \tag{19.3.6}$$

可以看出, (19.3.6) 的第一个子问题中变量 x 和 y 耦合, 而 ADMM 运用 Gauss-Seidel 的迭代思想先后求解 x 和 y, 因而子问题可以充分利用 f 和 g 的结构性质, 使子问题得到有效求解. 另外, 可通过线性化的技巧进一步降低 ADMM 子问题的计算难度[20], 其中线性化参数的最优选取范围在文献 [21] 中进行了讨论, 相关方法与图像处理中的原始对偶杂交梯度法有密切联系.

文献 [22] 考虑直接将 Douglas-Rachford 算法应用到原始问题, 得到了依问题定制的 Douglas-Rachford 分裂算法, 该算法的每个子问题要比 ADMM 更简单, 在数值上具有一定的优势. 关于 ADMM 的最新进展与应用, 可参见综述文献 [23].

19.4 研究热点

随着大数据时代的到来, 在凸优化与单调算子包含问题的相互作用下, 算子分裂法与交替方向法得到了快速的发展, 其全局收敛性与收敛率分析也日臻完善. 然而, 当前仍有许多问题需要解决. 限于作者研究的局限性, 以下仅举几例说明.

(1) 多块可分问题的收敛性. 现代应用问题往往是多块可分的, 即 (19.1.3) 中 $m \geqslant 3$, 对应的优化模型是

$$\min\left\{\sum_{i=1}^{m}\theta_i(x_i)\ \middle|\ \sum_{i=1}^{m}A_ix_i=b,\ i=1,2,\cdots,m\right\},$$

其中 $\theta_i:\mathbb{R}^{n_i}\to\mathbb{R}\cup\{+\infty\}$ 是适定的下半连续凸函数, $A_i\in\mathbb{R}^{l\times n_i}$, $b\in\mathbb{R}^l$. 对该问题, 可以直接推广交替方向法的思想, 得到如下的迭代格式 (E-ADMM):

$$\left\{\begin{array}{l} x_i^{k+1}\in\arg\min L_\beta(x_1^{k+1},\cdots,x_{i-1}^{k+1},x_i,x_{i+1}^k,\cdots,x_m^k,\lambda^k),\quad i=1,\cdots,m,\\ \lambda^{k+1}=\lambda^k-\beta\left(\sum\limits_{i=1}^{m}A_ix_i^{k+1}-b\right). \end{array}\right. \tag{19.4.1}$$

虽然该迭代格式在许多应用问题中表现良好, 但在与经典 ADMM 相同的条件下, 其收敛性不能得到保证[24]. 对 (19.4.1) 的研究, 可以概括为两大方面:

(a) 加入合适的限制条件, 以保证 E-ADMM 的收敛性.

(b) 将 E-ADMM 所产生的点看作预测点, 对算法进行合适的 "校正" 以保证其收敛性.

近期, 这两方面的研究都取得了一定的进展[25]. 目前仍有许多问题值得研究, 如加入何种条件、如何校正等.

(2) 非凸问题. 对于非凸优化问题, 分裂算法迭代序列的 Fejér 单调性不再成立, 在收敛性分析中需要引入新的分析工具. 对 Forward-Backward 分裂算法, 文献 [26] 提出使用 Kurdyka-Lojasiewicz (KL) 不等式作为分析工具, 通过假定目标函数满足 KL 不等式, 证明了算法的收敛性. 事实上, 满足 KL 不等式的函数非常多, 如半代数函数等. 这为我们研究非凸优化问题提供了新的思路. 1993 年, 国际著名优化专家 Rockafellar 在文献 [27] 中指出, 优化问题难易的分水岭不是线性与非线性, 而是凸与非凸. 由于许多常见的非凸函数以及大多数凸函数满足 KL 性质, 从收敛性分析的角度来看, 我们可以把问题分为 KL 和非 KL.

类似于 Forward-Backward 分裂算法, Douglas-Rachford 分裂算法也可以用来求解非凸优化问题. 文献 [28] 中考虑利用 Douglas-Rachford 分裂算法求解如

下非凸优化问题 $\min_x f(x)+g(x)$, 其中 $f:\mathbb{R}^n\to\mathbb{R}\cup\{+\infty\}$ 为适定的下半连续函数, $g:\mathbb{R}^n\to\mathbb{R}$ 为连续可微函数且梯度 ∇g 为 Lipschitz 连续. 通过假定目标函数满足 KL 不等式, 文献 [28] 中证明了 Douglas-Rachford 分裂算法的收敛性. 在凸性假设下, ADMM 可以看作 Douglas-Rachford 分裂算法的应用, 一种很自然的想法是考虑 ADMM 求解形如 (19.3.3) 的非凸可分优化问题的收敛性. 关于该算法的研究进展, 可参见文献 [29].

(3) 算法加速. 经典的投影梯度法, 目标函数值的收敛率为 $O(1/k)$. Nesterov 提出了加速的投影梯度法, 使其目标函数值有 $O(1/k^2)$ 的收敛率, 并证明了在一定意义下这是一阶方法的最优收敛速率. 该结果被推广到了邻近梯度法. 经典的交替方向法目标函数值的收敛速率为 $O(1/k)$, 见文献 [30], [31]. 一个很自然的问题是, 借助 Nesterov 的加速技巧, 交替方向法是否有 $O(1/k^2)$ 的收敛速率, 这仍是一个公开问题. 关于该方面的最新进展, 可参见文献 [32].

(4) 算法的线性收敛率分析. 对一些特殊形式的问题, 如线性规划、二次规划, 或者是目标函数强凸且梯度具有 Lipschitz 连续性质的优化问题, 已经有了一些研究结果. 对满足误差界(或类似条件)的可分优化问题, 也能建立交替方向法的局部或者全局的线性收敛率. 该方向的一些最新研究进展可参考文献 [33], 其中给出一些可直接验证的条件, 如机器学习中一大类模型所满足条件, 来保证线性收敛性. 如何在更一般的条件下建立更一般问题的更精确的线性收敛率, 是一个值得研究的课题.

(5) 超线性收敛率. 交替方向法的 "近亲"—— 增广拉格朗日方法有某种意义下的超线性收敛率. 然而对交替方向法, 迄今没有类似的结果. 能否在理论上有所突破是一个值得研究的课题. 如建立反例, 证明算法不会有超线性收敛率; 或者从特殊问题入手, 建立初步结果, 再逐步进行完善.

(6) Peaceman-Rachford 分裂算法. 保证 Peaceman-Rachford 分裂算法的收敛往往需要很强的条件. 类似于 Douglas-Rachford 分裂算法, 如果将 Peaceman-Rachford 分裂算法应用到线性约束可分凸优化问题 (19.3.3) 的对偶问题可以得到如下所谓的对称乘子交替方向法:

$$\begin{cases} y_{k+1} := \arg\min_y \mathcal{L}_\beta(x_k, y, \lambda_k), \\ \lambda_{k+\frac{1}{2}} = \lambda_k - \beta(Ax_k + By_{k+1} - b), \\ x_{k+1} := \arg\min_x \mathcal{L}_\beta(x, y_{k+1}, \lambda_{k+\frac{1}{2}}), \\ \lambda_{k+1} := \lambda_{k+\frac{1}{2}} - \beta(Ax_{k+1} + By_{k+1} - b). \end{cases} \tag{19.4.2}$$

通常, 在与经典的乘子交替方向法同样的假设下, 算法 (19.4.2) 不一定收敛[34]. 但是数值例子表明, 该算法在收敛的情况下, 收敛速度往往比交替方向法更快.

因此, 文献 [35] 中提出了只需要在乘子更新的时候乘以一个收缩系数, 从而得到如下严格收缩的对称交替方向法:

$$\begin{cases} y_{k+1} := \arg\min\limits_{y} \mathcal{L}_\beta(x_k, y, \lambda_k), \\ \lambda_{k+\frac{1}{2}} = \lambda_k - \alpha\beta(Ax_k + By_{k+1} - b), \\ x_{k+1} := \arg\min\limits_{x} \mathcal{L}_\beta(x, y_{k+1}, \lambda_{k+\frac{1}{2}}), \\ \lambda_{k+1} := \lambda_{k+\frac{1}{2}} - \alpha\beta(Ax_{k+1} + By_{k+1} - b). \end{cases} \tag{19.4.3}$$

其中 $0 < \alpha < 1$. 这里面有一个很重要的问题是, 算法 (19.4.3) 是否可以看作是某个算子应用到问题 (19.3.3) 的对偶问题, 至今这是一个公开问题.

(7) Backward-Forward 分裂算法. Forward-Backward 分裂算法是求解结构单调包含问题的经典方法, 其本质是在每一步迭代中先执行向前步, 再执行向后步. 文献 [36] 中提出了 Backward-Forward 分裂算法. 顾名思义, 该算法在每一步迭代中先执行向后步, 再执行向前步. 事实上, 该算法并不是简单的交换向前算子与向后算子的顺序, 它是在对求解极大单调算子的正则牛顿法进行时间离散化时自然产生的. 文献 [36] 中证明这两种算法有非常好的对合性质, 通过对 Backward-Forward 分裂算法的研究, 给出了新的收敛性质. 这里面有一些亟待解决的问题, 例如:

(a) Backward-Forward 分裂算法是否与 Forward-Backward 一样, 可以加速?

(b) 对于非凸优化问题, 借助 Kurdyka-Lojasiewicz 不等式, Backward-Forward 分裂算法是否收敛?

(8) 近期, Ryu 在文献 [37] 中的结果表明, 在一些合理的限制条件下, Douglas-Rachford 分裂算法具有某种唯一性, 并且此类算法无法直接推广到三个算子的情形. 具体地, 对于算子包含问题 (19.1.3), 如果限制所构造的算法满足:

(i) 预解性, 即算法仅依赖于标量乘法、向量加法以及预解算子 $(I + \lambda T_i)^{-1}$, $i = 1, \cdots, m$.

(ii) 节约性, 即对于每一个 T_i, 算法的单步迭代计算一次且仅一次预解算子 $(I + \lambda T_i)^{-1}$.

(iii) 全局收敛性, 即对于任意极大单调的算子 T_i, $i = 1, \cdots, m$, 只要问题 (19.1.3) 有解, 算法都能够保证从任意初始点进行迭代的全局收敛性, 以及不提高问题的维数, 即所对应的固定点迭代与变量 x 的维数相同.

经典的 Douglas-Rachford 算法满足上述四个性质. Ryu 在文献 [37] 中的结果表明, 对于 $m = 2$, Douglas-Rachford 类算法是满足上述四个性质的唯一算法, 并且对于 $m \geqslant 3$ 的情况, 不存在算法同时满足上述四个性质. 众所周知, 对于 m 算子问题, 通过利用乘积空间技术可将问题的维数提高到原问题维数的 m 倍, 并构造基于预解算子的方法. 数值实验还表明, 问题维数提高越多, 算法的收敛速度越慢. 因此, 在文献 [37] 中结果的基础上, 一个自然的问题是, 对于 m 算子问题, 如何构造具有预解性、节约性与全局收敛性, 并且同时能够使得固定点迭代的维数尽可能低的分裂算法. 无论是在理论上, 还是在计算上, 该问题都值得深入研究. 对于 $m = 3$ 的情形, 显然 lifting 倍数为 2 的算法是最优的, 文献 [37] 中构造了一个此类算法.

(9) 关于算子包含问题的对偶理论研究尚处于起步阶段, 与凸优化问题的 Fenchel-Rockafellar 相比, 相关结果还很少. 算法设计方面, 基于 Bregman 距离的分裂算法能够更充分地利用问题的结构, 而该方面的研究与经典的欧氏距离下的算法研究相比还远远不够. 如何突破现有理论与算法的局限, 在更广泛的非凸与非单调领域内设计算法, 并使得算法能够建立在非常牢固的理论基础之上, 同时在计算上又非常有效 (例如, 对于非凸优化问题, 能够跳出局部极小值点) 将是非常具有挑战性的研究问题[38].

(10) 应用方面的研究. 交替方向法的特色是充分地利用问题的结构, 这使其在人工智能、机器学习等领域受到广泛的关注, 在应用中体现出其优势. 然而, 运筹优化学者在应用方面参与较少, 交替方向法的最核心的优势在这些领域还未受到充分的开发. 交替方向法的应用研究是当前需要加强的一个方向.

参 考 文 献

[1] Bauschke H H, Combettes P. Convex Analysis and Monotone Operator Theory in Hilbert Spaces. New York: Springer, 2011.

[2] He B S, Yuan X M. On the convergence rate of Douglas-Rachford operator splitting method. Mathematical Programming, 2015, 153: 715-722.

[3] Combettes P L. Solving monotone inclusions via compositions of nonexpansive averaged operators. Optimization, 2014, 53: 475-504.

[4] Combettes P L, Pesquet J C. Proximal splitting methods in signal processing. Fixed-Point Algorithms for Inverse problems in Science and Engineering, 2011: 185-212.

[5] Combettes P L, Wajs V R. Signal recovery by proximal forward-backward splitting. SIAM J. Multiscale Modeling and Simulation, 2005, 4: 1168-1200.

[6] Eckstein J. Splitting methods for monotone operators with applications to parallel optimization. Ph.D. Thesis, MIT, 1989.

[7] Moreau J J. Proximité et dualité dans un espace Hilbertien. Bull. Soc. Math. France, 1965, 93: 273-299.

[8] Rockafellar R T. Monotone operators and the proximal point algorithm. SIAM J. Control Optimization, 1976, 14(5): 877-898.

[9] Douglas J, Rachford H. On the numerical solution of heat conduction problems in two and three space variables. Trans. Amer. Math. Soc., 1956, 82: 421-439.

[10] Peaceman D W, Rachford H H. The numerical solution of parabolic and elliptic differential equations. J. Soc. Indust. Appl. Math., 1955, 3(1): 28-41.

[11] Lions P L, Mercier B. Splitting algorithms for the sum of two nonlinear operators. SIAM J. Numer. Anal., 1979, 16(6): 964-979.

[12] Tseng P. A modified forward-backward splitting method for maximal monotone mappings. SIAM J. Control Optim., 2000, 38(2): 431-446.

[13] Gabay D. Applications of the method of multipliers to variational inequalities//Fortin M, Glowinski R. Augmented Lagrangian methods: Applications to the Numerical Solution of BoundaryValue Problems, Amsterdam: North-Holland, 1983, 15: 299-331.

[14] Tseng P. Applications of a splitting algorithm to decomposition in convex programming and variational inequalities. SIAM J. Control Optim., 1991, 29: 119-138.

[15] Baillon J B, Haddad G. Quelques propriétés des opérateurs angle-bornés et ncycliquement monotones. Israel J. Mathematics, 1977, 26: 137-150.

[16] Goldstein A A. Convex programming in Hilbert space. Bulletin of the American Mathematical Society, 1964, 70: 709-710.

[17] Levitin E S, Polyak B T. Constrained minimization methods. USSR Computational Mathematics and Mathematical Physics, 1966, 6: 1-50.

[18] Glowinski R, Marroco A. Sur l′approximation, par elements finis d'ordre un, et la resolution, par penalisation-dualite, d'une classe de problems de Dirichlet non lineares. Rev. Francaise Informat. Recherche Operationnelle, 1975, 9: 41-76.

[19] Hestenes M R. Multiplier and gradient methods. J. Optimization Theory and Appllications, 1969, 4: 303-320.

[20] Powell M J D. A Method for Nonlinear Constraints in Minimization Problems// Optimization (Sympos., Univ. Keele, Keele). London: Academic Press, 1968: 283-298.

[21] He B S, Ma F, Yuan X M. Optimally linearizing the alternating direction method of multipliers for convex programming. Computational Optimization and Applications, 2020, 75: 361-388.

[22] Han D R, He H J, Yang H, et al. A customized Douglas-Rachford splitting algorithm for separable convex minimization with linear constraints. Numerische Mathematik, 2014, 127(1): 167-200.

[23] Boyd S, Parikh N, Chu E, et al. Distributed optimization and statistical learning via the alternating direction method of multipliers. Foundations and Trends in Machine Learning, 2011, 3: 1-122.

[24] Chen C, He B S, Yuan X M, et al. The direct extension of ADMM for multi-

block convex minimization problems is not necessarily convergent. Mathematical Programming, 2016, 155: 57-79.

[25] He B S, Tao M, Yuan X M. Alternating direction method with Gaussian back substitution for separable convex programming. SIAM J. Optimization, 2012: 313-340.

[26] Attouch H, Bolte J, Svaiter B F. Convergence of descent methods for semi-algebraic and tame problems: Proximal algorithms, forward-backward splitting, and regularized Gauss-Seidel methods. Mathematical Programming, 2013, 137: 91-129.

[27] Rockafellar R T. Lagrange multipliers and optimality. SIAM Review, 1993, 35(2): 183-238.

[28] Li G Y, Pong T K. Douglas-Rachford splitting for nonconvex optimization with application to nonconvex feasibility problems. Mathematical Programming, 2016, 159: 371-401.

[29] Guo K, Han D R, Wu T T. Convergence of alternating direction method for minimizing sum of two nonconvex functions with linear constraints. International J. Computer Mathematics, 2017, 94: 1653-1669.

[30] He B S, Yuan X M. On the $O(1/n)$ convergence rate of the Douglas-Rachford alternating direction method. SIAM J. Numer. Anal., 2012, 50: 700-709.

[31] He B S, Yuan X M. On non-ergodic convergence rate of Douglas-Rachford alternating direction method of multipliers. Numerische Mathematik, 2015, 130: 567-577.

[32] Tian W Y, Yuan X M. Faster alternating direction method of multipliers with $O(1/n^2)$ convergence rates. www. optimization-onlin.arg/DB.FILE/2016/07/5547. pdf[2019-06-30].

[33] Yuan X M, Zeng S Z, Zhang J. Discerning the linear convergence of ADMM for structured convex optimization through the lens of variational analysis. Manuscript, 2018.

[34] Corman E, Yuan X M. A generalized proximal point algorithm and its convergence rate. SIAM J. Optimization, 2014, 24(4): 1614-1638.

[35] He B S, Liu H, Wang Z R, et al. A strictly contractive Peaceman-Rachford splitting method for convex programming. SIAM J. Optimization, 2014, 24(3): 1101-1140.

[36] Attouch H, Peypouquet J, Redont P. Backward-forward algorithms for structured monotone inclusions in Hilbert spaces. J. Mathematical Analysis and Applications, 2018, 457: 1095-1117.

[37] Ryu E K. Uniqueness of DRS as the 2 operator resolvent-splitting and impossibility of 3 operator resolvent-splitting. Mathematical Programming, 2018: 1-41.

[38] Combettes P L. Monotone operator theory in convex optimization. Mathematical Programming, 2018, 170: 177-206.

第 20 章
分布式优化

20.1 研 究 背 景

在大数据时代, 数据的产生由手动方式转变为自动化. 各种类型的传感器被人们应用到生产、生活以及科学研究中来获取信息, 使得数据的收集变得更加便捷经济. 拥有庞大数量用户的互联网无时无刻不在产生规模巨大的数据. 例如, 欧洲大型强子对撞机产生数据的速度可达每秒 40TB, 全世界每天会产生大约 2000 亿封电子邮件、6 亿推特 (Twitter) 发布次数、45 亿谷歌 (Google) 搜索次数. 通过世界权威信息咨询分析商——国际数据公司 (International Data Corporation, IDC) 的《数据宇宙研究》(*The Digital Universe Study*) 报告[1], 如图 20.1 所示①, 我们可以更加直观地看到数据增长的趋势. 以上因素, 导致数据集规模呈爆炸式增长. 数据的分布式采集以及数据量不断扩张催生数据分布式存储结构的出现.

大数据研究的重要性不言而喻, 然而, 这并不是一件简单的事情. 大数据在带来极大效益与机遇的同时, 也给传统的计算技术带来了巨大的挑战。对小数据集的高效串行算法并不适合大数据问题的求解: 一方面, 以目前处理器的计算能力, 数据规模的爆炸使得串行算法难以在可忍受的时间内进行求解; 另一方面, 对小规模数据集的高效算法并不见得对大数据问题有效. 更不幸的是, 大数据往往由于分布式采集和规模爆炸具有分布式存储的特点, 使得传统的串行算法并不能用于处理这种类型的数据. 幸运的是, 现代计算机的并行架构为我们处理大数据时代下的问题带来了机遇.

可以从图 20.1 中 CPU 的发展历程中看出[2], 随着晶体管电路逐渐接近性能极限, 单核处理器逐渐被多核处理器取而代之, 例如, Intel 公司的 Core i9-7940X 拥有 14 颗物理核心. 为了追求更强的计算能力, 人们通过多个处理器构建并行

① 1 TB = 1024 GB, 1 PB = 1024 TB, 1 EB = 1024 PB.

计算机①—— 大规模集群/超级计算机, 例如被誉为"国之重器"、目前 TOP500 排名第一的神威·太湖之光超级计算机具有 40960 个"申威 26010"众核处理器. 除了处理器 (CPU), 近年来图形处理器 (GPU) 得到了快速发展, 具有很强大的浮点运算、并行计算性能, 例如, NVIDIA 公司的 TITAN V 图像处理器内建 5120 颗 CUDA 核心、640 颗 Tensor 核心、单精度浮点 15 TFLOPS. 无论是多核处理器、平行计算机, 还是图形处理器, 都具有硬件上的并行架构. 这会是将来计算硬件发展的趋势.

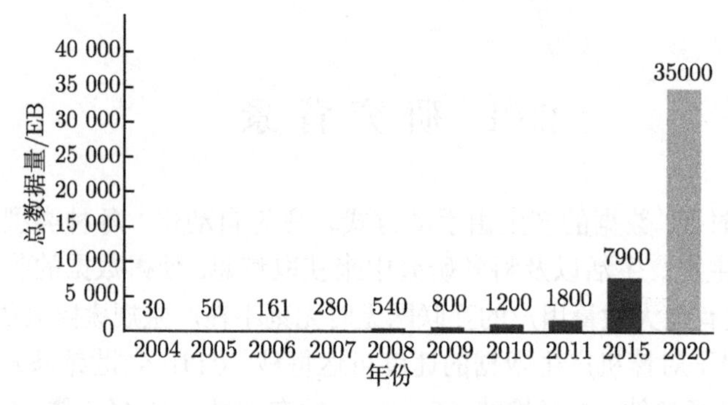

图 20.1 全球数据总量

关于大数据的研究和分析应用, 会对我们的生活与工作方式甚至思维层面产生重大的变革, 具有十分重大的意义和价值. 被誉为"大数据时代预言家"的维克托·迈尔–舍恩伯格 (Viktor Mayer-Schönberger) 在其与肯尼斯·克耶 (Kenneth Cukier) 合作编写的《大数据时代》[3] 一书中列举了翔实的大数据应用案例. 例如, Farecast 公司② 利用美国国内航班票价记录来预测机票价格; 谷歌公司通过分析人们的搜索记录来判读流感的发生传播. 从这些例子中, 我们可以看到大数据的研究分析能够带来巨大的经济效益与社会效益. 更为重要的是, 就国家层面而言, 对数据的拥有规模和运用能力将成为综合国力的重要组成——美国将"大数据战略"上升为最高国策; 我国把"大数据战略"列入"十三五"规划, 提升到国家战略高度.

① (关于分布式计算与并行计算) 分布式计算的概念要更加宽泛, 用在事务处理和科学计算中; 而并行计算一般出现在科学计算中. 不过, 两者之间并没有明确的分界线, 本质都是并行程序在同一时间由多核同时去执行. 相比较而言, 在分布式计算中, 处理器/核之间耦合没有并行计算紧密, 处理器/核之间物理上的距离没有并行计算近. 本章我们利用"分布式"来强调数据的分布式存储以及分布式内存.

② 2008 年, 微软以 1.15 亿美元收购了 Farecast, 将其整合到当时的 Live Search (现在的 Bing) 中.

20.2　主要研究内容

分布式优化, 具体而言, 就是考虑如何把大任务分解成若干子任务安排给多个处理器/核, 利用多个处理器/核来实现对一个大问题的并行快速求解. 目前在算法设计上, 分布式优化可以分成两类做法. 一类做法是将已有的高效串行算法进行并行化实现, 主要通过分析原有串行方法的结构将其数值计算中可并行的部分进行并行处理. 另一类做法是直接实现优化算法在模型水平的分布式/并行计算, 其基本思想是将大规模问题分解成若干个小规模/子块的子问题进行同时求解, 实现算法的分布式/并行计算, 例如, 交替方向乘子法 (ADMM)、并行块坐标下降法 (PBCD)、并行子空间校正法 (PSC) 等. 其中, GRock 在求解分布式稀疏优化问题具有高效的数值表现, 是分布式/并行优化领域内公认的最好的分布式/并行优化软件包之一.

在实际应用中, 尤其是当前广受关注的人工智能领域, 大部分问题都能表述为如下形式

$$\min_{x\in X} \varphi(x) := f(x) + h(x), \tag{20.2.1}$$

其中 f 是光滑函数, h 是非光滑函数, $X \subseteq \mathbb{R}^n$ 是变量 x 的可行区域 (对于无约束优化的情形, $X = \mathbb{R}^n$). 例如, 压缩感知中的 LASSO(least absolute shrinkage and selection operator) 问题[4] 和机器学习中的稀疏逻辑回归 (sparse logistic regression) 问题[5]. 围绕着问题 (20.2.1), 学者们设计了有理论保证的成熟高效的计算方法, 例如 FISTA 算法[6]. 然而, 随着大数据时代的到来, 数据 (问题) 结构和计算硬件都发生了巨大的变化, 给上述问题的求解带来了极大的困难.

由于问题 (20.2.1) 受到过去数据规模较小和单核计算硬件的限制, 研究者提出的算法主要是针对数据集中存储的中小规模问题的串行优化算法. 当我们需要利用传统的串行算法通过并行架构的计算资源去求解大规模甚至分布式存储的问题时, 就会发现软件与硬件两方面的不一致、不协调, 致使我们无法充分发挥计算资源的强大计算能力. 因此, 我们需要以硬件的并行结构为出发点, 从硬件与软件相结合的角度, 研究分布式优化方法.

有一类问题, 与问题 (20.2.1) 相似, 叫做一致性问题[7] (consensus problem), 具有如下形式:

$$\min_{x\in\mathbb{R}^n} \quad f(x) := \sum_{i=1}^{N} f_i(x). \tag{20.2.2}$$

在问题 (20.2.2) 中, f_i 表示第 i 个代理 (agent) 的费用, 所有代理有共同的决策变量, 目标是极小化全部代理的总费用. 对于问题 (20.2.2) 的研究与我们所主要讨论的分布式/并行优化问题 (20.2.1) 的不同在于: 前者更偏重于研究由问题 (20.2.2) 的不集中化导致的去中心化计算 (decentralized computation); 后者需要利用大规模集群/超级计算机来解决数据大规模和分布式存储的问题 (20.2.1). 这里, 给出求解问题 (20.2.2) 的分布式算法, 有分布式次梯度方法 (distributed subgradient method)[8]、牛顿一致化方法 (Newton-Raphson consensus method)[9]、增量化方法 (incremental methods)[10]、对偶平均方法 (dual averaging method)[11]、分布式原始对偶方法 (distributed primal-dual method)[12]、交替方向乘子方法 (ADMM)[13].

还有一点需要指出的是, 并行计算的研究起源于并行机的出现, 已经经历了 40 多年的发展, 起步远远早于大数据时代. 但是, 这并不能表示传统的并行计算能高效求解大数据背景下涌现的问题. 传统的并行计算解决的问题主要在于大规模线性方程以及偏微分方程的数值求解, 如天气与气候预报、海洋数据模拟等. 然而在大数据背景下, 我们需要处理的问题更多的是来自机器学习、数据挖掘等领域, 而且大部分的问题都可以表示成优化问题 (20.2.1) 的形式. 而对于优化问题的分布式/并行算法的研究, 就是我们所说的分布式/并行优化. 与上述问题相比, 优化问题在结构上的可并行难度更大, 而已有算法的并行化实现受到算法结构和具体处理问题的影响可能会使得可并行计算部分的比例不高, 这增加了分布式/并行优化方面的研究难度.

20.2.1 代数层面的并行化

代数层面的并行化是指在数值运算角度上将现有的高效串行算法进行并行实现. 这种做法属于传统并行计算的处理方式, 需要我们结合问题分析出算法中可并行的部分. 以前面已经提到的 FISTA 算法为例, 该方法是求解问题 (20.2.1) 的串行优化算法, 不仅有很好的理论性质 (计算复杂度为 $O(1/k^2)$), 而且数值表现也很出色.

对于算法 FISTA 的并行化, 需要结合问题 (20.2.1) 的具体结构. 如果问题 (20.2.1) 中的非光滑项具有可分离的性质, 而且梯度 $\nabla f(y)$ 计算便于并行实现, 我们就可以将 FISTA 进行较为高效的并行实现. 这里以 LASSO 问题作具体说明, 该问题的形式如下

$$\min_{x\in\mathbb{R}^n} \ \varphi(x) := \frac{1}{2}||Ax-b||_2^2 + \mu||x||_1, \tag{20.2.3}$$

其中 $A \in \mathbb{R}^{m\times n}$. 假设利用 p 个计算核心求解问题 (20.2.3), 每个核负责存储一部分数据并处理相关的变量. 通常, 引入数据和变量的分块, 结合传统的矩阵向

量并行乘法以及矩阵、向量的分块结构, 易知 $\nabla f(y)$ 的计算可以并行; 再结合 h 中 1- 范数的分离性, 可知计算过程能够并行化实现. 再通过对算法 FISTA 的简单并行化处理, 可以得到 FISTA 对于 LASSO 问题的并行版本 (P-FISTA).

将已有优化算法的并行化是一种简单易行的并行计算方式, 其优点是仅需要分析已有串行算法中的可并行部分. 不过, 这种方式的缺点是需要基于已有的串行方法来实现数值计算上的并行, 并不能得到新方法; 而且并行化的方式不仅依赖于算法的结构, 还与求解问题的特点有密切的关系——这正是优化问题并行计算的困难之处, 也是仅仅利用传统并行算法的不足之处. 若想突破传统并行算法仅在运算层面上并行的方式, 就需要根据计算机的并行架构来设计模型层面上的分布式/并行算法.

20.2.2 模型层面的并行化

模型层面上的并行化是指优化问题的输入参数的数据量太大, 因而无法统一存储在一个公共的存储单元上, 于是这些数据被分开存储在多个计算节点上, 每个计算节点都有独立的存储单元. 因而在算法迭代过程中, 计算节点独自进行运算, 并进行经济高效的数据交换, 直至寻找到最优解. 我们也将这类优化算法称为分布式优化算法. 从算法设计上, 分布式优化算法与传统的优化算法有着更本质的不同. 它需要指定每个计算核心需要存储的数据、处理的变量, 以及各核心间的通信等, 达到从模型层面将求解大任务划分为并发执行的小任务的目标, 使得算法的并行结构与硬件的并行架构之间一致、协调, 从而发挥出现有计算资源的强大能力. 因此, 设计这类方法更加具有挑战性. 一般地, 为实现模型并行化优化, 研究者从变量分块或者空间分解的角度考虑, 通过对偶问题或者原始问题的求解, 设计出形式上并行的优化算法.

分布式优化方法引起了人们的广泛关注, 在一定程度上是因为交替方向乘子法 (ADMM) 在学术研究和实际应用中取得的成功. 该方法起源于算子分裂方法, 最早的研究工作可参考文献 [14] 和 [15], 近期的综述文章可见文献 [13]. ADMM 方法通过对问题的增广拉格朗日函数进行原始变量、对偶变量的交替迭代, 具有将大规模问题分解成小规模问题的能力, 可以实现模型上的并行计算.

考虑如下问题①

$$\min_{x,z} \quad f(x)+h(z), \quad \text{s.t. } Ax+Bz=c, \tag{20.2.4}$$

其中, $x\in\mathbb{R}^{n_1}$, $z\in\mathbb{R}^{n_2}$, $c\in\mathbb{R}^m$, $A\in\mathbb{R}^{m\times n_1}$, $B\in\mathbb{R}^{m\times n_2}$, $f:\mathbb{R}^{n_1}\to\mathbb{R}$, $h:\mathbb{R}^{n_2}\to\mathbb{R}$. 引入问题 (20.2.4) 的增广拉格朗日函数 (augmented Lagrangian

① 显然, 可以容易地将问题 (20.2.1) 转化为特殊的问题 (20.2.4).

function),

$$\mathcal{L}_\rho(x,z,y)=f(x)+h(z)-y^{\mathrm{T}}(Ax+Bz-c)+\frac{\rho}{2}\|Ax+Bz-c\|_2^2, \quad (20.2.5)$$

其中 $y\in\mathbb{R}^m$ 是问题 (20.2.4) 中线性约束的对偶乘子, $\rho\in\mathbb{R}$ 是 $\mathcal{L}_\rho(x,z,y)$ 中增广项的参数. 利用增广拉格朗日函数, 即式 (20.2.5), ADMM 方法每步依次更新 x, z 和 y, 将关于 x 和 z 两个变量相关联的问题转化为一系列相互独立的子问题进行求解. 更重要的是, 上述做法为模型层次的分布式/并行计算提供了可能. 文献 [13] 详细地讨论了如何利用 ADMM 方法构造求解问题 (20.2.1) 的分布式/并行算法, 文献 [16], [17] 基于 ADMM 方法进行了分布式/并行计算的设计.

我们看到, ADMM 方法是利用对偶问题的求解实现了模型水平上的分布式/并行计算. 相比于从对偶问题的角度考虑模型层次的算法并行化, 研究者还考虑了一种更直接的方式——直接将变量分块或空间分解求解原始问题 (20.2.1), 这主要包括并行子空间下降法 (PBCD) 和并行子空间校正法 (PSC).

PBCD 方法可看作串行的块坐标下降法 (BCD) 在并行计算环境下的推广. BCD 方法的主要思想是对所求变量进行分块, 每次迭代通过某种准则选取其中的一块并固定其余各块, 通过求解仅仅与该块相关的子问题来更新本块. 这种做法的好处是可以将对大规模原问题的求解转化成对一系列小规模子问题的求解, 而且比 ADMM 方法要简单直接. 有关 BCD 方法对于问题 (20.2.1) 收敛性分析的早期工作可以参考文献 [18]. 随着大数据时代数据规模的爆炸, BCD 方法因其算法思想体现出了优势, 近期综合性较强的工作可参考文献 [19]. 现在, BCD 方法的发展体现出两个主要的方向: 其一, 讨论利用 Nesterov 加速技巧[20]设计加速的 BCD 算法[21, 22]; 其二, 考虑随机地选取块更新策略下 BCD 方法的收敛性质[23]. 虽然 BCD 方法合适于求解大规模优化问题, 然而, 这些方法无论采用何种块更新的方式, 本质上都是串行算法, 并不适用于分布式/并行计算. 近年来, PBCD 方法——也就是同时更新所有的块变量——有了一定的发展[24]. 该类方法的主要思想是直接对原始问题 (20.2.1) 进行分块后并行求解, 优点在于十分简洁直观地实现了模型水平上的分布式/并行计算.

并行子空间校正法 (PSC) 来源于对偏微分方程求解的区域分解法[25, 26], 是一种求解大规模偏微分方程的有效手段. 因此, PSC 方法被逐渐推广到大规模优化问题的求解[27, 28]. PSC 方法的主要思想是首先将问题 (20.2.1) 中的可行区域 X 进行分解, 然后从当前迭代点并行地在子区域上求解小规模的子问题得到下降方向, 再将这些方向通过步长进行组合获得下个迭代点.

基于 PSC 方法, 文献 [29] 设计了一种带有线搜索的并行子空间校正方法 (PSCL). PSC 方法有很好的理论收敛性, 不过保守的步长选取策略导致了数值计算上的巨大代价. 作者改变了现有 PSC 方法中选择步长的做法, 提出了利用传统优化计算中的 Armijo 线搜索来决定步长, 最终得到了 PSCL 方法. 对 PSCL 方法进行了较为完整的理论分析, 作者得到了对于光滑强凸问题的线性收敛性和对于一般凸问题的次线性收敛速度, 并讨论了关于光滑凸问题的 Nesterov 加速的 PSC 方法; 同时, 作者还给出了算法步长下界的估计, 显示步长与分块个数无关. 而且, PSCL 方法还通过 MPI 进行了实际的并行编程实现, 数值结果显示与 PSC 方法比较, PSCL 方法展示出了强大的计算效率和潜力; 与主流的分布式/并行优化算法比较, PSCL 方法数值效果明显, 已经超过了 GRock; 而对于有特殊结构的问题, 有重叠结构的计算格式具有比非重叠算法更好的数值表现.

20.3 前沿方向

近几年来, 分布式优化方法的研究集中于 20.2.2 节所介绍的模型层面的分布式/并行算法, 主要有倾向算法本身的改进、偏重硬件的异步计算以及对于困难问题的分布式/并行求解.

20.3.1 ADMM 方法的改进

ADMM 方法可以将原始问题分解成小规模的一系列子问题进而实现在模型层次上对问题的分布式/并行计算, 而且, 子问题由于规模小易于求解. 然而, 分块数的增加导致了整体上求解的迭代次数也会增加, 使得 ADMM 方法在并行的可扩展性上有不足之处——利用更多的进程求解可能不会减少求解需要的时间, 文献 [17] 通过数值实验说明了这一现象. 基于 ADMM 方法的基本思想, 研究者设计了多块 ADMM 类并行算法, 对于改进算法的并行可扩展性取得了一些研究进展, 具体可参考文献 [30].

20.3.2 PBCD 方法的改进

相比较而言, PBCD 方法在算法收敛性上需要比 BCD 方法更强的条件. 例如, 求解线性方程组的雅可比 (PBCD) 方法往往需要比 Gauss-Seidel (BCD) 方法更强的条件, 而且雅可比方法的收敛速度要比 BCD 方法慢. 这是 PBCD 方法较 BCD 方法的困难之处, 也是 PBCD 方法发展慢于 BCD 方法的原因. 为保证 PBCD 方法的收敛性, 人们通常考虑两种策略: 一种是随机策略[31, 32], 同时计算各块/几块变量中随机选取的某些分量的值而其余分量的值保持不变; 另一种是贪心策略[33], 在同时计算各块/几块变量后, 根据某种准则 (例如, 函数值的下降量、变量分量的变化量等) 贪婪地选取某些分量进行更新. 按照这两种方式设计的 PBCD 方法, 不仅可以在理论上保证算法的收敛性, 而且在实际的分布式/并行计算中有较好的数值表现. 另外, 文献 [21] 考虑了随机策略与加速技术的结合, 得到了加速的 PBCD 方法.

20.3.3 PSC 方法的改进

相比于 ADMM 和 PBCD, PSC 在模型层面实现分布式/并行计算的同时, 不仅相比于 ADMM 在形式上要简单直观且不增加问题规模; 还不同于 PBCD 在迭代过程中没有各块信息计算的不完全或者浪费. 但是在传统的 PSC 方法中, 过于保守的步长选取策略往往会导致算法在数值计算上的收敛速度变慢. 文献 [29], [34] 对 PSC 方法从步长选择和子问题非精确求解等方面作了深入的研究, 大幅地提高了 PSC 的数值表现.

20.3.4 异步计算

从并行方式上来看, 上面所介绍的分布式/并行计算是同步的并行计算方法, 即在每步迭代中变量的更新是在所有进程求解完子问题之后再共同进行的. 在实际的并行计算中, 同步算法由于各核/进程间载荷不均产生的空等待导致了时间上开销的增加, 为了解决这一问题, 异步计算近年来得到了广泛关注, 也即每步迭代中变量的更新只利用当前信息而缺少了全局同步的过程. 毫无疑问, 异步并行模型更加符合实际计算中的情况, 也符合分布式计算的要求. 异步的分布式/并行计算有异步 ADMM 方法[35, 36] 和异步 BCD 方法[37–39].

20.3.5 困难问题的分布式/并行求解

分布式优化方法在研究初期主要讨论无约束的凸优化问题, 而且目标函数中的非光滑项具有可分性. 利用凸函数的良好性质, 研究者较为容易地建立了分布式优化方法的收敛性质. 在此基础上, 对于分布式优化方法的研究从简单问题过渡到复杂问题, 主要有三方面的表现: 第一, 目标函数从凸函数扩展到非凸函数的情形. 此时没有凸函数提供的分析工具, 通常借助函数的 Lojasiewicz 性质或者特殊的凸上界替代函数进行讨论, 能够获得 PBCD 方法的收敛性质[40]. 第二, 目标函数中的非光滑项从可分转移到不可分的情形. 这种情况不适用变量的直接分块, 不过可以利用区域分解产生具有重叠部分的子区域, 从而使用 PSC 方法进行求解. 例如, 文献 [41] 讨论了 PSC 方法在带有全变差项的具体问题中的应用. 第三, 从无约束优化上升到有约束优化. 对于约束优化情形, 目前的主要想法是通过引入拉格朗日函数或者对偶问题, 将约束条件进行转移, 最终得到一个无约束优化问题. 这方面的工作可以参考文献 [42].

从分布式优化方法具体的研究方向上能够看到不仅有方法层面的理论研究, 而且十分贴近实际应用场景.

20.4 发展趋势

受到传统优化方法串行本质的限制, 分布式优化方法的研究目前还处于起步阶段, 所研究的问题比较简单, 所设计的并行策略比较直观, 所提出的算法往往具有一定的特殊性, 在很多方面亟待进一步的研究. 下面对其进行相关说明.

20.4.1 结合具体的热点问题

分布式优化方法所讨论的问题 (20.2.1) 具体形式目前还是较为简单的, 例如上面提到的 LASSO 问题和稀疏逻辑回归问题, 属于机器学习中的传统问题. 对这些问题, 通过简单的数据分块和直观上的并行就可以构造出我们想要的分布式、并行优化算法. 近年来, 随着人工智能的快速发展, 人工神经网络、深度学习等受到了业界的广泛关注. 可是, 对神经网络或者深度模型这种层次网络的训练, 现在还主要使用梯度类算法. 虽然利用了 GPU 等并行架构的计算设备, 但是并行的层次还停留在运算级别, 因此, 对具有层次结构的优化问题设计具有很强的现实意义和使用价值. 当然, 热点问题不仅限于人工神经网络和深度学习中的优化问题, 只要所求解的问题具有大规模分布式的特点, 我们就可以尝试设计相关的分布式优化方法.

20.4.2 结合不同的并行硬件

目前分布式优化算法的具体实现环境是大型集群或者服务器, 通过进程/线程的并发实现算法的并行. 不过, 现在我们所面对的并行计算资源不只有大型集群和服务器, 往往还会有 GPU、协处理器等. 所以, 还需要我们结合不同的并行硬件去考虑分布式优化算法的设计. 而且, 不同的设备具有不同的性能特点, 如何组合不同的并行计算硬件以最大化其并行计算能力, 将会是一个充满挑战性但非常有趣的问题.

20.4.3 分布式优化平台开发

由于分布式优化方法还处于起步阶段, 基于此的平台开发还需要一段时间. 不过注意到, 现在很多实际问题中, 优化问题求解已经成为一个基本的执行单元, 类似于传统数值计算中的线性方程组. 也就是说, 分布式优化平台对实际问题的求解具有十分强烈的需求. 同时, 仅就优化软件自身的发展而言, 由串行到并行和分布式, 在现有的并行架构平台上开发新的优化软件具有十分深远的意义.

20.4.4 与新兴科技的结合

量子计算是一种遵循量子力学规律调控量子信息单元进行计算的新型计算模式[43]. 对照于传统的通用计算机, 其理论模型是通用图灵机; 而量子计算机, 其理论模型是用量子力学规律重新诠释的通用图灵机. 从可计算的问题来看, 量子计算机只能解决传统计算机所能解决的问题; 但是从计算的效率上, 由于量子力学叠加性的存在, 目前某些已知的量子算法在处理问题时速度要快于传统的通用计算机. 如何结合量子计算来设计优化算法, 随着量子计算的成熟, 也必将成为研究趋势.

生物计算机也称仿生计算机[44], 主要原材料是生物工程技术产生的蛋白质分子, 并以此作为生物芯片来替代半导体硅片, 利用有机化合物存储数据. 信息以波的形式传播, 当波沿着蛋白质分子链传播时, 会引起蛋白质分子链中单键、双键结构顺序的变化. 它具有很强的抗电磁干扰能力, 并能彻底消除电路间的干扰. 如果投入实际使用, 其运算速度要比当今最新一代计算机快 10 万倍, 能量消耗仅相当于普通计算机的十亿分之一, 且具有巨大的存储能力. 但它也有自身难以克服的缺点, 其中最主要的便是从中提取信息困难, 一种生物计算机 24 小时就完成了人类迄今全部的计算量, 但从中提取一个信息却花费了 1 周时间. 这也是目前生物计算机没有普及的最主要原因. 随着科技发展, 或许分布式优化算法也会发展出结合生物计算机的版本.

从以上几个角度可以看到, 分布式优化方法受现实问题和计算环境的驱动, 在发展程度上落后于问题变化和硬件发展, 这说明分布式优化方法还有一段相当长的研究道路, 当然也暗示着其中可能存在的巨大价值.

20.5 本章小结

分布式优化是大数据时代中优化领域不可或缺的研究方向. 分布式优化的研究离不开背景问题和用来实现算法的计算机体系结构, 包括硬件环境和软件体系. 它的研究需要结合模型设计、算法设计和并行程序开发, 属于跨学科的交叉研究方向, 十分具有挑战性. 同时分布式优化可以说在未来一个时期内决定了各个应用学科的发展高度, 因此对国民经济的发展至关重要.

参 考 文 献

[1] Gantz J, Reinsel D. The digital universe in 2020: Big data, bigger digital shadows, and biggest growth in the far east. IDC iView, 2012, 2007: 1-16.

[2] Hennessy J L, Patterson D A. Computer Architecture: A Quantitative Approach. Amsterdam: Elsevier, 2011.

[3] Mayer-Schönberger V, Cukier K. Big Data: A Revolution that will Transform how We Live, Work, and Think. Houghton Mifflin Harcourt, 2013.

[4] Tibshirani R. Regression shrinkage and selection via the Lasso. Journal of the Royal Statistical Society: Series B (Methodological), 1996, 5(1): 267-288.

[5] Shevade S K, Keerthi S S. A simple and efficient algorithm for gene selection using sparse logistic regression. Bioinformatics, 2003, 19(17): 2246-2253.

[6] Beck A, Teboulle M. A fast iterative shrinkage-thresholding algorithm for linear inverse problems. SIAM Journal on Imaging Sciences, 2009, 2(1): 183-202.

[7] Olfati-Saber R, Fax J A, Murray R M. Consensus and cooperation in networked multi-agent systems. Proceedings of the IEEE, 2007, 95(1): 215-233.

[8] Tsitsiklis J N, Bertsekas D P, Athans M. Distributed asynchronous deterministic and stochastic gradient optimization algorithms. IEEE Transactions on Automatic Control, 1986, 31(9): 803-812.

[9] Zanella F, Varagnolo D, Cenedese A, et al. Newton-Raphson consensus for distributed convex optimization. The 50th IEEE Conference on Decision and Control and European Control Conference (CDC-ECC), 2011: 5917-5922.

[10] Johansson B, Rabi M, Johansson M. A randomized incremental subgradient method for distributed optimization in networked systems. SIAM Journal on Optimization, 2009, 20(3): 1157-1170.

[11] Agarwal A, Wainwright M J, Duchi J C. Distributed dual averaging in networks// Lafferty J D, Williams C K I, Shawe-Taylor J, et al. Advances in Neural Information Processing Systems, 2010, 23: 550-558.

[12] Yuan D, Xu S Y, Zhao H Y. Distributed primal-dual subgradient method for multiagent optimization via consensus algorithms. IEEE Transactions on Systems, Man, and Cybernetics, Part B: Cybernetics, 2011, 41(6): 1715-1724.

[13] Boyd S, Parikh N, Chu E, et al. Distributed optimization and statistical learning via the alternating direction method of multipliers. Foundations and Trends® in Machine Learning, 2011, 3(1): 1-122.

[14] Glowinski R, Marroco A. Sur l'approximation, par éléments finis d'ordre un, et la résolution, par pénalisation-dualité d'une classe de problèmes de dirichlet non linéaires. ESAIM: Mathematical Modelling and Numerical Analysis-Modélisation

Mathématique et Analyse Numérique, 1975, 9(R2): 41-76.

[15] Gabay D, Mercier B. A dual algorithm for the solution of nonlinear variational problems via finite element approximation. Computers & Mathematics with Applications, 1976, 2(1): 17-40.

[16] Wei E, Ozdaglar A. Distributed alternating direction method of multipliers. The 51st IEEE Conference on Decision and Control (CDC), 2012: 5445-5450.

[17] Peng Z M, Yan M, Yin W. Parallel and distributed sparse optimization//Matthews M B. The 47th Asilomar Conference on Signals, Systems and Computers. IEEE, 2013: 659-646.

[18] Luo Z Q, Tseng P. On the convergence of the coordinate descent method for convex differentiable minimization. Journal of Optimization Theory and Applications, 1992, 72(1): 7-35.

[19] Hong M Y, Wang X F, Razaviyayn M, et al. Iteration complexity analysis of block coordinate descent methods. Mathematical Programming, 2017, 163(1-2): 85-114.

[20] Nesterov Y. Gradient methods for minimizing composite objective function. Technical Report, UCL, 2007.

[21] Nesterov Y. Efficiency of coordinate descent methods on huge-scale optimization problems. SIAM Journal on Optimization, 2012, 22(2): 341-362.

[22] Beck A, Tetruashvili L. On the convergence of block coordinate descent type methods. SIAM Journal on Optimization, 2013, 23(4): 2037-2060.

[23] Lu Z S, Xiao L. Randomized block coordinate non-monotone gradient method for a class of nonlinear programming. 2013, arXiv preprint arXiv: 1306. 5918.

[24] Wright S J. Coordinate descent algorithms. Mathematical Programming, 2015, 151(1): 3-34.

[25] Schwarz H A. Ueber einige abbildungsaufgaben. Journal Fürdie Reine Und Angewandte Mathematik, 1869, 70: 105-120.

[26] Lions P L. On the Schwarz alternating method. I//Glowinski R, Golub R H, Meurant G A, et al. First International Symposium on Domain Decomposition Methods for Partial Differential Equations. Paris, France, 1988: 1-42.

[27] Carstensen C. Domain decomposition for a non-smooth convex minimization problem and its application to plasticity. Numerical Linear Algebra with Applications, 1997, 4(3): 177-190.

[28] Tai X C, Xu J C. Global and uniform convergence of subspace correction methods for some convex optimization problems. Mathematics of Computation, 2002, 71(237): 105-125.

[29] Dong Q, Liu X, Wen Z W, et al. A parallel line search subspace correction method for composite convex optimization. Journal of the Operations Research Society of China, 2015, 3(2): 163-187.

[30] Han D, Yuan X M. A note on the alternating direction method of multipliers. Journal of Optimization Theory and Applications, 2012, 155(1): 227-238.

[31] Kyrola A, Bickson D, Guestrin C, et al. Parallel coordinate descent for L1-regularized loss minimization//Getoor L, Scheffer T. Proceedings of the 28th International Conference on Machine Learning (ICML-11). ACM, 2011: 321-328.

[32] Richtárik P, Takáč M. Parallel coordinate descent methods for big data optimization. Mathematical Programming, 2016, 156: 433-484.

[33] Scherrer C, Tewari A, Halappanavar M, et al. Feature clustering for accelerating parallel coordinate descent//Pereira F, Burges C J C, Bottou L, et al. Advances in Neural Information Processing Systems 2012, 25: 28-36.

[34] 董乾. 特殊优化问题的分布式/并算法. 中国科学院数学与系统科学研究院, 2016.

[35] Mota J F, Xavier J M, Aguiar P M, et al. D-ADMM: A communication-efficient distributed algorithm for separable optimization. IEEE Transactions on Signal Processing, 2013, 61(10): 2718-2723.

[36] Hong M Y. A distributed, asynchronous and incremental algorithm for nonconvex optimization: An ADMM approach. IEEE Transactions on Control of Network Systems, 2018, 5(3): 935-945.

[37] Mangasarian L. Parallel gradient distribution in unconstrained optimization. SIAM Journal on Control and Optimization, 1995, 33(6): 1916-1925.

[38] Hough P D, Kolda T G, Torczon V J. Asynchronous parallel pattern search for nonlinear optimization. SIAM Journal on Scientific Computing, 2001, 23(1): 134-156.

[39] Liu J, Wright S J. Asynchronous stochastic coordinate descent: Parallelism and convergence properties. SIAM Journal on Optimization, 2015, 25(1): 351-376.

[40] Razaviyayn M, Hong M, Luo Z Q, et al. Parallel successive convex approximation for nonsmooth nonconvex optimization// Ghahramani Z, Welling M, Cortes C, et al. Advances in Neural Information Processing Systems 2014, 27: 1440-1448.

[41] Fornasier M, Schönlieb C. Subspace correction methods for total variation and L1-minimization. SIAM Journal on Numerical Analysis, 2009, 47(5): 3397-3428.

[42] Tappenden R, Richtarik P, Buke B. Separable approximations and decomposition methods for the augmented Lagrangian. Optimization Methods and Software, 2015, 30(3): 643-668.

[43] Mariantoni M, Wang H, Yamamoto T, et al. Implementing the quantum von Neumann architecture with superconducting circuits. Science, 2011, 334(6052): 61-65.

[44] Benenson Y. Biocomputers: From test tubes to live cells. Molecular BioSystems, 2009, 5(7): 675-685.

第 21 章 人工智能优化

21.1 概　　述

人工智能 (artificial intelligence, AI) 是研究、开发用于模拟、延伸和扩展人的智能的理论、方法、技术及应用系统的一门新的技术科学. 尼尔逊对人工智能的定义是: “人工智能是关于知识的学科——怎样表示知识以及怎样获得知识并使用知识的科学.” 美国麻省理工学院的温斯顿则认为: “人工智能就是研究如何使计算机去做过去只有人才能做的智能工作.” 这些说法反映了人工智能学科的基本思想和基本内容, 即人工智能是研究人类智能活动的规律, 构造具有一定智能的人工系统, 研究如何让计算机去完成以往需要人的智力才能胜任的工作, 也就是研究如何应用计算机的软硬件来模拟人类某些智能行为的基本理论、方法和技术.

人工智能是计算机科学的一个分支, 它试图了解智能的实质, 并生产出一种新的能以人类智能相似的方式做出反应的智能机器, 该领域的研究包括机器人、语言识别、图像识别、自然语言处理和专家系统等. 人工智能从诞生以来, 理论和技术日益成熟, 应用领域也不断扩大. 可以设想, 未来人工智能带来的科技产品, 将会是人类智慧的 “容器”. 人工智能可以对人的意识、思维的信息过程进行模拟. 它虽然不是人的智能, 但能像人那样思考, 也可能超过人的智能.

人工智能学科研究的主要内容包括: 知识表示、自动推理和搜索方法、机器学习和知识获取、知识处理系统、自然语言理解、计算机视觉、智能机器人、自动程序设计等方面.

人工智能是交叉学科, 它涉及的学科主要包括数学、哲学和认知科学、神经生理学、心理学、计算机科学、信息论、控制论和不确定性理论等. 机器学习, 特别是深度学习近十几年取得的巨大成就, 使得人工智能成为当今科技界、工业界关注的热点.

数学的理论方法蕴含着处理智能问题的基本思想与方法, 也是理解复杂算法的必备要素. 现在的人工智能技术归根到底都建立在数学模型之上. 因此, 要了解和研究人工智能, 首先必须掌握相关的数学理论和方法. 通常, 人们认为人工智能中的数学理论和方法是 “统计学”、“信息论” 和 “控制论”. 事实上, 人工智能中的数学理论和方法还包括 “最优化”“调和分析” 等众多的数学分支. 具体来说包括: ① 代数: 如何将研究对象形式化? ② 概率论: 如何描述统计规律? ③ 数理统计: 如何从学习样本中找到规律? ④ 最优化理论: 如何找到最优解? ⑤ 图论: 如何通过样本学习进行数据再表达? 如何对彼此相互独立的孤立数据点进行分类? ⑥ 调和分析: 如何通过模型表达一般信号? ⑦ 信息论: 如何定量度量不确定性? ⑧ 形式逻辑: 如何实现抽象推理?

优化方法在人工智能所涉及的多数研究内容中都会有所体现. 根据人工智能发展现状、人们的关注重点, 以及数学优化在其中所发挥作用的重要程度, 下面主要以机器学习为例, 阐述其中所用到的数学优化方法.

机器学习的研究内容主要包括两个方面. 一方面是问题空间如何描述, 即数据的再表达问题, 这是机器学习面临的首要问题. 另一方面是推理策略, 根据学习得到的推理策略, 预测未来、指导行动. 通常机器学习可以从三个方面分类. 第一个方面是根据学习所需的推理多少和难易程度来分类; 第二个方面是根据学习方式分类; 第三个方面是根据学习算法本身分类. 根据学习所需的推理多少和难易程度分类, 从简单到复杂可以分为七个类型, 即机械学习、示教学习、类比学习、演绎学习、基于解释的学习、归纳学习和基于神经网络学习; 在机器学习或者人工智能领域, 人们首先会考虑算法的学习方式, 有几种主要的学习方式, 即监督学习、无监督学习、半监督学习和强化学习; 根据算法的功能和形式的类似性, 人们又可以把学习算法进行分类, 如基于树的算法、基于神经网络的算法等等. 当然, 机器学习的范围非常庞大, 有些算法很难明确归类到某一类. 而对于有些分类来说, 同一分类的算法可以针对不同类型的问题. 但是, 以上机器学习分类的方法都没有考虑, 也不区分机器学习的两个主要研究内容, 即问题空间的描述或者说数据的再表达问题, 以及推理策略问题. 或者将两个内容混为一谈, 或者只是单一的推理策略的学习分类. 因此, 本部分在阐述机器学习中的优化方法时不按照上述传统的机器学习分类进行, 而是按照机器学习的两个主要研究内容展开, 即问题空间如何描述或者称为数据再表达问题或者称为特征学习问题, 以及推理策略问题或者又称为判别学习问题.

21.2 人工智能中的优化方法的历史与现状

21.2.1 数据再表达中的优化方法

人工智能必须首先能够从根本上理解我们周围的世界，才能够真正实现智能. 人们观察到的周围世界的低级别感官数据内部往往隐含着潜在的解释性因素，只有当人工智能学会了识别和分解这些隐藏的潜在解释性因素时，才能够进行人工智能中的其他活动. 机器学习是实现人工智能的重要工具，是人工智能的核心研究内容之一. 机器学习方法的性能严重依赖于方法中用到的数据再表达(或特征) 的选择. 或者说，机器学习算法成功与否通常取决于学习得到的数据再表达的形式. 但是，当前机器学习的许多方法不能从数据中自动抽取并组织有识别力的信息，这也是机器学习方法中存在的重要缺陷之一. 如何学会识别和分解这些输入数据隐藏的潜在的解释性因素是数据再表达的研究范畴. 因此，机器学习方法的研究应该在数据再表达方法研究上付出更大的努力.

特征学习，或者数据再表达中的方法对于研究数据隐藏的潜在的解释性因素、数据的分类或者识别都至关重要. 数据再表达是指通过一定的方法将原始数据映射到另外一个数据空间从而得到原始数据的一种新的表示. 国内外学者对数据再表达 (如数据降维、分解、空间变换等) 进行了大量的研究工作. 数据降维就是寻找原始数据在低维空间中的新的表达方式. 数据降维方法有主成分分析、编码等. 数据分解 (如非负矩阵分解[1]) 等是将数据矩阵分解为非负基矩阵与系数矩阵的乘积的形式. 空间变换是将数据投影到固定基空间中，如小波变换、傅里叶变换、离散余弦变换等.

目前大部分的数据再表达方式为单层模型 (如感知器、支持向量机、回归等)，就是将原始数据进行一层再表达得到新的数据表达方式. 单层模型具有如下优点: ① 易于准确建模并有数学理论基础支撑; ② 模型参数较少，求解复杂度较低; ③ 对样本数量要求不高，小样本学习即可收到较好的效果. 但很多情况下此种表达方式过于单一，不能深度地表达数据的本质. 在很多场景下单层模型并不能发挥很好的作用. 很多的单层数据表达方式需要在原始数据空间符合理想假设情况下才能发挥很好的作用，但实际的原始数据空间更加复杂，不太可能满足理想假设，如主成分分析在高斯分布中表现较好，而对其他的分布效果表现不佳.

相比单层模型，多层模型的优点在于进行多层分析学习机制更能反映人脑的思想. 因此其实际效果要比单层学习模型更好. 近些年来，深度学习[2]，如卷积神经网络 (convolutional neural network, CNN[3])、深度玻尔兹曼机 (deep Boltzmann machine, DBM[4]) 在机器视觉、语音识别等工业界取得了巨大的成功, 引领了人工智能的变革. 深度学习通过组合低层特征形成更加抽象的高层表示属性类别或特征, 以发现数据的分布式特征表示. 但是多层模型有如下缺点: ① 模型参数太多, 求解复杂度太高. 由于是多层模型, 每一层的都需要参数支撑, 因此总体参数数量太多, 搜索空间太大. ② 不易准确建模, 缺少坚实的数学理论支撑. 目前国内外的学者侧重于深度模型的实际应用, 而忽视了准确建模和理论基础的发展. 单层模型相对比较简单, 准确建模有可能做到, 可以得到一些相应的理论结果. ③ 逐层数据空间分布与估计研究缺乏, 使得逐层表达模型的设计针对性不强以及求解效率不高. ④ 多层模型表达方式效果取决于样本数量, 大样本的学习效果通常优于小样本的效果.

很多数据再表达方式 (无论是单层模型还是多层模型) 都对应一个数学优化模型, 传统的优化方法, 如梯度法、牛顿法、拟牛顿法等能够有效地求解小样本单层数据表达模型. 但是随着人们能够获取的数据样本数量的增加以及多层数据表达方法的兴起, 研究针对大规模优化模型以及特殊优化模型的求解算法具有很重要的意义. 比如随机梯度下降算法、稀疏优化算法、矩阵优化算法等.

子空间学习方法是流形学习方法的一种, 是数据再表达学习的另一类重要方法. 它旨在基于数据的不同视角特征产生于同一个潜在空间的假设, 挖掘多个视角之间的关联性, 从而学习得到一个共同的低维潜在空间. 当数据样本的特征空间映射到该潜在空间时, 样本分布更加紧凑, 能够更好地揭示数据之间的统计关系或者本质结构, 从而实现样本的有效表达. 因此, 子空间学习是一种非常有效地解决 "维度灾难" 的方法. 从建模的角度说, 多视角数据通过投影或因式分解得到数据的一致性表征, 使得随后的分类和聚类等工作变得简单. 由于多视角数据往往来源于不同的领域或者有不同的特征提取方式, 因此需要一种新的学习方法来对这些数据或特征进行处理和加工, 这就诞生了一个新的领域, 即多视角学习 (multi-view learning, MVL). 多视角学习利用事物的多视角数据对其内在的模式进行识别和学习. 在机器学习领域中, 如何综合利用多视角数据进行充分有效的学习, 实现对由多视角所刻画的对象的深入理解与分析, 已成为该领域的一个热点问题.

由于多视角数据的不同视角间既具有内在联系又存在差异, 充分合理地利用多视角数据中的信息是提升多视角学习性能的关键点. 为了更好地挖掘其中的信息, 多视角学习算法[5] 需要遵循两个原则: 一致性原则和互补性原则. 一致性原则旨在最大化多个视角之间的一致性; 互补性原则是指不同视角数据间的差异性使得其每个视角都包含对象某一方面独特的信息, 这些相互补充的信息能够更全面地描述数据, 通过利用此类信息能够产生更好的模型, 提高学习算法的性能.

多视角学习方法大体可归为三类[6], 即协同训练 (co-training)、多核学习 (multiple kernel learning) 和子空间学习 (subspace learning). 协同训练算法利用多个视角数据之间的互补信息交替学习, 使其不一致性最小, 从而提高训练模型泛化能力. 其作为一种半监督学习方法, 在不降低性能的前提下, 尽量多地使用未标记的数据, 通过利用数据在不同的视角上被学习的难易程度, 来发挥视角之间的相互作用、优势互补、协同学习, 为多视角学习这一新的研究领域奠定了基础, 引起了广泛的关注和研究. 多核学习是一种灵活性更强的基于核的学习方法, 它利用多核代替单核来提高学习的泛化能力、增强决策函数的可解释性. 基于多视角的多核学习方法通过核方法找出多个视角之间结构关联, 对不同视角的特征空间采取不同的核, 然后通过将多视角数据的特征分量分别映射到核函数所对应的新的特征空间来融合不同的核, 使得数据得到更好的表达, 从而显著提高学习性能. 因此, 多核学习方法被广泛应用于多视角学习中. 子空间学习方法假设多视角数据的不同特征产生于同一个潜在子空间, 学习为了获得一个被多视角共享的维数低于任意一个输入视角的潜在子空间. 潜在子空间对于观察视角推断另一个视角是有价值的.

21.2.2 判别学习中的优化方法

机器学习的核心是学习算法, 学习算法包括特征学习 (数据再表达学习) 和判别学习. 判别学习的目的是用于模式分类或者识别, 在有或者没有目标类标签的情况下, 通过学习得到模式分类或者识别的能力. 判别学习的主要算法包括: 聚类算法、最近邻算法 [k-最近邻 (k-nearest neighbor, KNN) 分类算法]、回归学习算法、决策树算法、随机森林学习算法、SVM 学习算法、贝叶斯学习算法、EM 学习算法和人工神经网络 (包括深度学习网络) 学习算法等. 这些算法几乎都离不开数学优化技术. 例如, 神经网络中的反向传播算法、回归中的最小二乘法、决策树、聚类中的 k-均值算法与非负矩阵分解算法、深度学习中梯度下降算法、蒙特卡罗树搜索算法等, 而这些算法的核心都是优化技术.

人工智能中的算法无一例外均与优化技术有密切关系. 部分算法本身就是重要的优化算法, 例如, 深度学习中常用的批量梯度下降算法、随机梯度下降算法、小批量梯度下降算法和 Nesterov 加速梯度算法等. 还有一些人工智能算法设计在一定程度上应用了优化技术与方法, 例如, k-均值算法中的聚类数 k 必须是事先给定的确定值, 然而实际中的 k 值很难被精确确定, 使得该算法对一些实际问题无效. 这就需要采用优化方法确定 k 的最优值及其上界. 国内外的一些专刊也表明人工智能与优化有密切关系, 例如,《控制理论与应用》期刊于 2016 年 12 月出版的专刊《机器智能、系统优化与最优决策》, 研讨了先进人工智能方法的特点及典型系统优化与控制中的关键课题; *Pacific Journal of Optimization*

期刊于 2018 年出版的专刊 *Optimization Techniques in Machine Learning*, 核心内容就是深度学习神经网络中的优化理论研究, 这些算法多数与数学优化技术有关.

21.2.3 强化学习的最优化理论与算法

强化学习作为机器学习的一个分支, 其问题本质与监督学习和无监督学习不同. 监督学习是针对给定的数据和标签, 建立数据到标签的复杂函数; 无监督学习只有数据, 因而往往没有固定的评估数据的标准; 而强化学习两者都没有, 问题目标是对当前任务选择策略, 通过与环境的不断交互使得利益最大化, 通过价值函数评估策略. 大部分强化学习问题可以用马尔可夫决策模型来解决, 考虑的因素包括状态集、动作集、状态转移概率、回报函数和折扣因子. 强化学习的策略是指在每个状态下给出动作决定或者选择动作的概率分布. 下面我们具体讨论强化学习算法.

动态规划法[7]: 从价值函数定义出发, 可以得到价值函数的 Bellman 方程. 通过数值代数方法可以迭代求解价值函数, 并用贪心算法更新策略, 这就是策略迭代算法. 类似地, 从最优价值函数定义出发, 选择最大的动作–状态价值更新价值函数, 此更新过程中不涉及策略, 因而被叫作价值迭代算法. 动态规划算法的特点在于收敛性好, 但是严重依赖于环境模型, 而这在实际应用中往往是未知的.

策略梯度法[8]: 当动作集较大时, 往往考虑参数化策略, 为了更好地近似表示策略, 同时具备良好的解析性, 用深层神经网络函数是常用的一个选择, Sutton 等[8] 给出了该策略价值函数的具体梯度表达. 策略梯度给强化学习算法提供了新的算法框架, 但由于目标函数和梯度都带有随机性, 算法对步长敏感, 且表现不稳定, 收敛速度慢甚至不收敛. 通过约束每次迭代前后参数向量在某种矩阵范数意义下距离有界, 更新方向可以理解为价值函数梯度方向的修正. 常用的 Fisher 信息阵, 在一定程度上, 它是关于参数空间的不变度量. 实验表明自然策略梯度算法比标准梯度算法有更好的收敛表现, 且对步长的敏感度不高, 参数空间的选取不影响收敛.

Actor-Critic 算法[9]: 精确计算价值函数值需要大量的计算成本, 考虑引入两个参数空间, 即 Actor 和 Critic. Actor 通过标准策略梯度更新策略参数, Critic 评估价值函数, 通过同步线性回归更新价值函数参数. 事实上, 通过选择相容的近似价值函数, Actor-Critic 算法中两套参数的更新方向是平行的.

以后提出的 A3C、DQN、TRPO 等算法设计均是基于以上三种基本算法, 它们都在高维控制任务中达到了人类的操控水平. 我们将策略优化算法划分为以下三类, 即策略迭代法、策略梯度法和无导数优化算法. 一般的无导数随机算法, 例如 CEM、CMA, 在很多问题上表现很好而且易于实现和理解. 基于梯度的优化算法需要更好的抽样复杂性保证. 当参数空间较大时, 可以用基于梯度的优化算法去完成监督学习近似函数 (策略函数或价值函数) 的任务, 将这一点用于强化学习中, 可以训练出复杂且表达性强的策略.

TRPO 算法是基于策略梯度的信赖域策略优化算法, 它是强化学习算法中第一个能保证单调收敛的算法. 事实上, 标准策略梯度法和自然策略梯度法都是 TRPO 算法的弱化版本. 其中最重要的技巧是忽略更新前后状态分布的改变, 依旧采用旧的策略对应的状态分布, 这样可以得到价值函数的一个一阶近似. 在机器运动模拟任务上, TRPO 算法超越了两种策略梯度算法, 尽管使用一般的策略表达网络, 也能比以往任何强化学习算法取得更好的表现. 将 TRPO 算法应用于雅达利游戏, 采用游戏画面不加处理作为状态输入卷积神经网络, 也取得了不错的分数. 结合 TRPO 算法的可扩展性和良好的理论保证, 它可以为提出训练大规模复杂任务的算法提供可靠的基础.

深度学习的发展使得我们可以高度提取原始数据信息, 例如, 在计算机视觉、语音识别方面的突破. 将深度学习算法应用于强化学习中主要有以下一些挑战, ① 大多数成功的深度学习应用中都需要大量的手工标记的训练数据, 而强化学习是从系数、带噪声甚至延迟的回报信号中学习. 这种延迟可能要持续到任务结束. ② 大多数深度学习算法中要求输入数据之间相互独立, 然而在强化学习中, 往往会生成一串高度相关的状态序列, 且其分布会随着迭代而变化.

样本复用技巧的提出可以有效减少样本之间的相关性, 提升算法的稳定性. DeepMind 团队利用了这个技巧结合 Q-learning 的一个变形提出了 DQN 算法, 在没有调试的情况下, 将算法应用于七个雅达利 2600 游戏 (Arcade 平台), DQN 在其中六个游戏环境中超越了以往所有算法. 这体现了 DQN 算法的兼容性和普适性. 在实际任务中, 智能体的一些尝试可能会对自己或周围环境造成损坏, 因此人们提出了智能体的安全探索, 即 CPO. 在 TRPO 算法的工作基础上加入策略安全性控制约束, 算法框架类似于 TRPO 算法. CPO 算法不仅保留了 TRPO 算法的单调收敛性, 同时也保障了智能体在学习过程中的安全性. 同时针对大规模复杂任务, 仍然具有训练大量策略参数网络的能力. CPO 算法极大地推进了强化学习在工业工程中的应用.

21.2.4 机器学习中的一般优化模型与算法

1. 机器学习中的一般优化模型

机器学习的目标是通过样本有监督学习, 得到预测函数 h, 使得对任意输入 $x \in \mathbb{R}^{d_x}$, 得到预测值 $Y \in \mathbb{R}^{d_y}$.

一般地, 给定带参数 $w \in \mathbb{R}^d$ 的预测函数族. 已知输入样本集合 $\{x_i\}_{i=1}^n$, $x_i \in \mathbb{R}^{d_x}$, 观察得到输出为 $\{Y_i\}_{i=1}^n$, $Y_i \in \mathbb{R}^{d_y}$. 通过样本的训练, 得到预测函数的参数 $w \in \mathbb{R}^d$, 即

$$h(x_i, w) \to Y_i \quad (i = 1, 2, \cdots, n).$$

对于给定的参数 w , 假设第 i 个样本的损失函数为 $\ell(h(x_i, w), Y_i)$, 则平均经验风险为

$$R_n(w) = \frac{1}{n}\sum_{i=1}^{n} \ell(h(x_i, w), Y_i).$$

为了确定参数 w , 需要求解下述优化问题:

$$\min_{w \in \mathbb{R}^d} R_n(w) = \frac{1}{n}\sum_{i=1}^{n} \ell(h(x_i, w), Y_i).$$

另外, 正则化是在机器学习中比较常用的一种工具. 它寻找机器学习对应的优化问题的正则解. 正则解的推广性更好, 对研究中的现象提供了不太复杂的解释. 对任何给定的简单解释通常比更复杂的解释更可取. 获得简单的近似解的一种方式, 是通过增加一个正则化函数 (或正则项) 到机器学习的优化模型的目标函数中修改优化问题, 有利于选择所期望的某种结构的未知向量. 正则化问题可以写成如下的复合形式:

$$\min_{w \in \mathbb{R}^d} R_n(w) = \frac{1}{n}\sum_{i=1}^{n} \ell(h(x_i, w), Y_i) + \gamma r(w),$$

其中 $r(w)$ 是正则化函数, γ 是非负的权重参数, 它衡量损失项和正则项的相对重要性. 该模型是机器学习中的一般的优化模型, 在多数情形下, 该优化模型中的整个目标函数都可以写成一个加和函数的形式.

由于机器学习中学习的样本数量 k 一般都很大, 经常采用随机方法求解, 所以对于机器学习而言, 当设计优化算法时, 第 k 步迭代需要解决如下三个问题:

(1) 随机抽样集合中元素个数 $|S_k|$ 的确定及其元素的抽样方法;

(2) 迭代方向为 $p(w_k; S_k)$ 的确定方法;

(3) 步长 $\alpha_k > 0$ 的确定方法.

此外, 探讨算法的收敛性理论也是重要的研究内容.

2. 一阶算法

最优化理论和算法是机器学习及深度学习的支柱之一. 机器学习绝大多数任务中优化的目标函数有特殊形式, 使得能根据其结构设计有效地处理大规模数据的算法, 其中随机梯度算法 (SGD) 是一类典型的代表. 随机梯度算法的思想最早被 Monro 和 Robbins 提出[10], 它利用问题的统计特性, 能极大地减小每步迭代的运算量. 随着梯度后传播算法的提出[11, 12], 随机梯度类算法成为深度

学习中的主要算法. 为了加快随机梯度算法的收敛速度, 许多改进算法被提出. Sutskever 等通过在迭代格式中添加一个与梯度相关的动量项, 加速神经网络的训练[13], 它最早可以追溯到 Nesterov 加速算法[14]. Duchi 等将梯度算法和问题的几何特性相结合, 提出了一种自适应调整梯度比例的算法 Adagrad[15]. Hinton 等针对 Adagrad 的调整比例项进行改进, 提出了一种对神经网络表现更稳定的算法 PMSProp[16]. 在 Adagrad 和 PMSProp 的基础上, 许多在深度学习中表现更好的改进算法被设计出来, 例如 Adam[17] 等. 这些算法都广泛用于深度学习中, 而且被许多流行的深度学习框架实现, 如 Tensorflow、Caffe、Torch 等. 此外, 随机梯度算法只能达到次线性渐近收敛速度, 而经典的梯度算法却可以达到线性的收敛速度, 主要是由于随机梯度对全梯度估计时存在方差. 为了改进这一问题, 基于对凸函数的分析, Roux 等设计了一种具有线性收敛速度的随机梯度算法 SAG[18], 既能保持随机梯度算法每步运算量小的特性, 又能获得像经典梯度算法一样很快的收敛速度, 但是缺点是依赖于很高的存储量, 导致其很难应用于深度学习中. 之后, 同样基于凸函数的分析, 许多具有线性收敛速度的随机梯度算法被提出, 例如 SDCA[19]、SVRG[20]、MISO[21] 和 SAGA[22] 等. 这些算法很多都有与 SAG 算法相同的问题, 都依赖于很高的存储量, 如 SAGA 等. Johnson 和 Zhang 提出的 SVRG[20] 能够避免过高的存储量, 同时运算量也要少于经典的梯度算法, 存在潜在应用的可能. 除此之外, 通过使用各种加速技巧, 许多改进的算法被提出, 如 Catalyst、Katyusha 等. 另外通过改变取样大小加速算法收敛, Wang 和 Zhang[23] 建立了在子采样下 SVRG 算法的收敛结果.

3. 二阶算法

尽管随机梯度型算法在很多机器学习任务中能很好地完成任务, 但是很多应用中存在收敛速度慢的缺点, 利用二阶信息是一种加速梯度算法的常用手段. 近几年来许多针对光滑目标函数的随机牛顿算法被提出, 主要是用随机采样方法来近似真实梯度和黑塞矩阵. Byrd 等提出并分析了一种 Newton-CG 算法的复杂度和采样尺寸[24,25]. Erdogdu 等考虑在样本量远大于参数个数情形下的一种结合低秩近似子采样牛顿算法, 并分析其收敛速率[26]. Mahoney 等运用矩阵不等式的工具分析了在样本量和参数个数都很大的情形下, 子采样牛顿算法的全局收敛率和局部收敛率[27,28]. Xu 等推导了在非均匀采样下子采样牛顿算法的收敛速率[29]. Bollapragada 等分析了子采样牛顿算法的期望收敛率[30]. Wang 和 Zhang 等提出了一种结合降低方差和子采样的技巧去加快收敛速度, 并分析了子函数为二次函数情形下的收敛速率[23]. Pilanci 等提出了一种新的 Newton-Sketch 算法, 他们通过随机投影黑塞矩阵计算近似牛顿步, 并分析其在一定条件下的超线性收敛性[31]. Berahas 等比较了 Newton-Sketch 算法和子采样牛顿算法的数值表现. Agarwal 等针对广义线性模型提出一种新的黑塞逆矩阵的估计方法, 复杂度随参数线性增长, 并设计新的牛顿性算法 LiSSA[32]. 除了直接近似黑塞矩阵, 许多其他工作结合了拟牛顿算法的技巧. Bordes 等提出了一种基于对角曲率估计矩阵的 SGD 算法[33]. Byrd 等考虑了结合 SGD 和随机限制内存的 BFGS 算法 (L-BFGS)[34]. Moritz 等提出了带有降低方差技巧的 L-BFGS 算法[35]. Gower 等提出一种带降低方差技巧的块 L-BFGS 方法, 并证明了其线性收敛速度[36]. 几乎所有这些工作都是针对光滑目标函数, 但是实际应用中, 经常会考虑非光滑的正则项, 比如 L_1 范数, 如何设计非光滑的随机二阶算法是一个非常有价值的问题.

4. **大规模非凸问题求解算法**

传统的大规模非线性优化问题维数一般超过 5000, 求解非常困难, 其难点主要集中在计算和存储上, 大多数研究针对具有特殊结构的优化问题. 对大规模优化问题已有许多研究, 例如, L-BFGS 算法主要解决大规模优化问题数值计算中的存储问题, 它具备拟牛顿法收敛速度快的特点, 但不需要拟牛顿法那么多存储空间, 节省了大量的存储空间和计算资源. 机器学习中需要解决的优化问题维数达到上千万, 甚至上亿, 其存储量和计算量都远远超过传统的大规模优化问题, 并且问题一般都具有特殊形式的目标函数和约束条件, 所以需要针对机器学习中的优化问题研究专门的算法.

针对深度学习领域出现的大规模非凸优化问题, 文献 [37] 提出了一种随机拟牛顿算法. 另外, 文献 [38] 证明了 SGD 在非凸问题下能以 $O(1/\sqrt{\varepsilon})$ 的速度收敛到梯度为 0 的点, 接着有工作证明了 SVRG、SAGA 等算法在非凸问题下也能够以 $O(1/\varepsilon)$ 的速度收敛, 并且说明在非凸问题中避免收敛到鞍点、确保达到局部最小值点是非常重要的, 这对非凸优化算法的收敛性提出了更高的要求. 目前这方面的工作还比较欠缺, 仅有文献 [27] 证明了在 SGD 更新时加上随机高斯噪声可以避免算法收敛到 “严格鞍点”, 即黑塞矩阵不含为 0 的特征根的鞍点. 此外, 文献 [39] 研究了不同抽样大小的 SGD 在深度学习问题中收敛点的表现, 该研究通过大量实验发现抽样规模比较小的 SGD 收敛到的点往往有比较好的泛化性能, 这一结论也为在解决机器学习问题时使用随机优化算法而不是确定性优化算法提供了更多的理由. 由于随机优化算法专门为大规模问题设计, 而当数据规模到达一定程度时, 设计分布式的算法将是难以避免的选择. 因为随机算法具有每轮迭代代价非常小, 但所需的迭代次数比较多的特点, 使得设计出真正实用、有效的同步算法基本不可能, 所以主流研究都着重在异步算法的设计上. Hogwild 是第一种异步的随机算法 [40], 它能实现异步的关键在于假设数据非常稀疏, 从而各维度之间有效数据重叠非常少, 因此这种算法只适用于稀疏数据, 而文献 [41] 则首次解决了这样的问题, 它采用了 Nesterov 提出的 Dual-Averaging 方法进行更新, 从而避免传输延时过大的梯度对更新产生较大的影响, 这种方法在理论上证明了根号量级的加速比, 即在 m 台计算机的条件下比单机的 SGD 快 $\sqrt{m}$ 倍. 对于 SVRG 等算法, 近期也有一些工作尝试设计分布式的算法. 另外, 也可以对需要传输的梯度进行有损压缩, 从而在保证算法收敛的前提下大大降低了通信代价.

21.3 前景展望

机器学习是人工智能的核心, 是使计算机具有智能的根本途径, 其应用遍及人工智能的各个领域, 而数学优化是机器学习的基础. 推动人工智能, 特别是机器学习与数学优化技术相互结合、相互促进的创新研究和高效解决机器学习中数学优化问题的应用研究, 高度重视培养高素质的机器学习与数学优化技术相互结合的复合型人才, 满足国家科技发展对人工智能的人才需求, 促进我国人工智能学科的进步和发展, 具有重要意义.

下面我们分五个方面提出几个该领域应重点发展的研究方向.

21.3.1 样本数据的生成和选择理论

目前大多数人工智能模型都是通过 "监督学习" 进行训练的, 人类必须首先获得底层数据, 然后再对它们进行标记和分类, 这可能是一个相当庞大且容易出错的任务, 甚至有时是无法完成的工作. 这就会经常遇到两种情况, 一种情况是有能力获得数据, 数据的获得需要一定的成本, 但成本相对来说还是可以承受或者是可以实现的; 另一种情况是数据量是有限的, 并且没有办法获得新的数据, 或者获得新数据的成本达到无法承受的地步. 第一种情况要解决的问题是要确定数据规模或样本尺寸, 使得在此数据样本规模下, 决策模型或学习模型与真实问题有非常好的近似程度. 第二种情况要面临的问题是如何在有限数据的基础上, 设计算法以尽可能高的概率求解得到决策模型的近似解. 第一种情况基本上对应着鲁棒优化的不确定集合的确定, 第二种情况完全对应着不完整信息的优化问题的有效算法的设计问题.

生成式对抗网络 (GAN) 生成越来越可信的数据示例的能力可以显著减少对人类标记数据集的需求. 例如, 训练一种从医学图像中识别不同类型肿瘤的算法, 通常需要数百万个具有特定肿瘤类型或阶段的人类标记图像. 但通过使用一种经过训练的 GAN 来生成越来越逼真的不同类型肿瘤的图像, 研究人员可以训练一种肿瘤检测算法, 该算法结合了一个更小的具有 GAN 输出的人类标记数据集. 虽然 GANs 在精确的疾病诊断中的应用还远未完成, 但是研究人员已经开始在越来越复杂的环境中使用 GANs.

建立样本数据生成的数学理论、根据任务构造符合要求的样本数据对人工智能的进一步发展将具有十分重要的意义.

样本数据选择中涉及的不完整信息的优化问题, 其中的参数观测值的个数不是远远多于参数的个数, 有时候甚至少于后者. 这类问题非常困难, 可以从统计的角度、压缩传感的角度、数据挖掘的角度等进行研究. 如何利用这些结构对相应的问题进行数学建模、模型理论分析、设计求解各类模型算法, 也是机器学研究的热点.

21.3.2　数据再表达中的优化模型、求解及理论研究

1. 流形上的学习优化问题

流形上的学习是在保持流形上点的某些几何性质特征的情况下, 找出一组对应的内蕴坐标, 将流形尽量好地展开在低维平面上, 这种低维表示也叫内蕴特征, 外围空间的维数叫观察维数, 其表示叫自然坐标. 将传统的流形上的优化问题应用在大规模机器学习问题的应用中时, 确定性的算法已经不再适用, 所以必须要研究流形上的随机优化算法. 最常见的流形是球面约束和正交约束. 目标函数为光滑函数的流形优化问题已经有一些研究. 但是, 在机器学习中, 目标函数经常是非光滑的, 不论是确定性的情况, 还是随机优化的情况, 这方面的研究都很少, 所以研究这类问题的优化算法对流形上的学习有着重要的意义.

2. 多视角学习

普遍情况下收集的大量多视角数据中的某一视角的部分或全部属性会出现缺失现象, 如何从多视角数据间的相容互补性、一致性等方面分析, 有效补全多视角缺失数据具有重要的研究意义和应用价值; 一致性和互补性的两原则在多视角学习中起着重要的作用, 如何把一致性和互补性这两种原则同时融合进一个统一的框架中, 以更好地进行多视角学习, 是一个值得研究的方向; 研究高效的多视角学习优化求解算法尤为重要; 关于多视角学习算法有效性的理论研究还很缺乏; 利用最优化理论及统计机器学习理论, 研究各个视角的关系对学习性能的影响、分析多视角学习的作用机理等也是一个重要的研究内容; 大多数基于多视角的工作主要研究分类问题, 而关于回归、聚类等问题中的多视角学习的相关研究工作较少, 还存在广阔的研究空间.

3. 数据与模型混合驱动的逐层数据再表达优化方法

模型驱动的逐层数据再表达方法的主要特点是: 表达方法完全是利用数学

的理论与方法, 分析数据的一般特性, 给出适合一般数据的再表达方法, 不需要任何样本数据, 并且每一层输出都有解释; 数据驱动的数据再表达方法首先需要构建带有若干参数的学习架构, 然后通过学习样本训练其中的参数, 从而发现样本数据潜在隐藏的一些特征. 为了保留模型驱动的"可解释性"和数据驱动的"特殊样本的特殊再表达性"的优点, 克服它们各自的缺点, 专家提出了数据与模型混合驱动的数据再表达方法. 首先建立具有固定结构的、带一定数量参数的数学模型, 然后通过少量的、具有代表性的样本数据, 代入数学模型中, 通过求解模型得到相关的参数值, 从而得到数据的再表达. 这种方法既具有可解释性, 又不需要大量的训练样本数据, 并且所得到的数据再表达方法能够适合给定的处理数据. 该类方法的研究内容包括代表性样本的选择、数学模型的构建、求解模型的算法设计等. 这类方法的研究方向主要包括基于矩阵优化的方法和自编码方法. 矩阵优化对于构建新的强化学习模型和分析强化学习的性质有非常重要的作用. 许多矩阵优化问题在近几年被应用到强化学习领域. 比如基于马氏链网络分解和划分、在线的奇异值 (特征值) 分解都用于降低强化学习中状态空间的维度或挖掘特殊的结构.

21.3.3 机器学习中的一般优化模型求解方法及理论研究

1. 改进其他经典优化方法, 适合机器学习的要求

梯度法、牛顿法和拟牛顿法, 都是非线性优化的经典算法, 这些算法在机器学习中的随机优化问题的推广已经取得了很大的成功. 这就启发我们将更多的非线性优化的经典算法, 应用到大规模的机器学习中的随机优化问题中去, 比如共轭梯度法、信赖域算法、序列二次规划算法等, 这些算法在确定性问题中有很重要的应用. 随着人工智能的继续发展, 对于各种更高级的优化算法会有越来越多的需求. 如何设计随机共轭梯度法、随机信赖域算法、随机序列二次规划算法等, 研究这些算法的设计和理论分析, 并将它们应用到求解大规模的机器学习问题中去, 就成为一个非常重要的课题.

2. 非凸优化问题、非光滑问题的避免鞍点的快速求解方法

目前已有的随机拟牛顿方法主要是针对无约束的非线性光滑优化问题, 然而机器学习等应用领域有很多的问题需要建模为目标函数带有非凸、非光滑正则项的模型. 在处理这些问题时, 如何设计有效的拟牛顿更新策略, 是一个非常值得研究的重要课题. 对于目标函数是一个光滑函数加上一个非光滑正则项的凸问题的情况, 已经有一些确定性的拟牛顿算法的研究. 如何将这些结果推广到随机的问题, 以及如何推广到非凸的、非光滑问题, 现在仍然没有相关的研究. 这类算法的设计、理论分析和数值实验是一个重要的研究课题.

深度学习中的问题往往是高维且高度非线性的. 这类问题的局部极小值点已经足够好. 但是在设计算法的过程中, 要避免算法停止在鞍点处. 已有的一些初步研究表明随机梯度算法可以较好地绕过鞍点. 一个重要的研究方向是随机梯度算法的各种变形, 以及随机拟牛顿算法在怎样的情况下可以绕过鞍点, 找到局部极小值点. 从而设计稳定鲁棒的解决深度学习问题的随机优化算法.

21.3.4　模型驱动的深度学习方法

随着大数据时代的到来, 数据需求已经不再是一个障碍, 但深度学习网络拓扑的确定仍然是一个瓶颈. 这主要是由于缺乏对深度学习网络拓扑结构与性能关系的理论认识. 在目前的情况下, 深度学习网络拓扑结构的选择仍然是一种工程实践, 而不是科学研究, 这导致大多数现有的深度学习方法缺乏理论基础. 深度学习网络设计及其解释的困难以及泛化能力的缺乏是深度学习方法的共同局限. 这些限制可能妨碍其广泛应用于机器学习和人工智能技术的标准化、商业化趋势. 一个自然的问题是能否依据网络拓扑结构设计, 使网络结构具有解释力和预测力. 相比传统的深度学习方法, 模型驱动的深度学习方法[42] 希望保留模型驱动方法的优点 (即确定性和理论稳健性), 避免精确建模的要求. 它保留了深度学习方法的强大学习能力, 克服了网络拓扑选择的困难. 这使得深度学习方式设计上是可预测的, 并能够兼顾通用性和在实际应用中的针对性.

模型驱动的深度学习方法本身以及其中的模型族建立、求解模型族的算法族 (优化算法) 设计、算法收敛性等理论问题都是重要的研究内容.

21.3.5　优化问题的人工智能求解方法

如前所述, 最优化是人工智能的重要的支撑学科之一, 对人工智能的发展起着重要作用. 反过来, 人工智能又为求解最优化问题提出了新的思路, 未来会是"人工智能与最优化进入融通共进的时代"[43].

组合优化问题的人工智能方法: 组合优化问题包括 NP-难问题和 P-问题两类问题. 这类问题, 特别是大规模的问题, 其快速求解具有重要的理论意义和实际应用价值. 为了达到快速求解的目的, 一般主要都是设计近似算法. 目前这类算法都是基于问题而设计, 对于相同问题的不同实例, 前面实例的求解经验对后面的实例求解基本没有帮助. AlphaGo (AlphaGo Zero) 技术的成功表明, 深度学习技术可以用来求解一些组合问题, 并且在求解实例过程中可以通过逐步积累经验来指导未来实例的求解. 目前, 用机器学习, 特别是深度强化学习的方法求解某些组合优化问题已经有了一些初步的结果. 但是, 在组合优化领域, 深度学习的应用还处于试验阶段, 能够求解的问题包括旅行商问题、凸包问题、最大割问题、点集匹配问题等, 并且几乎没有任何理论结果, 在重要会议上的成果还仅限于几十到几百的规模, 其主要原因是仍然沿用了有监督学习模式, 而有监督样本的获取却成为瓶颈. 这些局限性导致了组合优化问题的此类研究, 特别是求解算法及其复杂性理论的研究, 需要进一步发展甚至可能需要重建. 发展和构造组合优化问题的人工智能求解方法及其算法复杂性理论是数学优化领域一个重要的研究方向.

全局优化问题的人工智能方法: 对于非凸函数, 研究基于强化学习的跳出局部极小点机制的框架, 如何与之前局部搜索相融合的全局优化算法, 更快地 (更少的梯度计算次数) 到达更小的局部极小等问题都是值得探索的问题.

总之, 相比于传统的基于问题的优化问题的求解方法, 基于实例的人工智能求解方法可以通过学习发现实例的"内在特征", 利用已有实例的求解经验, 指导未来实例的求解, 可能会使得传统上不易解决的优化问题成为可能.

21.4 人工智能对数学和数学优化研究的冲击

人工智能的发展热潮, 给数学优化提供了一个新的应用舞台和新的学科研究生长点, 进一步提升了数学优化学科的地位, 同时也为数学优化的学科发展注入了新的活力, 提出了一些新的优化问题, 吸引了大批数学优化领域的专家从事与人工智能, 特别是机器学习的研究与开发相关的工作. 但是, 当前的人工智能, 包括机器学习的研究开发工作大多以工程开发和应用为主, 缺乏甚至不重视理论研究, 或者理论探讨浅尝辄止, 不求甚解和不严密, 甚至还存在错误, 这也必将给数学乃至数学优化学科的研究与发展带来机遇.

Zachary C. Lipton 和 Jacob Steinhardt 在 ICML 2018 会议的演讲[44] 中提出了近年来机器学习研究中出现的一些问题, 探讨了人工智能对数学和数学优化研究的一些冲击. 总体来说, 机器学习的研究人员正在致力于数据驱动算法知识的创建与传播. 当前机器学习领域研究的倾向有以下四种模式: ① 无法区分客观阐述和猜想. ② 无法确定达到好效果的来源, 例如, 当实际上是因为对超参数微调而获得好效果的时候, 却强调不必要修改神经网络结构. ③ 数学性: 使用令人混淆的数学术语而不加以澄清, 例如, 混淆技术与非技术概念. ④ 语言误用, 例如, 使用带有口语的艺术术语, 或者过多地使用既定的技术术语, 误导读者. 我们知道, 有缺陷的学术研究可能会误导大众、阻碍未来研究、损害机器学习知识基础. 当今机器学习的强劲潮流归功于迄今为止大量严谨的研究, 包括一些理论研究和实证研究, 特别是数学理论和方法.

但是, 这并不提倡数学乃至数学优化领域或者其他学科领域的学者"滥用数学". 在当今机器学习的高级会议和顶尖学术期刊的论文评审中, 经验丰富的作者和审稿专家的反馈: 论文需要更多的数学公式, 并传达出一种审议研究工作的清晰方式, 即使研究成果很难解释, 但更多的数学公式会令评审者相信论文的技术深度. 数学是科学交流的重要工具, 正确使用时可以传递精确与清晰的思考逻辑. 然而, 并非所有想法与主张都能使用精确的数学进行描述, 因此自然语言也同样是一种不可或缺的工具, 尤其是在描述直觉或经验性声明时. 当数学声明和自然语言表述混合在一起而没有明确它们之间的关系时, 观点和理论都会受到影响: 理论中的问题用模糊的定义来覆盖, 而观点的弱论据可以通过技术深度的出现而得到支持. 我们将这种正式和非正式声明之间的纠缠称为 "滥用数学" (mathiness). 经济学家 Paul Romer 描述这种模式为: "就像数学理论一样, 滥用数学将符号和语言混合, 但滥用数学不会将两者紧密联系在一起, 而是在自然语言表述与形式语言表述间留下了充足的空间[45]. " 滥用数学表现在几个方面: 首先, 一些论文滥用数学来传递技术的深度, 它们只是将知识堆砌在一起而不是尝试澄清论点. 伪造定理是常见的手法, 它们常被插入论文中为实证结果提供权威性, 即使定理的结论并不支持论文的主要主张, 但可能给读者带来理论的深度感. 在机器学习的论文中的优化算法设计和理论证明中, 这个问题屡见不鲜, 并且有许多理论证明后来还被指出有错误. 这些现象的发生, 或将冲击到数学优化的正常、健康发展. 因此, 优化领域的学者在从事机器学习相关研究中, 需要特别注意的是, 传统的优化问题的研究方式并不完全与机器学习学科的研究与应用相匹配, 在决定加入机器学习的研究时要审慎考虑, 并且要根据机器学习学科的特点, 设计合适的研究方向, 真正研究机器学习有关的核心问题, 而不是 "滥用数学" 或者 "滥用优化", 也不应该自说自话, 研究一些机器学习中无关紧要的问题.

另外, 人工智能的发展节奏很快, 如果没有足够多的优化研究人员参与到人工智能的研发和讨论中, 那么优化领域就不会在第一时间接触到其中最重要的问题, 不但失去了解决问题的机会, 还可能导致重复创新、忽略前人优秀工作等问题. 优化领域, 特别是连续优化领域, 其研究成果传统上在学术期刊上发表, 一般没有同行审议的会刊. 而人工智能领域最新最重要的工作往往发表在会议上, 甚至个别会议的地位已经超过学术期刊. 由于人工智能领域的学者的研究成果以会议发表为主, 相比优化领域的学者, 前者能够以相对快的速度完成文章发表、结果宣传、建立学术名声. 客观上, 这已经对数学优化领域的学者, 尤其是年轻学者的职业生涯产生了一定的冲击. 所以, 优化领域应该鼓励更多的学者参加人工智能方面的交流与合作, 对人工智能会议的文章予以采纳和肯定, 乃至建立连续优化领域内有同行严格审议的会议会刊. 这也有助于改善人工智能领域不用数学或者滥用数学的问题, 让非优化领域学者获得优化方向的结果得以更严格的检查与支持.

参考文献

[1] Lee D D, Seung H S. Learning the parts of objects by non-negative matrix factorization. Nature, 1999, 401: 788-791.

[2] Hinton G E, Salakhutdinov R. Reducing the dimensionality of data with neural networks. Science, 2006, 313(5786): 504-507.

[3] Krizhevsky A, Sutskever I, Hinton G E. Image Net classification with deep convolutional neural networks. Advances in Neural Information Processing Systems, 2012, 1: 1097-1105.

[4] Salakhutdinov R, Hinton G E. Deep Boltzmann Machines. JMLR Workshop and Conference Proceedings Volume 5: AISTATS 2009. Brookline: Microtome Publishing, 2009: 448-455.

[5] Muslea I A. Active learning with multiple views. Journal of Artificial Intelligence Research, 2006, 27(1): 203-233.

[6] Xu C, Tao D, Xu C. A survey on multi-view learning. Computer Science, 2013, 14(43): 35.

[7] Sutton R S, Barto A. Reinforcement learning: An introduction//Bach F. Adaptive Computation and Machine Learning. Cambridge: The MIT Press, 2012.

[8] Sutton R S, McAllester D, Singh S, et al. Policy gradient methods for reinforcement learning with function approximation. Advances in Neural Information Processing Systems, 2000, 12: 1057-1063.

[9] Jan P, Stefan S. Natural actor-crtitic. Neurocomputing, 2008, 71: 1180-1190.

[10] Robbins H, Monro S. A stochastic approximation method. The Annals of Mathematical Statistics, 1951, 22: 400-407.

[11] Rumelhart D E, Hinton G E, Williams R J. Learning internal representations by error propagation//Rumelhart D E, McClelland J L. Parallel Distributed Processing. Exploration of the Microstructure of Cognition. Cambridge: MIT Press, 1986.

[12] Rumelhart D E, Hinton G E, Williams R J. Learning representations by back-propagating errors. Nature, 1986, 323: 533-536.

[13] Sutskever I, Martens J, Dahl G, et al. On the importance of initialization and momentum in deep learning. International Conference on International Conference on Machine Learning. JMLR.org, 2013, 38(5): III-1139.

[14] Nesterov U Y. A method of solving a convex programming problem with convergence rate $O(1/k^2)$. Soviet Mathematics Doklady, 1983, 27(2): 372-376.

[15] Duchi J, Hazan E, Singer Y. Adaptive subgradient methods for online learning and stochastic optimization. Journal of Machine Learning Research, 2011, 12: 2121-2159.

[16] Hinton G E, Srivastava N, Swersky K. RMSProp: Divide the gradient by a running average of its recent magnitude. Neural Networks for Machine Learning, Coursera Lecture 6e, 2012, 4: 26-31.

[17] Kingma D, Ba J. Adam: A method for stochastic optimization. Computer Science. 2014, arXiv preprint arXiv: 1412.6980.

[18] Roux N L, Schmidt M, Bach F R. A stochastic gradient method with an exponential convergence rate for finite training sets. Advances in Neural Information Processing Systems, 2012, 4: 2672-2680.

[19] Shalev-Shwartz S, Zhang T. Stochastic dual coordinate ascent methods for regularized loss minimization. Journal of Machine Learning Research, 2013, 14: 567-599.

[20] Johnson R, Zhang T. Accelerating stochastic gradient descent using predictive variance reduction//International Conference on Neural Information Processing Systems. New York: Curran Associates Inc, 2013: 315-323.

[21] Mairal J. Incremental majorization-minimization optimization with application to large-scale machine learning. SIAM Journal on Optimization, 2015, 25(2): 829-855.

[22] Defazio A, Bach F, Lacoste-Julien S. SAGA: A fast incremental gradient method with support for non-strongly convex composite objectives. Advances in Neural Information Processing Systems, 2014: 1646-1654.

[23] Wang J, Zhang T. Improved optimization of finite sums with minibatch stochastic variance reduced proximal iterations. Optimization and Control, 2017, arXiv preprint arXiv: 1706.07001.

[24] Byrd R H, Chin G M, Neveitt W, et al. On the use of stochastic Hessian information in optimization methods for machine learning. SIAM Journal on Optimization, 2011, 21(3): 977-995.

[25] Byrd R H, Chin G M, Nocedal J, et al. Sample size selection in optimization methods for machine learning. Mathematical Programming, 2012, 134(1): 127-155.

[26] Erdogdu M A, Montanari A. Convergence rates of sub-sampled newton methods. Proceedings of the 28th International Conference on Neural Information Processing Systems. Cambridge: MIT Press, 2015.

[27] Roosta-Khorasani F, Mahoney M W. Sub-sampled Newton methods I: Globally convergent algorithms. 2016: arXiv preprint arXiv: 1601.04737.

[28] Roosta-Khorasani F, Mahoney M W. Sub-sampled Newton methods II: Local convergence rates. 2016: arXiv preprint arXiv: 1601.04738.

[29] Xu P, Yang J Y, Roosta-Khorasani F, et al. Sub-sampled Newton methods with non-uniform sampling//Advances in Neural Information Processing Systems, 2016.

[30] Bollapragada R, Byrd R, Nocedal J. Exact and inexact subsampled Newton methods for optimization. 2016: arXiv preprint arXiv: 1609.08502.

[31] Pilanci M, Wainwright M J. Newton sketch: A near linear-time optimization algorithm with linear-quadratic convergence. SIAM Journal on Optimization, 2017, 27(1): 205-245.

[32] Agarwal N, Bullins B, Hazan E. Second order stochastic optimization in linear time. 2016: arXiv preprint arXiv: 1602.03943.

[33] Bordes A, Bottou L, Gallinari P. SGD-QN: Careful quasi-newton stochastic gradient descent. Journal of Machine Learning Research, 2009, 10: 1737-1754.

[34] Byrd R H, Hansen S L, Nocedal J, et al. A stochastic quasi-Newton method for large-scale optimization.SIAM Journal on Optimization, 2016, 26(2): 1008-1031.

[35] Moritz P, Nishihara R, Jordan M. A linearly-convergent stochastic l-BFGS algorithm. Artificial Intelligence and Statistics, 2016.

[36] Gower R, Goldfarb D, Richtárik P. Stochastic block BFGS: Squeezing more curvature out of data. International Conference on Machine Learning, 2016, 48: 1869-1878.

[37] Wang X, Ma S, Goldfarb D, et al. Stochastic quasi-Newton methods for nonconvex stochastic optimization. SIAM Journal on Optimization, 2017, 27(2): 927-956.

[38] Ghadimi S, Lan G. Stochastic first-and zeroth-order methods for nonconvex stochasticprogramming. SIAM Journal on Optimization, 2013, 15(6): 2341-2368.

[39] Keskar N S, Mudigere D, Nocedal J, et al. On large-batch training for deep learning: Generalization gap and sharp minima. 2016: arXiv preprint arXiv: 1609.04836.

[40] Niu F, Recht B, Re C, et al. Hogwild: A lock-free approach to parallelizing stochastic gradient descent. Advances in Neural Information Processing Systems, 2011.

[41] He X, Mudigere D, Smelyanskiy M, et al. Large scale distributed Hessian-free optimization for deep neural network. AAAI Workshop on Distributed Machine Learning, 2017.

[42] Xu Z, Sun J. Model-driven deep-learning. National Science Review, 2018, 5(1): 22-24.

[43] 徐宗本. 人工智能与最优化：融通共进的时代. 中国运筹学会第十四次学术年会大会报告, 2018, 10: 12-15.

[44] Zachary C, Steinhardt J. Troubling trends in machine learning. Presented at ICML 2018: Machine Learning Debates, 2018.

[45] Romer P. Mathiness in the theory of economic growth. American Economic Review, 2015, 105(5): 89-93.

第 22 章 相位恢复中的优化问题

22.1 概　　述

在工程应用中, 人们通常需要对信号进行观测, 然后依据观测值对信号进行重建. 然而, 实际中, 难以得到观测的真实值, 而只能得到观测的绝对值. 那么, 利用观测值的绝对值对信号进行恢复是一个具有重要应用背景的问题. 该问题被称为相位恢复. 相位恢复已经渗透到成像的各个领域, 包括光学、显微镜技术、天文成像等. 相位恢复与多个领域均有关联. 文献 [1] 提到, 相位恢复问题 "在所有将衍射电磁辐射用于确定衍射体内在具体结构的实验应用中都会遇到". 历史上, 相位恢复问题在 1952 年被提出[2], 且在 DNA 双螺旋结构发现中扮演重要角色. 1953 年, 数学家 H. Hauptman 等针对晶体成像中的相位恢复问题设计了算法, 并成功应用于晶体材料分子结构的研究[3]. 因为开发了应用 X 射线衍射确定晶体结构的直接方法, 数学家 H. Hauptman 与化学家 J. Karle 共同获得 1985 年的诺贝尔化学奖. 而在与无相位观测相关的其他领域, 如天文观测等, 人们花费了大量的资金来提高硬件观测精度. 但是, 其相应的数学基础和算法却仍未成熟. 因而, 迫切需要对相位恢复相关的数学基础和算法进行研究.

此外, 相位恢复也与量子信息、微分几何等学科密切相关. 因为其广泛的应用背景, 该问题从 20 世纪 70 年代开始而备受关注. 在相位恢复发展的初始阶段, 主要是工程人员和物理学家对其进行研究. 他们分别从算法设计和最小观测次数两个方面独立开展了研究.

下面介绍相位恢复问题的离散形式. 假定我们试图重建的信号为 $\boldsymbol{x}_0 \in \mathbb{H}^d$, 这里 $\mathbb{H} \in \{\mathbb{R}, \mathbb{C}\}$. 那么对 $\boldsymbol{x}_0$ 的观测, 即指采用矩阵 $\boldsymbol{A} = (\boldsymbol{a}_1, \cdots, \boldsymbol{a}_m)^{\mathrm{T}} \in \mathbb{H}^{m\times d}$ 与 $\boldsymbol{x}_0$ 作乘积得到 $\boldsymbol{y} = \boldsymbol{A}\boldsymbol{x}_0$. 由 $\boldsymbol{y}$ 反求 $\boldsymbol{x}_0$ 是线性代数的基本研究问题. 人们主要研究矩阵 $\boldsymbol{A}$ 的各种性质, 以使得人们可通过 $\boldsymbol{y}$ 唯一确定 $\boldsymbol{x}_0$, 并进一步稳定恢复 $\boldsymbol{x}_0$. 然而, 当观测信息的相位缺失时, 我们得到的是 $\boldsymbol{b} = |\boldsymbol{A}\boldsymbol{x}_0|$, 这里

$\boldsymbol{b}=(b_1,\cdots,b_m)^{\mathrm{T}}$, $b_i=|\langle \boldsymbol{a}_i,\boldsymbol{x}_0\rangle|$, $i=1,\cdots,m$. 那么, 相位恢复问题就是通过 $\boldsymbol{b}$ 恢复信号 $\boldsymbol{x}_0$. 相位恢复的研究主要分为两个方面: 最小观测次数和有效的求解算法. 量子信息领域中人们更关注最小观测次数, 而工程领域中, 人们更关注有效求解算法的设计.

22.2 最小观测次数问题

最小观测次数问题是相位恢复中的一个基本研究问题. 该问题的研究结果亦为相位恢复的优化算法设计提供基础. 在相位恢复算法设计中, 人们总是希望算法在尽量少的观测下重建原始信号. 而最小观测次数问题的研究可以告诉人们: 若需恢复原始信号, 算法至少需要多少个观测信息.

下面详细介绍该问题. 一个简单的观察是, 对任意常数 $c\in\mathbb{H}$ 且 $|c|=1$, 都会有 $|\boldsymbol{A}c\boldsymbol{x}_0|=|\boldsymbol{A}\boldsymbol{x}_0|$. 也就是说, 在只知道观测值绝对值的情形下, 我们只能恢复信号集合 $\{c\boldsymbol{x}_0\in\mathbb{H}^d: c\in\mathbb{H},|c|=1\}$.

称观测向量集合 $\{\boldsymbol{a}_1,\cdots,\boldsymbol{a}_m\}\subset\mathbb{R}^d$ 或者观测矩阵 $\boldsymbol{A}$ 具有 $\mathbb{H}^d$ 中的相位可恢复性质, 如果

$$\{\boldsymbol{x}\in\mathbb{H}^d:|\boldsymbol{A}\boldsymbol{x}|=|\boldsymbol{A}\boldsymbol{x}_0|\}=\tilde{\boldsymbol{x}}_0:=\{c\boldsymbol{x}_0:c\in\mathbb{H},|c|=1\}.$$

为描述方便, 令

$$\mathfrak{m}_{\mathbb{H}}(d):=\min\Big\{m:\ \text{存在具有在 } \mathbb{H}^d \text{ 中相位可恢复性质的 } \boldsymbol{A}=(\boldsymbol{a}_1,\cdots,\boldsymbol{a}_m)^{\mathrm{T}}\in\mathbb{H}^{m\times d}\Big\}.$$

最小观测次数问题可描述如下:

最小观测次数问题 对任意整数 $d\geqslant 1$ 及 $\mathbb{H}\in\{\mathbb{R},\mathbb{C}\}$, $\mathfrak{m}_{\mathbb{H}}(d)$ 是多少?

对 $\mathbb{H}=\mathbb{R}$ 的情形, 文献 [4] 进行了研究, 特别是给出了 $\mathfrak{m}_{\mathbb{R}}(d)=2d-1$. 相比于实情形, 复情形则困难得多. 下面介绍复情形, 也就是 $\mathbb{H}=\mathbb{C}$. 一个简单的观察是

$$|\langle\boldsymbol{a}_j,\boldsymbol{x}_0\rangle|^2=\mathrm{Tr}(\boldsymbol{a}_j\boldsymbol{a}_j^*\boldsymbol{x}_0\boldsymbol{x}_0^*),$$

这里 $\boldsymbol{a}_j\boldsymbol{a}_j^*,\boldsymbol{x}_0\boldsymbol{x}_0^*\in\mathbb{C}^{d\times d}$. 因而, 人们能将相位恢复问题描述为

$$\text{寻找}\ \ \boldsymbol{X}\in\mathbb{C}^{d\times d}\ \ \text{s.t.}\ \mathrm{Tr}(\boldsymbol{a}_j\boldsymbol{a}_j^*\boldsymbol{X})=\mathrm{Tr}(\boldsymbol{a}_j\boldsymbol{a}_j^*\boldsymbol{x}_0\boldsymbol{x}_0^*),\ \ \mathrm{Rank}(\boldsymbol{X})\leqslant 1,\ \ \boldsymbol{X}^*=\boldsymbol{X}.$$

上述模型的一个松弛模型为

$$\min\|\boldsymbol{X}\|_*,\quad \text{s.t.}\ \ \mathrm{Tr}(\boldsymbol{a}_j\boldsymbol{a}_j^*\boldsymbol{X})=\mathrm{Tr}(\boldsymbol{a}_j\boldsymbol{a}_j^*\boldsymbol{x}_0\boldsymbol{x}_0^*),\quad \boldsymbol{X}\succeq 0. \tag{22.2.1}$$

文献 [5] 对该模型进行了详细讨论. 该方法被称为 Phaselift 方法, 虽然该方法在实际计算中耗时较长, 但却可用于研究最小观测次数问题. 此外, 当 $\boldsymbol{a}_j(j=1,\cdots,m)$ 是高斯随机观测向量时, 人们已经对模型 (22.2.1) 的性能进行了分析. 但对更广泛的观测类型, 如傅里叶型观测, 研究 (22.2.1) 的性能仍是一个令人感兴趣的研究问题.

对于最小观测次数问题, 文献 [4] 首先证明了 $\mathfrak{m}_{\mathbb{C}}(d)\leqslant 4d-2$ 且证明了 $m\geqslant 4d-2$ 个在一般位置的观测向量 $\boldsymbol{a}_1,\cdots,\boldsymbol{a}_m$ 具有相位可恢复性质. 在文献 [6] 中, Conca, Edidin, Hering 和 Vinzant 采用行列式簇的结果证明了 $4d-4$ 个一般位置的观测向量具有相位可恢复性质, 并且证明了当 $d=2^k+1, k\in\mathbb{Z}_+$ 时, $\mathfrak{m}_{\mathbb{C}}(d)=4d-4$.

在文献 [6] 中, 人们猜想 $\mathfrak{m}_{\mathbb{C}}(d)=4d-4$ 对任意 $d\in\mathbb{Z}_+$ 成立. 根据文献 [6] 中的结果, 当 $d=2,3,5,9,\cdots$ 时该猜想成立. 在文献 [7] 中, Vinzant 考虑了 $d=4$ 的情况, 并且构造了 $11<12=4\times 4-4$ 个向量 $\boldsymbol{a}_1,\cdots,\boldsymbol{a}_{11}$. 采用计算代数几何的方法, 验证了矩阵 $\boldsymbol{A}=(\boldsymbol{a}_1,\cdots,\boldsymbol{a}_{11})^{\mathrm{T}}$ 具有相位可恢复性质. 因而, 在 $d=4$ 的时候, 否定了 $4d-4$ 猜想.

另外, 人们也对 $\mathfrak{m}_{\mathbb{C}}(d)$ 的下界进行了考虑. 通常而言, 下界是通过拓扑中复射影空间在 $\mathbb{R}^m$ 中的嵌入得到的. 在文献 [8] 中, 作者用初等的方法证明了 $\mathfrak{m}_{\mathbb{C}}(d)\geqslant 3d-2$, 而文献 [9] 也给出了另一个下界 $\mathfrak{m}_{\mathbb{C}}(d)\geqslant 4d-3-2\alpha$, 这里 α 表示 $d-1$ 作二进制展开后 1 出现的次数. 而这个下界在文献 [10] 中被改进, 这是迄今为止人们所知道的最好下界.

定理 22.1[10] 假设 $d>4$. 那么 $\mathfrak{m}_{\mathbb{C}}(d)\geqslant 4d-2-2\alpha+\epsilon_\alpha$, 这里 $\alpha=\alpha(d-1)$ 表示 $d-1$ 的二进制表示中数字 1 出现的次数,

$$\epsilon_\alpha=\begin{cases}2, & d\text{ 是奇数}, \alpha\equiv 3 \pmod 4,\\ 1, & d\text{ 是奇数}, \alpha\equiv 2 \pmod 4,\\ 0, & \text{其他}.\end{cases}$$

在表 22.1 中, 我们列出了当 $d\in[2,9]\cap\mathbb{Z}$ 时的最小观测次数 $\mathfrak{m}_{\mathbb{C}}(d)$ 的准确值或者所属区间. 表 22.1 给出了 $\mathfrak{m}_{\mathbb{C}}(2)$ 和 $\mathfrak{m}_{\mathbb{C}}(3)$ 的准确数值, 而这些数值首先在文献 [11] 中得到. 而 $\mathfrak{m}_{\mathbb{C}}(4)$ 的下界是根据 $\mathfrak{m}_{\mathbb{C}}(d)\geqslant 3d-2$ 得到的[8], 上界 $\mathfrak{m}_{\mathbb{C}}(4)\leqslant 11$ 则是通过文献 [7] 中构造的例子得到. 当 $d\geqslant 5$ 时, $\mathfrak{m}_{\mathbb{C}}(d)$ 的上界可由 $\mathfrak{m}_{\mathbb{C}}(d)\leqslant 4d-4$ 得到, 而下界根据定理 22.1 得到. 如果 $d=2^k+1$, 那么 $\alpha(d-1)=1$ 且 $\epsilon_\alpha=0$. 根据定理 22.1 可得到: 如果 $d=2^k+1$, 则 $\mathfrak{m}_{\mathbb{C}}(d)\geqslant 4d-4$. 结合上界 $\mathfrak{m}_{\mathbb{C}}(d)\leqslant 4d-4$, 可得到: 当 $d=2^k+1, k\geqslant 2$ 时, $\mathfrak{m}_{\mathbb{C}}(d)=4d-4$.

表 22.1　最小观测次数 $\mathfrak{m}_{\mathbb{C}}(d)$

维数 d	2	3	4	5	6	7	8	9
$\mathfrak{m}_{\mathbb{C}}(d)$	4	8	[10, 11]	16	[19, 20]	[23, 24]	[26, 28]	32

22.3　稀疏信号的相位恢复

在工程应用中, 人们经常会有一些关于信号 $\boldsymbol{x}_0$ 的先验信息. 例如, 人们可假定目标信号 $\boldsymbol{x}_0$ 是稀疏的. 令

$$\mathbb{H}_s^d := \{\boldsymbol{x} \in \mathbb{H}^d : \|\boldsymbol{x}\|_0 \leqslant s\},$$

此处, 用 $\|\boldsymbol{x}\|_0$ 表示 $\boldsymbol{x}$ 中非 0 元素数目. 本节将假设 $\boldsymbol{x}_0 \in \mathbb{H}_s^d$. 我们称矩阵 $\boldsymbol{A} \in \mathbb{H}^{m\times d}$ 具有 s-稀疏相位可恢复性质, 如果

$$\{\boldsymbol{x} \in \mathbb{H}^d : |\boldsymbol{A}\boldsymbol{x}| = |\boldsymbol{A}\boldsymbol{x}_0|\} \cap \mathbb{H}_s^d \ = \ \{c\boldsymbol{x}_0 : c \in \mathbb{H}, |c| = 1\}.$$

我们也可通过规划语言对稀疏相位可恢复性质进行描述. 一个简单的论证可看出, $\boldsymbol{A}$ 具有 s-稀疏相位可恢复性质当且仅当下面规划问题的解集是 $\tilde{\boldsymbol{x}}_0$:

$$\min_{\boldsymbol{x}} \|\boldsymbol{x}\|_0, \quad \text{s.t.} \quad |\boldsymbol{A}\boldsymbol{x}| = |\boldsymbol{A}\boldsymbol{x}_0|. \tag{22.3.1}$$

文献 [12] 给出了矩阵 $\boldsymbol{A}$ 具有 k-稀疏相位可恢复性质的充分条件, 并研究了针对稀疏信号的最小观测次数问题. 考虑 (22.3.1) 的松弛模型:

$$\min_{\boldsymbol{x}} \|\boldsymbol{x}\|_1, \quad \text{s.t.} \quad |\boldsymbol{A}\boldsymbol{x}| = |\boldsymbol{A}\boldsymbol{x}_0|. \tag{22.3.2}$$

虽然 (22.3.2) 中的约束条件是非凸的, 人们依然设计了求解该模型的多种有效算法. 为了研究该模型的性质, 文献 [13] 引入了强 RIP 的概念, 并因而证明了当 $\boldsymbol{A} \in \mathbb{R}^{m\times d}$ 为高斯随机矩阵, 且 $m = O(s\log(ed/s))$ 时, 那么, 模型 (22.3.2) 的解高概率为 $\pm\boldsymbol{x}_0$.

22.4　优 化 算 法

如果采用 Phaselift 方法恢复信号, 只需求解一凸问题. 但由于 Phaselift 方法将问题从 d 维提升到 d^2 维, 在实际计算中效率较低. 因而, 人们仍需研究更

为有效的优化算法. 其中, 初始点的选择至关重要. 在相位恢复中, 一种常用的选择初始值的方法是谱方法. 设置矩阵

$$U := \frac{1}{m}\sum_{j=1}^{m} b_j^2 \boldsymbol{a}_j \boldsymbol{a}_j^*.$$

谱方法是寻找与矩阵 U 最大特征值对应的特征向量, 并将其考虑为对原始信号的近似. 如果 $\boldsymbol{a}_j$ 为高斯随机向量, 文献 [14] 中证明了, 如果 $m = Cd\log d$, 则通过谱方法计算出的初始向量, 与真实信号之间的距离高概率小于一个给定的常数. 人们自然关心是否有更好的方法选择初始值. 在文献 [15] 中, 提出选择初始值的如下模型. 令

$$U_f := \frac{1}{m}\sum_{j=1}^{m} f(b_j)\boldsymbol{a}_j \boldsymbol{a}_j^*. \tag{22.4.1}$$

选择矩阵 U_f 的最大特征值对应的特征向量作为初始值. 选择不同的函数 f 则对应不同的初始值选择方法. 文献 [15] 中, 选择

$$f(b_j) = \frac{1}{2} - \exp\left(-\frac{b_j}{\lambda^2}\right),$$

其中

$$\lambda^2 = \frac{\sum_j y_j}{m}.$$

数值实验表明该方法优于谱方法.

在选择合适的初始值后, 人们仍需通过迭代得到真实的信号. 我们下面介绍几种迭代算法.

22.4.1 交错最小算法

交错最小法最早在文献 [16] 中提出, 是求解相位恢复的经典方法之一. 其主要思想是通过求解如下非线性最小二乘问题恢复信号:

$$\min_{\boldsymbol{x},\boldsymbol{C}} \|\boldsymbol{A}\boldsymbol{x} - \boldsymbol{C}\boldsymbol{b}\|,$$

这里, $\boldsymbol{C}$ 为一对角矩阵, 且对角线元素绝对值为 1. 交错最小算法的基本思路是: 首先通过谱方法选择一初始值 $\boldsymbol{x}^0$, 然后提取 $\boldsymbol{A}\boldsymbol{x}^0$ 的相位, 并将其对角化, 得到矩阵 $\boldsymbol{C}_0$. 之后, 通过求解如下最小二乘更新 $\boldsymbol{x}^0$:

$$\min_{\boldsymbol{x}} \|\boldsymbol{A}\boldsymbol{x} - \boldsymbol{C}_0\boldsymbol{y}\|.$$

后面的步骤也是通过交替更新对角矩阵 $\boldsymbol{C}$ 和当前的迭代点来进行的.

文献 [17] 中, 在重采样前提下研究了交错最小法的收敛性能. 特别是, 在观测向量为高斯随机向量的假设下, 且观测数目为 $m = O\left(d\log^3 d\log\frac{1}{\epsilon}\right)$, 那么交错最小算法可高概率达到精度 ϵ.

22.4.2 基于光滑模型的梯度下降法

文献 [14] 考虑通过求解如下光滑模型恢复信号:

$$\min_{\boldsymbol{z}} f(\boldsymbol{z}) := \frac{1}{4m}\sum_{j=1}^{m}(|\langle \boldsymbol{a}_j, \boldsymbol{z}\rangle|^2 - b_j^2)^2. \tag{22.4.2}$$

注意到 (22.4.2) 中的函数是非凸的, 也就是可能存在局部极小点. 为保证算法收敛到全局最优点, 如前所述, 人们通常需要仔细选择初始值. 文献 [14] 中, 基于模型 (22.4.2), 设计了求解该模型的梯度下降法, 称为 WF 算法. 假设观测向量为高斯随机向量的前提下, 观测数目 $m = O(d\log d)$, 初始点离真实信号不是很远, 那么梯度下降法可高概率收敛到真实信号. WF 算法有多种变形, 如截断 WF 算法[18]. 人们也将 WF 算法修改后, 用于稀疏信号的相位恢复[19].

注意到 (22.4.2) 是一个非线性最小二乘, 文献 [15] 考虑了求解 (22.4.2) 的高斯–牛顿算法. 如果观测向量为高斯随机向量, 且信号为实信号, 文献 [15] 证明了高斯–牛顿算法具有全局二阶收敛的性质.

22.4.3 基于二次模型的梯度下降法

另一种迭代算法是基于如下模型:

$$\min_{\boldsymbol{z}} f(\boldsymbol{z}) := \frac{1}{4m}\sum_{j=1}^{m}(|\langle \boldsymbol{a}_j, \boldsymbol{z}\rangle| - b_j)^2. \tag{22.4.3}$$

注意到上述模型是不可微的, 人们可用广义导数设计梯度下降法[20, 21]. 文献 [22] 考虑了一个对模型 (22.4.3) 近似的光滑模型, 即如下模型

$$\min_{\boldsymbol{z}} f_\epsilon(\boldsymbol{z}) := \frac{1}{4m}\sum_{j=1}^{m}\left(\sqrt{|\langle \boldsymbol{a}_j, \boldsymbol{z}\rangle|^2 + \epsilon_j^2} - \sqrt{b_j^2 + \epsilon_j^2}\right)^2. \tag{22.4.4}$$

针对该模型, 文献 [22] 设计了梯度下降算法, 并分析了算法的收敛性质. 数值实验表明, 该模型数值表现通常好于 4 次模型 (22.4.2), 又因为可用自然的梯度下降法进行求解, 所以, 该模型的数值表现亦优于 (22.4.3).

22.5 前景与展望

相位恢复是一个快速发展的领域, 人们主要从其数学基础与算法两个方面

对其进行研究. 对于数学基础, 人们希望对任意的整数 d 给出最小观测次数, 即 $\mathfrak{m}_{\mathbb{H}}(d)$. 对于算法而言, 以往文献中对算法的分析, 均假设观测向量是随机的. 因而, 可借助概率的工具对算法的收敛性进行分析. 针对一些特定类型的观测构造算法, 并分析其收敛性, 也是一个有意义的研究问题. 傅里叶型观测出现在多种应用中, 因而, 对傅里叶型观测的相位恢复算法设计, 将是一个令人关注的问题.

在相位恢复中, 如果我们假设信号位于一个特定的集合中, 利用这种先验信息设计算法, 将是一个重要的发展方向. 此外, 利用量化后的观测信息对信号进行恢复, 也将是一个令人感兴趣的研究课题.

根据模型 (22.2.1), 相位恢复也可看作是低秩矩阵恢复的特殊情形. 如何将这种关联扩展到稀疏信号的相位恢复也是一个重要的研究问题. 特别是, 假设 $\boldsymbol{x}_0$ 是 s-稀疏的. 考虑如下模型

$$\min_{\boldsymbol{X}\in\mathbb{H}^{d\times d}} \|\boldsymbol{X}\|_* + \lambda\|\boldsymbol{X}\|_Y, \quad \text{s.t.} \quad \mathrm{Tr}(\boldsymbol{a}_j\boldsymbol{a}_j^*\boldsymbol{X}) = \mathrm{Tr}(\boldsymbol{a}_j\boldsymbol{a}_j^*\boldsymbol{x}_0\boldsymbol{x}_0^*), j=1,\cdots,m, \boldsymbol{X}\succeq 0. \tag{22.5.1}$$

该模型可看作是对 Phaselift 模型的变形. 那么, 一个自然的问题是: 如何选择参数 λ 及矩阵范数 $\|\cdot\|_Y$, 从而可在 $m = O(s\log(ed/s))$ 的观测下, 通过求解模型 (22.5.1) 恢复 $\boldsymbol{x}_0$?

参 考 文 献

[1] Rosenblatt J. Phase retrieval, Commun. Math. Phys., 1984, 95(3): 317-343.

[2] Sayre D. Some implications of a theorem due to Shannon. Acta Crystallographica, 1952, 5(6): 843.

[3] Hauptman H, Karle J. Solution of the Phase Problem I: The centro Symmetric Crystal. American Crystallographic Association Monograph, 1953.

[4] Balan R, Casazza P, Edidin D. On signal reconstruction without phase. Applied and Computational Harmonic Analysis, 2006, 20(3): 345-356.

[5] Candes E J, Strohmer T, Voroninski V. Phaselift: Exact and stable signal recovery from magnitude measurements via convex programming. Communications on Pure and Applied Mathematics, 2013, 66: 1241-1274.

[6] Conca A, Edidin D, Hering M, et al. An algebraic characterization of injectivity in phase retrieval. Applied and Computational Harmonic Analysis, 2015, 38(2): 346-356.

[7] Vinzant C. A small frame and a certificate of its injectivity. Sampling Theory and Applications (SampTA) Conference Proceedings, 2015: 197-200.

[8] Finkelstein J. Pure-state informationally complete and"really"complete measurements. Physical Review A, 2004, 70(5): 052107.

[9] Heinosaari T, Mazzarella L, Wolf M M. Quantum tomography under prior information. Communications in Mathematical Physics, 2013, 318(2): 355-374.

[10] Wang Y, Xu Z Q. Generalized phase retrieval: Measurement number, matrix recovery and beyond. Applied and Computational Harmonic Analysis, 2017. https://doi.org/10.1016/j.acha.2017.09.003.

[11] Bandeira A S, Cahill J, Mixon D G, et al. Saving phase: Injectivity and stability for phase retrieval. Applied and Computational Harmonic Analysis, 2014, 37(1): 106-125.

[12] Wang Y, Xu Z Q. Phase retrieval for sparse signals. Applied and Computational Harmonic Analysis, 2014, 37(3): 531-544.

[13] Voroninski V, Xu Z Q. A strong restricted isometry property, with an application to phaseless compressed sensing. Applied Computational Harmonic Analysis, 2016, 40(2): 386-395.

[14] Candes E J, Li X D, Soltanolkotabi M. Phase retrieval via Wirtinger flow: Theory and algorithms. IEEE Transactions on Information Theory, 2015, 61(4): 1985-2007.

[15] Gao B, Xu Z Q. Phaseless recovery using the Gauss-Newton method. IEEE Transactions on Signal Processing, 2017, 65(22): 5885-5896.

[16] Gerchberg R W, Saxton W O. A practical algorithm for the determination of phase from image and diffraction plane pictures. Optik, 1972, 35(2): 237-246.

[17] Netrapalli P, Jain P, Sanghavi S. Phase retrieval using alternating minimization.IEEE Trans. Signal Processing, 2015, 63(18): 4814-4826.

[18] Chen Y X, Candes E J. Solving random quadratic systems of equations is nearly as easy as solving linear systems. Communications on Pure and Applied Mathematics, 2017, 70(50): 822-883.

[19] Cai T T, Li X D, Ma Z M. Optimal rates of convergence for noisy sparse phase retrieval via thresholded Wirtinger flow. The Annals of Statistics, 2016, 44(5): 2221-2251.

[20] Wang G, Giannakis G B, Eldar Y C. Solving systems of random quadratic equations via truncated amplitude flow. IEEE Transactions on Information Theory, 2018, 64(2): 773-794.

[21] Zhang H S, Liang Y B. Reshaped Wirtinger flow for solving quadratic system of equations. In Advances in Neural Information Processing Systems, 2016: 2622-2630.

[22] Gao B, Wang Y, Xu Z Q. Solving a perturbed amplitude-based model for phase retrieval. arXiv: 1904.10307, 2019.

第 23 章 反问题中的优化方法

23.1 问题提出

反问题理论和方法是由科学和工程中的应用问题驱动的. 反问题的研究是近几十年来一个令人兴奋的研究领域. 反问题在整个自然科学领域具有特殊重要性, 它是数学、物理、化学、地学、生物、金融、商业、生命科学、计算技术与工程相关的交叉学科. 特别是近二十年来, 数学物理反问题已成为应用数学发展和成长最快的领域之一[1−5]. 比如近几年, 涉及反问题领域的学科得到了迅速的发展: 定量遥感科学反问题、国防工业反问题、大气物理反问题、天体物理反问题、医学图像处理反问题、计量经济学领域中的参数识别反问题、股票金融科学中的反问题、生命科学中的反问题、信息科学反问题、地球化学反问题、高能物理中的光能谱反问题、材料固有频率寻找金属孔洞的反问题、光学反问题、地球物理勘探反问题、大数据与人工智能反问题等[6].

反问题一般指的是利用实际观测数据来推断被调查系统的参数/模型的特征. 这通常需要求解一个线性系统或非线性系统, 来获得对待求参数/模型的估计. 反问题通常是不适定的, 即给定问题解未必存在, 解未必唯一, 以及解的连续性/稳定性 (continuation/stability) 不一定能够保证. 反问题的不适定性由 Hadamard 于 1923 年提出; 1943 年 A. N. Tikhonov 在《苏联科学院院刊》中发表了著名的文章《关于反问题的稳定性》, 该成果成为现代不适定问题理论的开始. 最近几十年, 克服不适定性的理论和方法研究得到了极大的发展, 经典著作为《不适定问题的解法》(中译本)[7]. 由俄罗斯科学出版社新近出版了有关 Tikhonov 院士关于不适定反问题论述 10 卷中的第 3 卷 *Inverse and Improperly Posed Problems*[8], 其中有许多非常经典的论述. Tikhonov 始终认为, 反问题理论的产生来源于解决重大应用问题 (其中包括地球物理学问题) 的需要, 它的发展也是与应用紧密相联的.

数学问题的适定性条件: ① 解是存在的; ② 解是唯一的; ③ 解是稳定的. 反之, 若上述三个条件中, 至少有一个不能满足, 则称其为不适定的.

数学物理反问题的求解并非易事, 原因如下: ① 由于噪声或客观观测条件的限制, 原始数据所在的数据集合可能不属于问题精确解所在的集合; ② 近似解可能不够稳定, 也就是说较小的观测误差也可能引起近似解较大偏离真解. 也就是说, 数学物理反问题往往为不适定问题. 其中正则化方法正是解不适定问题的一种重要的手段.

反问题大致可归为: 系数/参数识别问题、确定区域形状和大小的几何反问题、反向热传导问题、源项识别问题、数值解析延拓问题、椭圆方程柯西问题、侧边边值问题、层析成像反问题和混合反问题等. 从反演理论诞生之日起, 反问题的建模与优化就成为一门多学科交叉的研究课题. 这是因为, 应用科学中的建模设计理论在优化界并不广为人知, 也没有采用逆模型设计 (inverse design) 方法的优化算法. 反问题建模和优化的目的是在实际应用中提供更好、更准确、更有效的仿真. 求解反问题的多种方法都采用优化算法. 同时, 采用逆建模设计方法的优化算法可能极大地减少典型优化算法所需的耗时分析的数量. 求解反问题优化方法的分类大致可以表示如下.

(1) 经典优化算法: 是基于数学理论的确定性算法, 包括线性/非线性规划法、动态规划法、拉格朗日乘子法和分支定界算法等运筹学中的传统算法. 这类算法通常具有完备的收敛性理论和各种快速实现技巧, 通常能够得到问题的最优解.

(2) 构造型优化算法: 为启发式方法, 是通过构造的方法来模拟人工方案来快速求解的. 缺点是不能保证问题最优解, 但能快速找到问题的近优解或满意解.

(3) 智能优化算法: 是模拟某些人工智能、自然规律或物理现象发展而来的迭代寻优算法. 例如, 模拟退火算法、遗传算法、差分进化算法、贪心算法和变邻域搜索算法、蚁群优化算法和人工智能领域的最优化算法等. 该算法具有全局收敛特点, 但计算速度不一定比上述两种方法快.

(4) 混合型算法: 混合上述算法而组合的算法; 由于组合的不同, 可以有多种变种, 通常用来求解特定的反问题.

23.2 国内外研究现状和发展态势

反问题是科学界新兴而重要的研究方向, 由于反问题的不适定性, 正则化方法在反问题的求解中扮演着十分重要的角色. 至今仍然广泛沿用着 Tikhonov 变分正则化方法, 该方法最初是在泛函空间考虑的. Tikhonov 正则化方法可以解决当解的唯一性成立而稳定性和存在性不成立时而引起的不适定问题, 并以一族相邻近的适定问题的解去逼近原问题的解, 其中正则参数的选取是其中较为关键的问题, 通常有先验和后验两类策略, 先验策略通常利用算子的性质, 具有理论分析的价值. 在实际的计算中, 通常采用的是后验策略, 即根据误差水平对正则化参数进行选择和调整. 比较常用的策略有: Morozov 的偏差准则、L- 曲线准则、广义交叉准则等[5]. 关于反演理论和方法研究的另一个方向是迭代正则化方法, 研究表明, 迭代指数即迭代步数, 可以起到正则化方法中正则参数的作用, 而在这其中终止准则对应着正则参数的选择方法, 该领域的典型代表学者是 Landweber[9] 和 Fridman[10]. Landweber[9] 首次提出了利用其构造的迭代格式求解线性不适定问题, 由于该方法稳定性好、抗噪能力强、迭代收敛速度快, 因此受到很多学者的关注和研究. 但是在实际应用中, 大部分问题都是非线性的, 因此, 此迭代方法对非线性不适定问题的研究, 在理论和实际中奠定了重要的基础. 1976 年, 以 Nashed 为代表的学者们基于代数、极值以及逼近理论, 提出了求解不适定问题的广义逆方法, 该方法分为内逆法和外逆法[11]. Kirsch[12] 以 Tikhonov 正则化作为一个稳定的方法来逼近非线性不适定问题的解, 研究了无限维空间中保证正则解的最佳收敛速率的条件, 利用参数估计问题验证了这些条件, 并给出 Tikhonov 正则化方法的收敛性结果和收敛速率. Engl 等[4] 的研究表明, Tikhonov 正则化方法是求解非线性不适定问题的一种稳定的方法, 在含有噪声的情况下, 正则解满足收敛速率的条件; 他们同时研究了非线性问题的不适定性和线性化之间的微弱联系, 并给出了非线性紧算子不适定的充分条件. King[13] 构造了求解非线性不适定问题数值解的 Tikhonov 型正则化方法多层次算法, 并建立了该算法的收敛性估计, 结果表明该算法可以用于第一类积分方程的数值求解. Scherzer 等[14] 提出了利用后验选取策略来选择 Tikhonov 正则化方法的正则化参数, 并以此方法求解非线性不适定问题. 在一定条件下, 用该策略选取正则化参数得到的收敛速率是最优的; 并且给出了适用于参数估计问题的正则解的稳定性估计, 对该后验策略和 Morozov 偏差原理做了比较. Hettlich[15] 研究了非线性不适定问题中的一类典型问题 —— 逆散射问题, 利用 Landweber 迭代法进行求解, 克服了此类问题的非线性性和不适定性. 在非线性条件减弱的条件下, 也可以在对 Landweber 迭代法引入修正项来求解非线性不适定问题, 相应地引入适当终止迭代先验和后验停止准则的条件下, 获得收敛性分析. Tautenhahn 和 Jin[16] 研究了 Tikhonov 正则化中分别用先验策略和后验策略选取正则化参数的方法, 对该方法求解非线性不适定问题做出收敛分析, 并在较弱的假设条件下, 得到了最优收敛速率. 在非线性反问题的正则化理论方面, 类比已有的迭代方法, 可以归纳为以下三种迭代格式: 迭代 Tikhonov 格式、Levenberg-Marquardt 格式和 Landweber 格式, 这些方法可以解决图像去噪、去模糊、偏微分方程分布参数估计中的应用问题. 在数据存在噪声的情况下, 上述方法的收敛性分析在给定适当的停止准则下可以获得. Hein 和 Kazimiersk[17] 研究了 Banach 空间非线性不适定问题的加速 Landweber 迭代法, 将非线性算子进行正则化; 借助于一个辅助算法, 通过简化步长参数, 给出了收敛性和稳定性分析. Leitão 和 Alves[18] 研究了求解不适定问题的 Landweber-Kaczmarz 型正则化方法; 在 Banach 空间中, 在满足一致凸性和一致光滑的条件下, 该方法是单调的, 并且可以证明该方法的收敛性和稳定性. Gauss-Newton 方法通过适当修正, 可以用来求解非线性不适定算子方程, 通过适当选取正则化参数, 可以得到迭代的误差估计; 并在一般源条件下, 可以证明该方法的最优性[19]. Kangro 等[20] 进一步研究了局部收敛的双参数 Gauss-Newton 型方法, 验证了该方法有限维和无限维 Hilbert 空间中的收敛速率. Pradeep 和 Rajan[21] 研究了一类求解非线性不适定问题的迭代正则化方法, 同时基于先验和后验选取策略选取正则化参数, 验证该方法收敛到 Lavrentiev 序列, 并给出了误差估计. 许多优化领域中的梯度类方法, 比如最速下降法、共轭梯度法、最小余量法等, 对于含有数据带噪声情形, 也可以用来求解非线性不适定算子方程, 并可以证明在适当停机准则下这类算法的收敛性[22]. 统计反问题中的正则化收敛率的证明也是研究热点之一, 比如, Bauer 等给出了广义正则化在 L^2 和一般意义的 Hilbert 空间内的收敛率[23], Blanchard 和 Mücke 给出了正则化方法在统计反问题中最优收敛率的证明[24]. 同时, 在地球物理领域, 线性反问题和非线性反问题的非光滑 Tikhonov 正则化方法, 以及求解正则化问题的非光滑最优化方法、直接反演方法和贝叶斯推理的不确定性量化方法也相继被提出[6].

我们国家的研究工作者在反演问题的理论和方法研究方面也进行了大量的探索. 最早可追溯到 20 世纪 80 年代初由中国科学院学部委员冯康先生倡导的反演问题的研究[25]. 随后, 有关反演理论和方法在相关的领域也如火如荼地展开了. 张关泉[1] 对波动方程反演问题的理论和算法做了系统研究; 栾文贵[26] 对地球物理中的反问题做了系统理论论述; 黄光远等[3] 从控制和脉冲谱角度对反演问题进行论述. Wang 和 Yuan[27] 研究了非线性反问题的优化算法, 特别是信赖域算法, 指出标准的信赖域算法也是一种正则化方法, 理论上证明了求解反问题的信赖域算法的收敛性、稳定性和正则性. 此外, 众多学者针对 Tikhonov 正则化方法正则解的误差估计, 考虑了 Hilbert 空间以及 Banach 空间上的分析结果. 同时, 2000 年前后, 后验选取正则参数的高阶优化算法也相继被不同的学者提出[22]. 对于求解非线性不适定问题的 Tikhonov 正则化方法, 通过弱化假设条件, 利用后验选取方法, 也可以给出优化的正则化参数选取策略. 在结合优化算法方面, 如正则化 Gauss-Newton 法、混合 Newton-Tikhonov 方法, Frozen-

Landweber 迭代法、Newton-Landweber 型迭代法等相继被提出研究, 这些方法较经典的 Newton 方法有明显的计算效率优势. 特别是近几年, 结合压缩感知思想, 稀疏优化方法在稀疏信号处理、压缩重构等领域也得到了新的应用, 比如 L_1 范数约束条件下的信赖域算法在地震信号压缩感知中得到了应用, 以及进一步推广的 L_q–L_p $(p, q \geqslant 0)$ 范数条件下的地震信号压缩感知成像问题以及稀疏矩阵优化算法[6,28].

机器学习算法用来求解一类特殊的数据科学中的反问题, 比如数据降维和信息挖掘[29]. 其中涉及多种优化问题: 一些涉及凸优化问题, 例如, 逻辑回归或支持向量机; 一些涉及高度非线性和非凸优化问题, 例如深度神经网络. 传统的基于梯度的方法对解决小规模学习问题有效, 而在大规模机器学习的背景下, 目前广泛应用于实践的是随机梯度 (SG) 算法[30], 它也是目前专家学者研究的热点. Robbins 和 Monro 提出的 SG 算法对于机器学习反问题的数值优化计算是一个里程碑工作, 结合机器学习的重要理论发展 BP 算法[31] 的提出, 为机器学习的迅猛发展提供了坚实的理论基础. 机器学习的优化算法可以分成两大类: 随机方法和批量算法.

为了适应日趋庞大的数据量以及计算量, 国内外学者不断对 SG 算法和批量算法进行改进, 并提出新的方法. 一些学者从提高收敛速度出发, 力图将优化方法的收敛速度由线性改进到线性收敛; 一些学者从问题本身出发, 试图克服问题的高度非线性和病态性. 为了提高机器学习算法中优化问题的收敛速度, 学者从不同角度给出了不同的解决方案.

第一类方法, 在梯度计算过程中逐步增加小批量样本集的大小, 这样可以在优化过程中逐步提高梯度估计的精确度, 以此权衡批量梯度下降和随机梯度下降两者的优点[32−34].

第二类方法, 通过存储与先前迭代中采用的样本相对应的梯度估计, 在每次迭代中更新这些估计中的一个 (或一些), 并将搜索方向定义为这些估计的加权平均, 来改善搜索方向的质量. Bertsekas[35] 等提出了增量梯度方法, 然而, 这种方法及其基本变体仅实现次线性收敛速度. 随后, 学者们相继提出了 SVRG (stochastic variance reduced gradient) 方法, 此方法具有线性的收敛速度; SAG (stochastic average gradient) 方法, 以及在此基础上发展出的 SAGA (stochastic average gradient method and its variants) 方法, 此方法可以对梯度进行无偏估计, 并且具有线性收敛速度[36]. SAG 等方法能够在强凸问题上实现线性收敛速度. 这种改进的速度主要通过增加计算或增加存储来实现.

第三类方法, 通过保存在优化过程中计算的迭代的平均值, 来改善迭代效率[37]. 人们希望通过这个辅助平均序列提高 SG 迭代的收敛性质, 但是, 当使用以 $O(1/k)$ 的速率减小的经典步长序列时, 发现这种改进的算法是不稳定的. 随后, 很多学者在原始的算法上进行了改进[38−40], 这些学者采用较慢的步长减少速度 $O\left(1/k^a\right)(a\in(0,1))$, 尽管损失了收敛性能, 但是理论上能够得到更好的权重值. 此后, 为了允许更长的步长并得到更好的收敛速度, 迭代平均方法与其他的方法进行了结合, 例如, Nemirovski 等[41] 提出的鲁棒 SA 和镜像下降 SA 方法, Nesterov[42] 提出的原始对偶平均方法, 后者采用梯度聚合并产生平均迭代序列的 $O(1/k)$ 收敛速率.

此外, 可以通过使用二阶信息来解决目标函数的高非线性和病态性, 如牛顿法. 但是将牛顿法的思想用于随机方法, 还需要进行很多改进. 首先考虑的是使用无黑塞矩阵的牛顿法, 如共轭梯度法及其改进方法, 很多优良的改进方法被应用到了深度学习中[43]. 非线性优化的一个重要的进展就是拟牛顿方法, 将其应用到机器学习中的随机优化方法中是很自然的事情[44]. 高斯–牛顿法是一种针对非线性最小平方问题的经典方法, 也被广泛应用于机器学习的优化问题中[45]. 牛顿法对权重向量 w 的线性变换是不变的, 而自然梯度法[46] 则是对所有可微分和可逆变换不变, 很多学者对其在深度学习中的应用进行了探讨. 此外, 在深度学习的背景下, Becker 和 LeCun[3] 提出了一种反向传播算法, 用于有效地计算方形雅可比矩阵的对角线项用于高斯–牛顿法, 并将之用于实际计算.

此外, 还有很多从理论和实践中都表现优越的优化算法, 如包含动量的梯度算法[47]、协调下降方法[48], 加速梯度方法[39] 等. 其中, 动量方法旨在加速学习, 特别是处理高曲率、小但一致的梯度, 或是带噪声的梯度. 动量算法累计了之前梯度指数级衰减的移动平均, 并且继续沿该方向移动. Nesterov 动量和标准动量之间的区别体现在梯度计算上. Nesterov 动量中, 梯度计算在施加当前速度之后. 因此 Nesterov 动量可以解释为往标准动量方法中添加了一个校正因子. Nesterov 动量将额外误差收敛率从 $O(1/k)$ (k 步后) 改进到 $O\left(1/k^2\right)$, 但是在随机梯度的情况下, Nesterov 动量没有改进收敛率.

对于机器学习问题, 学习率是难以设置的超参数之一, 因为它对模型的性能有显著的影响. 损失函数对参数空间的某些方向高度敏感, 但对其他不敏感. 动量算法可以在一定程度上缓解这些问题, 但是需要引入其他的超参数, 因此发展了在学习过程中自动适应学习率的优化方法. Delta-bar-delta 算法[49] 是一种早期的在训练时适应模型参数学习率的方法. 受此启发, AdaGrad、RMSProp 和 Adam 等算法相继被提出, 并且在机器学习的实际应用中被广泛使用.

对于机器学习, 当目标函数涉及光滑性和稀疏性时, 需要解决带正则化的优化问题[34,44,50].

23.3 关键问题和挑战

23.3.1 大规模反问题优化的必要性及关键问题

随着观测手段和认知的进步, 反问题采集的数据规模越来越大, 获得的知识信息越来越丰富. 如生命科学、地球物理与遥感领域、生物制药和医学影像领域等. 这就对计算机模拟、存储和计算效率提出很大的挑战. 交叉学科的日益深入, 越来越多的反问题需要跨学科研究, 研究内容趋于深化和多元化. 大数据的不一致问题将会导致算法的失效和无解, 这就需要研究更高级、更智能的耦合数值反演. 数据的动态增长导致的超高维稀疏多模态问题, 如何研究分布式大数据分析策略, 使得数据与算法机理结合分治, 把大数据变小实现复杂精准的挖掘方法和模型是当前反问题的发展关键. 图 23.1 所示为地球深部探测中遇到的多种、多类型观测数据. 以下列出几类关键的优化反演问题.

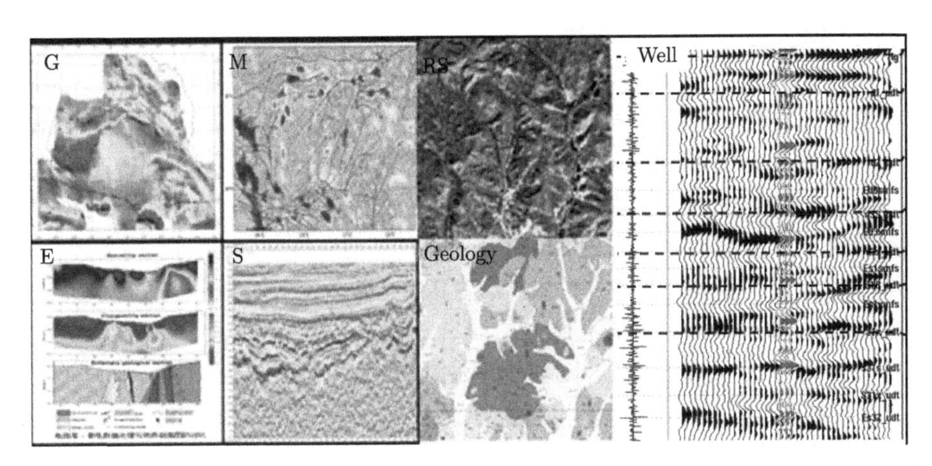

图 23.1 多种、多类型对地观测数据: 重 (G)、磁 (M)、电 (E)、震 (S)、遥感 (RS)、地质 (Geology)、测井 (S)

1. *波动方程反演*

波动方程反演作为反问题研究的重要分支, 是近四十年来兴起的一门新兴学科, 在模式识别、大气测量、无损探伤、量子力学、图像处理, 特别是地球物理勘探等领域有着重要的应用[51,52].

例如, 地震波在地下介质的传播可以用弹性动力学中的各种波动方程来描述. 地震资料的形成过程就可以用波动方程的正演来模拟, 而界面影像及物性参数的提取问题就可以用波动方程的反演来实现. 因此, 波动方程反演的研究具有重要的理论意义及实用价值. 图 23.2 显示了地震波在地下传播和反射的过程.

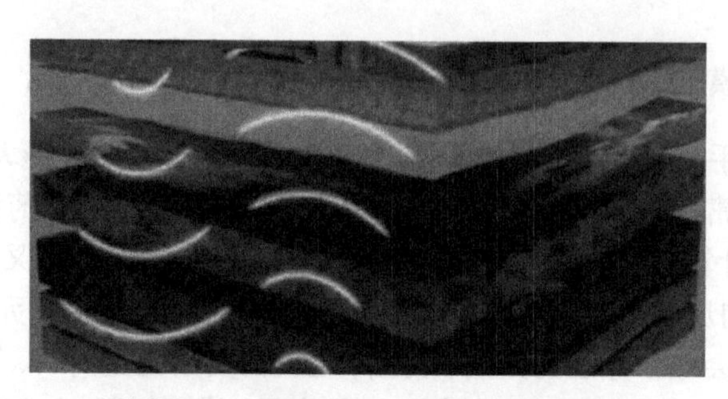

图 23.2 地震波地下传播和反射过程

波动方程反问题的研究始于 20 世纪 70 年代, 到现在已有 40 多年的历史, 已取得了很大的发展, 但距离充分的实际应用仍有一定的距离. 波动方程反问题作为反问题研究的重要分支, 既具有反问题自身的理论特点, 又具有工程应用的实际困难. 这些困难如下所述.

(1) 数据的噪声问题. 实际工程问题由于受激发、传播和接收过程中各种因素的影响, 含有大量噪声. 一般的数据记录都在一定的频率范围内, 即频带有限, 不可能恢复到全频带, 使反演结果难以完全恢复模型介质的真实面貌.

(2) 模型的选取问题. 真实介质往往是一个很复杂的介质, 波在介质中传播, 满足的是一个复杂动力学方程. 此动力学方程很难直接研究. 为了便于研究, 一般都要将此方程简化为波动方程或声波方程. 这种简化必然会带来模型误差, 给波动方程反演走向实用带来困难.

(3) 不适定性及局部收敛问题. 由于波动方程反演过程是一个复杂的非线性问题, 同时在实际中子波未知, 估计的子波含有误差, 又由于反问题自身的不适定性, 以及问题解的初始猜测的经验选取, 出现了波动方程反演结果的多解性和分辨率低等问题. 尽管目前已有一些算法可以在一定范围内解决此问题, 但不适定性及局部收敛性并未解决, 这同样给反演走向实用带来了困难.

(4) 计算量及存储问题. 实际计算中的地下介质模型是非常巨大的, 使得在对波动方程数值反演时, 通常需要将原来的连续问题实施数值离散, 进行有限维的逼近. 由于维数效应 (未知参数的离散值数目随着离散点的数目快速地增加, 例如, 对一个正方形区域进行差分离散时, 如果水平方向有 M 个离散点, 竖直方向有 N 个离散点, 则未知参数在整个区域上共有 $M \times N$ 个离散值, 三维未知参数将更大), 我们需要求解规模巨大的线性代数方程组. 这就导致求解不适定非线性问题的计算量以及存储量都十分巨大, 使得一些具有较好性态的算法

(诸如线性代数方程组的直接解法) 不能使用. 此外, 在实际计算时, 描述波场传播的算子的结构形式通常不能明确地表示出来, 所以在选择一些在理论上具有较好性态的算法进行反演时, 如果需要计算非线性算子的一阶或高阶导数, 这将带来额外隐含的数值计算任务. 由于这些导数通常都是稠密的, 并且是随着反演参数的变化而变化的, 导数的计算需要大量的正问题求解. 因而, 直接实现基于网格尺度的参数化需要甚大规模存储量、计算量.

综上所述, 由于受到非线性与不适定性的双重困扰, 以及实际物理现象的复杂性, 波动方程反问题是一个十分难解决的数学问题. 反演过程具有离散不适定性 (病态性)、局部收敛性、计算量大、高阶导数难于求解、初始猜测很难合理选择的特点. 反演方法的优劣就成了反演成功与否的关键. 因此, 开展实用、可靠的反演数值方法的研究具有十分重要的意义.

由于高维波动方程反演问题研究有两方面的困难: 一方面, 理论研究相当困难, 就高维声波反问题而言, 也尚未得到圆满解决. 另一方面, 巨大的计算量常常令现有的最先进的巨型并行机也无法承受; 因此, 二 (三) 维波动方程弹性参数反演的研究是现实的, 并成为最受数学界和地球物理学界广泛关注的研究领域之一. 事实上, 一维介质模型是不存在的, 它只是实际模型的一种十分粗略的近似. 绝大多数介质模型不是二维的就是三维的, 因而十分准确地模拟波在介质中传播特性的是二维乃至三维波动方程. 因此, 开展多维反演问题的研究就显得十分重要和完全必要. 虽然二维波动方程的模型假设离实际地下结构有一定距离, 但对二维波动方程反问题的研究, 一方面, 可以了解问题的性态, 对一般情况下反演问题的研究具有借鉴意义; 另一方面, 对构造数值反演算法 (比如多道地震数据反演的矩阵优化算法)、数值求解实际问题十分有益.

2. *位场数据反演*

重磁位场反问题具有多解性, 精确分离和定量识别深部异常体场源的位场异常信号是当前重要挑战. 重磁位场异常反演在数学上属于典型的不适定问题, 需要通过正则化手段引入先验信息约束来构建反演方程. 通过引入最新的具备稀疏模型约束、正则化参数估计和交叉梯度框架下的重磁反演及联合反演策略. 也可以在多源观测数据与多元模型空间之间通过充分融合, 结合贝叶斯推理, 进行同化反演.

近些年来, 基于超导量子干涉仪 SQUID 传感器的大力发展, 使得直接测得全张量磁梯度成为可能, 进而可以实现磁张量数据反演, 目前国际上已有学者对此做了一些非常有意义的工作, 其中包括中国 “深地资源探测仪器装备研发专项” 项目的低温 SQUID 传感器的研发, 完成单位是中国科学院地质与地球物理研究所和中国科学院上海微系统与信息技术研究所. 伴随航磁勘探技术的发展,三维磁场反演问题也面临三个重大挑战: 大规模的航磁勘探数据、大尺度勘探带来的大计算量以及由数据噪声和数据有限性造成的问题不适定性.

3. 电磁数据反演

电磁数据反演问题, 主要有以下两类:

(1) 航空电磁数据反演. 航空电磁数据的三维解释由于数据量大需要有高效的反演算法作为支撑. 基于两种目前主流的数值优化技术: 非线性共轭梯度法和有限内存的 BFGS 法 (L-BFGS), 可以实现三维频率域航空电磁反演, 大部分情况下, 这两种算法是有效的且运算效率较高. 在反演过程中, 为了更好地反演异常体的空间位置, 模型方差矩阵中的光滑系数在反演起始阶段取值较大; 当数据拟合差下降趋于平缓时, 再利用较小的光滑因子约束反演过程来实现聚焦和获得精确的反演结果. 理论数据反演表明这两种优化策略具有相似的内存需求, 但是 L-BFGS 技术比非线性共轭梯度法在计算时间和模型反演分辨率上具有一定的优越性, 因此 L-BFGS 法更适合于求解大规模三维反演问题. 模型试验进一步表明目前主流的迭代法求解技术不适合大规模航空电磁数据反演, 未来移动平台多源电磁数据快速正反演可通过引入矩阵分解技术来实现.

(2) 大地电磁数据反演. 大地电磁测深法自 20 世纪 50 年代提出以来, 经过多年发展, 已成为探测地壳上地幔电性结构的主要地球物理手段. 随着测量技术和观测手段的进步, 目前大地电磁法正向大规模数据的精细化处理和高维自动化正、反演方向发展, 不断增加的测点数、频带范围以及反演参数对现有正、反演算法的计算速度和可靠性等提出了新的要求. 其中复杂地电模型的快速精细化正、反演模拟计算已成为大地电磁测深法发展的瓶颈, 迫切需要发展高效、稳定的计算新技术.

4. 大规模灾害应急反演优化问题

近些年, 大规模灾害频繁发生, 中国南方暴风雪和汶川玉树大地震、日本福岛地震等各种灾害给人类造成了重大甚至是毁灭性打击, 给人类生存和社会发展构成了严重威胁. 在突发灾害时, 迅速高效确定应急物资的调配方案并第一时间展开救援, 能够最大程度挽救人民生命与财产损失, 因此构建科学的应急物资调度模型并优化求解, 以确定最佳应急决策方案的相关研究尤为迫切.

当前, 应急物资调度模型参数优化、多目标优化和智能算法研究领域已经有了很多研究成果. 比如在调度模型方面, 应急物资调度问题由单受灾点向多受灾点推广; 单资源调度向多资源调度推广; 应急物资一次性消耗向连续性消耗转变; 应急物资在多目标多阶段条件下的组合优化; 以运输时间为目标的多阶段应急物资动态分配; 震后初期应急物流系统中的选址–联运问题的双层规划及分阶段解码; 模糊需求下应急物资的需求分配与网络配流. 在多目标优化方面, 基于 Pareto 的多目标参数反演的优化设计; 使用拥挤距离进行非支配排序. 在智能优化方面, 形成人工蜂群算法性能对比分析、改进优化及应用方面的研究热潮.

5. 水资源优化反演问题

目前, 全球约有 14 亿人口缺乏安全清洁的饮用水, 据估测到 2025 年全球约有 23 亿人口将会面临水资源短缺问题. 因此, 水即将成为制约社会以及全球经济发展的瓶颈之一, 如何通过提高水资源的利用效率来缓解这一危机, 实现水资源的可持续利用, 不仅是 21 世纪中国水利工作者的首要任务, 也是摆在学术界面前的一个紧要问题. 为此, 人们不断地努力研究以寻求更有效的算法实现水资源的合理调度.

水资源调度管理的宗旨是实现水资源的优化配置, 其目的是落实水量分配方案和取水总量控制指标, 保障生产生活和生态合理用水需求, 实现人与自然和谐共处. 水资源调度管理对象为流域内各区域地表水、地下水和非传统水源, 需要进行不同水源参数的合理优化配置. 在调度类型上根据调度时间和紧迫性可分为常规水资源调度和应急水资源调度; 按照水资源调度的目的可分为防汛抗旱应急调度、生态用水调度和供水调度等; 根据调度影响区域也可分为流域内调度和跨流域调度.

水资源调度问题中的参数优化是解决水资源短缺的重要方法, 具有多目标、大规模和不确定性的特点. 近年来, 水资源进行优化调度的智能优化算法层出不穷, 比如应用遗传算法、多目标混沌遗传算法解决水库实时调度问题和水库规划设计问题, 建立涵盖社会效益、经济效益和环境效益的模型, 实现水资源的可持续发展. 但这些算法在水资源调度过程中仍然存在收敛速度慢、易陷入局部优化等问题. 建议引入差分算法与混沌遗传算法相结合, 构造双层结构来优化算法, 使水资源调度的综合效益达到最大.

此外, 河流中元素的预算研究需要对各种来源的元素进行量化, 例如, 大气输入 (如雨水、气溶胶)、人为输入 (如肥料、污水) 和三个主要岩石储层 (硅酸盐、碳、钠和硫化物矿物) 的风化作用. 这些因素主要影响河流的溶解负荷. 这需要求解下面的控制方程

$$\left(\frac{X}{\mathrm{Na}}\right)_{\mathrm{river}} = \sum_i \left(\frac{X}{\mathrm{Na}}\right)_i \alpha_i(\mathrm{Na}),$$

其中 X 可以是 Cl, Ca, Mg, HCO_3^- 和 Sr; i 表示雨水及硅酸盐、碳酸盐、蒸发岩和人类活动储层; α_i 指 Na 的混合比例且 $\sum_i \alpha_i = 1$. 在物理上, 每个 α_i 必须大于或等于 0. 在上述方程中, $(X)_i$ (对每个 i 而言) 在水文地球化学中被称为

河流的端元. 在极致情况下, 端元可以由所有化学元素的不同形式组成, 这种组成可以是无限的. 我们不知道最终端元是什么, 通常是以先验的方式给出的. 因此, 描述最终端元的值在实际水环境研究中非常重要. 这是一个反问题, 由于观测到的数据只能是有限的几组数据, 因此是一个高度不适定的反问题.

6. 水火风电系统短期多目标参数优化

水火风电短期联合调度是一类高维、非凸、非线性、强耦合并带有复杂约束条件的优化反演问题, 它包括了水电站的流量计划制定与火电厂出力分配两部分. 由于梯级水电站间紧密的水力联系和不同的调度类型, 火电机组数目较大且出力特性非凸并带有诸多限制, 整个调度问题的复杂约束相互耦合且动态变化, 因此处理该问题约束条件而得到可行最优解比较困难. 如何处理风电出力的不确定性, 建立全面实际的调度模型以及对模型进行高效求解是研究水火风多能源互补联合调度问题的关键.

大规模接入风电对电网系统的安全平稳运行带来很大影响, 增加了优化调度的难度. 根据灵活高效接入、调度和消纳大规模风电的要求, 实现风电与常规水火电能源互补联合调度, 开发风电功率预测技术, 测量和管理系统风电风险具有重要理论和实际意义. 鉴于其对电力系统经济优化运行的重要意义, 它一直受到国内外学者的广泛关注和研究.

7. 大规模岩土工程领域反问题的优化

随着科技的发展, 人类改造大自然的能力越来越强, 岩土工程的规模也越来越大. 反分析作为一种实用有效的分析方法已在岩土领域得到广泛应用, 并取得了许多可喜的成果. 反分析, 就是通过工程实体试验或施工监测岩土体实际表现性状所取得的数据, 反求某些岩土工程技术参数. 对数值反分析, 计算耗时庞大一直是困扰该方法的主要问题之一, 尤其是对于大规模精细数值计算而言. 虽然计算机硬件技术的发展, 在一定程度上降低了计算时间, 提高了计算精度, 但是仍远远满足不了实际工程的需要. 并行技术的发展及其在岩土工程中的应用, 给这类问题的解决带来新的方法与手段.

8. 大规模路网交通信号控制

近年来, 随着社会经济的不断发展, 日益恶化的城市交通状况及其引发的一系列问题引起了人们越来越广泛的关注. 实时信号控制比固定时间控制能更有效地缓解交通拥堵. 自 20 世纪 80 年代初以来, 研究者们已经开发了大量交通响应型城市控制系统来解决交通拥堵问题, 如 SCOOT、SCATS、OPAC 和 RHODES 系统. 以上提到的交通信号控制系统已成功地应用于世界各地. 然而大规模网络的复杂性, 使协调控制整个路网变得十分困难, 模型预测控制 (model predictive control, MPC) 方法有效地提升了大规模交通路网中的信号控制效率，引起了人们的高度重视. 该方法基于模型预测未来的交通状态, 并在线滚动优化交通系统的路网状态, 通过求解一个二次规划问题得出最优信号控制方案.

交通信号控制系统是一个典型的多变量、多约束、非线性的复杂大系统, MPC 方法在处理该类系统的控制问题时具有诸多优势. 然而, 当预测模型规模较大时, 滚动优化需要消耗大量的时间, 影响了 MPC 方法在一些状态快速变换的场景中的应用. 通过引入多参数优化方法, 将交通系统的优化控制问题归结为求解相应的数学规划问题, 用离线计算的方式来凸划分系统的状态区域并得到各个状态分区所对应的分段仿射最优显式控制, 通过在线查找状态分区表确定当前状态值所在的分区, 进而可以获得相应的最优控制律并通过线性计算实时获取信号控制方案.

23.3.2　分数阶反问题

分数阶导数是对某一个函数进行 α 阶求导, 其中 α 为任意实数, 包括整数、非整数、正数和负数, 分数阶导数是对整数阶导数的推广和拓展, 其中当 α 为负数时, 相当于对函数作$-\alpha$ 重积分. 分数阶微积分的概念的提出距今已有 300 多年历史, 早在 1695 年, 德国数学家 Leibniz 和法国数学家 L'Hospital 便在书信中讨论 1/2 阶导数的意义[53]. 但由于分数阶偏微分方程应用范围的局限性, 很长一段时间对它的研究仅限于理论数学领域, 从而一直发展缓慢. 分数阶微积分的研究热潮是在 20 世纪 70 年代, 主要原因是研究人员发现分形几何、幂律现象与记忆过程等相关现象或过程可以与分数阶微积分建立起密切的联系. 分数阶微积分可以作为一种很好的描述与刻画手段. 近年来, 分数阶微积分理论得到越来越多的关注和研究, 并在反常扩散、信号处理与控制、流体力学、图像处理、复杂黏弹性材料力学本构关系、生物医学和自然科学工程等诸多领域中取得重要成就[54].

分数阶导数与整数阶导数的不同是整数阶导数仅取决于函数当前时刻的状态, 与函数的历史状态无关, 为局部算子, 而分数阶导数依赖于函数过去时间的状态, 能较好地体现函数发展的历史依赖过程, 为非局部算子, 反映函数的非局部性质, 这使得分数阶导数非常适合构造具有记忆、遗传等效应的数学模型. 此外, 分数阶导数模型理论与实际情况更加相符, 使用较少几个参数就可获得很好的效果, 并且在描述复杂物理力学问题时, 与非线性模型比较, 分数阶模型的物理意义更清晰, 表述更简洁.

对于地球物理反问题, 传统的地震波数值模拟以及偏移和反演都基于完全弹性假设, 但实际的地下介质是黏弹性的, 地震波在黏弹性介质中传播会出现能量衰减和相位畸变的现象, 忽略介质的黏弹性, 会使得数值模拟和反演结果与实际存在差异, 无法得到地下真实地震波的传播情况和准确的构造位置, 研究黏弹性地震波的数值模拟方法, 有助于得到地下地震波的实际传播情况, 并且利用黏弹性波动方程进行偏移和反演, 可以有效地对成像结果进行振幅补偿, 使成像结果与实际地下地质情况更加接近.

目前, 黏弹性地震波模拟的方法有很多种. 比如在频率域中通过引入复速度实现黏弹性波场模拟, 但计算量巨大, 标准线性固体模型法 (SLS) 综合了 Maxwell 和 Kelvin-Voigt 模型, 但需要大量的内存和计算时间. 除了以上整数阶的方法, 分数阶波动方程可以更好地描述地震波在黏弹性介质中的振幅衰减和相位畸变, 利用应力–应变关系, 通过引入时间分数阶导数, 可以得到能够精确描述恒定 Q 行为的波动方程, 但内存消耗巨大. 为了减少内存的消耗, 可以考虑用分数阶拉普拉斯算子来模拟不规则的衰减行为. 此外, 也可以将振幅衰减和速度频散用独立的两个分数阶拉普拉斯算子来表示, 得到新的波动方程, 分开的振幅衰减项和频散项有利于在反问题中对衰减损失进行补偿.

由于地震波的衰减, 深部逆时偏移成像 (RTM) 往往精度差、振幅弱, 最小二乘逆时偏移 (LSRTM) 和全波形反演 (FWI) 也会由于振幅的衰减而收敛速度慢. Zhu 等[55] 基于解耦的分数阶拉普拉斯波动方程提出了补偿衰减的逆时偏移成像方法 (Q-RTM). 此外, 还可以考虑将解耦的分数阶拉普拉斯方程通过低秩一步波场外推并进行补偿衰减的偏移反演迭代, 从而得到振幅更准确, 成像精度更高的结果.

2018 年自然资源部公布了《自然资源科技创新发展规划纲要》, 其中强调了深地资源探测, 特别是天然气水合物探测的重要性. 由于地震波的纵向高分辨率特性, 根据孔隙介质理论建立水合物岩石物理模型 (比如, 不同参数的水合物水平层状模型), 分析地震响应特征, 最后根据水合物的成藏模式, 建立一个与地质情况接近的水合物成藏区的复杂模型, 用分数阶的方法对复杂模型进行正演计算, 对结果进行分析. 进一步可以利用模拟数据进行 Q 补偿的 RTM、FWI 反演, 并最终用于实际天然气水合物地震数据的勘探.

23.4 未来发展重点与建议

23.4.1 理论反问题的发展重点

我们知道存在性、唯一性和稳定性三者之一不满足就称为不适定性问题, 在实际生产中往往面临众多不适定问题, 这就需要充分利用各种先验信息对问题作适当形式的转换; 同时受反问题中非线性问题的困扰, 需要反复正反演迭代求解, 这将导致巨大的计算量. 因而在反问题的发展中, 我们应该从实际应用出发,充分研究问题的性质和特点, 构造出精巧、快读的算法以适应生产的需求.

从反演理论和方法来看, 反问题是在自然科学、社会科学和工程技术的背景下应运而生的交叉性学科, 跳出反问题的传统数理方程研究, 在大数据的科学管理下, 我们需要新的切入点, 将云计算、智能计算和量子计算等技术应用到反问题中, 研究复杂度可降、精度可控的大数据统计分析算法.

从近年来的科学发展来看, 反问题的理论和方法固然重要, 但是如何把理论应用到数学、物理、地学和大气科学、医学等实际问题中, 才能实现研究的价值和意义. 例如, 对于地学、遥感和大气领域, 基于参数反演的核驱动模型, 发展基于统计的反演方法; 发展基于海陆空三位一体的反演方法; 发展基于重、磁、电、震、测井、放射性六位一体的联合反演方法. 将不同尺度的数据变分同化, 引入其他度量函数, 比如 Wasserstein 度量, 结合正则化和最优化理论, 充分利用先验信息降低反演的多解性, 提高反演精度, 实现反演最优解, 解决实际问题.

模型驱动与数据驱动融合的反问题, 也是未来的研究重点. 单纯的数据驱动只能解决一部分以特征识别为主的问题 (比如绕射、断层、高阻等地质特征); 数据驱动如何融合到模型驱动中, 并研究混合模型的优化反演问题, 是十分值得关注的. 其中用的一个关键的工具就是机器学习.

机器学习过程可以看成一类特殊的反问题的求解过程. 在机器学习的最优化过程中, 最突出的挑战是问题的病态性. 在深度神经网络中尤为明显, 病态体现在随机梯度下降会 “卡” 在某些情况, 此时即使很小的更新步长也会增加代价函数. 并且尽管机器学习的很多方法都存在病态问题, 但是有些适用于其他情况的解决病态的技术并不适用于神经网络. 例如, 牛顿法在解决带有病态条件的黑塞矩阵的凸优化问题时, 是一个非常优秀的工具, 但针对神经网络的优化问题时牛顿法还需要进行很大的改动.

深度学习面临的大多都是非凸优化问题, 对于非凸函数时, 有可能会存在多个局部极小值. 事实上, 几乎所有的深度模型都会有非常多的局部极小值, 并且这些局部极小值并非是非凸性带来的问题. 由于深度神经网络的模型不可辨识性, 神经网络代价函数具有非常多, 甚至不可数无限多的局部极小值, 且这些极小值具有相同的代价函数值, 使得深度模型的局部极小值问题更为复杂.

在机器学习中高维非凸优化问题, 还有一种相对局部极值点更为常见的梯度为零的点: 鞍点. 在鞍点处, 黑塞矩阵同时具有正负特征值. 位于正特征值对应的特征向量方向的点比鞍点有更大的代价, 反之, 位于负特征值对应的特征向量方向的点有更小的代价. 多类随机函数表现出以下性质: 低维空间中, 局部极小值很普遍. 在更高维空间中, 局部极小值很罕见, 而鞍点则很常见. 众多学者经过理论证明以及实验表明, 实际应用的神经网络中包含很多高代价鞍点的损失函数.

除了局部极值和鞍点, 还存在其他梯度为零的点. 例如, 恒值的、宽且平坦的区域. 在这些区域, 梯度和黑塞矩阵都是零. 这种退化的情形是所有数值优化算法的主要问题. 在凸问题中, 一个宽而平坦的区间肯定包含全局极小值, 但是对于一般的优化问题而言, 这样的区域可能会对应着目标函数中一个较高的值.

深度学习的网络层数太多, 在进行反向传播时根据链式法则, 要连乘每一层梯度值, 每一层的梯度值是由非线性函数的导数以及本层的权重相乘得到的, 这样非线性的导数的大小和初始化权重的大小会直接影响是否发生梯度弥散消失或者梯度爆炸. 梯度消失使得我们难以知道参数朝哪个方向移动能够改进代价函数, 而梯度爆炸会使得学习不稳定. 在前面的层上的梯度是来自后面的层上项的乘积, 当存在过多的层次时, 就出现了内在本质上的不稳定场景, 深度神经网络的最优化问题受限于这样的不稳定梯度问题. 此外, 大多数优化算法的先决条件都是我们知道精确的梯度或是黑塞矩阵, 但是大多数深度学习算法都需要基于采样, 或小批量训练样本来计算梯度, 通常这些估计是会有噪声的, 甚至是有偏的估计, 这就使得深度学习中的最优化问题很难真正达到原始问题要求的最优解.

一些理论结果仅适用于神经网络的单元输出离散值的情况. 然而, 大多数神经网络单元输出光滑的连续值, 使得局部搜索求解优化可行. 一些理论结果表明, 存在某类问题是不可解的, 但很难判断一个特定问题是否属于该类. 其他结果表明, 寻找给定规模的网络的一个可行解是很困难的, 但在实际情况中, 我们通过设置更多参数, 使用更大的网络, 能轻松找到可接受的解. 此外, 在神经网络训练中, 我们通常不关注某个函数的精确极小点, 而只关注将其值下降到足够小以获得一个良好的泛化误差. 对优化算法是否能完成此目标进行理论分析是非常困难的. 因此, 研究优化算法更现实的性能上界仍然是学术界的一个重要目标.

23.4.2 应用反问题的发展重点

1. 图像处理中的反问题

数字图像处理是当前众多学者们广泛而深入研究的一门交叉性学科, 具有深厚的数学背景, 具体包括: 图像去噪、图像恢复、图像修补、图像压缩、图像超分辨率等诸多专题, 在工业、工程、医疗、生物医学、航空、航天、军事等各领域中得到了广泛的应用. 图像过完备稀疏表示作为一种新兴的图像模型, 能够用尽可能简洁稀疏的方式表示图像, 表示系数中较少的非零分量揭示图像信号的主要结构与本质属性, 并且冗余系统能够对噪声与误差更为稳健, 从而给图像处理带来更大的便利. 基于稀疏约束的图像处理方法是当前国际上的研究热点问题, 主要集中于稀疏表示字典的设计、稀疏优化分解算法以及稀疏表示模型在图像处理中的应用等方面, 尽管取得了一定的成果, 仍有很多重点与难点问题亟待解决.

2. 小尺度成像反问题

医学成像被认为是反问题在实践应用中发展最快的领域之一, 它提供了毫米量级的高分辨率重建图像. 较为成熟的医学成像检测技术有: X 射线层析成像、核磁共振成像、光学相干层析成像和超声成像等. 近年来新出现的光声成像技术有机地结合了光学成像和声学成像的优点, 可以提供深层组织的高分辨率和高对比度的组织图像, 具有高光学对比度和大超声成像深度等优点, 其可实现跨分子、细胞、组织和器官多个尺度的成像, 且能够获得相应的分辨率, 在医学成像领域中具有广阔的应用前景. 图像重建算法为光声成像系统的后期处理环节, 成像质量的好坏在一定程度上依靠于算法的优化. 光声图像重建算法主要可分为三种: 滤波反投影算法、基于傅里叶变换的反卷积算法和迭代重建算法, 它们都存在许多不足之处. 图像重建算法仍需进一步研究, 高对比度、高分辨率、全角度、三维或多维、实时的光声图像重构算法将是今后的主流研究方向.

此外, 随着观测手段的进步, 基于同步辐射光源的微–纳米成像反演、散裂中子源成像等问题相继被提出, 这些技术手段已经开始在非常规油气勘查 (比如页岩气、天然气水合物) 中得到应用.

3. 固体地球物理中的多种、多类型数据联合反问题

固体地球物理中的反问题依据场源的不同分为重力反演、磁法反演、电法反演以及地震反演等. 地球物理反演是利用观测数据恢复地下地质结构和岩石性质的方法. 单一数据源的地球物理反演具有内在的非唯一性, 主要原因包括: 源的等效性、观测的有限性以及模型的简化[56]. 单一数据源的地球物理反演方法由于其本身技术的限制, 导出的模型仅是真实模型的部分反映. 联合反演则提供了这样一种数据融合方式, 即将每种类型数据的误差和计算程序结合在一起同时约束反演, 以驱使模型拟合度达到最佳. 因此, 综合多种地球物理数据的联合反演已经成为反演方法发展的必然趋势. 比如, 位场数据与地震波场数据以及电磁场数据的联合反演等是深部资源探测的重要研究方向. 交叉梯度法在联合反演中得到了很好的应用, 图 23.3 为交叉梯度理论模型结果显示.

4. 数据同化

数据同化是指在考虑数据时空分布的基础上, 在数值模拟的动态运行过程

中融合新的观测数据的方法. 数据同化最初应用于数值天气预报, 目前得到了非常广泛的应用, 如全球环境变化、海洋生态系统模拟、作物生长等. 同化算法是连接模拟结果与观测数据的核心部分, 同化算法主要有: ① 变分算法; ② 滤波算法 (如集合卡尔曼滤波、粒子滤波等); ③ 优化算法 (如混合型混合演化算法、粒子群算法等). 粒子滤波算法和粒子群算法在近几年的研究中得到了较好的应用, 需要重点研究, 同时可以考虑将不同的算法结合使用改善同化效果.

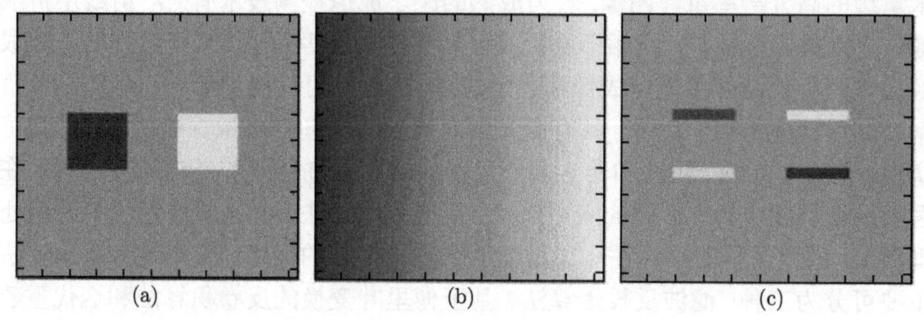

图 23.3 同一目标地质体的交叉梯度响应: (a) 埋深同一深度的两个地质体模型; (b) 横向变化地质体模型; (c) 上述两个模型的交叉梯度结果

23.4.3 大数据与人工智能领域中反问题的优化算法发展重点

大数据分析的目的是通过观测、智能仿真与优化做出智能预测. 大数据分析的本质是求解不适定的反问题, 基本特征是解的不确定性及计算过程的不稳定性, 人工智能是大数据分析的重要手段. 目前的人工智能还只是弱人工智能, 通过机器学习的方法予以实现. 数学优化方法是机器学习的基础支柱之一, 几乎触及了学科的每个方面, 在机器学习过去二十年经历的发展中发挥了不可或缺的作用. 在大数据的背景下, 需要处理的数据量巨大, 随机梯度下降法实现简单, 计算效率高, 是一般机器学习中应用最多的优化算法, 特别是在深度学习中. Robbins 和 Monro 的随机梯度 (SG) 法起到了主导作用. 实际上, 人们已经广泛认识到 SG 虽然有很多优点, 但却不是新兴计算机架构的最佳方法. 但是, 随机梯度迭代难以并行, 并且在分布式计算环境中节点之间过度通信, 因此需要研究新的优化算法. 二阶近似法 (如随机拟牛顿法、高斯–牛顿法等) 和小批量梯度下降法 (即随机梯度和常规梯度相结合) 具有较高的收敛速度, 能够克服高度非线性和病态的不利影响, 并以新的方式开发并行和分布式体系结构, 因此需要重点研究.

上述谈论的基于降噪和二阶技术的方法, 可以提高收敛速度, 克服高非线性和病态性, 以及没有提及的基于拉格朗日乘子法的交替方向法 (ADMM)[57–58]

和期望最大化 (EM) 方法及其变体[59,60], 这些方法有可能在下一代机器学习优化方法中与 SG 方法相媲美.

目前, 在各类神经网络架构中, 很多研究涵盖了机器学习优化的许多核心算法框架, 对实际性能影响最大的是算法的理论保证, 而机器学习中理论基础的缺失正是限制机器学习向更深一步发展的关键所在. 此外, 对于大数据分析而言, 数据驱动只能解决一部分以特征识别为主的问题; 对于有的学科, 比如地球科学, 多元、多属性、多尺度地学数据的确满足大数据的所有特征, 但是, 地学特别是固体地球科学数据不是标签大数据 (数据的确大而广，但真实信息少), 因而完全的基于机器学习的数据驱动不能达到对地学信息的完整刻画, 数据驱动如何融合到模型驱动中, 并研究泛化能力强的算法，也是十分值得关注的问题.

最后，我们想指出反问题的求解要求的是算法的高效性、高可靠性和高准确性; 基于数学优化的机器学习的确是一种高效的实现手段. 随着机器学习已经取得的巨大成功和实际贡献, 数学优化有望继续对快速增长的机器学习领域产生深远的影响.

参 考 文 献

[1] 张关泉. 数理方程反演问题. 北京: 中国科学院计算中心, 1987.

[2] Groetsch C W. Inverse problems in the mathematical science. Wiesbaden Vieweg: Bruanschweig, 1993.

[3] 黄光远, 刘小军. 数学物理反问题. 济南: 山东科学技术出版社, 1993.

[4] Engl H W, Hanke M, Neubuaer A. Regularization of Inverse Problem. Dordrecht: Kluwer, 1996.

[5] 王彦飞. 反演问题的计算方法及其应用. 北京: 高等教育出版社, 2007.

[6] 王彦飞, 斯捷潘诺娃 I E, 提塔连科 V N, 等. 地球物理数值反演问题. 北京: 高等教育出版社, 2011.

[7] 吉洪诺夫, 阿尔先宁. 不适定问题的解法. 北京: 地质出版社, 1979.

[8] Tikhonov A N. Inverse and Improperly Posed Problems (Collection of Scientific Works in Ten Volumes, Vol. III). Moscow: Nauka, 2009.

[9] Landweber L. An iteration formula for Fredholm integral equations of the first kind. American Journal of Mathematics, 1951, 73(3): 615-624.

[10] Fridman V M. Method of successive approximations for a Fredholm integral equation of the 1st kind. Uspekhi Mat. Nauk., 1956, 28(1): 233-234.

[11] Nashed M Z, Votruba G F. A unified operator theory of generalized inverses. Generalized Inverses and Applications, 1976: 1-109.

[12] Kirsch A. An Introduction to The Mathematical Theory of Inverse Problems. New York: Springer-Verlag, 1996.

[13] King J T. Multilevel Algorithms for Ill-posed Problems. Numerische Mathematik, 1992, 61(1): 311-334.

[14] Scherzer O, Engl H W, Kunisch K. Optimal a posteriori parameter choice for Tikhonov regularization for solving nonlinear ill-posed problems. SIAM Journal on Numerical Analysis, 1993, 30(6): 1796-1838.

[15] Hettlich F. The Landweber iteration applied to inverse conductive scattering problems. Inverse Problems, 1998, 14(4): 931-947.

[16] Tautenhahn U, Jin Q. Tikhonov regularization and a posteriori rules for solving nonlinear ill posed problems. Inverse Problems, 2003, 19(1): 1-21.

[17] Hein T, Kazimierski K S. Accelerated Landweber iteration in Banach spaces. Inverse Problems, 2010, 26(26): 1037-1050.

[18] Leitão A, Alves M M. On Landweber - Kaczmarz methods for regularizing systems of ill-posed equations in Banach spaces. Inverse Problems, 2012, 28(10): 104008.

[19] Kaltenbacher B. Some Newton-type methods for the regularization of nonlinear ill-posed problems. Inverse Problems, 1997, 13(3): 729-753.

[20] Kangro I, Kangro R, Vaarmann O. Some approximate Gauss-Newton-type methods for nonlinear ill-posed problems. Proceedings of the Estonian Academy of Sciences, 2013, 62(4): 227-237.

[21] Pradeep D, Rajan M P. A regularized iterative scheme for solving nonlinear ill-posed problems. Numerical Functional Analysis and Optimization, 2016, 37(3): 342-362.

[22] 肖庭延, 于慎根, 王彦飞. 反问题的数值解法. 北京: 科学出版社, 2003.

[23] Bauer F, Pereverzev S, Rosasco L. On regularization algorithms in learning theory. Journal of Complexity, 2007, 23(1): 52-72.

[24] Blanchard G, Mücke N. Optimal rates for regularization of statistical inverse learning problems. Foundations of Computational Mathematics, 2018, 18(4): 971-1013.

[25] 冯康. 数学物理中的反问题. 北京: 中国科学院计算中心, 1985(亦见《冯康文集》, 科学出版社).

[26] 栾文贵. 地球物理中的反问题. 北京: 科学出版社, 1989.

[27] Wang Y F, Yuan Y X. Convergence and regularity of trust region methods for nonlinear ill-posed inverse problems. Inverse Problems, 2005, 21: 821-838.

[28] Wang L P, Wang Y F. A joint matrix minimization approach for seismic wavefield Recovery. Scientific Reports, 2018, 8: 2188.

[29] Hinton G E , Salakhutdinov R R. Reducing the dimensionality of data with neural networks. Science, 2006, 313(5786): 504-507.

[30] Robbins H, Monro S. A stochastic approximation method. The Annals of Mathe-

matical Statistics, 1951, 22: 400-407.

[31] Rumelhart D E, Hinton G E, Williams R J. Learning representations by backpropagating errors. Nature, 1986, 323: 533-536.

[32] Shapiro A, Homem-De-Mello T. A simulation-based approach to two-stage stochastic programming with recourse. Math. Prog., 1998, 81: 301-325.

[33] Friedlander M P, Schmidt M. Hybrid deterministic-stochastic methods for data fitting. SIAM Journal on Scientific Computing, 2012, 34(3): A1380-A1405.

[34] Byrd H R, Chin G M, Nocedal J, et al. Sample size selection in optimization methods for machine learning. Mathematical programming, 2012, 134(1): 127-155.

[35] Bertsekas D. Nonlinear Programming. Belmont: Athena Scientific, 1995.

[36] Defazio A, Bach F, Lacoste-Julien S. SAGA: A fast incremental gradient method with support for non-strongly convex composite objectives. Advances in Neural Information Processing Systems, 2014, 27: 1646-1654.

[37] Polyak B T. Comparison of the convergence rates for single-step and multi-step optimization algorithms in the presence of noise. Engineering Cybernetics, 1977, 15: 6-10.

[38] Nemirovski A S, Rudin D B. On Cezari's convergence of the steepest descent method for approximating saddle point of convex-concave functions. Soviet Mathematics-Doklady, 1978.

[39] Nesterov Y. A method of solving a convex programming problem with convergence rate $O(1/k^2)$. Soviet Mathematics Doklady, 1983, 27: 372-376.

[40] Polyak B T , Juditsky A B. Acceleration of stochastic approximation by averaging. SIAM Journal on Control and Optimization, 1992, 30: 838-855.

[41] Nemirovski A, Juditsky A, Lan G, et al. Robust stochastic approximation approach to stochastic programming. SIAM Journal on Optimization, 2009, 19: 1574-1609.

[42] Nesterov Y. Primal-dual subgradient methods for convex problems. Mathematical Programming, 2009, 120: 221-259.

[43] Becker S, LeCun Y. Improving the convergence of back-propagation learning with second-order methods. Proceedings of the 1988 Connectionist Models Summer School, CA: Morgan Kaufmann, 1988: 29-37.

[44] Nocedal J, Wright S J. Numerical Optimization. 2nd ed. New York: Springer, 2006.

[45] Schraudolph N N, Yu J, Gunter S. A stochastic Quasi-Newton method for online convex optimization. International Conference on Artificial Intelligence and Statistics, Society for Artificial Intelligence and Statistics, 2007: 436-443.

[46] Amari S, Nagaoka H. Methods of Information Geometry. American Mathematical Society, 1997.

[47] Polyak B T. Some methods of speeding up the convergence of iteration methods.

USSR Computational Mathematics and Mathematical Physics, 1964, 4(5): 1-17.
[48] Powell M J D. On search directions for minimization algorithms. Math. Program., 1973, 4: 193-201.
[49] Jacobs R A. Increased rates of convergence through learning rate adaptation. Neural networks, 1998, 1(4): 295-307.
[50] Daubechies I, Defrise M, De Mol C. An iterative thresholding algorithm for linear inverse problems with a sparsity constraint. Communications on Pure and Applied Mathematics, 2004, 58: 1413-1457.
[51] 杨文采. 非线性波动方程地震反演的方法原理及问题. 地球物理学进展, 1992, 7(1): 9-19.
[52] Tarantola A, Noble M, Barnes C, et al. Recent advances in nonlinear inversion of Seismic data. 62th SEG meeting, Expanded Abstracts, 1992: 786-787.
[53] 郭柏灵, 蒲学科, 黄凤辉. 分数阶偏微分方程及其数值解. 北京: 科学出版社, 2011.
[54] Cheng J, Nakagawa J, Yamamoto M, et al. Uniqueness in an inverse problem for a one-dimensional fractional diffusion equation. Inverse Problems, 2009, 25: 115002.
[55] Zhu T, Harris J M, Biondi B. Q-compensated reverse-time migration. Geophysics, 2014, 79(3): S77-S87.
[56] 刘光鼎. 地球物理通论. 北京: 科学出版社，2019.
[57] Gabay D, Mercier B. A dual algorithm for the solution of nonlinear variational problems via finite element approximation. Computers and Mathematics with Applications, 1976, 2: 17-40.
[58] Glowinski R, Marrocco A. Sur l'approximation, par elements finis d éordre un, et la resolution, par penalisation-dualité, d'une classe de problems de Dirichlet non lineares. RevueFrancaise d'Automatique, Informatique, et Recherche Opérationalle, 1975, 9(R2): 41-76.
[59] Dempster A P, Laird N M, Rubin D B. Maximum likelihood from incomplete data via the EM algorithm. Journal of the Royal Statistical Society Series B (Methodological), 1997, 39: 1-38.
[60] Wu C F J. On the convergence properties of the EM algorithm. The Annals of Statistics, 1983, 11: 95-103.

第 24 章 电力系统中的优化问题

24.1 概　　述

电力系统是由发电、输电、配电和用电等环节组成的电能生产与消费系统, 其功能是将自然界的一次能源通过发电动力装置转化成电能, 经由输变环节将电能供应到各用户. 电力系统作为能源行业的基础设施, 其安全、经济、高效、环保运行对经济社会可持续发展具有重大意义. 然而, 1987 年的日本、2003 年的美国和加拿大、2005 年的莫斯科、2009 年的里约热内卢等, 几乎所有的国际大都市无一幸免遭遇过史无前例的电力 “完全大瘫痪”, 造成了社会的混乱, 在经济上也蒙受了巨大的损失. 尤其是 2003 年的美加大停电, 造成美国八个州以及加拿大安大略省的电力供应中断, 据统计受影响的用户约有 1000 万加拿大居民 (约占加拿大总人口三分之一), 以及 4000 万美国居民, 累计损失负荷 6180 万千瓦, 日经济损失可达 300 亿美元.

造成这些恶性大停电事故的原因, 一是由电力系统设备老化、电网基础设施落后、电力输入不足等引起的故障连锁反应; 二是信息交互不通畅、保护控制不完善、缺少统一的调度指挥等管理制度存在一定的缺陷; 三是电力优化问题的分析与研究未能引起足够的重视, 电力投资、电网建设方面没有得到科学和合理的规划, 特别是缺乏对现有不合理网络结构的优化调整. 对于电力系统运行方面, 制定的输电网和配电网运行方式往往未得到优化论证, 电力系统处于非安全运行状态的边缘. 针对这些问题, 有效的解决措施就是针对电力系统各个环节进行优化分析, 使整个电网时刻处于安全可靠和经济高效的运行状态. 因此, 系统地阐述电力优化基本问题, 并将数学优化理论与方法应用于电力系统各领域中, 着力解决现时和未来电网发展中的专业技术问题等, 具有重大的理论意义和工程实用价值. 一般地, 电力系统中的优化问题主要涉及电力规划、电力优化运行、电力最优控制三个方面.

电力优化问题分类为以下三类

1. 电力系统规划

电力系统是能源系统中一个重要的子系统, 其发展受到未来电力负荷增长、一次能源供应及电力技术设备和国家财力的直接影响. 电力系统规划是在国家计划经济及能源政策指导下, 综合考虑一次能源, 如煤、石油、天然气、水能和核能等的有效利用和相互协调, 以及能源与非能源部门在供求及投资需求之间的对策[1, 2], 电力规划对系统未来运行的稳定性、经济性、电能质量和发展产生直接影响[1]. 电力系统规划主要分为电源规划和电网规划.

电力系统规划的数学模型一般可表示为

$$\begin{aligned} \min \quad & f(x,u), \\ \text{s.t.} \quad & g(x,u) \geqslant 0, \\ & h(x,u) = 0, \end{aligned}$$

式中, x 为状态变量, 通常表示网络或电气设备的运行状态; u 为控制变量, 一般为新增机组或线路的数量及容量. 从电源规划角度考虑, 目标函数 $\min f(x,u)$ 一般为电源总投资费用最小, 包括投资成本和运行成本; 约束条件包括电力、电量平衡和可靠性约束等. 从电网规划角度看, 目标函数 $\min f(x,u)$, 通常考虑网络投资和运行费用最小化, 约束条件为满足系统能量供需平衡及安全运行的要求.

(1) **电源规划** 其任务是根据某一时期的负荷需求预测, 在满足一定可靠性水平下寻求最经济的电源开发方案, 需要确定何时在何处投建何种类型多大容量的发电机组. 电源规划不但对电力工业的发展有重大影响, 而且也涉及巨额投资支出. 系统工程、运筹学的发展和电子计算机应用促进了电源规划的研究, 已经出现了一批比较成熟的电源规划模型[3]. 数学上电源规划模型具有高维度、非线性和随机性的特点[4]. 一是电源规划需要处理各种类型的发电机组, 并要考虑相当长时期 (远景规划可达 30 年以上) 系统电源的冗余和过剩问题, 由此导致规划中决策变量数过高, 难以直接应用运筹学中的典型算法[5]. 二是发电机组的投资现值和年运行费用都不是相关决策变量的线性函数, 且系统可靠性约束等也呈现非线性特性. 因此, 电源规划的数学模型是一个高维非线性问题, 模型求解上具有较大困难. 三是电源规划所需的基础数据, 如负荷预测数据、燃料和设备的价格、贴现率等都含有不确定因素, 使电源规划问题具有明显的随机特性, 实际研究时需要考虑系列灵敏度分析. 这些特征增加了电源规划数学问题的复杂程度和计算难度, 计算时往往需要采用一些简化方法.

(2) **电网规划**　其主要任务是根据规划期间的负荷增长及电源规划方案确定相应的最佳电网结构, 以满足经济可靠的输送电力要求. 电网规划不仅要考虑最优的目标要求, 还需要考虑网络的拓扑结构和电网规划的约束条件, 因此电网规划的数学模型中约束条件涉及非线性方程和微分方程. 在电网规划中, 实施过程通常分为方案形成和方案校验两个阶段. 方案形成阶段主要是根据输电线路传输容量, 确定出满足电力输送要求且费用较小的一个或几个方案; 方案校验阶段的任务是对已经形成的方案进行全面的技术经济分析, 包括电力系统潮流、稳定性、短路容量、可靠性及经济性, 最后确定最优方案[6].

2. 电力系统优化运行

电力系统优化运行是指在保证安全稳定和可靠性前提下, 通过选择决策变量使系统运行达到设定的最优目标. 电力系统优化运行主要涉及最优潮流、经济调度和机组组合问题, 例如, 以发电总耗量成本最小化为目标的交流网络最优潮流模型可以表述为

$$
\begin{aligned}
\min \quad & \sum_{n\in S_G}(a_{2i}P_{Gi}^2+a_{1i}P_{Gi}+a_{0i}),\\
\text{s.t.} \quad & P_{Gi}-P_{0i}-V_i\sum_{j=1}^{n}V_j(G_{ij}\cos\Theta_{ij}+B_{ij}\sin\Theta_{ij})=0,\\
& Q_{Gi}-Q_{0i}-V_i\sum_{j=1}^{n}V_j(G_{ij}\cos\Theta_{ij}-B_{ij}\sin\Theta_{ij})=0,\\
& P_{Gi}^{\min}\leqslant P_{Gi}\leqslant P_{Gi}^{\max},\\
& Q_{Gi}^{\min}\leqslant Q_{Gi}\leqslant Q_{Gi}^{\max},\\
& V_i^{\min}\leqslant V_i\leqslant V_i^{\max},
\end{aligned}
$$

式中, P_{Gi}, Q_{Gi} 分别为第 i 台发电机的有功出力和无功出力, a_{2i}, a_{1i} 和 a_{0i} 为耗量特性曲线参数, P_{0i}, Q_{0i} 为节点 i 的有功负荷和无功负荷, V_i, Θ_i 为节点 i 的电压幅值和相角, G_{ij}, B_{ij} 为节点导纳矩阵第 i 行第 j 列元素的实部与虚部, 其中带 “min” 与 “max” 上标的量表示该量的下界与上界，为系统设定值. 约束条件包括节点功率平衡、电源出力约束、节点电压约束等.

(1) **最优潮流**　是在满足网络各节点功率平衡及各种安全指标的约束下, 通过决策系统控制参数 (如传统机组功率输出), 实现目标函数 (如成本) 最小化. 通常最优潮流分为有功优化和无功优化两种, 其中有功优化目标函数是发电费用或发电耗量, 无功优化的目标函数是全网的网损[7]. 最优潮流同时考虑网络的安全性和经济性, 在电力系统的安全运行、经济调度、电网规划、复杂电力系统的可靠性分析、传输阻塞的经济控制等方面得到广泛的应用.

数学上最优潮流问题是典型的含等式约束和非等式约束的非线性规划问题，各类优化算法在最优潮流中有广泛的应用. 最优潮流的计算所遭受的困难是高维度和高非线性的困难. 实际问题的求解中，通常需要结合系统的特征建立算法，如根据有功与电流、无功与电压之间的耦合关系，提出的优化解耦方法被有效运用，分析结果显示其良好的计算性能[8].

(2) **经济调度** 是指在满足安全和电能质量的前提下，合理利用能源和设备，在保障用户可靠供电条件下发电成本或燃料费用最小化[9].

在电力市场化环境下，经济调度模型也有了更多的表现形式. 由于存在从原材料供给到电能供应和购买多主体特征，其分层结构是电力系统经济调度的重要特征之一. 作为描述层级优化的典型优化模型——双层优化和多层优化[10]，是系统优化决策描述的有效数学方法. 经济调度问题与时间序列相关，通常需要对时间序列 (或者是时间区间) 的多个节点做出决策[11,12]，由此形成了系统分析中的多阶段或动态优化问题.

(3) **机组组合** 是根据负荷情况，优化地选定各时段参加运行的机组，求出各机组最优运行方案，即对某一给定负荷值确定相应的机组启停方案. 数学问题为包含离散变量 (如机组启停状态) 和连续变量 (如机组发电功率) 的高维、离散、非凸的动态混合整数非线性优化问题，机组组合为 NP-难问题[13]. 当系统的规模较大时，要从理论上求得该问题的精确最优解相当困难，智能算法在机组组合优化问题中被广泛采用，计算结果显示了智能算法对复杂的系统优化的计算效果，其中遗传算法被认为是解决机组优化组合的较好的算法之一[14].

现代电力系统机组组合研究中结合了两个重要方面. 其一是环境问题，电力行业是节能减排的重点行业，在考虑电力运行优化时，不仅要考虑其运行成本 (如机组的发电成本)，同时要考虑能源消耗量和污染物的排放量. 针对近些年发展迅速的清洁能源，如风能，其装机容量得到了大幅提高，但是风电具有较强的随机性和间歇性，对其进行随机机组组合建模时会遇到一些困难. 现阶段在该领域的研究思路是将其表述为含有随机变量的多目标优化问题[15]，或是采用鲁棒优化方法[16]. 目前分布鲁棒优化方法已成为电力优化的应用研究热点，可较好地解决新能源入网后的优化决策问题[17,18]. 其二是电力市场化改革的纵深推进，结合系统的物理特征，经济学中的一些优化决策方法被广泛地运用于电力市场化环境下的管理与优化决策，如风险管理方法中的均值–方差、VaR 和 CVaR 等被有效地应用于电力优化中，为电力市场化改革下的电力优化提供了科学方法[19]，推进了随机优化理论和方法的发展与应用.

3. 电力系统优化控制

电力系统优化控制　涉及系统稳定性及可靠性的优化问题, 其研究主要经历四个阶段: 第一阶段是古典控制, 是复数域或控制的单输入和单输出系统, 以拉普拉斯变换和传递函数进行控制建模和分析. 第二阶段是现代控制, 是状态空间建模与线性代数方法的结合. 电力系统发展到一定的程度, 特别是输入控制变量与输出因变量都相当多, 发电机组的控制最初采用这种方法. 第三阶段是非线性控制, 随着电力系统的发展, 庞大的电力系统网架结构中大量存在的相互作用是非线性的. 第四阶段是人工智能控制, 就是延伸计算机的计算功能, 使其能尽量模仿人类大脑的求解、感知、学习、推理和执行等功能, 包括专家系统、模糊逻辑、退火模拟法、基因算法等方法.

24.2　发展历程

24.2.1　电力规划

(1) **电源规划**　国际上从 20 世纪 60 年代开始了电源规划的相关研究, 并开发了各具特色的多类电源规划优化程序. 早期应用比较广泛的是 WASP(wien automatic system planning package) 软件包[20]. 国际原子能机构在 2000 年发布了基于 Windows 操作系统的 WASP-IV 软件包, 此外还有通用电气公司开发的发电规划程序包, 美国麻省理工学院研制的电力系统发电容量扩建分析系统模型, 法国电力公司研制的国家投资模型等. 我国开发了基于发电厂优化的 JASP(jiaotong automatic system planning) 软件包[21], 该优化模型考虑了电源地理分布, 并能够进行区域间电力电量平衡.

随着新能源技术的迅速发展, 分布式电源并网对电网造成的影响不可忽视, 导致传统的以单目标规划为主的电源规划方式不再适应电力系统的新环境. 因此, 在制订分布式电源规划时需要考虑的因素越来越多, 如收益、成本、可靠性等, 使得电源规划问题从单目标问题拓展为考虑电压质量、可靠性和环境等多方面因素的多目标优化问题, 如在不确定环境下, 考虑年综合费用最小和配电网运行风险最小为优化目标的分布式电源多目标规划模型[22].

(2) **电网规划**　目前电网规划采用的优化方法分为启发式方法和数学规划方法两类. 启发式方法是以直观分析为依据的算法, 研究人员根据经验和计算分析给出一个较好的设计方案, 在可接受的条件下给出优化问题的可行解, 但此可行解与最优解的偏离程度一般不能被估计. 现阶段的启发式方法主要有蚁群算法、模拟退火法、神经网络等. 数学规划方法就是将电网规划的设计要求构建为线性或非线性优化模型，通过一定的优化算法求解，从而获得满足约束条件的最优规划方案. 数学规划中各类优化方法均在电网规划中得到较好的应用，与电网规划启发式方法相比，数学优化方法考虑了各变量之间的相互影响，其理论和方法更严谨. 但由于电网规划的维数高、约束条件复杂，现有的优化方法对于求解这样大规模的规划问题仍存在较大困难. 目前的发展趋势是将启发式算法和数学规划混合应用，发挥两种方法的优势.

随着电动汽车技术的迅速发展和推广应用，考虑用户侧新技术的电网规划是近年来研究的热点，大量电动汽车充电时会引起配电网负荷的增长并增加配电网的投资和运营成本. 针对含电动汽车充电站的电网规划研究，清华大学研究者提出了一种考虑电动汽车充电站布局优化的配网规划模型[23]. 此外，市场化改革重构了电力行业格局，放开发电计划和售电市场，其引发的自主市场行为比统购统销模式下的发用电行为更加难以捕捉和预测，电源和电网规划面临更大的挑战. 在电力市场环境下，更多的新方法及影响因素被考虑到电源和电网规划中，如博弈论方法应用到了电力系统规划的研究中[24]，考虑需求侧管理融入电源及电网规划的研究[25].

24.2.2 电力优化运行

最优潮流的历史可以追溯到 1920 年出现的经济负荷调度. 20 世纪 20 年代功率调度开始使用等耗量微增率准则 (equal incremental cost criteria, EICC)，等耗量微增率准则现在仍然在一些商用 OPF 软件中使用. 1962 年，J. Carpentier 采用了一种以非线性规划方法来解决经济分配问题的方法[26]，首次引入了电压约束和其他运行约束，提出了最优潮流的最初模型. 电力优化模型中的目标函数，通常设为系统的发电费用、发电燃料、系统的有功网损、无功补偿的经济效益等，等式约束条件为节点注入潮流平衡方程，不等式约束条件包括节点电压约束、发电机节点的有功和无功功率约束、支路潮流约束等.

经济调度的发展可划分为两个阶段. 20 世纪 60 年代以前为经典经济调度，60 年代以后为现代经济调度. 经典经济调度分别按机组效率和经济负荷点的原则，主要采用等微增率分配负荷方法[27]，发电厂出力表示网损的方法，发电与输电的协调方程式[28] 等方法建立经济调度模型. 60 年代以后的现代经济调度，主要采用动态规划方法推动了水火电经济调度的进展[29]，较好地解决了机组经济组合的理论与实用问题，其后大系统分解协调理论进一步完善了水火电调度理论. 随着经济调度理论的进一步发展，80 年代初期所采用的网络流规划在解决变水头、梯级和抽水蓄能电站的优化调度问题中显示出较强的优越性，拓展与丰富了经济调度模型的研究范畴.

24.2.3 电力优化控制

系统优化控制的先期工作可追溯到维纳 (N. Wiener) 等奠基的控制论[30]. 1948 年维纳在《控制论 —— 或关于在动物和机器中控制与通信的科学》的论文中第一次科学地提出了信息、反馈和控制的概念, 这些为最优控制理论的诞生和发展奠定了基础. 最优控制理论是 20 世纪 50 年代中期在空间技术的推动下开始形成和发展起来的, 苏联学者庞特里亚金于 1958 年提出的最大值原理和美国学者 Richard Bellman 于 1956 年提出的动态规划, 对最优控制理论的形成和发展起了重要的作用. R. E. Kalman 在 20 世纪 60 年代初提出线性系统在二次型性能指标下的最优控制问题[31]. 电力系统是一个连续过程与离散事件相互作用的典型混合系统[32], 其优化控制问题的研究近年来取得了较大的进展, 特别是在智能电网背景下, 工程博弈论概念提出解决不确定环境及不确定信息下智能电网的调度问题[33]. 电力系统优化控制中的古典控制、线性最优控制和非线性控制等均可纳入统一的框架, 从而形成先进控制理论的新体系, 并成为电力系统控制的主流[34].

24.2.4 我国电力系统优化研究

我国电力优化的研究从电力工业开始就已经展开, 并随着电力系统的发展从最初的发电机组组合延伸到现代电力系统优化分析. 广大电力工作者从不同的角度提出了诸多研究方法, 形成了与运筹学、经济学等学科紧密相关的电力系统优化方法论.

电力优化的系列专著出版, 如西安交通大学于 1994 年出版的《电力系统规划基础》和 1990 年出版的《电力系统优化规划》两书中, 对电力系统规划各方面做了严谨的介绍, 包括电源规划、输电系统规划、水电火电机组规划和电力负荷预测规划等, 并总结各种数学优化模型及优化方法在电力系统中的应用. 1990 年东北电力大学编写出版的《电力系统优化运行》, 从电力系统运行角度出发, 完整地介绍了该领域的基本内容和一些新的发展, 描述了水火电电力系统有功功率优化调度的基本概念和算法, 介绍了等微增率原理、最小费用流法及电路法等, 并讨论了电力系统优化潮流、电力系统无功功率优化调度、互联电力系统优化调度, 以及电力系统机组优化组合、机组优化启停等问题. 2012 年中国电力科学研究院出版了《电力系统优化数学模型和计算方法》专著, 针对电力系统规划, 运行和控制中的一些实际问题, 不仅提出了解决问题的优化模型及其计算方法, 还给出了相应的研究思路、数学技巧和模型正确性的验证方法.

近年来, 我国电力系统研究领域的许多团队在电力优化方面做出了突出贡献. 具有代表性的研究工作诸多, 如上海交通大学电力传输与功率变换控制教育部重点实验室研究团队对电网优化、经济调度、新能源分布式发电并网技术等问题进行了深入研究, 为新形势下电力优化规划和运行提出了新的研究视角. 华中科技大学电气与电子工程学院电力系统规划优化科研组从电网优化规划、电力市场机制等方面开展了大量研究, 特别在低碳经济下的电力系统电源优化[35, 36], 在机组优化领域取得了重要成果. 清华大学电力系统国家重点实验室团队在电力系统线性最优控制和非线性最优控制的研究中做出了许多突出的贡献, 例如从鲁棒优化内蕴的 "博弈" 这一物理内涵出发, 将博弈思想推广到含不确定性的优化决策问题, 将博弈模型应用于含不确定性的电力系统鲁棒优化决策问题[37, 38]. 湖南大学电能变换与控制创新团队, 在柔性交流输配电系统方向做出了开创性的研究进展[39, 40], 研发了适用于电力系统的各种器件, 包括混合型大功率有源电力滤波装置的谐波治理技术与装备、配电网静止无功发生器、静止无功补偿器等.

24.3 发展趋势与展望

电力系统是典型的大型人造系统, 其常规元件都有较成熟的数学模型表示. 实际中既要描述电力系统各元件之间的相互关系, 又要刻画电力系统与外部环境的相互关系. 运用最优化的理论和方法, 研究安全可靠性约束下的电力高效运行模式及建模技术具有一定的挑战性, 尤其是在电力工业的新发展环境, 其规划、运行和控制均发生根本性的变化, 包括系统内部组成的变化 (如源项的可再生能源、用户侧的自主选择、电能储备的加入等), 以及外部环境变化 (如市场化运行、多能融合、信息化发展等).

24.3.1 能源互联网概念与架构

自 20 世纪 80 年代以来, 以化石能源集中式利用为特征的传统经济和社会发展模式正在向以能源技术和互联网技术为代表的第三次工业革命转化. 由此产生的电力新环境——能源互联网[41, 42], 它是以互联网与能源生产、传输、存储、消费以及能源市场深度融合的能源产业发展新形态, 具有设备智能、多能协同、信息对称、供需分散、系统扁平和交易开放等主要特征 (概念来源于 2016 年 2 月 24 日, 国家发展改革委、国家能源局、工业和信息化部印发的《关于推进 "互联网 +" 智慧能源发展的指导意见》). 能源互联网是一种新型能源 —— 信息网络, 由电网、天然气网、热网、交通网等网络开放互联构成能量流子网, 实现能源的协同利用和能量的自由传输. 能源互联网的基本架构与其组成元素如图 24.1 所示[43].

能源互联网除了技术要素外，运行和运营管理的优化决策也是重要的方面. 未来电力优化的发展必然依托能源互联网展开研究，基于多网融合特征构建高效的电力规划、运行、控制和运营管理等优化模型，并注重其优化体系的构建、优化类型的选用和高效算法的设计等主要方面[41]. 基于能源互联网的构架，电力优化典型的问题包括售电侧放开后多利益主体参与市场交易、区块链技术在能源领域的应用和用户侧多能互补的协调控制等问题.

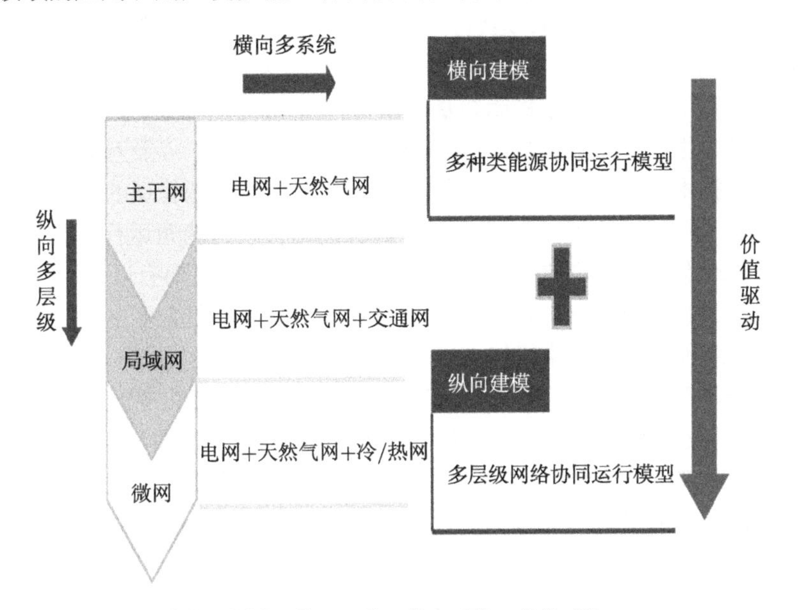

图 24.1 能源互联网架构

24.3.2 能源互联网背景下的电力优化问题

能源互联网是智能电网的进一步深化和发展，是以电力系统为核心，以互联网及其他前沿信息技术为基础，以分布式可再生能源为主要一次能源，与天然气网络和交通网络等其他系统紧密耦合而形成的复杂多网络流系统，即电力系统 + 天然气系统 + 电气化交通系统通过 V2G (vehicle-to-grid) 和 P2G (power-to-gas) 形成一个闭环系统.

我国从战略高度对能源互联网的研究予以了高度的重视，于 2017 年面向“变革性技术关键科学问题”开展了一系列研究课题，如“多能流综合能量管理与优化控制”“面向新型城镇的能源互联网关键技术及应用”“多能源互补的分布式供能与微网”等. 国家电网公司在 2016 年启动了“面向能源互联网的多源协调优化运行应用研究”，通过加强主动配电网、冷热电能源互联与管理系统建设和发展, 促进风电、光伏发电等多类型分布式电源消纳, 提升区域能源供应的综合能效, 实现区域供能系统的"低碳、经济、安全、高质"运行目标: 学术界关于能源互联网的研究更是成为当前热点, *IEEE Transactions*、《电力系统自动化》《电力自动化设备》《电力建设》等杂志出版了多能源系统的专刊或专栏, 这些促进了能源互联网从理论、技术到应用的深入研究.

基于能源互联网的电力系统、交通系统、天然气网络和信息网络四类复杂的网络系统, 从运行、控制、运营角度的电力优化问题将带给研究者们新的内容, 从电力优化角度有如下可重点关注的问题[42–44].

数据驱动下多能源系统的随机优化研究. 未来的能源互联网将实现数百万用户利用可再生能源, 广泛使用电动车辆和本地储能系统, 以及互联网技术共享能源利用等技术和管理问题. 在新的系统构架下, 传统能源管理的模式将受到高维、多样化、复杂的不确定因素的冲击, 随机优化将成为能源运行新背景下系统运行与控制优化决策的重要研究方法. 具体的方法研究主要有以下三个方面.

(1) 分布鲁棒随机优化方法: 根据能源互联网背景下复杂多主体的随机变量种类多、信息预测更加困难等特点, 运用分布鲁棒随机优化方法, 并扩展分布鲁棒随机变分不等式、随机互补问题和随机博弈等在电力优化中的应用研究.

(2) 基于数据驱动下多能源系统信息交互式优化理论和方法: 针对互联网技术与电力系统的综合能源系统融合的海量数据特征, 开展基于数据驱动下多能源系统信息交互式优化理论和方法的研究, 运用二阶锥规划 (second order cone programming)、混合整数规划 (mixed integer programming) 等数学优化模型解决电力新环境下的规划、运行和控制关键技术, 实现大数据随机优化建模和计算的重要应用.

(3) 基于风险管理的数学优化: 在多网融合系统构架下, 运用合适的风险管理策略 (如 VaR 和 CVaR), 结合电网、信息网、燃气网等的物理特性, 建立多能源主体下的风险管理优化模型, 并研究模型求解的高效算法.

多能流、多网络融合下综合能源系统协调优化. 随着国家能源规划中大规模可再生能源并网研究的推进, "源–网–荷–储" 协调优化成为电力优化中的重要研究方向. 在能源互联网背景下, "源–网–荷–储" 协调优化有了更深层次和更广泛的含义, 包括: 石油、电力、天然气等多种能源资源, 电网、石油管网、供热网等多种资源网络, 电力负荷和用户多种能源需求, 以及能源资源的多种仓储设施及储备方法等. 基于能源互联网背景的电力优化建模需要体现"多能"和"多网"特征, 该特征通过层级关系展示. 因此, 多目标优化、多层优化将是未来综合能源系统电力优化常用的数学方法与典型建模技术.

(1) 多层电力优化的研究: 电网的横向上有不同网层级间的优化关系, 电网的纵向上有主次优化结构. 例如, 输电网与售电体之间的优化、售电公司与用户之间的协调优化等, 这些特征对应到电力优化上将呈现为多层优化的模型结构.

(2) 多目标的电力优化的研究: 能源互联网下的多网融合结构和多主体特征, 使得电力优化目标具有多样性, 需要分析不同网络主体的目标和网络物理结构特点, 由此将推进多目标电力优化方法的研究, 以及结合实际系统特征的分解和加权组合方式算法的研究.

能源互联网多能分布式优化. 能源互联网的多能分布式优化问题涉及领域广泛, 需要多智能体、信息物理融合、智能能源等理论的应用, 以及信息通信、电力电子、新型储能、能源转换等先进技术的支撑[45], 未来多能源综合系统分布式优化的研究方向主要有:

(1) 分布式优化调控方法: 针对未来能源互联网运行与控制体系的分层分布式控制架构的 "弱中心化" 特征, 研究分布式优化调控方法. 主要包括一致性算法和分布式次梯度算法的研究, 以处理能源互联网中大量分布式资源不确定与波动性的优化控制问题, 以实现能源互联网区内集中自治、区间分散协调、全局优化运行的发展愿景.

(2) 多能流分布式优化调控: 基于能源互联网多能流耦合, 多时空尺度和多智能体的控制方式, 电力优化的研究可将多智能体系统 (multi-agent system, MAS) 作为分布式优化算法实现的基础, 开展基于分解协调思想的多智能体优化理论的研究, 为能源互联网的分层分布式调控提供新的思路.

(3) 能源市场去中心化交易模式: 在电力的分布式运行体系下, 未来的能源交易形式将发生在供能、用能、储能及中间商等交易实体之间. 因此, 基于分散化决策和帕累托最优的微平衡交易模式的研究将是电力优化的重要方面, 也是未来能源互联网中广域分布式能源优化运行与控制的热门研究领域.

大数据环境下的电力优化计算平台开发. 较为成熟的优化求解器有 IBM 公司的 CPLEX、Gurobi 公司的 Gurobi、FICO 的 Xpress, 可以解决线性规划、半正定规划、几何规划、线性约束的凸规划 (linearly constrained convex programming) 等常见的大规模优化算法求解问题. 我国首个运筹学算法平台 LEAVES, 包括了对多个数学规划、机器学习和运筹学应用问题的开源算法和闭源解决方案, 是中国大陆第一个规模化运筹学算法求解器, 对于我国运筹学算法的推动和经验积累有着重要意义. 大数据在带来极大效益与机遇的同时, 也给传统的电力优化计算技术带来了巨大的技术挑战. 能源互联网在不同能源综合互联方面具有可再生能源渗透率高、混合双向潮流流动、大规模分布式设备广泛接入的特点, 传统的电力优化计算平台面临复杂、大规模、高维、高度非线性优化模型的高效求解问题. 因此, 研究并开发海量数据环境下的电力优化计算平台具有重要价值和现实意义. 在人工智能与大数据协同发展的时代, 未来电力优化平台的研发可考虑基于机器学习算法的优化问题求解工具, 构建类似如腾讯公司的 Angle 高性能分布式计算平台, 将高维度的大模型切分到多个节点, 通过高效的模型更新接口和运算函数, 以及灵活的同步协议, 实现算法的高效运行, 并有效支持随机最速下降法、交替乘子迭代等优化算法. 电力优化的计算平台开发与应用将是电力工程界和数学优化研究者协同攻关的重要工作之一.

综上所述, 能源互联网是一个多系统的相互耦合开放系统, 包含多个领域的设备元件, 具有异质性、随机性、多目标和多尺度等特点, 系统特性复杂. 从研究的视角, 新的系统为电力优化的建模、信息获取与使用、高效算法设计等提供了全新的研究平台, 为数学优化的研究提供了问题驱动, 更为两个学科领域的研究者们提供了大量的协作机遇. 此外, 还需要指出的是尽管能源互联网技术方兴未艾, 其理论发展逐渐形成完整的体系, 但对于传统电力系统中尚未解决的优化问题仍然需要广大科技工作者的重视, 特别是大规模的发电机组组合、大电网最优潮流收敛性、多阶段电力系统规划等问题. 因此, 无论是传统电力系统还是能源互联网背景下的新型能源系统, 继续开展数学优化的基础研究可为电力领域中的规划、运行和控制问题提供科学决策的方法论.

参 考 文 献

[1] 王锡凡. 电力系统规划基础. 北京: 中国电力出版社, 1994.

[2] 国家电力公司战略规划部. 国家电力公司战略规划研究 (1999–2001). 北京: 中国电力出版社, 2001.

[3] 王锡凡. 电源优化模型. 西安交通大学学报, 1986, 20(2): 5-16.

[4] 张奔, 何大愚. 电源规划与数学模型. 北京: 能源出版社, 1989.

[5] 袁亚湘. 非线性优化计算方法. 北京: 科学出版社, 2008.

[6] 陈皓勇, 王锡凡. 电源规划 JASP 的改进算法. 电力系统自动化, 2000, 24(11): 22-25.

[7] 王永刚, 韩学山, 王宪荣, 等. 动态优化潮流. 中国电机工程学报, 1997, 17(3): 195-198.

[8] Tong X J, Yang H M. Economic Peration of Electrciy Marketand its Mathematical Methods. Beijing: Science Press, 2012.

[9] 骆济寿. 电力系统优化运行. 武汉: 华中理工大学出版社, 1990.

[10] Kardakos E G, Simoglou C K, Bakirtzis A G. Optimal offering strategy of a virtual power plant: A stochastic bi-level approach. IEEE Transactions on Smart Grid, 2016, 7(2): 794-806.

[11] Rajagopal R, Bitar E, Varaiya P, et al. Risk-Limiting dispatch for integrating renewable power. International Journal of Electrical Power & Energy Systems, 2013, 44(1): 615-628.

[12] Gangammanavar H, Sen S, Zavala V M. Stochastic optimization of sub-hourly economic dispatch with wind energy. IEEE Transactions on Power Systems, 2016, 31(2): 949-959.

[13] 娄素华, 余欣梅, 熊信艮, 等. 电力系统机组启停优化问题的改进 DPSO 算法. 中国电机工程学报, 2005, 25(8): 30-35.

[14] 熊信艮, 吴耀武. 遗传算法及其在电力系统中的应用. 武汉: 华中科技大学出版社, 2001.

[15] Varaiya P, Wu F, Bialek J. Smart operation of smart grid: Risk-limiting dispatch. Proceedings of the IEEE, 2011, 99(1): 40-57.

[16] Bertsimas D, Brown D B, Caramanis C. Theory and applications of robust optimization. Siam Review, 2010, 53(3): 464-501.

[17] álvaro Lorca, Sun X A. Adaptive robust optimization with dynamic uncertainty sets for multi-period economic dispatch under significant wind. IEEE Transactions on Power Systems, 2015, 30(4): 1702-1713.

[18] Xiong P, Jirutitijaroen P, Singh C. A distributionally robust optimization model for unit commitment considering uncertain wind power generation. IEEE Transactions on Power Systems, 2017, 32(1): 39-49.

[19] Zheng Q P, Wang J, Liu A L. Stochastic optimization for unit commitment-a review. IEEE Transactions on Power Systems, 2015, 30(4): 1913-1924.

[20] WASP- Ⅲ GUIDEBOOK. Vienna: International Atomic Energy Agency, 1984.

[21] 王锡凡. 电力系统优化规划. 北京: 水利电力出版社, 1990.

[22] 李珂, 邰能灵, 张沈习, 等. 考虑相关性的分布式电源多目标规划方法. 电力系统自动化, 2017, 41(9): 51-57.

[23] 杜爱虎, 胡泽春, 宋永华, 等. 考虑电动汽车充电站布局优化的配电网规划. 电网技术, 2011, 35(11): 35-42.

[24] 卢强, 陈来军, 梅生伟. 博弈论在电力系统中典型应用及若干展望. 中国电机工程学报, 2014, 34(29): 5009-5017.

[25] 程耀华, 张宁, 康重庆, 等. 考虑需求侧管理的低碳电网规划. 电力系统自动化, 2016, 40(23): 61-69.

[26] Carpentier J. Contribution ál'étude du dispatching économique. Bulletin Society Francaise Electricians, 1962, 3(8): 431-447.

[27] 王惠杰, 范志愿, 李鑫鑫. 基于线性规划法和等微增率法的电厂负荷优化分配. 电力科学与工程, 2016, 32(1): 1-5.

[28] 李朝安. 发电厂及电力系统经济运行. 乌鲁木齐: 新疆人民出版社, 1985.

[29] 伦 • 库柏, 玛丽 W. 库柏. 动态规划导论. 北京: 国防工业出版社, 1985.

[30] 维纳. 控制论: 或关于在动物和机器中控制和通信的科学. 北京: 科学出版社, 1962.

[31] Kalman R E. Contributions to the theory of optimal control. Bol. Soc. Mexicana, 1960, 5(63): 102-119.

[32] He G Y, Sun Y Y, Chang N C, et al. On engineering implementation of the digital power system. Chinese Series E: Technological Sciences, 2008, 51(11): 2021-2030.
[33] 王莹莹. 含风光发电的电力系统博弈模型及分析研究. 北京: 清华大学, 2012.
[34] 梅生伟, 张雪敏. 先进控制理论在电力系统中的应用综述及展望. 电力系统保护与控制, 2013, 41(12): 143-153.
[35] 娄素华, 张立静, 吴耀武, 等. 低碳经济下电动汽车集群与电力系统间的协调优化运行. 电工技术学报, 2017, 32(5): 176-183.
[36] Lou S, Lu S, Wu Y, et al. Optimizing spinning reserve requirement of power system with carbon capture plants. IEEE Transactions on Power Systems, 2015, 30(2): 1056-1063.
[37] Wei W, Liu F, Mei S. Distributionally robust co-optimization of energy and reserve dispatch. IEEE Transactions on Sustainable Energy, 2017, 7(1): 289-300.
[38] Wang C, Wei W, Wang J, et al. Robust defense strategy for gas-electric systems against malicious attacks. IEEE Transactions on Power Systems, 2017, 32(4): 2953-2965.
[39] Zhou L, Zhou X, Chen Y, et al. Inverter-current-feedback resonance suppression method for LCL-type DG system to reduce resonance-frequency offset and grid-inductance effect. IEEE Transactions on Industrial Electronics, 2018, 65(9): 7036-7048.
[40] 伍文华, 陈燕东, 罗安, 等. 一种直流微网双向并网变换器虚拟惯性控制策略. 中国电机工程学报, 2017, 37(2): 360-371.
[41] 孙宏斌, 郭庆来, 潘昭光. 能源互联网: 理念, 架构与前沿展望. 电力系统自动化, 2015, 39(19): 1-8.
[42] Zhang H, Li Y, Gao W. Distributed optimal energy management for energy internet. IEEE Transactions on industrial informatics, 2017, 13(6): 3081-3097.
[43] 董朝阳, 赵俊华, 薛禹胜, 等. 从智能电网到能源互联网: 基本概念与研究框架. 电力系统自动化, 2014, 38(15): 1-11.
[44] Gutjahr W J, Pichler A. Stochastic multi-objective optimization: A survey on non-scalarizing methods. Annals of Operations Research, 2016, 236(2): 475-499.
[45] 殷爽睿, 艾芊, 曾顺奇, 等. 能源互联网多能分布式优化研究挑战与展望. 电力系统自动化, 2018, 42(5): 1359-1369.

第 25 章 无线通信资源配置中的优化模型与方法

25.1 概　　述

无线通信技术主要利用无线电磁波来传输信息和数据. 无线通信技术的发展极大地改善了人们的出行、通信和文化传播等方式, 为人们提供了即时便捷的服务[1-3]. 无线通信技术的发展是当前国家战略发展计划的重要组成部分. 2017 年 3 月, 李克强总理在《政府工作报告》中专门提及 “第五代移动通信技术(5G)” 对于国家未来发展的重要性①: “加快培育壮大新兴产业. 全面实施战略性新兴产业发展规划, 加快新材料……、第五代移动通信等技术研发和转化……”; 在国务院发布的《“十三五” 国家信息化规划》中, 共有 16 处提到了 “5G”.

无线通信中的许多问题都可以建模成优化问题, 并运用优化方法加以解决. 比如通信资源的优化配置、通信网络的拓扑结构设计、信号的编解码过程等. 不少影响无线通信发展的重大技术革新都归结为优化算法的效率提升. 例如, 第四代移动通信技术中的多输入多输出 (MIMO) 技术就大量运用了优化方法. 随着无线通信技术的发展, 人们对通信质量的需求高速增长, 而有限的电力和带宽资源则限制了发展的脚步. 因此, 如何合理利用有限的资源, 最大限度上满足通信需求, 是当今无线通信中亟待解决的难题. 这类问题被称为无线通信中的最优资源配置问题, 往往建模成优化模型, 本章将主要讨论无线通信资源配置中的优化模型和方法.

无线通信最优资源配置问题具有鲜明的特点. 首先, 由于无线通信中传输的信号与信道参数均为复数, 因此相应的优化问题均定义在复数域上. 这类问题与实数域上的优化问题相互关联, 但在数据结构上具有一定的差别. 直接将复数域上的优化问题转化为实数域的优化问题可能会导致原有的数据结构丧失. 其

① 参见: http://www.gov.cnpremier2017-0316content_5177940.htm

次, 这类优化问题往往都是非凸、高度非线性的. 常用的衡量通信质量的指标是通信系统以及用户的传输速率. 而传输速率的表达形式非常复杂, 这导致相应的优化问题求解起来非常困难. 最后, 这类优化问题对计算时间和计算复杂度的要求非常高. 由于无线通信中的信道参数实时变化, 这要求算法在非常短的时间内给出问题的解. 大多数无线通信的传输设备不具备复杂的计算能力, 只能进行简单的运算. 因此, 我们需要设计尽可能简单、低复杂度、易于分布式计算的算法. 由于以上特点, 大多数通信资源配置中的优化问题难以直接运用经典的优化方法求解. 对问题的特殊结构加以分析和利用, 从而构造出高效算法, 才是这类问题的求解之道.

基于不同的通信要求及服务视角, 传统的无线通信最优资源配置旨在提高信道的频谱利用率 (spectral efficiency), 主要问题有两大类. 一类问题是从能源部门、运营商角度提出: 如何在保证一定的用户服务质量的前提下, 尽可能地减小电力功率的开销, 称为功率极小化问题 (power minimization); 另一类问题则是从用户的角度考虑: 如何在一定的功率限制下, 传输尽可能多的无线数据, 尽可能地提高用户的服务质量, 称为传输速率极大化问题 (rate maximization). 这两类问题为无线通信的资源配置提供了不同的参考原则, 也是香农创立的信息论中计算信道容量、极限功率等的重要理论问题[4]. 这两类问题有一定的关联, 一类问题的求解对另一类问题有启发作用. 第一类问题中, 当用户的服务质量要求过高时, 可能导致相应的优化问题没有可行解, 这意味着当下只有部分用户的通信服务可以被满足. 从中选取部分用户满足其通信需求, 并极小化发射功率, 称为用户接入控制 (admission control), 这也是一类最优资源配置问题. 近些年, 能效 (energy efficiency) 模型作为 “绿色通信” 的基本问题, 受到越来越多的关注. 能效是一个分式形式的指标, 其中分子是系统的总传输速率, 分母是系统的总发射功率. 能效模型是在一定功率约束的条件下极大化能效, 即极大化单位功率支持的传输速率. 此外, 基于不同的场景设置和需求, 还可以得到许多相关的问题, 如区分用户优先级的认知无线电 (cognitive radio) 模型、利用波束成形 (beamforming) 技术叠加和消除干扰的干扰对齐 (interference alignment) 模型、具有窃听者的窃听信道 (wiretap channel) 模型等. 针对不同的通信模型, 许多优化和通信领域的专家对这些问题做过深入的研究, 并引入了多种优化方法[5-9].

在下面两节中, 我们将介绍无线通信最优资源配置问题的发展现状, 详细介绍几类问题的优化模型和方法, 并提出未来可能的发展方向和展望.

25.2 发展现状

本节主要介绍无线通信最优资源配置问题的发展现状, 将着重介绍现代优化技术结合问题的特殊结构在无线干扰信道最优资源配置中的几个典型应用案例.

25.2.1 隐凸性、凸等价变形及凸近似

无线通信资源配置中的许多问题表面看起来是非凸的, 通过分析问题的特殊结构和性质, 这些问题可以等价地转化为凸优化问题, 相应的算法也可能得到简化.

考虑多用户单输入单输出 (single input single output, SISO) 干扰信道中的功率控制问题, 目标是极小化整个系统的传输功率使得每个用户的信干噪比 (signal to interference plus noise ratio, SINR) 都大于或者等于预先给定的目标值. 上述功率控制问题可建模为

$$
\begin{aligned}
\min_{\{p_k\}} \quad & \sum_{k\in\mathcal{K}} p_k, \\
\text{s.t.} \quad & \frac{g_{kk}p_k}{\sum_{j\neq k} g_{kj}p_j + \eta_k} \geqslant \gamma_k, \quad k\in\mathcal{K}, \\
& 0 \leqslant p_k \leqslant \bar{p}_k, \quad k\in\mathcal{K}.
\end{aligned}
\tag{25.2.1}
$$

显然 (25.2.1) 是一个线性规划问题, 但求解该问题无须调用一般的线性规划算法. 不难证明, (25.2.1) 的最优解一定在第一部分所有约束取等号时成立. 求解功率控制问题 (25.2.1) 的 Foschini-Miljanic 算法[10] 正是巧妙地利用了这一特殊结构, 从而将问题 (25.2.1) 转化为一个线性方程组. 该算法本质上是求解线性方程组的 Jacobi 迭代算法 (一种特殊的不动点算法), 当得到的结果不可行时再将结果投影到界约束的可行域内. 上述 Foschini-Miljanic 算法可进一步推广用来求解联合功率分配和基站 —— 用户关联 (association) 优化设计问题[11].

另一个隐藏凸性的经典问题是下行单波信道联合功率和波束成形设计问题, 其目标仍然是极小化整个系统的传输功率并使得每个用户的 SINR 都大于或者等于预先给定的目标值. 此问题可建模为如下优化问题:

$$
\begin{aligned}
\min_{\{\boldsymbol{W}_k\}} \quad & \sum_{k\in\mathcal{K}} \|\boldsymbol{W}_k\|^2, \\
\text{s.t.} \quad & \frac{|\boldsymbol{h}_k^\dagger \boldsymbol{W}_k|^2}{\sigma_k^2 + \sum_{j\neq k} |\boldsymbol{h}_k^\dagger \boldsymbol{W}_j|^2} \geqslant \gamma_k,\ k\in\mathcal{K}.
\end{aligned}
\tag{25.2.2}
$$

引入辅助变量 $\boldsymbol{W}_k=\boldsymbol{W}_k\boldsymbol{W}_k^\dagger,\ k\in\mathcal{K}$, 并去掉秩一约束 $\operatorname{Rank}(\boldsymbol{W}_k)=1,\ k\in\mathcal{K}$, 可得到如下的半定规划松弛问题:

$$\begin{aligned}\min_{\{\boldsymbol{W}_k\}}\quad & \sum_{k\in\mathcal{K}}\operatorname{Trace}(\boldsymbol{W}_k),\\ \text{s.t.}\quad & \operatorname{Trace}(\boldsymbol{h}_k\boldsymbol{h}_k^\dagger\boldsymbol{W}_k)-\gamma_k\sum_{j\neq k}\operatorname{Trace}(\boldsymbol{h}_k\boldsymbol{h}_k^\dagger\boldsymbol{W}_j)\geqslant\gamma_k\sigma_k^2,\quad k\in\mathcal{K},\\ & \boldsymbol{W}_k\succeq\boldsymbol{0},\quad k\in\mathcal{K}.\end{aligned}\tag{25.2.3}$$

松弛后的半定规划问题 (25.2.3) 与原问题 (25.2.2) 等价[12]. 这一结论的导出需利用问题 (25.2.2) 的特殊结构. 事实上, 问题 (25.2.2) 等价于一个二阶锥问题[13], 这也是其与问题 (25.2.3) 等价的本质原因.

上述的半定规划松弛算法广泛地应用于无线通信资源配置中频繁出现的二次约束二次规划问题. 大多数情况下, 原问题与半定规划松弛后的问题并不等价, 松弛后的问题可以看作原问题的一个凸近似[6]. 例如, 下行多波多输入单输出 (MISO) 信道的波束成形设计问题是在保证用户通信质量的前提下极小化系统总传输功率. 数学上, 此问题可建模为如下优化问题:

$$\begin{aligned}\min_{\boldsymbol{W}}\quad & \|\boldsymbol{W}\|^2,\\ \text{s.t.}\quad & \frac{|\boldsymbol{h}_k^\dagger\boldsymbol{W}|^2}{\sigma_k^2}\geqslant\gamma_k,\quad k\in\mathcal{K}.\end{aligned}\tag{25.2.4}$$

类似于 (25.2.2) 的处理方式, 问题 (25.2.4) 的半定规划松弛问题为

$$\begin{aligned}\min_{\boldsymbol{W}}\quad & \operatorname{Trace}(\boldsymbol{W}),\\ \text{s.t.}\quad & \operatorname{Trace}(\boldsymbol{h}_k\boldsymbol{h}_k^\dagger\boldsymbol{W})\geqslant\gamma_k\sigma_k^2,\quad k\in\mathcal{K},\\ & \boldsymbol{W}\succeq\boldsymbol{0},\end{aligned}\tag{25.2.5}$$

当约束个数 $\mathcal{K}\leqslant 3$ 时, 松弛问题 (25.2.5) 存在秩一的最优解, 从而可由松弛问题求得原问题 (25.2.4) 的最优解. 否则, 原问题 (25.2.4) 是 NP-难问题, 需运用随机等技巧从松弛后问题的最优解得到原问题的可行解.

在资源配置问题中, 还有更多的非凸优化问题无法简单地用凸问题近似, 需要运用更深入的优化技巧来求解问题.

25.2.2 拉格朗日对偶理论

拉格朗日对偶理论是优化理论中重要的组成部分. 许多资源配置中的优化问题在该理论的指导下进行算法设计. 在一些特殊结构的问题中, 通过拉格朗日对偶理论所得到的最优解及对偶问题还具有很好的工程解释.

单用户多载波 SISO 信道中的功率控制问题考虑如何在多个载波上分配功率使得系统总传输速率极大化. 该问题可建模为如下的凸优化问题:

$$\begin{aligned}
\max_{\{p^n\}} \quad & \sum_{n\in\mathcal{N}} \log_2\left(1+\frac{\alpha^n p^n}{\eta^n}\right), \\
\text{s.t.} \quad & \sum_{n\in\mathcal{N}} p^n \leqslant P,\ p^n \geqslant 0,\ n\in\mathbb{N}.
\end{aligned} \tag{25.2.6}$$

假设 λ 为约束 $\sum_{n\in\mathbb{N}} p^n \leqslant P$ 对应的拉格朗日乘子, 则上述问题的最优解可表示为

$$p^n(\lambda)=\max\left\{\frac{1}{\lambda}-\frac{\eta^n}{\alpha^n},\ 0\right\},\quad n\in\mathbb{N}, \tag{25.2.7}$$

其中 λ 满足 $\sum_{n\in\mathbb{N}} p^n(\lambda)=P$. 公式 (25.2.7) 清晰地刻画了问题 (25.2.6) 的解的结构, 即最优的功率分配应当使得所有分到功率的用户的功率 p^n 与其噪声信道增益比 η^n/α^n 之和在同一水平 $1/\lambda$ 上. 该方法称为 "注水法" (water filling method)[1].

另一个例子是上述提到的问题 (25.2.2), 即下行单波信道波束成形设计问题. 该问题的拉格朗日对偶问题如下所示

$$\begin{aligned}
\max_{\{\lambda_k\}} \quad & \sum_{k\in\mathcal{K}} \lambda_k\sigma_k^2, \\
\text{s.t.} \quad & I+\sum_{j\in\mathcal{K}}\lambda_j \boldsymbol{h}_j\boldsymbol{h}_j^\dagger \succeq \left(1+\frac{1}{\gamma_k}\right)\lambda_k\boldsymbol{h}_k\boldsymbol{h}_k^\dagger,\quad k\in\mathcal{K},
\end{aligned} \tag{25.2.8}$$

其中 λ_k 是对应于第 k 个约束的对偶变量. 若将信号的传输方向反向 (即传输端和接收端互换), 考虑一个互惠的 (reciprocal) 上行信道. 此时的上行联合功率和波束成形设计问题为

$$\begin{aligned}
\min_{\{\hat{\boldsymbol{W}}_k,\rho_k\}} \quad & \sum_{k\in\mathcal{K}} \rho_k, \\
\text{s.t.} \quad & \frac{\rho_k|\boldsymbol{h}_k^\dagger\hat{\boldsymbol{W}}_k|^2}{\sigma_k^2\|\hat{\boldsymbol{W}}_k\|^2+\sum_{j\neq k}\rho_j|\boldsymbol{h}_k^\dagger\hat{\boldsymbol{W}}_j|^2} \geqslant \gamma_k,\quad k\in\mathcal{K}.
\end{aligned} \tag{25.2.9}$$

容易验证, 问题 (25.2.9) 关于 $\hat{\boldsymbol{W}}$ 的最优解为最小均方差解, 即

$$\hat{\boldsymbol{W}}_k=\left(\sigma_k^2 I+\sum_{j\in\mathcal{K}}\lambda_j\boldsymbol{h}_j\boldsymbol{h}_j^\dagger\right)^{-1}\boldsymbol{h}_k,\quad k\in\mathcal{K}. \tag{25.2.10}$$

将 (25.2.10) 中的 $\hat{\boldsymbol{W}}$ 代入问题 (25.2.9), 可证明其等价于

$$\begin{aligned}\min_{\{\rho_k\}} \quad & \sum_{k\in\mathcal{K}}\rho_k, \\ \text{s.t.} \quad & \sigma_k^2\boldsymbol{I}+\sum_{j\in\mathcal{K}}\rho_j\boldsymbol{h}_j\boldsymbol{h}_j^\dagger \preceq \left(1+\frac{1}{\gamma_k}\right)\rho_k\boldsymbol{h}_k\boldsymbol{h}_k^\dagger, \quad k\in\mathcal{K}.\end{aligned} \tag{25.2.11}$$

由分析可知下行问题 (25.2.2) 的最优解处所有不等式均以等式形式成立, 可进一步证明 (25.2.8) 与 (25.2.11) 等价, 从而下行问题 (25.2.2) 与上行问题 (25.2.9) 等价. 事实上, 上行问题 (25.2.9) 的最优解 ρ_k^* 即下行问题 (25.2.2) 第 k 个约束对应的最优对偶变量 λ_k^* 乘以参数 σ_k^2. 通过拉格朗日对偶理论, 我们得到了上、下行互惠信道功率分配问题的等价性, 即上、下行信道的对偶理论[14,15], 从而将不易处理的下行问题巧妙地转化成相对容易处理的上行问题. 该类方法还可以进一步地推广到更一般的信道[8].

25.2.3 交替迭代方法

交替迭代方法是无线通信资源配置问题中运用最广泛的优化方法之一. 将变量分为若干组进行交替迭代求解, 可能有效地降低问题的难度和算法的计算复杂度. 本节举例阐述交替迭代的优化方法结合问题特殊结构在求解最优资源分配问题中的应用.

考虑多输入多输出 (MIMO) 干扰信道中功率约束条件下的最小信干噪比 (SINR) 最大化 (等价于最小速率最大化) 问题:

$$\begin{aligned}\max_{\{\boldsymbol{u}_k\},\{\boldsymbol{v}_k\}} \quad & \min_{k\in\mathcal{K}}\left\{\mathrm{SINR}_k(\boldsymbol{u}_k,\boldsymbol{v})\right\}, \\ \text{s.t.} \quad & \|\boldsymbol{u}_k\|^2=1,\ \|\boldsymbol{v}_k\|^2\leqslant \bar{p}_k, \quad k\in\mathcal{K},\end{aligned} \tag{25.2.12}$$

其中

$$\mathrm{SINR}_k=\frac{|\boldsymbol{u}_k^\dagger\boldsymbol{H}_{kk}\boldsymbol{v}_k|^2}{\sigma_k^2\|\boldsymbol{u}_k\|^2+\sum\limits_{j\neq k}|\boldsymbol{u}_k^\dagger\boldsymbol{H}_{kj}\boldsymbol{v}_j|^2}, \quad k\in\mathcal{K}. \tag{25.2.13}$$

特别地, 第 k 个用户的 SINR 表达式 $\mathrm{SINR}_k(\boldsymbol{u}_k,\{\boldsymbol{v}_j\})$ 不依赖于 $\{\boldsymbol{u}_j\}_{j\neq k}$. 交替迭代的方法适用于这种特殊的数据结构问题: 将问题 (25.2.12) 的变量分为两部分, 即接收端波束成形向量 $\{\boldsymbol{u}_k\}$ 和传输端波束成形向量 (包含功率分配) $\{\boldsymbol{v}_k\}$, 交替地优化 $\{\boldsymbol{u}_k\}$ 和 $\{\boldsymbol{v}_k\}$. 当变量 $\{\boldsymbol{v}_k\}$ 固定时, 问题 (25.2.12) 关于变量 $\{\boldsymbol{u}_k\}$ 具有最小均方差的显式解 (25.2.10); 当变量 $\{\boldsymbol{u}_k\}$ 固定时, 关于变量 $\{\boldsymbol{v}_k\}$ 的子问题退化为 MISO 干扰信道的最小 SINR 最大化问题, 其可在多项式时间内求解. 尽管问题 (25.2.12) 的目标函数非光滑且变量 $\{\boldsymbol{u}_k\}$ 和 $\{\boldsymbol{v}_k\}$ 耦合在一起, 利用其特殊结构, 仍可证明上述交替方法产生的点列收敛到问题 (25.2.12) 的稳定点[16].

考虑 MISO 干扰信道中功率约束条件下的和速率最大化问题:

$$\begin{aligned}\max_{\{\boldsymbol{u}_k,\boldsymbol{v}_k\}} \quad & \sum_{k\in\mathcal{K}} R_k(\boldsymbol{u}_k,\{\boldsymbol{v}_k\}),\\ \text{s.t.} \quad & \|\boldsymbol{v}_k\|^2\leqslant \bar{p}_k,\quad k\in\mathcal{K},\end{aligned}\tag{25.2.14}$$

其中

$$R_k(\boldsymbol{u}_k,\{\boldsymbol{v}_k\})=\log_2\left(1+\frac{|\boldsymbol{u}_k^\dagger\boldsymbol{H}_{kk}\boldsymbol{v}_k|^2}{\sigma_k^2\|\boldsymbol{u}_k\|^2+\sum\limits_{j\neq k}|\boldsymbol{u}_k^\dagger\boldsymbol{H}_{kj}\boldsymbol{v}_j|^2}\right),\quad k\in\mathcal{K}.$$

令

$$e_k=\left|1-\boldsymbol{u}_k^\dagger\boldsymbol{H}_{kk}\boldsymbol{v}_k\right|^2+\boldsymbol{u}_k^\dagger\left(\sum_{j\neq k}\boldsymbol{H}_{kj}\boldsymbol{v}_j\boldsymbol{v}_j^\dagger\boldsymbol{H}_{kj}^\dagger+\sigma_k^2\boldsymbol{I}\right)\boldsymbol{u}_k,\quad k\in\mathcal{K}.$$

上述定义的 e_k 实际为用户 k 对应的均方差 (MSE). 容易验证

$$R_k(\boldsymbol{u}_k,\{\boldsymbol{v}_k\})=\max_{\boldsymbol{u}_k}\log_2\left(e_k^{-1}\right),\quad k\in\mathcal{K}.$$

进一步, 引入辅助变量 w_k, 可证原问题 (25.2.14) 等价于如下问题:

$$\begin{aligned}\min_{\{\boldsymbol{u}_k,\boldsymbol{v}_k,w_k\}} \quad & \sum_{k\in\mathcal{K}}\left(w_ke_k-\log_2(w_k)\right),\\ \text{s.t.} \quad & \|\boldsymbol{v}_k\|^2\leqslant \bar{p}_k,\ k\in\mathcal{K}.\end{aligned}\tag{25.2.15}$$

尽管原问题 (25.2.14) 关于变量 $\boldsymbol{v}_k$ 是高度非线性的, 其等价问题 (25.2.15) 关于每一个变量的优化问题都是 “简单” 问题. 特别地, 问题 (25.2.15) 关于变量 $\{w_k\}$ 有显式解 $w_k=1/e_k$; 关于 $\{\boldsymbol{u}_k\}$ 有显式最小均方差解 (25.2.10); 关于 $\{\boldsymbol{v}_k\}$ 的子问题等价为 k 个信赖域子问题的形式, 也非常容易求解. 这种交替迭代求解的方法称为 WMMSE 算法[17,18], 其巧妙之处在于利用原问题 (25.2.14) 的特殊结构, 将其升维为一个更高维空间中的非线性程度较低的等价优化问题 (25.2.15). 该算法思想还被应用于 MIMO 等更广泛的通信信道模型[18].

25.2.4 稀疏优化

稀疏优化方法是近些年的研究热门. 在资源配置中, 用户的选取、用户与基站的对应、带宽资源的分配等都可建立相应的稀疏优化模型. 稀疏优化的方法和技巧也为这些问题的求解提供了途径.

对于传统的 SISO 干扰信道功率分配问题 (25.2.1), 当约束中对用户的通信质量要求过高时, 可能导致该问题没有可行解. 一个替代的问题则是如何从用户群中选出若干用户给予通信服务，满足其通信质量要求并极小化发送功率，即将功率分配和接入控制问题相结合. 该问题可建模成一个稀疏优化问题，如下所示:

$$\begin{aligned} \min_{\{\boldsymbol{q}\}} \quad & \|\boldsymbol{A}\boldsymbol{q}-\boldsymbol{c}\|_0+\alpha\bar{\boldsymbol{p}}^{\mathrm{T}}\boldsymbol{q}, \\ \text{s.t.} \quad & \boldsymbol{0}\leqslant\boldsymbol{q}\leqslant\boldsymbol{e}, \end{aligned} \tag{25.2.16}$$

其中参数 α 满足 $0<\alpha<\alpha_1\triangleq 1/\bar{\boldsymbol{p}}^{\mathrm{T}}\boldsymbol{e}$. 可以证明，问题 (25.2.16) 的最优解 $\boldsymbol{q}^*$ 一定满足 $\boldsymbol{c}-\boldsymbol{A}\boldsymbol{q}^*\leqslant\boldsymbol{0}$; $(\boldsymbol{c}-\boldsymbol{A}\boldsymbol{q}^*)_k=0$ 当且仅当第 k 个用户的通信质量要求恰好被满足. 基于最优解的特殊性质，ℓ_1 凸模型可以用于逼近 (25.2.16) 中的 ℓ_0 非凸模型，还可建立逐步剔除多余用户的相应算法[19].

考虑多用户干扰信道: 第一种 (极端) 情况是各个基站之间服务用户的信息独立，即第 k 个基站服务第 k 个用户，所有的基站合作设计各自的波束成形向量 (见问题 (25.2.14)); 第二种 (极端) 情况是所有基站完全共享所有用户的信息，这样所有的基站可以看成是一个大的虚拟基站 (见问题 (25.2.2)). 在异构网络 (heterogeneous network) 中，存在大量的微型 (micro/pico) 基站，对于某一个用户，这些基站中的一部分可以合作形成一个虚拟基站服务该用户，这种方式介于上述两种极端之间，称为部分合作 (partial cooperation) 或者自适应合作 (adaptive cooperation)[20]. 假设所有的基站完全合作，再强制要求其波束成形向量中的某些块为零，形成部分合作. 数学上，假设 $\boldsymbol{w}_k=(w_{k,1},w_{k,2},\cdots,w_{k,K})^{\mathrm{T}}$ 为所有基站对第 k 个用户使用的波束成形向量，其中第 j 块 $w_{k,j}=0$ 等价于第 j 个基站没有参与第 k 个用户的传输. 在模型中，正则项 $\|w_{k,j}\|_2$ 的添加可使得求得的向量 $\boldsymbol{w}_k$ 具有一定的块稀疏性质，即建立寻求部分合作的优化模型. 对于 MIMO 干扰信道，对应了如下的优化模型:

$$\begin{aligned} \max_{\{\boldsymbol{u}_k,\boldsymbol{W}_k\}} \quad & \sum_{k\in\mathcal{K}}R_k(\boldsymbol{u}_k,\{\boldsymbol{W}_k\})-\lambda\sum_k\sum_j\|\boldsymbol{W}_{k,j}\|_2, \\ \text{s.t.} \quad & \|\boldsymbol{v}_k\|^2\leqslant\bar{p}_k, \quad k\in\mathcal{K}, \end{aligned} \tag{25.2.17}$$

其中

$$R_k(\boldsymbol{u}_k,\{\boldsymbol{W}_k\})=\log_2\left(1+\frac{|\boldsymbol{u}_k^{\dagger}\boldsymbol{H}_k\boldsymbol{W}_k|^2}{\sigma_k^2\|\boldsymbol{u}_k\|^2+\displaystyle\sum_{j\neq k}|\boldsymbol{u}_k^{\dagger}\boldsymbol{H}_k\boldsymbol{W}_j|^2}\right), \quad k\in\mathcal{K},$$

$\boldsymbol{H}_k=[\boldsymbol{H}_{k1},\boldsymbol{H}_{k2},\cdots,\boldsymbol{H}_{kK}]$, $k\in\mathcal{K}$, $\lambda>0$ 为控制稀疏度的正则化参数，即基站的合作紧密程度. 该问题的求解需运用稀疏优化的技巧，同时与前面介绍的 WMMSE 算法相结合，可得到一类高效的算法[21].

25.3 未来发展方向和展望

随着 5G 通信时代的到来, 无线通信技术进入了新的快速发展阶段. 新技术、新设备的引入为通信的资源配置问题带来了新的挑战.

(1) 大数据、云处理技术: 在大数据时代, 无线通信技术也向着大规模化发展. 大规模天线阵列技术通过在基站布置上百根天线, 可以有效地利用频带资源和提升网络容量, 对无线通信的空间资源进行充分挖掘. 基站的天线数目与用户在数量级上的增加带来了无线通信资源配置问题的革新. 大规模优化问题和混合整数规划问题是其中的核心问题. 低阶算法等大规模优化方法将得到更多的应用. 同时, 由中国移动通信公司提出的 C-RAN 等云处理技术解决了资源配置集中式处理的困难, 可调动多模块进行联合资源配置.

(2) 多元化的资源配置任务: 普通用户、高级用户、VIP 用户等在同一通信资源中的优先级不同, 所需的通信服务质量也不尽相同. 未来的无线通信服务可能将更人性化、定制化, 即根据每位用户的情况提供各不相同的服务. 精细化的通信任务将建模出多级相互关联的优化问题, 相应的问题往往是一类动态规划问题, 用到的优化方法除了经典的非线性优化方法外, 还包括求解动态规划的组合优化方法. 目前, 资源配置过程都是基于完整或部分无线通信信道信息的. 而信道信息的获取是资源配置的瓶颈之一. 如何在没有信道信息条件下进行合理的资源配置, 也是未来资源配置可能的发展方向. 传统的资源配置优化都是基于物理层, 而新兴的网络层的资源配置问题也开始受到更多的重视, 包括路由选择、拥塞控制、流量控制、差错控制等. 此外, 军事通信中的资源配置问题往往来源于雷达和卫星通信, 除了解决海量数据传输的难题外, 还需考虑数据的鲁棒性与安全性, 鲁棒优化问题也可能占据一席之地. 未来, 随着量子技术的发展, 量子通信成为可能, 如何能够保证在有限的原子能量下传输尽可能多的信息, 或许会成为新一代无线通信资源配置的优化难题.

(3) 数据驱动的未来通信网络: 未来通信网络中, 在数据驱动下融合机器学习和人工智能技术是一个热门研究方向. 与以往基于模型的通信网络的研究相比, 该技术最大的特点在于去模型化 (model free)、数据驱动 (data driven) 和自适应性 (adaptivity), 通过数据学习预测网络结构、优化网络资源配置. 将传统的资源配置模型作为先验知识, 机器学习的优化方法与传统资源配置优化方法相结合, 能更准确地刻画未来通信网络, 提高计算效率.

(4) 物联网时代: 如今智能家电兴起, 物与物通过智能感知形成网络进行信息交互和通信. 无线通信不再局限于基站和移动客户端, 任何智能物品都可以担当物联网通信的节点. 随着通信节点间的分工和任务的模糊化, 资源配置的问题也变得越加困难. 在多个通信过程同时进行时, 一个节点可能是发送端、接收端, 也可能同时担当着中继的角色. 每个节点的配置参数可能通过博弈的过程确定, 即每个节点求解自己的优化问题, 且与其他节点的参数相互制约.

(5) 无线通信应用驱动的优化方法: 传统的资源配置问题在未来很长一段时期内仍占据主要地位, 而许多得到深入研究的无线通信资源配置问题并没有完美的解决方案, 相关优化理论与算法亟待进一步完善. 随着优化方法的不断发展, 这些问题的求解方法仍可以进一步改进, 甚至取得最优解, 相关的理论研究也会得到升级.

参 考 文 献

[1] Cover T M, Thomas J A. Elements of Information Theory. New York: John Wiley & Sons, 2006.

[2] Tse D, Viswanath P. Fundamental of Wireless Communications. Cambridge: Cambridge University Press, 2005.

[3] Goldsmith A. Wireless Communications. Singapore: World Scientific, 2006.

[4] Shannon C E. A mathematical theory of communication. The Bell Labs Technical Journal, 1948, 27(3): 379-423.

[5] Luo Z Q. Applications of convex optimization in signal processing and digital communication. Math. Program., 2003, 97(1-2): 177-207.

[6] Luo Z Q, Ma W K, So M C, et al. Semidefinite relaxation of quadratic optimization problems. IEEE Signal Process. Mag., 2010, 27(3): 20-34.

[7] Sun C, Jorswieck E A, Yuan Y X. Sum rate maximization for non-regenerative MIMO relay networks. IEEE Trans. Signal Process., 2016, 64(24): 6392-6405.

[8] Wei Y. Uplink-downlink duality via minimax duality. IEEE Trans. Inf. Theory, 2006, 52(2): 361-374.

[9] Hong M, Luo Z Q. Signal processing and optimal resource allocation for the interference channel. Academic Press Library in Signal Processing, 2014, 2: 409-469.

[10] Foschini G J, Miljanic Z. A simple distributed autonomous power control algorithm and its convergence. IEEE Trans. Veh. Technol., 1993, 42(4): 641-646.

[11] Yates R D, Huang C Y. Integrated power control and base station assignment.IEEE Trans. Veh. Technol., 1995, 44(3): 638-644.

[12] Bengtsson M, Ottersten B. Optimal and suboptimal transmit beamforming//Godara L C. Handbook of Antennas in Wireless Communications, 2001.

[13] Wiesel A, Eldar Y C, Shamai S. Linear precoding via conic optimization for fixed MIMO receivers. IEEE Trans. Signal Process., 2006, 54(1): 161-176.

[14] Rashid-Farrokhi F, Liu K R, Tassiulas L. Transmit beamforming and power control for cellular wireless systems. IEEE J. Sel. Areas Commun., 1998, 16(8): 1437-1450.

[15] Visotsky E, Madhow U. Optimum beamforming using transmit antenna arrays. IEEE Veh. Technol. Conf. (VTC), 1999, 49(1): 851-856.

[16] Liu Y F, Dai Y H, Luo Z Q. Coordinated beamforming for MISO interference channel: Complexity analysis and efficient algorithms. IEEE Trans. Signal Process., 2011, 59(3): 1142-1157.

[17] Christensen S S, Agarwal R, De Carvalho E, et al. Weighted sumrate maximization using weighted MMSE for MIMO-BC beamforming design. IEEE Trans. Wireless Commun., 2008, 7(12): 4792-4799.

[18] Shi Q, Razaviyayn M, Luo Z Q, et al. An iteratively weighted MMSE approach to distributed sum-utility maximization for a MIMO interfering broadcast channel. IEEE Trans. Signal Process., 2011, 59(9): 4331-4340.

[19] Liu Y F, Dai Y H, Luo Z Q. Joint power and admission control via linear programming deflation. IEEE Trans. Signal Process., 2013, 61(6): 1327-1338.

[20] Zhang J, Chen R, Andrews J G, et al. Networked MIMO with clustered linear precoding. IEEE Trans. Wireless Commun., 2009, 8(4): 1910-1921.

[21] Hong M, Sun R, Baligh H, Luo Z Q. Joint base station clustering and beamformer design for partial coordinated transmission in heterogeneous networks. IEEE J. Sel. Areas Commun., 2013, 31(2): 226-240.

第 26 章 经济与金融中的优化问题

26.1 概　述

经济与金融领域中的许多问题都与优化相关. 经济学中理性人的基本假设就是说人在做决策的时候会最大化他自己的效用函数, 所以在此基础上建立起来的几乎所有经济学理论都本质上和优化直接相关. 但经济学中因为涉及不同参与个体的不同目标, 会以博弈和均衡的形式出现, 这又和传统的优化理论有不一样的特点. 所以这两个学科的结合对于经济学和优化理论本身都有非常重要的意义. 比如经典的 Myerson 最优拍卖机制设计就是优化在经济学中应用的一个典型例子, 它的虚拟价值的概念本质上就是优化理论中的对偶变量. 但因为传统经济学对于解析闭式解及准确最优性的要求, 虽然理论的基础是建立在优化的基础上, 一些高级优化结论及技巧在经济学理论中的应用并不是很多. 这个情况在近 10 多年来学科融合的过程中发生了很大的改变, 很多经济学、运筹学及计算机科学的理念和技巧被结合起来, 对于优化问题的算法刻画及近似解被引入经济学的基本理论中, 从而不仅在技术上, 而且在本质上影响及重新塑造着经济学的基本理论与学科特性. 金融领域中的决策模型一般可以分为投资模型 (investment model) 和定价模型 (pricing model). 前者主要研究在不确定环境下如何做投资决策以达到控制风险确保收益的目的; 后者主要关注在不确定环境下, 金融产品的合理价格 (价值) 如何确定. 投资决策问题与优化理论和方法联系非常紧密. 由马科维茨 (H. Markowitz) 创立的基于均值–方差 (mean-variance) 的投资组合理论一直被认为是投资理论的基石. 其中, 均值–方差投资组合模型实际上是二次型凸优化问题. 由此模型衍生出的其他投资组合模型, 例如, 下偏风险模型、鲁棒投资组合模型、动态投资组合优化模型等也都与优化理论中线性优化、非线性优化、锥优化、随机优化、动态规划等方法有密切的关系[1]. 值得一提的是, 定价模型也与优化理论有密切的关系, 例如, 金融产品的线性定价理论与优化理论中对偶理论联系密切; 经典的期权定价理论可以从最小方差对冲 (minimum variance hedging) 方法中得到. 在实际投资中, 优化方法特别是一些优化模型的求解软件已经被金融行业广泛应用. 优化理论和优化方法不仅在金融决策问题中有广泛应用, 近些年来随着金融市场和监管机构对金融危机和金融系统性风险的关注, 已有不少前沿研究使用优化理论对金融系统的体系风险进行建模和分析, 并取得了一定的成果. 由于篇幅所限本章主要讨论经济中的最优拍卖机制设计在近 10 多年的重大进展以及从投资决策模型的角度出发, 介绍优化理论和优化方法在金融投资领域中的应用.

26.2 最优拍卖机制设计

26.2.1 机制设计的基本设定

首先回顾一些基本的设定与概念. 我们主要考虑一个卖家的情况, 卖家希望最大化他期望的收益. 卖家有 m 个货物要卖, 一般用 j 来表示其中一个货物; 市场上有 n 个买家, 一般用 i 来表示其中一个买家. 买家 i 有一个价值函数 $v_i(S)$, 其表示物品集 S 对他的价值. 下面几类价值函数被广泛研究.

(1) 可加函数, 对一个物品集的价值等于其中各个物品价值的和;

(2) 单需求函数, 对一个物品集的价值等于其中最有价值的物品的价值;

(3) 次模价值函数, 价值函数是一个次模函数;

(4) 次可加价值函数, 价值函数是一个次可加函数.

这个价值函数 v_i 是买家的私有信息, 卖家并不知道这个函数, 在一个拍卖机制中需要买家报出自己的价值函数. 一个拍卖机制由两个函数 (算法) 组成: 分配函数确定每个买家获得的物品, 价格函数确定每个买家需要支付给卖家的钱. 对于每个买家来说, 他的效用函数是他对于他所拿到的物品集合的价值减去他需要支付给卖家的价格. 我们定义一个拍卖机制是激励相容的占优策略 (dominant-strategy incentive-compatible, DSIC), 是说一个买家即使在知道别的买家报价的时候的最优策略依然是报出自己的真实价值, 比如第二高价竞拍就是这样一个 DSIC 的机制.

这里一般假设卖家虽然不知道买家的价值函数, 但知道它们的一个先验分布, 并且假设买家的价值就是取自这个先验分布. 卖家的目标是设计一个机制使其期望的收益 (即其收到的来自买家的价格之和) 最高. 当有这样一个先验分布的时候, 还有一个激励相容的拍卖机制 BIC (Bayesian incentive compatibility), 它是说一个买家不知道别人的报价但知道它们的分布时, 报出他的真实价值可以最大化他期望的效用函数, 这个期望是基于他们人报价的随机性而言的. 一个 DSIC 机制一定也是一个 BIC 机制, 反之不一定. 也就是说 DSIC 机制是性质更强的一类拍卖机制, 而 BIC 是更广的一类拍卖机制.

对于 DSIC 和 BIC 机制, 我们假设买家都会按照自己的真实价值报价. 在这个前提下, 我们就可以计算卖家期望的收益, 最优拍卖机制设计的目标是设计最好的 DSIC 或 BIC 机制来最大化卖家的期望收益.

26.2.2 Myerson 最优拍卖机制设计

经济学中关于最优拍卖机制最重要的工作是 Myerson 的最优拍卖机制设计理论[2], Myerson 因此获得了诺贝尔经济学奖. Myerson 最优拍卖机制考虑最简单的一种情况, 单物品的拍卖, 并且买家之间的价值分布是独立的. 对于单物品拍卖, Myerson 引入了一个叫做虚拟价值的数学概念, 这个函数会把买家的价值映射成另外一个数, 该函数与该买家的价值分布相关. Myerson 的理论把原来收益最优的目标变成虚拟价值最高的优化问题, 然后分配方案就很容易确定. 只是对于单物品的情形, 这个虚拟价值最优的问题是一个几乎平凡的优化问题, 把物品分配给虚拟价值最高的买家就可以了, 这就是 Myerson 最优机制. Myerson 定理非常优美, 他给出了一个相对简单的确定性 DSIC 机制, 并且证明了它是所有 BIC 机制 (可以允许随机) 中期望收益最高的. 可惜这么优美这么强的结论只要模型推广一点就不再成立了. 比如多物品的时候, 比如买家的价值分布不独立的时候, 最近十几年在理论计算机界关于最优拍卖机制设计的研究主要就是在这些更一般的情形下研究最优或者近似最优的拍卖机制.

26.2.3 多物品最优拍卖机制设计

对于多物品的拍卖, 即使是在最简单的情况下, 买家具有可加的价值函数, 并且不同买家的价值分别独立, 都并没有简单地刻画. 蔡洋等理论计算机科学家给出了一个算法的刻画, 最优机制设计问题被规约到一个纯粹的最优算法设计的问题[3, 4]. 对于多物品的情形, 通过 Myerson 虚拟价值函数转化之后的优化问题也是单纯针对分配方案的, 但是目标函数改变了. 因为有多个物品, 这个优化问题就不是平凡的, 有时候甚至在计算上是困难的, 所以不能给出一个闭式的解析解, 只是给出了一个算法的刻画. 但这一系列工作仍然很有意义, 从某种意义上他们给出了 Myerson 理论的一个多物品推广. 这些结果都是针对最优的 BIC 机制的, 该机制一般不是 DSIC 的. 最优的 DSIC 机制连这类算法的刻画都没有, 因此 DSIC 的刻画是一个很重要的开放问题.

26.2.4　简单的近似最优机制

上面的研究发现最优拍卖机制通常是很复杂的, 很难在现实中应用, 现实中使用的拍卖机制一般是很简单的. 所以一个很重要的研究主题是分析这些简单机制的性能及其与最优机制之间的收益差距.

对于单物品的拍卖, 虽然 Myerson 最优机制已经相对比较简单, 但当每个人的先验分布不同时, 还有点复杂而不能在现实中应用. 更简单的机制是单一定价、顺序定价以及带保留价的第二高价竞拍. 2009 年, Hartline 和 Roughgarden 开始研究单物品拍卖的简单近似最优拍卖机制, 并证明带保留价的第二高价竞拍的近似比介于 2 与 4 之间[5]. 他们猜测这个下界 2 是紧的. 之后 Alaei 等[6] 将上界改进到了 e. 陆品燕等的工作给出了一个更好的下界 2.15, 从而证伪了 Hartline 他们之前的猜想. 同时, 他们也证明了单一定价和顺序定价之间的近似比是 2.62, 是一个紧的界; 单一定价和带保留价的第二高价竞拍之间的近似比恰好是 $\pi^2/6$, 也是紧的. 这个紧的界的证明方法都是把其表示成一个数学规划的问题, 比如研究单一定价与顺序定价之间的近似比, 这个数学规划问题中, 所有单一定价的收益不超过 1 是问题的约束, 而问题优化的目标是顺序定价的期望收益.

对于多物品的拍卖, 因为最优机制并没有好的刻画与结构, 设计简单的近似最优拍卖机制更加是大家研究的一个热点. 多物品拍卖的简单机制包括把每个物品单独拍卖, 把所有物品捆绑成一个集合按单物品拍卖等. 对于单需求的买家, Chawla 等[7] 证明了顺序定价可以获得常数近似比的简单机制. 对于价值函数可加的买家, 即使在单买家的简单情形下, 每个物品单独定价不能得到一个常数近似比的机制, 有时候需要把一些物品捆绑销售. Babaioff 等[8] 证明了, 对于单买家的情形, 两种简单机制即每个物品单独定价或者所有产品一起捆绑销售中好的那个机制可以达到常数近似比. 姚期智先生把这个结果推广到了多买家的情况, 在多买家的情况下, 类似的两个简单机制中好的那个也可以达到常数近似比[9]. 蔡洋等提出了一个基于对偶的方法统一解释了上面的近似最优机制设计, 并且据此给出了一些更好的近似比的证明[10]. 这种基于对偶的分析方法在之后的一些其他问题中也有很好的应用.

这些简单的机制都是 DSIC 的机制, 但证明显示即使相对于最优的 BIC 机制他们也是近似最优的. 这个结论很有趣, 对于更一般的情况, 最优的 DSIC 机制和最优的 BIC 之间的差距究竟可以多大呢? 陆品燕等的一个工作发现当不同的买家的价值分布不独立时, 即使对于最简单的单物品拍卖这个差距都可以任意大, 但在一些假设下这个差距最多是 5 倍[11]. 我们猜想当买家之间的价值是独立的时候, 即使在更一般的情形下, 最优的 DSIC 机制和最优的 BIC

之间的差距也最多是常数倍. 不管最后的结论如何, 这都是一个重要的未解决问题.

26.2.5 Lookahead 机制

即使在单物品拍卖的时候, 最优机制会在有些情况下把物品卖给报价不是最高的买家, 这会导致一些公平性的问题. Lookahead 机制是总是把物品卖给出价最高的买家的那类机制, 比如前面提到的第二高价竞拍就是属于这类机制. 除了满足公平性, Lookahead 机制的另一个优势是在买家的价值分布相关时, 依然可以设计出简单的最优 Lookahead 机制, 并且该机制也是近似最优的.

2001 年, Ronen 第一次提出了 Lookahead 机制, 并且说明它的近似比是 2 [12]. 文章中也提出了它的一个推广版本 k-Lookahead 机制, 也就是说物品只会卖给出价最高的 k 个人之一, 而不一定是最高的那个人. 他在文章中声称这个推广并不能提高近似比, k-Lookahead 机制的近似比最好还是 2. 但这个命题是不对的, 伏虎等证明了 k-Lookahead 的近似比可以达到 $(3k-1)/(2k-1)$, 他进一步与陆品燕等一起, 把近似比提高到了 $(e^{1-1/k}+1)/e^{1-1/k}$, 并且证明在 $k=1,2$ 时这个近似比都是紧的[13]. Dobzinski 和 Uziely[14] 发现上述近似比在 k 很大的时候在渐近意义下是紧的, 我们猜测它不仅在 "他基于" 渐近意义下是紧的, 而且对于每个 k 都是严格紧的, 但这个猜想到现在还没有解决. 这些对于 Lookahead 机制的近似比当前的证明都只适用于 DSIC 机制, 对于 BIC 机制, Lookahead 机制是否依然有常数近似比是一个重要的未解决问题.

26.2.6 相关性鲁棒机制及分布无关的最优机制设计

从 Myerson 开始, 绝大多数最优机制及近似最优机制设计的研究都是针对买家价值分布是完全独立的情况, 但是就像 Myerson 当年指出, 并且在很多实证研究中观测的那样, 这个假设在现实中一般是不满足的. 最优 Lookahead 机制可以在单物品拍卖的场景中解决这个问题, 但在某种程度上它基于一个更强的假设, 也就是说卖家完全知道所有买家价值分布的联合分布, 并且利用这个联合分布来优化他的拍卖机制. 事实上, 卖家是很难得到这个联合分布的, 从学习的角度, 要学习到这样一个分布需要的采样是指数多的, 精确的估计这样一个联合分布几乎是不可能的. 为了处理这样的情况, 一个相关性鲁棒的机制设计模型被提出[15, 16]. 这个模型的假设是这样的, 卖家有每个人或者每个物品的边际分布的信息但没有联合分布的信息. 根据这些边际分布, 卖家设计一个拍卖机制, 但是对于这个机制的性能的评价是基于满足这些边际分布的最坏的那个联合分布来衡量的, 也就是说用这个机制所能保证的最坏收益来衡量的.

对于可加价值函数的单买家情形, Carroll 证明了每个物品单独定价的简单机制是在鲁棒最优机制模型中最好的机制[15]. 陆品燕和 N. Gravin 一起把这个结果推广到了买家带预算的情形[16]. 在这个推广的证明中, 他们提出了一个基于线性规划对偶的方法, 这个方法适用于所有鲁棒优化的模型, 所以为该模型提供了一个方法论上的基础. 单物品多买家的相关性鲁棒最优机制设计将是一个很有意思的新研究方向.

在网络经济的时代, 需要通过拍卖来卖的物品越来越多, 很难通过市场调查等方式去得到一个相对精确的价值分布. 一个分布无关的机制有很多优势, 那么怎么来衡量一个分布无关的机制的性能呢? 2001 年 Goldberg 等[17] 提出了一个基于竞争比的最优机制设计模型. 该模型通过一个经济学上有意义的基准函数 (benchmark) 来衡量一个机制的优劣. 具体地说, 竞争比定义为最坏情况下机制的收益与基准函数的比例.

对于数字产品的拍卖, 也就是买家是单需求的, 每个物品是完全一样的, 并且有足够的物品 $m = n$. 2001 年的文献 [17] 提出了单一定价时的最好收益作为基准函数并给出了一个常数竞争比的拍卖机制, 但这个常数非常大. 在之后的 10 多年里, 有更好竞争比的拍卖机制被不断设计出来, 竞争被提高到 $15, 4, \cdots, 3.12$. 2004 年, Goldberg 等[18] 证明了该问题竞争比的一个下界 2.42. 陆品燕及其他两个合作者[19] 一起证明了存在一个机制的竞争比恰好是 2.42, 也就是说这就是最优的拍卖机制, 从而完全解决了这个十多年的研究难题. 他们的证明给出了一个一般性的方法, 也可以应用到其他的基准函数. 比如可以推广到非数字产品, 其结果改进了原来的竞争比, 但并没有做到紧的界, 所以还有一些未解决问题可以做[20].

26.3　投资组合优化

26.3.1　投资组合优化的历史

投资组合选择 (portfolio selection) 研究如何把财富合理地分配到不同的资产中, 以达到分散风险、确保收益的目的. Markowitz 在 1952 年发表的论文 [21] 中使用方差来度量股票收益的风险, 提出了均值–方差投资组合选择模型 (mean-variance portfolio selection model), 奠定了投资组合分析的理论基础. 均值–方差投资组合理论不仅是现代投资组合选择理论奠基性的工作, 也是现代金融学的基石之一[22]. 其精髓在于量化了投资过程的风险, 同时考虑风险和收益的平衡, 开辟了风险管理的新思路. 由均值–方差模型扩展得到的 “风险–收益” 模型成为投资组合分析的经典理论框架模型. 经过半个多世纪的发展, 投资组合选择的理论研究已经取得了丰富成果, 这些理论在实践中已被广泛应用[21,23]. Markowitz

因为在投资组合最优化模型上的贡献荣获了 1990 年的诺贝尔经济学奖.

下面首先简要回顾一下均值–方差投资组合模型: Markowitz 模型在本质上是一个以投资期望收益和投资风险为目标的双目标优化问题. 由于投资组合的方差是投资权重决策变量的二次凸函数, 经典的均值–方差模型是一个凸二次优化问题. 从这个模型的帕累托–最优解集很容易引申出 "均值–方差有效组合""有效前沿" 等概念. 均值–方差模型的有效组合与金融学中 CAPM 模型、ATP 模型等有非常密切的关系[22]. 特别地, 当投资者都采取 Markowitz 均值–方差模型进行操作时, 市场会形成一个均衡, 而在这个均衡下各资产的价格就是 CAPM 模型所导出的价格. 而均值–方差模型与 CAPM 模型的这种关系也是 Markowitz 能获得诺贝尔经济学奖的重要原因之一.

26.3.2 Markowitz 均值–方差模型的拓展

1. 基于其他风险度量的投资模型

经典均值–方差模型使用 "方差" 作为风险度量, 但这种度量方式存在一定缺陷: 高于均值的超额收益实际上是投资者所喜好的, 在均值–方差模型中却被当作风险来处理, 显然这样会削弱超额收益部分的贡献. 在早期的一些研究中, 学者考虑了 "下半方差" 或者 "下半绝对偏差" 等方法建立投资组合模型, 并取得了一定的改善效果[24]. 从均值–方差模型引申出了对 "风险度量" 本身的研究, 许多新型的风险度量被提出. 一个很自然的想法是: 把经典均值–方差模型中的 "方差" 替代为其他新型风险度量. 基于损失定义的风险度量通常也被称作 "下偏风险"(downside risk), 包括: 在金融行业广泛使用的 "风险值" (VaR) 和 "条件风险值"(CVaR). 风险值 (VaR) 是给定概率置信水平内最坏情况下的损失, 其本质上就是概率分布中的分位数. 因简单实用被广泛采纳 (例如著名的 "巴塞尔协议" 关于商业银行资本充足率要求就是以 VaR 为基础的). 在收益分布为正态的条件下, 在适当的置信水平内, VaR 与方差相一致. 在一般的非对称分布的情况下, 通过对离散分布的模拟, 可以把均值-VaR 投资组合优化模型等价地转换为一个线性混合整数 (MIP) 优化问题[25]. Artzner 等[26] 提出了 "相容性" 风险度量 (coherent measures of risk) 的概念, 其中相容性以如下四条公理假设条件为判别标准: ① 平移不变性, ② 次可加性, ③ 正齐次性, ④ 单调性. 由于 VaR 不满足四个条件中的次可加性条件 (意味着在某些情况下拒绝投资组合分散化) 而受到批评. 基于此学者又提出了条件风险值 CVaR 作为对 VaR 的一种修正[27–29]. CVaR 被定义为损失超过 VaR 部分的条件期望. 直观来看, CVaR 比 VaR 更确切地刻画了下偏风险. CVaR 还可以通过线性规划方法求得[27, 28], 这给 CVaR 的实际应用提供了极大方便. 以 VaR 和 CVaR 作为风险度量来进行投资组合选择的研究参考文献 [27], [28], [30].

2. 多阶段的投资组合模型

以上模型一般被看作是静态投资模型: 它们仅考虑静态 (或单阶段) 的投资组合选择问题. 然而投资行为, 特别是机构投资者的投资行为往往是长期的. 对于一个长期投资者来说, 他将随着投资环境的变化适时地调整投资组合头寸. 由于方差项在动态规划意义下不具备时间可分离性, 动态均值–方差投资组合模型的最优策略, 直到 2000 年才由 Li 和 Ng 在文献 [31] 中给出. 他们用嵌入的方法把多阶段均值–方差投资组合选择问题变为一个能用动态规划处理的问题, 从而得到了有效策略及有效前沿的解析表达式. 此方法还被推广到连续时间模型中[32]. 求解动态均值–方差模型的最优策略主要采用动态规划和随机最优控制的方法并结合数值计算. 在他们工作的基础上动态 (多阶段) 均值–方差针对动态均值–下偏风险类的模型, 由于需要资产回报分布函数的信息, 一般在离散时间模型下采用随机规划模型加以解决[33]. 在连续时间模型下, 文献 [34], [35] 采用鞅方法给出了这类问题的解析投资策略.

26.3.3　基于多种优化技术的投资组合模型

我们知道经典的均值–方差模型是一个凸二次优化问题, 其主要用于理论分析, 但也忽略了实际投资模型中的很多因素. 比如在买卖股票时通常存在交易费用, 投资者一般只能买卖整数手股票 (如 500 只股票为一手), 同时还存在其他的买卖限制等. 下面将介绍怎样在模型中考虑这些因素以提高其实用性.

1. 基于混合整数规划的投资组合优化

一般来说, 在均值–方差投资组合优化模型中加入实际交易约束后, 模型会变为整数规划问题或者混合整数规划问题[36–40]. 这些问题一般都是 NP-难问题的优化问题. 当问题规模较大时, 需要设计有效的算法加以解决. 例如, 考虑买卖股票的整数手限制和非线性交易费用, 均值–方差模型等价于一个非线性整数规划问题. Li 等[40] 提出了基于对偶理论和可行集合切割的算法, 可以有效解决中小规模的问题. 由于交易费用的存在, 建立投资组合模型时需要考虑从一个大的股票池中选择一定数量的股票的问题[37, 39]. Bienstock[37] 采用构造割平面 (cutting-plane) 的方法给出了求解这类问题的经典算法. 针对这一组合优化问题, Gao 和 Li[39] 提出使用半正定规划和二阶锥规划模型加以逼近, 可以有效地求解近似解和精确解[38]. 考虑了一个更一般的均值–方差投资组合优化模型, 考虑了实际交易中各种限制, 使用求解混合整数规划的通用算法, 文献 [38] 证明了均值–方差模型在实际交易中的计算效率. 相比一般的整数规划或者混合整数规划问题, 带有"整数"变量约束的均值–方差优化模型有比较特殊的结构. 文献中的研究成果一般都是利用这些特殊结构设计有效算法加以解决.

2. 基于稀疏优化的投资组合模型

在实际投资中使用"均值–风险"投资组合模型时, 需要估计标的资产的统计特性. 例如, 在均值–方差模型中, 需要估计平均回报率和协方差矩阵; 在均值-CVaR 投资组合模型中, 需要估计资产的分布特征等. 这些统计量的稳定性和准确性对投资组合模型有非常重要的影响. Demiguel 等[41] 比较了均值–方差模型和平均分配策略 ($1/n$ 策略) 在实际投资中样本外数据测试的表现, 发现均值–方差模型并没有显著改善平均分配策略, 甚至在某些情况下表现得更差. Lim 等[42] 研究了均值-CVaR 投资组合优化模型在样本外数据集上投资表现, 发现其非常不稳定. 针对投资组合优化模型在样本数据集上表现不稳定的问题, 学者提出了不同的解决方法, 其中使用比较广泛的方法是: 将投资决策变量的 1 范数 (或者 0 范数, 或者 p 范数, 其中 $0 < p < 1$) 加入目标函数中, 从而得到投资组合的稀疏解, 使得模型在样本外数据上的稳定性增加[43, 44]. 此外, 由于交易费用的存在, 人们也希望投资策略比较稀疏, 引入低阶数的范数可以近似地求解出可行的选股策略[45]. 由于 0 范数是非凸函数, 一般加入 0 范数后, 原有投资组合优化问题会变为非凸优化问题. 针对这些问题有研究设计了有效的算法[45].

3. 基于鲁棒优化的投资组合模型

投资组合优化模型在样本外表现不稳定的根本原因是由资产的回报统计特性的不稳定造成的 (不是平稳的随机过程), 因此使用历史数据估计统计变量总是会存在不确定性. 针对这一现象, Goldfarb 和 Iyengar[46] 首先提出鲁棒投资组合优化模型 (robust portfolio selection model). 此模型以均值–方差投资组合优化模型为基础, 结合了因子模型来刻画资产的回报分布. 与经典模型不同, 他们假设均值向量和协方差矩阵不是一个确定的量, 而是被限定在一个有界集合里[46]. 证明了当不确定集合为椭球时, 鲁棒均值–方差投资组合优化模型等价于二阶锥优化问题, 使得求解过程非常便利. 此后, Zhu 和 Fukushima[47] 研究了鲁棒均值-CVaR 投资组合优化问题并提出了有效的算法. Delage 和 Ye[48] 进一步考虑了概率分布鲁棒优化模型并将此模型应用于均值–方差投资组合优化模型.

26.3.4 基于投资组合优化的工业界软件

如今北美的许多基金公司雇有专门的研究团队来开发基于投资组合优化的

投资策略. 行业内的比较著名的软件有 Axioma Portfolio Optimizer(www.axioma.com). 他所提供的解决方案包括指数追踪的投资组合, 提供了自己的因子库并允许客户对因子库作定制化的更新, 用鲁棒组合投资模型去降低投资风险. 这些软件所考虑的优化问题都可以用一些现成的优化算法进行求解, 要求可解释性强、利于公司业务人员以及客户的理解. 一些研发能力较弱的国内的金融机构也购买了 Axioma 等产品来帮助制定自己的策略. 除了像 Axioma Portfolio Optimizer 这样的专业金融优化软件外, 一些专业的优化软件 (如对求解二阶锥优化问题特别有效的 Mosek: www.mosek.com/) 也提供了金融模型的求解服务. 这是因为业界内考虑的许多问题还属于 Markowitz 均值–方差投资组合模型的变形, 都可以化为某种形式的二次优化问题, 而 Mosek 对这类问题的求解效率还是很高的.

26.4　总结、发展与展望

本章首先总结了近十几年里理论计算机科学界在最优拍卖机制方向取得的众多结果. 我们认为下面四条主线是串起这些结果的一些重要视角.

(1) 这些结果是对 Myerson 最优拍卖机制设计的改进与补充. 这些结果使人们在一个更广的图景中重新审视虚拟价值等概念, 特别是通过对偶的视角来理解它们.

(2) 近似比成为人们理解、衡量和设计拍卖机制时的一个重要标准. 在 Myerson 机制之后, 大多数的最优机制都是复杂的和不实用的, 所以考虑近似最优机制成为一个基本思路.

(3) 这些结果是不断让机制变得鲁棒的过程. 特别地, 相关性鲁棒的机制设计与分布无关的机制设计等, 这是理论计算机科学中最坏情况分析思路的一个延伸并不断被经济学家接受.

(4) 机制的简单性成为一个重要考量. 只有简单的机制才能真正在现实中使用并被用户接受. 所以, 理解和衡量已知的简单机制成为比设计复杂的最优或更优的机制更重要的任务.

对于想要从事相关研究的学者及学生, 可以阅读参考文献中的论文以及 Hartline 的教程[49].

然后我们又回顾了投资组合优化的产生和理论发展. 而它的发展与其他学科一样, 是一个不断提升、完善的过程. 在这个过程中, 理论与实践在不断相合与背离的过程中共前进. 而理论与实践又要受到当时已有的相关理论、研究工具与方法、实践环境和条件等因素的影响和限制. 综合这些因素, 本着理论服务于实践而又领先于实践的原则, 以下几个主题是未来一段时间值得关注的发展重点.

(1) 大规模投资组合决策模型算法和应用研究.

目前, 投资组合优化模型在业界已有不少应用, 但主要应用于中小规模的问题. 例如, 机构投资者可能面对由上千个资产组成的资产配置问题. 随着 "智能投顾" 等新型投资服务模式的推广, 投资决策服务的提供者需要快速计算大规模投资组合模型 (几十秒钟). 在考虑实际投资约束的前提下, 这类问题的规模会变得非常大, 快速求解会是一个极具挑战性的问题. 那么怎样对这类问题进行有效的分解, 并在大型计算集群的支持下结合分布式优化与并行优化来进行求解是一个十分有意义的研究课题.

(2) 与人工智能和大数据的结合.

近来随着 AlphaGo 在围棋领域的突破性和颠覆性的成就, 人工智能特别是深度学习所具备的强劲能力以及所产生的巨大价值已经深入人心. 那么怎样将人工智能的方法和结果结合到投资组合优化中将是一个十分有意思的课题. 深度学习与优化模型似乎有一种天然的矛盾. 具体来说深度学习其实就是一个黑箱模型属于非参数拟合的一种, 只提供拟合的结果并不输出自变量与因变量的表达式. 而投资组合优化是一个决策性模型, 需要给定一个显示的函数形式, 才能进行优化从而给出最优策略. 另外, Markowitz 均值–方差模型的准确性依赖于协方差矩阵的估计. 人们一般会假设一些因子模型来使得协方差矩阵具有一定的结构从而进行有效的估计. 那么在因子模型的框架下, 可以应用机器学习中的各种回归分析来减小协方差矩阵的估计误差. 除此外, 随着互联网技术、电子商务、移动商务、共享经济的快速发展, 许多大型的互联网科技公司如百度、阿里巴巴、腾讯、滴滴等积累了大量的数据. 这些数据刻画了多类人群的生活圈、消费行为等多维度信息. 它们很有可能为因子模型提供一些新的参考, 从而产生一些新的因子模型并提高协方差矩阵的精度.

(3) 资产未来收益分布的建模问题.

资产收益合理、可靠的估计是建立投资组合管理模型的先决条件. 著名学者 Merton 早在 20 世纪 80 年代就曾指出对资产收益的估计可能会有较大误差, 会导致错误的投资组合策略. 文献 [41] 通过大量数据实证发现: 投资组合管理中使用平均分配的策略比使用均值–方差模型得到最优策略表现还要稳定. 其根本原因是由对资产收益的统计特性估计不准确而产生的误差. 为了处理这一问题, 需要使用更详尽的历史数据作为估计的原始素材, 与此同时, 学者和金融从业者从不同的角度提出了很多先进的方法提高收益估计的准确度. 除了利用资产收益的历史数据作为估计的原始数据, 还需要研究使用历史数据以外的信息修正对资产收益的估计问题. 例如, 使用期权信息、使用投资者的 "私有" 信息建立类似 Black-Litterman 模型修正资产分布的估计, 以及收缩协方差矩阵估计中的专家意见所生成的协方差矩阵[50,51] 等.

(4) 基于衍生产品的投资组合优化问题.

相比一般股票和债券, 衍生产品 (期权) 具有更高收益和风险, 由于其回报与标定资产 (underlying asset) 的非线性关系, 使用衍生产品构成投资组合可以产生非常灵活的收益曲线 (payoff function). 由于衍生产品投资组合的复杂性, 监管机构通常会使用保证金 (margin) 制度来控制信用风险. 从衍生产品发布者 (writer) 的角度来看, 如何使用最小的保证金构造衍生产品的投资组合满足所需要的收益曲线是目前金融优化研究的一个难点. 即便使用不同敲定价格 (strike price) 的简单欧式看涨、看跌期权构造投资组合, 计算最小保证金的问题也是一个 NP-难的优化问题. 当衍生产品中还包括: 美式期权、奇异期权以及不同到期日的欧式期权时, 其投资组合管理问题变得极为复杂. 在文献中对带有保证金的衍生产品投资组合管理问题目前研究还比较少见. 从投资者和监管机构的角度来看, 都需要相关模型和理论方面的支持.

(5) 进一步开展收益–风险型动态投资组合选择问题的研究.

与效用函数模型相比, 收益–风险型动态投资组合选择的研究还比较少. 这类问题往往因为目标函数形式 (或者是风险控制方式) 的限制使得问题不具有动态规划意义下的可分性和整体最优所要求的凸性, 因此无论是解析策略还是数值解, 都比较棘手. 研究基于下偏风险度量的投资组合模型, 在实际应用中更有意义. 解决这类问题主要依靠两类方法: ① 探索恰当的满足 Bellman 最优性原理条件的风险度量 (例如动态相容性风险度量) 方法; ② 避开 Bellman 最优性原理, 采用带偿付的多阶段规划 (multistage programs with recourse) 模型、多层规划 (multi-level programs) 模型等递阶决策模型.

(6) 开展投资组合管理与金融系统风险的研究.

投资组合优化模型的最终目标是控制个体投资的风险, 然而从整个金融系统的角度来看, 需要对整个市场的风险建模与分析. 通常的模型和风险度量方法只能有效地处理正常市场条件下的金融风险. 稀有的突发金融风险很可能给毫无准备的投资者以致命的打击. 然而在正常市场条件下对可能的突发金融风险的过度反应往往会影响投资业绩. 对于这个矛盾, 一个比较好的解决方案是: 在正常情况下投资组合策略不考虑可能发生的突发金融风险, 而是采取预警监控和适时调整的策略, 把突发金融风险预警与投资组合管理有机地结合起来. 突发金融风险可能由某个突发事件引起 (也可能有前兆), 并迅速扩散开来. 如果能够掌握突发金融风险的形成条件和传播扩散机制, 就能对突发金融风险进行预警和防范. 目前, 把投资组合管理与金融系统风险结合研究还处在发展阶段.

(7) 结合行为金融学理论开展投资组合选择研究.

越来越多的实证研究表明金融理论中的一些经典假设条件与实际市场并不相符, 例如投资者是理性的这一假设就受到了挑战. Kahneman 和 Tversky[52] 在 20 世纪 80 年代提出的前景理论 (prospect theory) 在一定程度上解释了投资者在投资过程中的非理性行为, 他们的工作也因此获得了 2002 年诺贝尔经济学奖. 在行为金融的框架下研究投资组合对优化理论提出了新的挑战. 在前景理论中, 投资者的效用函数不再是凹函数, 而是一个 S 型的效用函数, 同时, 投资者的非理性还体现在对客观世界概率的看法上 (被称为概率扭曲), 因此对此类问题的建模分析更加困难. 文献 [53], [54] 在投资组合与行为金融结合的研究中已经取得了一定的成果.

参 考 文 献

[1] Steinbach M C. Markowitz revisited: mean-variance models in financial portfolio analysis. SIAM Review, 2006, 43(1): 31-85.

[2] Myerson R B. Optimal auction design. Mathematics of Operations Research, 1981, 6(1): 58-73.

[3] Cai Y, Daskalakis C, Weinberg S M.Optimal Multi-dimensional mechanism design: reducing revenue to welfare. 53rd Annual IEEE Symposium on Foundations of Computer Science(FOCS), 2012: 130-139.

[4] Cai Y, Daskalakis C, Weinberg S M. Understanding incentives: Mechanism design becomes algorithm design. 54th Annual IEEE Symposium on Foundations of Computer Science(FOCS), 2013: 618-627.

[5] Hartline J D, Roughgarden T. Simple versus optimal mechanisms. Proceedings of the 10th ACM Conference on Electronic Commerce, 2009: 225-234.

[6] Alaei S, Hartline J D, Niazadeh R, et al. Optimal auctions vs. anonymous pricing. IEEE 56th Annual Symposium on Foundations of Computer Science (FOCS), 2015: 1446-1463.

[7] Chawla S, Hartline J D, Malec D L, et al. Multi-parameter mechanism design and sequential posted pricing. Proceedings of the 42th ACM Symposium on Theory of Computing, STOC, 2010: 311-320.

[8] Babaioff M, Immorlica N, Lucier B, et al. A simple and approximately optimal mechanism for an additive buyer. 55th IEEE Annual Symposium on Foundations of Computer Science (FOCS), 2014: 21-30.

[9] Yao A C. An n-to-1 bidder reduction for multi-item auctions and its applications. Proceedings of the Twenty-Sixth Annual ACM-SIAM Symposium on Discrete

Algorithms, 2015: 92-109.

[10] Cai Y, Devanur N R, Weinberg S M. A duality based unified approach to Bayesian mechanism design. Proceedings of the 48th Annual ACM SIGACT Symposium on Theory of Computing, STOC, 2016: 926-939.

[11] Fu H, Liaw C, Lu P, et al. The value of information concealment. SODA, 2018: 2533-2544.

[12] Ronen A. On approximating optimal auctions. Proceedings of the 3rd ACM conference on Electronic Commerce, 2001: 11-17.

[13] Chen X, Hu G, Lu P, et al. On the approximation ratio of k lookahead auction. WINE, 2011: 61-71.

[14] Dobzinski S, Uziely N. Revenue loss in shrinking markets. arXiv preprint arXiv, 2017: 1706.08148.

[15] Carroll G. Robustness and separation in multidimensional screening. Econometrica, 2017, 85(2): 453-488.

[16] Gravin N, Lu P. Separation in correlation-robust monopolist problem with budget. SODA, 2018: 2069-2080.

[17] Goldberg A V, Hartline J D, Wright A. Competitive auctions and digital goods. Proceedings of the Twelfth Annual ACM-SIAM Symposium on Discrete Algorithms, SODA, 2001: 735-744.

[18] Goldberg A V, Hartline J D, Karlin A R, et al. A lower bound on the competitive ratio of truthful auctions. STACS, 2004: 644-655.

[19] Chen N, Gravin N, Lu P. Optimal competitive auctions. STOC, 2014: 253-262.

[20] Chen N, Gravin N, Lu P. Competitive analysis via benchmark decomposition. EC, 2015: 363-376.

[21] Markowitz H. Portfolio selection. Journal of Finance, 1952, 7(1): 77-91.

[22] Luenberger D G. Investment Science. Oxford: Oxford University Press, 1998.

[23] Markowitz H. Foundations of portfolio theory. Journal of Finance, 1991, 46(2): 469-477.

[24] Konno H, Yamazaki H. Mean absolute deviation portfolio optimization model and its application to Tokyo stock market. Management Science, 1991, 37: 519-531.

[25] Benati S, Rizzi R. A mixed integer linear programming formulation of the optimal mean/Value-at-Risk portfolio problem. European Journal of Operational Research, 2007, 176: 423-434.

[26] Artzner P, Delbaen F, Eber J M, et al. Coherent measures of risk. Mathematical Finance, 1999, 9: 203-228.

[27] Rockafellar R T, Uryasev S. Optimization of conditional value at risk. The Journal of Risk, 2000, 2: 21-41.

[28] Rockafellar R T, Uryasev S. Conditional value 2 at 2 risk for general loss distribu-

tions. Journal of Banking and Finance, 2002, 26: 1443-1471.

[29] Acerbi C, Tasche D. On the coherence of expected shortfall. Journal of Banking and Finance, 2002, 26: 1487-1503.

[30] Alexander S, Coleman T F, Li Y. Minimizing CVaR and VaR for portfolio of derivatives. Journal of Banking and Finance, 2006, 30(2): 583-605.

[31] Li D, Ng W L. Optimal dynamic portfolio selection: Multiperiod mean-variance formulation. Mathematical Finance, 2000, 10: 387-406.

[32] Zhou X Y, Li D. Continuous time mean-variance portfolio selection: A stochastic LQ framework. Applied Mathematics and Optimization, 2000, 42: 19-33.

[33] Hibiki N. Multi-period stochastic optimization models for dynamic asset allocations. Journal of Banking and Finance, 2006, 30: 365-390.

[34] Gao J J, Zhou K, Li D, et al. Dynamic mean-LPM and mean-CVaR portfolio optimization in continuous-time. SIAM Journal On Control and Optimization, 2017, 55(3): 1377-1397.

[35] Zhou K, Gao J J, Cui X Y, et al. Dynamic mean-VaR portfolio selection in continuous time. Quantitative Finance, 2017, 17(10): 1631-1643.

[36] Jobst N J, Horniman M D, Lucas C A, et al. Computational aspects of alternative portfolio selection models in the presence of discrete asset choice constraints. Quantitative Finance, 2001, 1: 489-501.

[37] Bienstock D. Computational study of a family of mixed-integer quadratic programming problems. Mathematical Programming, 1996, 74: 121-124.

[38] Bonami P, Lejeune M A. An exact solution approach for portfolio optimization problems under stochastic and integer constraints. Operations Research, 2009, 57: 650-670.

[39] Gao J J, Li D. Optimal cardinality constrained portfolio selection. Operations Research, 2013, 61: 745-761.

[40] Li D, Sun X L, Wang J. Optimal lot solution to cardinality constrained mean-variance formulation for portfolio selection. Mathematical Finance, 2006, 16(1): 83-101.

[41] Demiguel V, Garlappi L, Uppal R. Optimal versus naive diversification: How inefficient is the $1/n$ portfolio strategy? Review of Financial Studies, 2009, 22(5): 1915-1953.

[42] Lim A, Shanthikumar J G, Vahn G. Conditional value-at-risk in portfolio optimization: coherent but fragile. Operations Research Letters, 2011, 39: 163-171.

[43] Demiguel V, Garlappi L, Nogales F J, et al. A generalized approach to portfolio optimization: Improving performance by contraining portfolio norms. Management Science, 2009, 55(5): 798-812.

[44] Gotoh J, Takeda A. On the role of norm constraints in portfolio selection. Compu-

tational Management Science, 2011, 8: 323-353.

[45] Chen C, Li X, Tolman C, et al. Sparse portfolio selection via quasi-norm regularization. Working Paper, 2013. https://arxiv.org/abs/1312.6350.

[46] Goldfarb D, Iyengar G. Robust portfolio selection problems. Mathematics of Operations Research, 2003, 28: 1-38.

[47] Zhu S S, Fukushima M. Worst-case conditional value-at-risk with application to robust portfolio management. Operations Research, 2009, 57: 1155-1168.

[48] Delage E , Ye Y Y. Distributionally robust optimization under moment uncertainty with application to data-driven problem. Operations Research, 2010, 58(3): 595-612.

[49] Hartline J D. Mechanism design and approximation. Book draft, 2017.

[50] Ledoit O, Wolf M. Improved estimation of the covariance matrix of stock returns with an application to portfolio selection. Journal of Empirical Finance, 2003, 10(5): 603-621.

[51] Ledoit O, Wolf M. Honey, I shrunk the sample covariance matrix. Working Paper, 2003, 30(4): 110-119.

[52] Kahneman D, Tversky A. Propect thoery: An analysis of decision under risk. Econometrica, 1979, 47: 263-290.

[53] Jin H Q, Zhou X Y. Behavoural portfolio selection in continuous time. Mathematical Finance, 2008, 18: 385-426.

[54] He X D, Zhou X Y. Portfolio choice under cumulative prospect theory: An analytical treatment. Management Science, 2011, 57(2): 315-331.